U0237916

数学核心素养研究丛书

发展学生
数学核心素养的
教学与评价研究

Research on Teaching and Evaluation
for Developing Students'
Mathematical Core Literacies

喻平 著

华东师范大学出版社

·上海·

图书在版编目(CIP)数据

发展学生数学核心素养的教学与评价研究/喻平著.
—上海:华东师范大学出版社,2021
(数学核心素养研究丛书)
ISBN 978-7-5760-1526-3

Ⅰ.①发… Ⅱ.①喻… Ⅲ.①数学教学-教学研究②数
学课-教学评估-研究-中小学 Ⅳ.①O1-4②G633.602

中国版本图书馆 CIP 数据核字(2021)第 086561 号

发展学生数学核心素养的教学与评价研究

著　者	喻　平
总策划	倪　明
责任编辑	汤　琪　芮　磊
责任校对	时东明
装帧设计	卢晓红

出版发行　华东师范大学出版社
社　　址　上海市中山北路 3663 号　邮编 200062
网　　址　www.ecnupress.com.cn
电　　话　021-60821666　行政传真 021-62572105
客服电话　021-62865537　门市(邮购)电话 021-62869887
地　　址　上海市中山北路 3663 号华东师范大学校内先锋路口
网　　店　http://hdsdcbs.tmall.com

印 刷 者　常熟市大宏印刷有限公司
开　　本　787 毫米×1092 毫米　1/16
印　　张　25.5
字　　数　463 千字
版　　次　2021 年 7 月第 1 版
印　　次　2024 年 7 月第 3 次
印　　数　8201—10300
书　　号　ISBN 978-7-5760-1526-3
定　　价　75.00 元

出 版 人　王　焰

如发现图书内容有差错,
或有更好的建议,请扫描
下面的二维码联系我们。

(如发现本版图书有印订质量问题,请寄回本社客服中心调换或电话 021-62865537 联系)

内容提要

　　本书包括七个部分。第一部分是对核心素养提出的背景作介绍,就教育领域内对核心素养的相关研究概况作简要综述。第二部分剖析核心素养生成的本源,对数学抽象、逻辑推理、数学建模、直观想象、数学运算、数据分析等6个数学核心素养从内涵、本质、功能等方面作了解读,同时建立数学核心素养的一个结构。第三部分是理论分析,对核心素养提出来后作为支撑教学的理论基础变革进行论述,包括客观主义向建构主义位移、浅层学习向深度学习倾斜、教学科学化向科学地教学转轨。第四部分讨论发展学生数学核心素养的教学设计,论述如何从外显层面和内隐层面分析教材,在教学设计中如何确定核心素养教学目标,提出发展学生核心素养的四种教学模式:单元结构教学模式(包括四种具体模式)、归纳形成教学模式、问题生长教学模式、项目研究教学模式,配套提出实施这些模式的若干教学策略。第五部分探讨如何围绕核心素养目标,具体实施数学概念教学、数学命题教学和数学解题教学。第六部分研究学习评价问题,在分析课程标准以及学习评价的相关研究基础上,提出数学核心素养学业评价的基本框架,探讨数学关键能力测试题目编制的相关问题。第七部分是三项关于核心素养的实证研究,主要研究初中生逻辑推理结构和小学生解决真实情境问题的现状。

　　本书研究的内容都是当下中小学课程改革中需要思考和解决的一些敏感问题,适合作为课程与教学论和数学教育方向博士、硕士研究生用来攻读学位的参考书,更加适合广大中小学教师、中小学教研员参考阅读。

Abstract

This book consists of seven parts. The first part is an introduction to the background of the core literacy system and a brief review of some related researches in the field of education. The second part analyzes the origin of the core literacy system, and interprets the six mathematical core literacies, including mathematical abstraction, logical reasoning, mathematical modeling, intuitive imagination, mathematical operations and data analysis in terms of their connotation, nature and functions, and establishes a structure of mathematical core literacies. The third part elaborates on the reform of the teaching-supporting theoretical basis after the core literacies are formulated, including the shift from objectivism to constructivism, from shallow learning to deep learning, and from teaching scientization to teaching scientifically. The fourth part discusses the instructional design for the development of students' mathematical core literacies, explains how to analyze teaching materials from both explicit and implicit perspectives and how to determine the core literacy teaching goals in the instructional design, and proposes four teaching models for developing students' core literacies: unit structure teaching mode (including four specific models), induction forming teaching mode, problem growth teaching mode and project research teaching mode, and supplements with several teaching strategies for the implementation of these modes. The fifth part discusses how to implement core literacies-based mathematical concept teaching, proposition teaching and problem-solving teaching. The sixth part expounds the learning evaluation system, putting forward a basic academic evaluation framework on mathematical core literacies based on the analysis of the curriculum standards and related researches on learning evaluation, and discussing the question designing for evaluating mathematical key competencies. The seventh part includes three empirical studies on the core literacies, mainly about middle school students' logical reasoning ability and primary school students' real-world problem solving ability.

This book tries to shed some light on the sensitive issues that need to be considered and solved in the current school curriculum reform, so it can serve as a reference book for doctoral and postgraduate students who study curriculum and pedagogy and mathematical education, and for teachers and teaching researchers of middle and senior high schools as well.

目 录

Contents

总　序

　　为了落实十八大提出的"立德树人"的根本任务,教育部 2014 年制定了《关于全面深化课程改革落实立德树人根本任务的意见》文件,其中提到:"教育部将组织研究提出各学段学生发展核心素养体系,明确学生应具备的适应终身发展和社会发展需要的必备品格和关键能力……依据学生发展核心素养体系,进一步明确各学段、各学科具体的育人目标和任务。"并且对正在进行中的普通高中课程标准的修订工作提出明确要求:要研制学科核心素养,把学科核心素养贯穿课程标准的始终。《普通高中数学课程标准(2017 年版)》(本文中,简称《标准》)于 2017 年正式颁布。

　　作为教育目标的核心素养,是 1997 年由经济合作与发展组织(OECD)最先提出来的,后来联合国教科文组织、欧盟以及美国等国家都开始研究核心素养。通过查阅相关资料,我认为,提出核心素养的目的是要把以人为本的教育理念落到实处,要把教育目标落实到人,要对培养的人进行描述。具体来说,核心素养大概可以这样描述:后天形成的、与特定情境有关的、通过人的行为表现出来的知识、能力与态度,涉及人与社会、人与自己、人与工具三个方面。因此可以认为,核心素养是后天养成的,是在特定情境中表现出来的,是可以观察和考核的,主要包括知识、能力和态度。而人与社会、人与自己、人与工具这三个方面与北京师范大学研究小组的结论基本一致。

　　基于上面的原则,我们需要描述,通过高中阶段的数学教育,培养出来的人是什么样的。数学是基础教育阶段最为重要的学科之一,不管接受教育的人将来从事的工作是否与数学有关,基础教育阶段数学教育的终极培养目标都可以描述为:会用数学的眼光观察世界;会用数学的思维思考世界;会用数学的语言表达世界。本质上,这"三会"就是数学核心素养;也就是说,这"三会"是超越具体数学内容的数学教学课程目标。[①] 可以看到,数学核心素养是每个公民在工作和生活中可以表现出来的数学特质,是每个公民都应当具备的素养。在《标准》的课程性质中进一步描述为:"数学在形成人的理性思维、

---

① 史宁中,林玉慈,陶剑,等.关于高中数学教育中的数学核心素养——史宁中教授访谈之七[J].课程·教材·教法,2017,37(4):9.

科学精神和促进个人智力发展的过程中发挥着不可替代的作用。数学素养是现代社会每一个人应该具备的基本素养。数学教育承载着落实立德树人根本任务、发展素质教育的功能。数学教育帮助学生掌握现代生活和进一步学习所必需的数学知识、技能、思想和方法；提升学生的数学素养，引导学生会用数学眼光观察世界，会用数学思维思考世界，会用数学语言表达世界……"①

　　上面提到的"三会"过于宽泛，为了教师能够在数学教育的过程中有机地融入数学核心素养，需要把"三会"具体化，赋予内涵。于是《标准》对数学核心素养作了具体描述："数学学科核心素养是数学课程目标的集中体现，是具有数学基本特征的思维品质、关键能力以及情感、态度与价值观的综合体现，是在数学学习和应用的过程中逐步形成和发展的。数学学科核心素养包括：数学抽象、逻辑推理、数学建模、直观想象、数学运算和数据分析。这些数学学科核心素养既相对独立、又相互交融，是一个有机的整体。"②

　　数学的研究源于对现实世界的抽象，通过抽象得到数学的研究对象，基于抽象结构，借助符号运算、形式推理、模型构建等数学方法，理解和表达现实世界中事物的本质、关系和规律。正是因为有了数学抽象，才形成了数学的第一个基本特征，就是数学的一般性。当然，与数学抽象关系很密切的是直观想象，直观想象是实现数学抽象的思维基础，因此在高中数学阶段，也把直观想象作为核心素养的一个要素提出来。

　　数学的发展主要依赖的是逻辑推理，通过逻辑推理得到数学的结论，也就是数学命题。所谓推理就是从一个或几个已有的命题得出新命题的思维过程，其中的命题是指可供判断正确或者错误的陈述句；所谓逻辑推理，就是从一些前提或者事实出发，依据一定的规则得到或者验证命题的思维过程。正是因为有了逻辑推理，才形成了数学的第二个基本特征，就是数学的严谨性。虽然数学运算属于逻辑推理，但高中阶段数学运算很重要，因此也把数学运算作为核心素养的一个要素提出来。

　　数学模型使得数学回归于外部世界，构建了数学与现实世界的桥梁。在现代社会，几乎所有的学科在科学化的过程中都要使用数学的语言，除数学符号的表达之外，主要是通过建立数学模型刻画研究对象的性质、关系和规律。正是因为有了数学建模，才形成了数学的第三个基本特征，就是数学应用的广泛性。因为在大数据时代，数据分析变得越来越重要，逐渐形成了一种新的数学语言，所以也把数据分析作为核心素养的一个要素提出来。

---

① 中华人民共和国教育部.普通高中数学课程标准(2017年版)[S].北京：人民教育出版社，2018：2.
② 同②4.

　　上面所说的数学的三个基本特征,是全世界几代数学家的共识。这样,高中阶段的数学核心素养就包括六个要素,可以简称为"六核",其中最为重要的有三个,这就是:数学抽象、逻辑推理和数学建模。或许可以设想:这三个要素不仅适用于高中,而且应当贯穿基础教育阶段数学教育的全过程,甚至可以延伸到大学、延伸到研究生阶段的数学教育;这三个要素是构成数学三个基本特征的思维基础;这三个要素的哲学思考就是前面所说的"三会",是对数学教育最终要培养什么样人的描述。义务教育阶段的课程标准正在进行新一轮的修订,数学核心素养也必将会有所体现。

　　发展学生的核心素养必然要在学科的教育教学研究与实践中实现,为了帮助教师们更好地解读课程改革的育人目标,更好地解读数学课程标准,在实际教学过程中更好地落实核心素养的理念。华东师范大学出版社及时地组织了一批在这个领域进行深入研究的专家,编写了这套《数学核心素养研究丛书》。

　　华东师范大学出版社以"大教育"为出版理念,出版了许多高品质的教育理论著作、教材及教育普及读物,在读者心目中有良好的口碑。

　　这套《数学核心素养研究丛书》包括:中学数学课程、小学数学课程以及从大学的视角看待中小学数学课程,涉及课程教材建设、课堂教学实践、教学创新、教学评价研究等,通过不同视角探讨核心素养在数学学科中的体现与落实,以期帮助教师更好地在实践中对高中数学课程标准的理念加以贯彻落实,并引导义务教育阶段的数学教育向数学核心素养的方向发展。

　　本丛书在立意上追求并构建与时代发展相适应的数学教育,在内容载体的选择上覆盖整个中小学数学课程,在操作上强调数学教学实践。希望本丛书对我国中小学数学课程改革发挥一定的引领作用,能帮助广大数学教师把握数学教育发展的基本理念和方向,增强立德树人的意识和数学育人的自觉性,提升专业素养和教学能力,掌握用于培养学生的"四基""四能""三会"的方式方法,从而切实提高数学教学质量,为把学生培养成符合新时代要求的全面发展的人才作出应有贡献。

史宁中

2019 年 3 月

前　言

从 2014 年 3 月教育部颁发《教育部关于全面深化课程改革　落实立德树人根本任务的意见》,第一次以文件形式提出核心素养概念以来,已经过去了 6 年。这 6 年中国的课程改革在稳健地、持续地推进。

简单梳理一下,可以看到这一次课程改革做了几件大事。第一件事,以林崇德先生领衔的专家组完成了发展中国学生核心素养的课题研究,构建了中国学生核心素养体系。这项工作意义重大,给课程改革的实施作了顶层设计。第二件事,各个学科专家组凝练出了本学科的学科核心素养要素,并以此为主线,完成了本学科的课程标准编制。《普通高中课程方案(2017 年版)》和各学科课程标准于 2017 年底由教育部正式颁布,这标志着高中课程改革进入实施阶段。第三件事,依据新的课程标准编写的各科教材相继出版,新教材的使用正在全国推开。这些工作表明,新一轮课程改革已经进入实质性阶段。

更应当看到,这些年来学界对核心素养的相关研究如火如荼。无论是做理论研究的学者还是做教学实践工作的教师,都在思考一些相同的问题:发展学生核心素养的教育理念如何落地? 核心素养视角下学生的学习方式应当如何转型? 基于发展学生核心素养的教学应当如何开展? 怎样才能将核心素养要素落实到评价体系中去? 等等。因为,学校的教学都是分学科进行的,所以思考和解决这些问题就必须考虑与学科教学的结合。因此,学科核心素养教学的相关研究显得更加突出和迫切。

本书是对数学学科核心素养的教学和评价的探索。在设计全书的框架时,始于下面几点基本想法。

第一,直面实践性问题。教学理论、评价理论的论著是比较多的,但较多的是宏观层面的思辨,有从古到今的理论发展概述,有自上而下的逐层理论解析。这些论著有价值,涉及的内容是教学论研究的基本问题,也是教育学文化传承的应然追求。但作为学校一线教师来看待这些理论,他们总觉得是一种仰视,有看得见摸不着的感觉。我们的理论研究成果能否做到可以使教师们去平视它,或者去俯视它,我想,这种理解应当作为学科教学论研究的一种实然追求。因此,研究的理路得换一个逻辑起点,从实践层面看问题,从教师们关心的问题入手研究,这是本书设计时的一个定位。具体做法是:舍弃一些空泛的理论说教,尽快切入教学实践操作层面讨论问题;提出基本观点不是从理论到理论的推论,而是多以实例作为论据来展开。

第二,突出学科的特征。毫无疑问,数学学科有自己的特征,数学知识的抽象性、逻辑性、严谨性决定了其有别于其他学科学习的个性特质。不可否认,用一般的教学理论指导数学教学确实是应该的,也确实是有效果的,但是,这些理论在数学教学中会显得线条过于粗糙,难以细描。因为理论家在建造教学理论时,他们要兼顾各个学科的共性,这样就会使理论的外延过大,内涵太小,难以涵盖各学科教学特性的全貌。例如,教育心理学将概念学习的形式往往界定为两种,即概念形成和概念同化,但数学概念学习至少还有"概念抽象"形式;教育心理学把命题学习分为上位学习、下位学习和并列学习,但数学命题学习至少还有"同位学习"形式。难怪弗赖登塔尔(H. Freudenthal,1905—1990)批评布卢姆(B. Bloom,1913—1999)的目标分类理论:"对自然科学、技术以及医学等方面而言,最基本的认知目标如:观察、实验与试验设计等在教育目标分类学中却丝毫没有涉及。分类学中这方面的匮乏,对自然科学特别是数学而言,简直就是没戏可唱了。……例如,发现一个数列的规律是'分析',而按照已给规律构造一个数列却是'综合',但一般来说,后者要比前者容易得多。"这番来自一个数学家、数学教育家的深度思考,足以引起我们的反思。因此,在研究数学学习和数学教学时,我们要站在数学的立场,不要完全倒向教育学一边,要挖掘数学教学的本性而不是过多地依附于与其他学科相同的教学共性。这个立场是本书撰写出发的第二个基点。

第三,跨越学段的束缚。到目前为止,从颁布文件的角度看,核心素养的概念还没有渗透到义务教育阶段,似乎是海的一边惊涛拍岸,海的另一边风平浪静。事实上,风浪很快会传递过来,教育改革本来就是一盘棋。本书的编写,并不只是考虑高中阶段的数学教学和学习评价,书中提出的一些观点或意见可以通用于所有学段,且在举例方面兼顾了高中、初中和小学,各个学段的老师都可以参考。这种考虑,大概源于《普通高中数学课程标准(2017 年版)》中强调的"通性与通法"。当然,这是一句玩笑话,事实是无论小学、中学还是大学,数学教学都有一些共同的规律。

本书共分为七章。

第一章对核心素养和数学核心素养的研究概况作综述。众所周知,写论文必定要写综述,因为综述是问题研究的起点。这种写法虽然显得有点八股文风,但还是得写,不过本书的综述是简略而非全面的,只考虑选择与后面内容相关的问题进行梳理,想减少一些读者看这些综述时的厌倦。

第二章讨论数学核心素养的基本成分与结构。讨论这个问题当然不是另起炉灶搞一套与课程标准不一样的核心素养体系,主要是对数学抽象、逻辑推理、数学建模、直观想象、数学运算、数据分析 6 个数学核心素养作逐条解读工作,旨在帮助教师理解数学核心素养的内核和具体表现形态。

第三章论述核心素养导向的教学理论转型。上面我们说了要少谈理论,特别是要少谈一些所谓的高深理论,这个观点是不变的。读者大可放心,这里论及的理论并不高深,但它们与核心素养导向的数学教学息息相关,属于理念层面的东西。一个课程改革,如果教师不在理念层面有清晰的概念,不在思想上有深刻的认识,势必导致态度的漠然,思维也难以实现移位。

第四章研究发展学生数学核心素养的教学设计。这是全书的一个重点,从教材分析、教学目标、教学模式、教学策略等方面进行深入细致的分析,并提供大量教学案例作为论据。这些教学案例可以作为教师进行教学设计时的一种参照。案例分析的关键是想说明,做这样的教学设计、选择这样的教学模式或策略,就能够体现指向发展学生数学核心素养的教学目标。

第五章讨论发展学生数学核心素养的教学实施。教学实施分为概念教学、命题教学和解题教学,研究在这三种类型的教学中如何实现培养学生的数学核心素养问题。首先介绍针对具体教学内容的教学模型,然后结合教学案例说明模型的使用,强调实际的教学操作过程,希望给读者带来一种亲近的教学实感。

第六章阐释基于学生数学核心素养的学习评价问题。学习评价可谓课程改革的关键点,因为评价往往起着指导教学的作用,这种现象虽然极不正常,但却实然存在。从一定意义上说,评价没有跟上,课程理念就难以贯彻,课程改革就难以推进。正因为如此,这一轮课程改革在各学科的课程标准中,都对教学评价作了大量篇幅的详细说明。本书的学习评价不与《普通高中数学课程标准(2017 年版)》相悖,而是在标准的统领下作了更能体现操作性的探索,从数学核心素养的水平划分到如何编制试卷试题都作了细致探讨。

第七章介绍了我们的几项研究,属于学习评价的实践范畴。研究不可能全面,只是选择逻辑推理、直观想象两个核心素养作了测试量表的编制,并用量表对学生作了测试,了解当下初中生这两种素养的现实状况。最后,介绍我们关于小学生解决现实背景问题的一项调查研究。

第七章内容是团队研究的成果,团队成员有博士后黄友初;博士研究生严卿,王奋平,努拉尼;硕士研究生陈昊,魏亚楠,吴妍翎;访问学者罗玉华。在此,向他们表示感谢! 全书引用了大量文献,对这些文献的作者表示真挚谢意!

　　书写完了，能否达成事先预设的愿望，完全取决于作者本人的学术水平。如果读完此书读者能从中获得一些收益，那么完全归因于你们的思考和参悟；如果不能达到这个目的，那么你们完全可以怀疑作者的学术造诣。

　　总之，真诚期望读者的批评指正，书中内容对读者而言，可用则取，无用则批或弃。

2020 年 2 月于南京师范大学

第一章 核心素养研究的历史梳理

本章对核心素养提出的历史背景进行简单梳理，对数学核心素养的研究概况作简要综述。这也是全书内容展开的逻辑起点。

第一节 核心素养提出的历史背景

近些年，世界上许多各国的课程标准中都陆续出现了"关注学生的发展，培养学生核心素养"的字眼，呈现出一种追求"核心素养"的教育改革潮流。那么，首先要厘清，为什么要提出核心素养概念？为什么各个国家会对核心素养的认同达成一种共识？核心素养的本质是什么？将核心素养纳入教育系统具体是怎么做的？等等。本节力图从一些文献的概述中去回应这些问题。为了简单化，我们分为宏观政策层面、课程设计层面、教学改革层面来进行梳理和分析文献。

一、宏观政策层面

（一）国外的情况

21世纪之初，欧盟理事会（Council of the European Union）为应对知识经济的全球化浪潮挑战，在教育领域大力推进终身学习战略，并提出以"核心素养（Core Literacy）"取代传统"读、写、算"的基本能力，提出教育总体目标与教育政策的参照框架，引发各成员国的课程变革。作为教育变革的指导体系，"核心素养"已成为近十年来欧盟教育发展的基本理念，为欧盟多数国家的课程改革提供了政策框架，引发了一系列教学创新实践，并带动了相应的学习评价工具的开发和评价项目的实施。①

欧盟的教育青年文化总司制定了教育发展目标，并于2001年2月向欧盟理事会提交题为"教育与培训发展的具体目标"的报告。该报告提出了"提高教育和培训系统质量和有效性""为全民提供更加便捷的教育与培训机会"以

---

① 裴新宁，刘新阳.为21世纪重建教育——欧盟"核心素养"框架的确立[J].全球教育展望，2013(12)：
89-102.

及"增进各国教育和培训系统对其他国家的开放性"三项战略目标,包括 13 个具体目标,其中与核心素养相关的占到了 3 个。这一报告凸显了欧盟教育政策中对终身学习的强调和对核心素养的重视。2002 年 6 月,欧洲理事会(The European Council)审议通过了《实现欧盟教育与培训发展目标的具体工作计划》,进一步细化了目标并提出了具体的实施时间表。

　　欧盟提出核心素养概念以及最终文本表述的确定,经历了一个发展过程。第一阶段是提出传统的基本能力,包括使用母语交流的能力、数学素养、科学素养。第二阶段提出"新基本能力",包括 IT 技能、外语能力、技术文化、创业精神和社会技能。第三阶段欧盟发布《终身学习核心素养:欧洲参考框架》(2005),该框架指出的核心素养主要包括:母语沟通能力、外语沟通能力、数学和科技基本素养、数字(信息)素养、学会学习、社会与公民素养、创新与企业家精神、文化意识和表现等 7 个要素,并且对每一素养又从知识、技能、态度三个维度进行具体描述。此后,欧盟的一些国家和地区陆续启动制定支持或指导核心素养培养的国家层面的政策。由于欧盟成员国在教育与培训领域享有自主权,在甄选核心素养时会依据本国教育愿景、教育体系、教育资源及文化历史特色对欧盟的建议进行调整。有些国家的政策针对全部核心素养,有些国家的政策是针对某几项素养成分的。大多数国家都制定了至少针对三项素养成分的政策,几乎全部国家都制定了针对数字素养和创业素养的相关政策。

　　例如,西班牙教育部规定本国学生应具备以下核心素养:语言交流素养、数学素养、了解物质世界并与之互动的素养、信息处理和数字素养、社会和公民素养、文化和艺术素养、学会学习、自主和个人主动性。西班牙属于第一批将核心素养写入教育法令的国家。2006 年颁布的《普通教育法》确立了国家层面指导核心素养培养体系的政策,其中最关键的就是制定义务教育各学段的教育目标。西班牙的教育目标体系有以下特点:第一,多数教育目标都有横跨多种素养、多个科目、多元社会场域的广度,打破学科课程的统治地位,体现了多样性、个性化、面向未来和全纳教育的原则。第二,教育目标是核心素养体系的有机展开,不同学段的目标衔接紧密、垂直贯通,对学生的要求是螺旋增长的。第三,教育目标涵盖了学生的知识、技能以及情感、态度、价值观等多维度内容,彰显了素养教育理念。第四,教育目标具有适度抽象性,有转化为实践的可能性。过于笼统的教育目标不适合指导课程建设和日常教学,也会给教育质量评估带来不必要的困难。①

---

① 尹小霞·徐继存.西班牙基于学生核心素养的基础教育课程体系构建[J].比较教育研究,2016(2):94－100.

经济合作与发展组织（Organization for Economic Co-operation and Development，简称 OECD）于 1997 年开始启动 21 世纪核心素养框架的研制工作。经多方研讨和论证，其报告《素养的界定与遴选：理论与概念基础》（Definition and Selection of Competencies：Theoretical and Conceptual Foundations，简称 DeSeCo）于 2003 年形成最终版，并于 2005 年公布在其官方网站上。这个参照框架，将核心素养划分为"互动地使用工具、在社会异质群体中互动和自主行动"三个类别，这三个类别关注不同方面，但彼此间相互联系，共同构成核心素养的基础（见表 1.1.1）。①

表 1.1.1　OECD(2005)核心素养框架

素养分类	关键素养
互动地使用工具	1. 互动地使用语言、符号与文本 2. 互动地使用知识与信息 3. 互动地使用技术
在社会异质群体中互动	1. 与他人建立良好的关系 2. 团队合作 3. 管理与解决冲突
自主行动	1. 在复杂的大环境中行动 2. 形成并执行个人计划或生活规划 3. 保护及维护权利、利益、限制与需求

OECD 开展了针对核心素养发展状况的后续研究。虽然这些研究的侧重点各有不同，但是都紧随时代变化，关注社会中的热点问题，强调 21 世纪的教育系统应帮助学生发展与社会进步相适应的技能和素养，强调信息通讯技术（ICT）的发展对于社会及个人的影响，关注劳动力市场需求的各项素养。

作为 OECD 成员国的新西兰，认为核心素养是为了适应当前以及未来生活和学习的素养，在这个观念下确定了以下 5 条核心素养：思考、与他人互动、使用语言符号和文本、自我管理、参与和贡献。这些素养比之前规定的主要技能更复杂，尤其关注到那些指导行动的观念、态度和价值观。素养之间不是相互独立，在每一个学习的关键区域都能相互作用，共同发挥功能。表 1.1.2 呈现了新西兰核心素养体系内容与 OECD 的核心素养内容的联系以及表述

---

① 师曼，刘晟，刘霞，等. 21 世纪核心素养的框架及要素研究[J]. 华东师范大学学报（教育科学版），2016(3)：29 - 37.

差异。①

表 1.1.2　新西兰和 OECD 的核心素养的对应联系

新西兰核心素养版本	OCED 核心素养版本
使用语言、符号和文本	互动地使用工具
自我管理	自主行动
与他人互动参与和贡献	在社会异质群体中互动
思考	(思考作为一种跨学科素养,并未在 OECD 的框架中出现)

2002 年美国启动 21 世纪核心技能研究项目,创建美国 21 世纪技能联盟,提出核心素养主要包括:学习与创新技能(创造力与创新、批判思维与问题解决、交流沟通与合作)、信息、媒体与技术技能(信息素养、媒体素养、ICT 素养)、生活与职业技能(灵活性与适应性、主动性与自我导向、社会与跨文化素养、效率与责任、领导与负责)三个方面。这三方面主要描述学生在未来工作和生活中必须掌握的技能、知识和专业智能,是内容知识、具体技能、专业智能与素养的融合,每一项核心素养的落实都要依赖于基于素养的核心科目与 21世纪主题的学习。标准与评价、课程与教学、教师专业发展以及学习环境等 4个要素,构成保证核心素养实施的基础。

英国各类校本课程的开发主要参考的框架为英国皇家艺术制造与商业协会(Royal Society for the Encouragement of Arts, Manufactures and Commerce,简称 RSA)的开放思维能力框架(Opening Minds Competence Framework),该框架具体包含了 5 个维度的素养结构。5 个核心素养分别是:(1)公民品格素养。包括道德和伦理、能够区别差异、理解社会的多样性、理解技术对社会的影响、理解如何管理自己的生活。(2)学会学习的素养。包括了解不同的学习方法、推理、创新、积极的动机、关键技能、ICT 技能。(3)信息运用素养。包括能够应用信息技术、学会反思。(4)人际交往素养。包括领导、团队合作、充当教练、沟通、情商、压力管理。(5)形势管理素养。包括时间管理、应对变化、感知与反应、创新思维、承担风险。② 框架的目标旨在为应对不断变化的社会与科技发展,对学生应该学什么、怎么学等问题进行重新思考和

① 陈凯,丁小婷.新西兰课程中的核心素养解析[J].全球教育展望,2017(2):42-57.
② 张紫屏.基于核心素养的教学变革——源自英国的经验与启示[J].全球教育展望,2016,45(7):3-13.

探索,并着手探讨如何教学才能更好地使年轻人适应 21 世纪的挑战。到目前为止,英国已经有 200 多所学校以开放思维能力框架作为素养课程实施的基本参考准则。

2001 年,俄罗斯联邦教育部普通教育内容更新战略委员会组织编制了《普通教育内容现代化战略》,发展与改革教育,代替传统的知识传授。其核心素养包括认知素养、日常生活、文化休闲、公民团体和社会劳动素养等 5 个方面。认知素养主要是指获取信息和知识的能力;日常生活素养涉及个人健康、家庭生活等;文化休闲素养是指公民能够利用闲暇时间丰富个人文化精神生活;公民团体素养则帮助学生适应公民、选举人、消费者等角色;社会劳动素养指教会学生分析劳动市场情况、评估自己的职业机会、处理劳动关系的伦理与道德、自我管理能力等。俄罗斯 21 世纪核心素养框架最具特色的部分,在于它将日常生活与文化休闲领域纳入核心素养发展领域,重视公民的个人健康、家庭生活,以及选择合适的途径和方法利用空闲时间,丰富个人文化和精神生活。俄罗斯良好的艺术文化氛围和发达的补充教育体系为全人的培养提供了条件。[①]

韩国于 2015 年与新教育课程一起颁布了"核心素养"体系,包括 6 个要素养:(1)自我管理素养:具有明确的自我认同和自信心,具备个人生活和发展所需要的基础能力、能够自主生活的素养。(2)知识信息处理素养:懂得处理和运用多领域知识和信息,从而合理解决问题的能力。(3)创造性思维素养:以广博的知识为基础,融合多领域知识、技术、经验来创造新知的素养。(4)审美感性素养:以同情、理解能力及文化感受能力为基础,发现并享有生命之意义和价值的素养。(5)沟通素养:能在各种情形下有效表达自己的想法和情绪,并尊重和倾听他人想法的素养。(6)共同体素养:具有作为地区、国家、世界共同体成员所应具备的价值和态度,积极参与共同体发展的素养。可以看到,韩国核心素养体系从价值特征可归纳为几个特点。第一,6 个核心素养的价值内核可从三个维度来理解:生存技能的习得,指向"创造性思考素养"和"知识信息处理素养";个人与外部世界的关系,指向"共同体素养"和"沟通素养";自身的内涵发展,指向"自我管理素养"和"审美感性素养"。第二,核心素养体系在基础教育课程框架内提出,成为贯穿教育课程的设计理念,被视为实现"全人"培养目标和"弘益人间"教育目的的途径和手段。第三,6 个核心素养

---

① 师曼,刘晟,刘霞,等.21 世纪核心素养的框架及要素研究[J].华东师范大学学报(教育科学版),2016(3):29-37.

的选择,反映出韩国对当今社会教育问题的认识和对未来人才期待的价值选择。①

综上所述,首先,从总体上看,主要国际组织、各国和地区核心素养指标体系的选取呈现出国际化同步的趋势,以面向未来、终身学习与发展为主旋律。具体来看,沟通交流能力是所有国际组织、各国及各地区都重视的核心素养。此外,团队合作,信息技术素养,语言能力(包括母语能力和外语能力),数学素养,自主发展(如独立自主、自我管理、学会学习),问题解决与实践探索能力(如计划、组织与实施能力、创新与创造力、问题解决能力、主动探究能力)等也是多数国家和地区都强调的核心素养。

其次,各国际组织、各国及各地区在核心素养的选取上反映了社会经济与科技信息发展的最新要求。例如,信息技术素养、团队合作、学会学习、外语能力、社会参与和贡献、可持续发展意识、环境意识等都是主要国际组织、多数国家和地区高度重视的指标。

最后,无论是国际组织还是各国及地区,都兼顾跨学科与学科指向的核心素养。不仅重视沟通交流、团队合作、学会学习、独立自主等涉及能力、知识技能、态度和价值观等跨学科的综合表现,而且也重视母语素养、外语语言、数学素养和科学素养等与具体课程密切相关的核心素养。②

(二)国内的情况

教育部哲学社会科学重大攻关项目"义务教育阶段学生学业质量标准体系研究"课题组,首次提出基于学生核心素养的课程体系建构设想,认为构建基于核心素养的课程体系应至少包含具体化的教学目标、内容标准、教学建议和质量标准四部分。其中,教学目标和质量标准要体现学生的核心素养,内容标准和教学建议要促进学生形成核心素养。③辛涛等提出我国基础教育阶段学生核心素养概念的内涵,在核心素养的遴选时要遵守素养可教可学、对个体和社会都有积极意义、面向未来且注重本国文化这三个原则。④

2014 年 3 月,中华人民共和国教育部颁发了《教育部关于全面深化课程改革 落实立德树人根本任务的意见》,文件明确指出:"深化课程改革、落实立德树人根本任务具有重大意义。立德树人是发展中国特色社会主义教育事业

---

① 姜英敏. 韩国"核心素养"体系的价值选择[J]. 比较教育研究,2016(12):61-65.
② 黄四林,左璜,莫雷,等. 学生发展核心素养研究的国际分析[J]. 中国教育学刊,2016(6):8-14.
③ 辛涛,姜宇,王烨辉. 基于学生核心素养的课程体系建构[J]. 北京师范大学学报(社会科学版),2014(1):5-11.
④ 辛涛,姜宇,刘霞. 我国义务教育阶段学生核心素养模型的构建[J]. 北京师范大学学报(社会科学版),2013(1):5-11.

的核心所在,是培养德智体美全面发展的社会主义建设者和接班人的本质要求。"文件提出了核心素养概念,要求研究制定学生发展核心素养体系和学业质量标准。要根据学生的成长规律和社会对人才的需求,把对学生德智体美全面发展总体要求和社会主义核心价值观的有关内容具体化、细化,深入回答"培养什么人、怎样培养人"的问题。教育部将组织研究提出各学段学生发展核心素养体系,明确学生应具备的适应终身发展和社会发展需要的必备品格和关键能力,突出强调个人修养、社会关爱、家国情怀,更加注重自主发展、合作参与、创新实践。研究制定中小学各学科学业质量标准和高等学校相关学科专业类教学质量国家标准,根据核心素养体系,明确学生完成不同学段、不同年级、不同学科学习内容后应该达到的程度要求,指导教师准确把握教学的深度和广度,使考试评价更加准确反映人才培养要求。各级各类学校要从实际情况和学生特点出发,把核心素养和学业质量要求落实到各学科教学中。

这个文件的颁布,拉开了以培养学生核心素养为目标的新一轮课程改革序幕。接下来分成两条主线开展相关研究。一条线是由北京师范大学林崇德先生领衔的团队研究中国学生核心素养体系,构建一个统领各个学科核心素养的框架;另一条线是由各学科组织专家组,开展高中学段学科核心素养的研究。具体地说,第一步,各专家组要凝练本学科的核心素养;第二步,依据提出的核心素养要素并以其为主线,编制各学科课程标准;第三步,在课程标准基础上编写各科教科书。到 2017 年底,两条线的工作都已完成,全国各省市逐步进入高中新一轮课程改革的实施阶段。

2016 年 9 月 13 日,中国学生发展核心素养研究成果发布会在北京师范大学举行,会上公布了中国学生发展核心素养总体框架及基本内涵。课题组汇聚国内多所高校近百名研究人员,在总体设计、统筹谋划的基础上,综合开展基础理论研究、国际比较研究、教育政策研究、传统文化分析、现行课标分析、实证调查研究,全方位、多层次征求各方面意见建议,反复修改完善,历时三年集中攻关,并经教育部基础教育课程教材专家工作委员会审议,最终形成研究成果。

中国学生发展核心素养,以"全面发展的人"为核心,分为文化基础、自主发展、社会参与三个方面,综合表现为人文底蕴、科学精神、学会学习、健康生活、责任担当、实践创新六大素养。根据这一总体框架,可针对学生年龄特点进一步提出各学段学生的具体表现要求。① 结构如表 1.1.3。

---

① 核心素养研究课题组. 中国学生发展核心素养[J]. 中国教育学刊,2016(10): 1-3.

表1.1.3　中国学生发展核心素养基本要点

文化基础	人文底蕴	人文积淀
		人文情怀
		审美情趣
	科学精神	理性思维
		批判质疑
		勇于探究
自主发展	学会学习	乐学善学
		勤于反思
		信息意识
	健康生活	珍爱生命
		健全人格
		自我管理
社会参与	责任担当	社会责任
		国家认同
		国际理解
	实践创新	劳动意识
		问题解决
		技术应用

　　林崇德教授对这个框架作了详细解读。①

　　各学科专家组制定的各学科核心素养,见各学科课程标准。《普通高中课程方案(2017 年版)》和各学科课程标准于 2017 年底由中华人民共和国教育部正式颁布。

二、课程改革方面

(一) 核心素养融入课程设计

　　由于目前国际上多数国家的现有课程方案都是以学科课程为主,因此,在提出核心素养框架之后,许多国家或地区都在尝试将核心素养框架融入各学段、各学科的课程目标中,以形成指向核心素养框架的课程目标体系,从而通

---

① 林崇德. 中国学生核心素养研究[J]. 心理与行为研究,2017(2)：145 - 154.

过学科教学来实现对学生核心素养的培养。

例如,加拿大的大西洋区就将一系列素养作为其毕业生必要的学习成就,将这些素养分别融入到1～12年级的课程目标中,最终构建出了一套大西洋区的课程学习目标框架。在这一框架的指导下,学生可在各年级不同主题的学习过程中有针对性地形成相应的技能素养。如在数学、语言艺术、科学课程的相关内容主题中都涉及对沟通能力的培养。①

2013年,澳大利亚课程、评估与报告管理局提出致力于培养学生的7项通用能力,并发布了一系列课程文件将这些通用能力融入其各学科课程中。2004年,英国在其国家课程的各个学段中,要求学生学习、实践、发展并提升一系列技能。这些技能中,有些是与单个学科主题高度相关的(如艺术绘画和设计),也有些是在多个学科主题中都有涉及(如在科学、历史等学科中都需要有相应的探究技能)。此外,还有一些技能是跨学科的,如交流、创造性思维等,而这些跨学科的技能也都被融入到其国家课程的各个学科中。2010年,苏格兰提出卓越课程框架,在艺术、健康与幸福、语言、数学、宗教与道德、科学、社会学、技术这八大课程领域,选取了可持续发展、世界公民、以及企业与创业教育三大主题作为跨学科学习主题。

目前,国际上将学生核心素养研究成果应用于课程改革的途径主要有两种:直接指导型与互补融通型。所谓直接指导型,就是将核心素养指标体系直接作为课程改革的基础框架,指导国家的课程改革。如法国在2000年正式通过并颁布了《共同基础法令》,以教育法的形式将核心素养指标融入课程目标之中;匈牙利教育文化部于2007年颁发了《国家核心课程》;新西兰在2007年正式颁布了《新西兰课程》,正式提出了5种核心素养,并建构了相应的发展核心素养的网络;日本做得更加具体,提出了核心素养分化到各个年龄阶段的具体化课程目标方案。② 在中国,不仅有一个宏观的核心素养体系(中国学生核心素养),而且各个学科提出自己的学科核心素养,并将其作为主线贯通课程标准,是一种将核心素养融入课程体系最彻底的一种做法。另一种做法是互补融通型,指在实现核心素养为本的基础教育课程改革时,主要以互补的形式将核心素养指标逐渐渗透进课程标准中,进而使二者达到融通的状态。例如,美国的21世纪核心素养联盟为了更好地将核心素养融入学校教育系统之中,就努力沟通核心素养指标与共同核心州立标准,建构了各核心学科的核心

---

① 刘晟,魏锐,周平艳,等.21世纪核心素养教育的课程、教学与评价[J].华东师范大学学报(教育科学版),2016(3):38-45.
② 左璜.基础教育课程改革的国际趋势:走向核心素养为本[J].课程·教材·教法,2016(2):39-46.

素养课程目标。

我国台湾地区,以"国民核心素养"作为 12 年国民基本教育课程纲要的课程设计主轴,转化为小学、中学、高中等各阶段核心素养,贯通各学段课程。"国民核心素养"的"课程转化",由理念到实际、由抽象到具体、由共同到分殊层层排列,环环相扣,包括了各学段、各领域、各科目的核心素养。"国民核心素养"的"课程转化"并不是单向直线演绎式的转化,而是可以双向彼此相互呼应的课程设计,兼顾学科特色的学习内容与学习表现。①

韩国于 2015 年颁布新的初、中等教育课程标准,计划分阶段适用新标准,直到 2020 年 3 月覆盖至所有学段。"核心素养"理念下的新课程将在课程设置、课程内容和评价方式、教学方式等方面发生巨大变化。首先,全方位改革课程设置模式,尽可能打破学科界限,增加"融合课程"比例。取消高中文理分科制度,新设"统合社会"和"统合科学"替代原有的物理、化学等学科。大量增加高中阶段的职业选修类课程,使高中生在自主建立未来职业计划基础上选修课程。②

(二)课程整合设计

人们越来越认识到,学科之间相对封闭的状况不利于新时代人才培养的要求,不利于学生综合素养的提升,于是提出课程整合的概念。将科学、技术、工程和数学整合成一门课程(STEM)成为大家的共识,这个课程可以为学生在学校内学习相关学科领域内容时,创造跨学科的学习机会和体验。目前,STEM 理念正在被大家所接受,许多国家在推行 STEM 课程。

以美国为例,其教育部门成立了 STEM 教育委员会,并于 2013 年公布了其科学、技术、工程和数学教育的五年联邦规划,从联邦政府层面大力引导并推行 STEM 教育。STEAM(科学、技术、工程、艺术与数学)是在 STEM 的基础上,进一步融合了艺术类的学科内容,也已得到越来越多的重视。例如,韩国科学进步与创造基金会创意财团与韩国教育科技部等,都认为 STEAM 是重构学校教育的一个关键要素。在其 2009 修订的国家科学课程中就已开始呈现通过跨学科整合开展 STEAM 教育的意图,并提出在韩国实行 STEAM 教育可能会对原有的科学、技术、工程、艺术和数学教育起到推动和加强的作用。

(三)课程内容结构调整

从课程改革的实践路径来说,课程目标的落实必须依靠课程结构与分布

---

① 蔡清田.台湾十二年国民基本教育课程改革的核心素养[J].上海教育科研,2015(4):5-9.
② 姜英敏.韩国"核心素养"体系的价值选择[J].比较教育研究,2016(12):61-65.

来得以完成。因此,在更新了课程目标之后,如何将其以更加合理的方式分布在各学科课程之中,是所有改革者都必须思考的问题。比较典型的做法有两种:整体分布与局部分布。澳大利亚采用的是整体分层方法,将核心素养分为三个层次落实,要求所有课程都要实现核心素养的课程目标,只不过存在程度水平差异(见表1.1.4)。

表1.1.4　澳大利亚学科课程核心素养落实到年级的分布图

关联性基本学习领域	深层	重要	微弱
英语	2, 7	1, 3, 4	5, 6
数学	1, 2, 5, 6, 7		3, 4
科学	1, 2, 4, 5, 6, 7		3

　　我国台湾地区则是采用局部布局的方式,不同的学科所负责培养和落实的核心素养目标有所不同,所有学科综合起来共同实现培养目标。以各教育阶段垂直连贯和各学习领域水平统整的理念,考察不同学习领域之特性,逐步发展出 K - 12 各学段数学、自然、艺术、国语、英语、社会、综合、健体等学习领域之"领域/科目核心素养"指标。①

　　西班牙课程的结构方面,采用灵活的课程组合保障学生的多样化选择,既有广域课程也有学科课程,既设置必修课也给予选修课充足空间,工具类、知识类和技艺类课程比较平衡。小学主要开展广域课程,初中以学科课程为主。在组织学习经验时符合连续性、顺序性、整合性三大标准,在选择课程内容时从多元而不是单一素养出发,尊重学生的兴趣,贴近人们热切关注的社会问题,兼顾知识、技能、态度三个维度的发展,培养学生的终身学习能力。例如,初中自然科学课程以公民教育和小学科学训练为基础,横向整合了物理学、化学、生物学、地理学,天文学、气象学和生态学等学科,纵向贯穿了四大内容板块(科学常识、地球和宇宙、物质和能量、生物多样性)。期望学生通过这个阶段的学习,走出贫乏的纯科学视野,为今后能够评价和整合自然界的知识和信息打下坚实基础。②

---

① 蔡清田.核心素养在台湾十二年国民基本教育课程改革的角色[J].全球教育展望,2016(2):13-23.
② 尹小霞,徐继存.西班牙基于学生核心素养的基础教育课程体系构建[J].比较教育研究,2016(2):94-100.

三、教学评价方面

(一) 核心素养纳入评价体系

从国外对素养的界定看,理解素养的内涵需要注意以下几点:(1)素养是一种高度复杂而综合的问题解决能力,具有整合性;(2)包括情感态度价值观维度,强调知识、技能运用和问题解决的道德伦理影响;(3)它同特定的情境相关,但又能迁移到广泛的情境中;(4)具有前瞻性,具有 21 世纪知识社会和信息时代的基本特征;(5)是在有利的环境中习得的,素养的获得是一个持续终身的学习过程;(6)核心素养是对个人公民生活、职业发展和社会发展所需的最根本和关键的素养,由跨学科核心素养和学科核心素养构成。[①]

将核心素养转化为具体的学习结果,并在此基础上开发出相应的测量工具,是国外开展核心素养评价的一种重要策略,欧盟国家开展了此类探索。例如,奥地利、立陶宛、爱尔兰、克罗地亚和英国的北爱尔兰地区分别通过该策略对数学素养、学会学习素养、社会与公民素养、创新精神和数字化素养进行评价。一些国家和地区的核心素养框架中包括一些传统的技能、能力,如经合组织、欧盟以及英国、匈牙利、芬兰等的核心素养框架中都有语言、数学、科学、外语等,将它们纳入核心素养框架体系后,这些国际组织和国家都对已有的评价指标体系做出了相应的调整。

立陶宛开展学会学习素养的评价时,将其分解为学习态度与意愿、确定目标与计划活动、有组织和有针对性的活动、反思学习的活动和结果,开展自我评估四个构成要素,并围绕这四个要素开发了 5、6 年级学会学习素养评价工具,7、8 年级评价工具则进一步细化了第一和第三要素,更强调了素养的技能和态度层面。澳大利亚也致力于通过国家考试项目探查特定学段的学生在读写、计算能力、信息交流技术等方面的通用能力。这主要包括两大测试项目:一是针对 3、5、7、9 年级学生开展的读写与计算能力评估项目;二是针对 6 和 10 年级开展的信息交流技术素养测验。新西兰将核心素养的监测融入到每年一次的学生学业成就国家监测研究中,并将其渗透到现有各学科的不同类型题目中,实现对核心素养的测评,测评结果与年度学业成就监测结果一起公布。

美国开发了针对核心学科的素养评价指标体系和水平描述。美国 21 世纪核心素养体系包括学习与创新素养、信息媒介与技术素养、生活与职业素养三大素养和全球意识、理财素养、公民素养、健康素养和环保素养等五个议题,

---

① 郭宝仙. 核心素养评价:国际经验与启示[J]. 教育发展研究,2017(4):48-55.

每个核心素养又分别由若干指标构成。为了推动核心素养的落实,美国 21 世纪技能合作组织依据美国各地教育工作者和企业雇主的反馈意见,结合跨学科主题,研制并发布了数学、外语、艺术、英语、地理、科学、社会、项目管理学习等 8 个学科的核心素养指标体系和表现样例。

OECD 组织的学生国际评价(PISA)就是针对核心素养的测试。为确定 PISA 所评价的核心素养内容,OECD 曾专门成立了"素养的界定与遴选"工作组,建立核心素养的理论框架,然后收集大量的内外部效度证据,进行实证研究,形成框架和共识。① OECD 定义的核心素养中,"问题解决"是不同于传统的数学、阅读、科学的一个创新的领域。PISA2003 给出的操作性定义是"个体利用认知能力去处理和解决真实的、跨学科的情境和问题,这时,解决方案不是显而易见的,所涉及的内容或学科知识也未必限制在一个单一学科领域内"②。但仅仅三年后,PISA 在其基础上推出一个更新的评价领域,称作"协作问题解决",其定义为:"个体有效介入有两个或更多其他个体同时尝试的,通过分享对问题的理解和努力达成一种解决方案的能力,这种解决方案融合了他们共同的知识、技能和努力"。以上的概念界定随即在 PISA2015 测试中加以实施。③

(二)注重形成性评价

核心素养的评价是各国共同关心的主题,一些国家针对特定的素养开发形成性评价工具。2012 年,欧洲委员会教育视听文化执行署为 7—9 年级的学生开发了一系列的测试,用形成性评价的方式评价学生的核心素养。

西班牙有一套较为完善的教育质量管控和评价体系。2006 年《普通教育法》第 18 条规定用国家考试的方法诊断学生的素养习得状况,从而对核心素养课程进行结果评价。西班牙教育部下属的教育评估研究所通过全国规模的诊断性评价,来评估学生核心素养习得和学校教育实施状况,这是一项对于整个教育系统的形成性评价。诊断性评价的框架由 7 部分构成:(1)基本方面,包括法律基础、人口调查情况以及实施进度表;(2)样本采集标准;(3)学生和学校的社会经济文化背景,这是解读评价结果的必要条件;(4)评价的技术指标,包括测试的时间、类型、题量、开放性问题的编制原则等;(5)对核心素养及

---

① OECD. The definition and selection of key competencies: executive summary [R]. Paris: OECD, 2005.

② OECD. PISA2003 assessment framework: mathematics, reading, science and problem solving knowledge and skill [M]. Paris: OECD Publishing, 2004.

③ 王蕾. 学生发展核心素养的考试和评价——以 PISA2015 创新考查领域"协作问题解决"为例[J]. 全球教育展望,2016,45(8):24-30.

组织向度的描述;(6)结果分析的要素,包括分析的标准、数据的解读及评价表现的层次;(7)最终报告的类型。

法国通过《个人能力手册》对学生的表现开始进行完整的记录。手册考查的内容包括三个阶段:第一阶段(小学 1—2 年级),只考查法语、数学、社会及公民素养;第二阶段(小学 3—5 年级)和第三阶段(小学 6 年级至初中毕业),对 7 大素养全部考查。除形成性评价外,一些国家也在尝试在国家或地区层面的统一考试,监测学生核心素养的发展,为课程与教学提供反馈与建议。意大利、立陶宛、罗马尼亚和英格兰的教育部门都在计划增加新的国家测试学段,以督促和检验这些素养的相关教育状况。一些国家选用真实情景考查跨学科的问题解决能力,例如 PISA 就是具有全球影响力的素养测试。法国自2001 年以来,一直关注和考查学生是否能熟练使用多媒体工具和互联网,并将其纳入相应的考查评估框架中。匈牙利在国家基本能力评估中,聚焦于学生能否将与阅读和数学素养有关的知识和技能用于现实生活情境之中。波兰在初等教育阶段的测试则是完全基于跨学科材料,重点关注与评估学生在阅读、写作、推理、利用信息和知识的实际应用中的表现。

从上面的综述中可以看到,第一,核心素养不是一个或几个国家冒然提出的奇特想法,也不是一个过眼烟云的口号。事实上,发展学生核心素养已经成为全球化的共识,也昭示着世界教育发展的一种必然走势。面对信息化时代的来临,科学技术的迅猛发展,社会进步日新月异,教育的目标也必然会发生变化。学生学习传统的知识、接受陈旧的教育理念已经不能满足当下社会对公民的基本要求,教育必须改革,教学必须创新,这是历史发展的诉求。第二,世界各国在核心素养理念的统领下,都在课程设计、教学转型、评价改革等方面作深入思考,都在全力推进课程改革,虽然路径不一、方式各异,但目标一致、殊途同归。虽然各个国家会在意识形态方面存在差异,对人才培养规格有各自的定位,但是在对人的基本素质要求方面却大致是相同的,因而,核心素养教育就成为不同国家的共同追求,成为不同国度共同的时代旋律。

第二节　数学核心素养的研究概述

自 2014 年核心素养的概念提出以来,作为核心素养的下位概念,数学核心素养的研究一直成为数学教育界热烈讨论的问题。当然,数学课程标准是一个轴心,围绕这个轴心开展旋转式的研究,同时又使不断向前推进式的研究持续不断。在讨论制定数学课程标准之前,研究集中在对国外研究的介绍、数学核心素养的概念界定、数学核心素养的成分辨析等方面。数学课程标准颁布后，人们关注核心素养的教学转型、核心素养的科学评价等方面。

一、数学核心素养的概念建构

早期的研究是针对素养开展的，没有核心二字。英国于 1996 年推出国家数学素养策略(National Numeracy Strategy)，该策略要求学校教育要培养学生运用数学思维和数学技能来解决问题，以及满足在复杂的社会环境中日常生活需求的能力。数学素养的界定是："数学素养是一种精通程度，涉及对数字和测量的信心和能力。它需要理解数系，有计算技能以及在各种情境下解决数字问题的倾向和能力，还需要对通过计算和测量得到信息的方法有实际的理解，并且能用图像、图表和表格的形式呈现出来。"[1]这个关于素养的定义，涉及具体的数学内容，基本上与某些数学能力的表述相同。

在澳大利亚国家课程中，数学素养和语文读写能力，信息与资讯科技能力，批判和创新思维能力，沟通、社交能力，道德理解能力以及跨文化理解能力一起共同构成学生的一般能力(general capabilities)。其中，数学素养由 6 个方面组成：能对涉及整数的问题进行估算和计算；能识别和使用问题中的规律与关系；使用分数、小数、百分数，比和比例；有空间推理能力；能解释统计信息；懂得运用测量。这些数学素养既体现在课堂之内的学习，也体现在课堂以外的运用。由于需要在各种情景下应用数学，跨学科课程成为培养学生数学素养的一种方式。[2]

丹麦围绕着"什么才是掌握数学"这一核心问题，提出两个数学能力群组，它们共同组成学生的数学素养(mathematical competencies)。第一个数学能力群组是运用数学知识提出问题和解决问题的能力，包括数学思维能力，拟题和解题的能力，数学建模能力，数学推理能力；第二个数学能力群组是运用数学语言和工具的能力，包括数学表征能力，符号化和形式化能力，数学交流能力以及辅助数学学习的工具使用能力。

黄友初对素养的研究作了综述，指出我国关于数学素养的提法始于 1990 年代，对数学素养的认识有不同的界定。[3] 例如，数学素养应该包括数学知识、数学能力和数学品质[4]；数学素养包括知识技能素养、逻辑思维素养、运用数学

---

[1] Department for Education and Employment. The national numeracy strategy: framework for teaching mathematics from reception to year 6 [M]. London: DfEE, 1999.

[2] 张伟平. 西方国家数学教育中的数学素养：比较与展望[J]. 全球教育展望,2017,46(3)：29 - 44.

[3] 黄友初. 我国数学素养研究分析[J]. 课程·教材·教法,2015(8)：55 - 59.

[4] 李善良，沈呈民. 新一代公民数学素养的研究[J]. 数学教育学报,1993(2)：26 - 30.

素养和唯物辩证素养这四个基本素养[①];数学素养应该包括数学意识、数学语言、数学技能和数学思维;数学素养包括了数学情感态度价值观、数学知识和数学能力[②];等等。后来,数学素养概念逐步进入教育部的文件,例如,我国于1992 年首次在官方文件《初级中学数学教学大纲》中提出数学素养一词。如教育部的《义务教育数学课程标准(2011 年版)》中 4 次提到数学素养,《普通高中数学课程标准(实验)》中有 9 处提到数学素养。表明数学素养这个概念逐步得到认可并稳定地进入数学教育领域。

目前国内关于数学核心素养的内涵及构成要素的研究,大致可以分为两个阶段。

第一阶段,学者们的自由思辨加实证研究,初步拟定数学核心素养要素。下面列举几个观点。

史宁中教授对数学核心素养进行了描述性定义。他用"三会"(会用数学的眼光观察现实世界、会用数学的思维思考现实世界、会用数学的语言表达现实世界)来概括数学核心素养的精髓。[③] 这种表述较为全面地阐释了数学核心素养的本质,但对其构成要素没有详细划分,因而在实践中可操作性不强。

马云鹏将数学核心素养定义为:学生学习数学应当达到的有特定意义的综合性能力。[④] 这种定义与高中课程标准修订组的观点类似,都偏重"数学能力",对数学学科独特的育人价值凸显不够。

张奠宙(1933—2018)先生对数学核心素养中情感、态度、价值观的重要性进行了强调。他认为,把核心素养说成 6 种能力,这种提法在概念上不能很好相容。数学核心素养包括情感态度、价值观,不只是数学能力。[⑤]

蔡金法和徐斌艳提出如下两个假设:(1)对数学核心素养的研究需要基于人的培养目标,社会所需各级各类的未来人才的特质形成以及个人将来的生活质量,应该伴随在数学核心素养发展过程中。(2)数学核心素养的研究需要基于人们对数学的认识,人们拥有的数学观会影响对数学素养的认识。基于此,他们提出数学核心素养包括数学交流、数学建模、智能计算思维和数学情感 4 个核心素养成分。数学交流素养包含数学推理论证、数学表征等数学

① 蔡上鹤. 民族素质和数学素养——学习《中国教育改革和发展纲要》的一点体会[J]. 课程·教材·教法,1994(2): 15-18.
② 朱长江. 谈谈如何提高大学生的数学素养[J]. 中国大学教学,2011(11): 17-19.
③ 史宁中. 高中数学课程标准修订中的关键问题[J]. 数学教育学报,2018,27(1): 8-10.
④ 马云鹏. 关于数学核心素养的几个问题[J]. 课程·教材·教法,2015,35(9): 36-39.
⑤ 洪燕君,周九诗,王尚志,等.《普通高中数学课程标准(修订稿)》的意见征询——访谈张奠宙先生[J]. 数学教育学报,2015,24(3): 35-39.

关键能力;数学建模素养与数学地提出问题、解决问题能力密切相关;智能计算思维则是一种系统的问题解决过程。而在强调数学素养认知成分的同时,非认知因素尤为重要,数学知识的认同感、信任感和审美能力,这些积极的数学情感有助于数学核心素养的发展。[1] 相比较其他研究,这一项研究将"智能计算思维"作为一个数学核心素养要素,是一种新的尝试。

吕世虎等人结合数学核心素养的内涵以及相关的数学认知理论,从数学的认识论价值、应用价值、思维价值与育人价值入手,将数学核心素养的体系划分为由低到高的四个层面:数学双基层、问题解决层、数学思维层、数学精神层,构建了"数学核心素养体系塔"。"数学双基层"主要包括个体在 21 世纪生存和发展所必需的数学基础知识和基本技能。"问题解决层"主要包括识别和发现复杂情境中所蕴含的数学问题,并能灵活地运用数学知识和技能分析和解决数学问题。问题解决层面的数学核心素养,主要包括:数学建模能力、数据分析能力、数学运算能力以及数学沟通与交流能力。"数学思维层"主要包括个体在经历系统的数学学习和利用数学知识与方法解决特定情境中的问题后,通过体验、认识、内化形成较为稳定的数学化地理解问题和解决问题的思维方式,包括数学抽象、数学推理和直观想象。"数学精神层"主要包括个体通过对数学的深度理解和把握,将自身对数学的理解与认识内化而形成的科学形态的数学精神和人文形态的数学精神。它们均有助于个体品质和价值观念的形成,促进其精神成长。[2] 应该看到,这个对数学核心素养体系的研究结果,不仅给出了数学核心素养的成分,而且还构建了数学核心素养的结构,对数学核心素养体系作了较好的探索。

喻平采用实证方法研究了数学核心素养的成分。首先,在分析数学学科特征和数学教育价值的基础上,提出 17 个与数学核心素养相关的因素,编制一份测量 17 个要素认可度的李克特量表。其次,采用大样本问卷调查方式,收集数据。再次,对数据进行因子分析、聚类分析,最后得到数学核心素养的 7 种成分:数学抽象、运算能力、推理能力、建模与数据处理、空间能力、问题解决能力、数学文化品格。这项研究突破了纯粹思辨的方法,采用自下而上的方法归纳出结论。[3]

第二阶段,正式确定数学核心素养成分。高中数学课程标准修订组对数学核心素养的构成进行了详细划分,认为数学核心素养是具有数学基本特征

① 蔡金法,徐斌艳. 也论数学核心素养及其构建[J]. 全球教育展望,2016,45(11):3-12.
② 吕世虎,吴振英. 数学核心素养的内涵及其体系构建[J]. 课程·教材·教法,2017,37(9):12-17.
③ 喻平. 数学学科核心素养要素析取的实证研究[J]. 数学教育学报,2016(6):1-6.

的、适应个人终身发展和社会发展需要的人的关键能力与思维品质,包括数学抽象、逻辑推理、数学建模、直观想象、数学运算和数据分析。这 6 个构成要素是由义务教育阶段数学课程标准的"十大核心词"提炼而来,在内涵和外延上具有独立性,非常清晰,较好地凸显了数学学科的本质,在逻辑上也构成一个有机体。最终数学课程标准正式采用了这种提法。

二、基于数学核心素养的教学研究

《普通高中数学课程标准(2017 年版)》颁布后,关于如何在教学中培养学生的数学核心素养的研究可谓铺天盖地,中小学数学教学类的期刊出现了大量的这类文章,但多是结合具体的教学案例作点上的分析,宏观层面的研究为数不多。

曹一鸣和王振平对基于学生数学关键能力发展的教学改进作了研究。[①]他们认为,第一,要聚焦关键教学事件与关键教学行为进行教学改进。教师突出重点与突破难点的过程,是引领学生经历数学化、突破思维难点进而获得知识与能力的过程,其往往表现为课堂中的关键点或关键事件。关键事件体现为两种类型:第一种类型是承载着培养学生数学关键能力的重任的教学活动;第二种类型表现为当学生思维表现出智慧或出现困难时,教师的机智决策、学生及教师的反馈等师生互动环节。解析关键教学事件,教师可以从以下三个方面进行思考:关键教学事件能够培养学生哪些数学关键能力? 关键教学事件如何激发和维持学生的思维? 关键教学事件是否处理得当? 第二,要基于数学关键能力进行教学改进。基于数学关键能力的课堂教学改进,是指在综合评估学生数学关键能力状况和对教师课堂教学进行诊断的基础上,围绕教师的教学设计与课堂实施中能够培养学生数学关键能力的关键教学事件和关键教学行为进行改进,通过量化与质性分析方法评估教学中教师与学生的变化,以此提高教师对学生数学关键能力培养的针对性和有效性,进而促进学生数学关键能力的发展。如何进行基于数学关键能力的教学改进,他们提出了实施路径,包括:能力前测和教学诊断为改进提供依据;通过同一课题两轮改进来提升教学效果;通过师生访谈、教师反思及后测评估评价改进效果。

喻平分析了当下基于"知识理解"层面的教学现状,其中存在一些与培养学生核心素养理念相悖的问题:偏重传承知识而忽视渗透文化、偏重接受知识而忽视创新知识、偏重理论知识而忽视实践知识、偏重显性知识而忽视隐性

---

① 曹一鸣,王振平.基于学生数学关键能力发展的教学改进研究[J].教育科学研究,2018(3):61-65.

知识、偏重证实性知识忽视证伪性知识等。要实现培养学生数学核心素养的目标，就应当思考教学的转型，在教学过程要做到：知识教学与文化教学相结合、结果性知识与过程性知识相结合、学科性知识与实践性知识相结合、外显性知识与内隐性知识相结合、证实性知识与证伪性知识相结合。[①] 这种观点是在理论层面的思考，有一定宏观指导的意义。

陈述性知识和程序性知识具有不同的属性，它们在发展学生数学核心素养中有不同的功能。喻平对此作了分析，指出陈述性知识与数学抽象、直观想象、逻辑推理联系紧密；程序性知识与逻辑推理、数学运算、数学建模、数据分析高度相关。同时提出如下数学教学策略：强抽象与弱抽象结合发展数学抽象；逻辑推理与合情推理结合发展逻辑推理；直观表征与表象表征结合发展直观想象；使用规则与建构规则结合发展数学运算；应用模式与建构模式结合发展数学建模；现实情境与学科情境结合发展数据分析的策略。从而有针对性地发展学生 6 种数学核心素养。[②]

发展学生的核心素养是当下教育教学改革的重要导向。对此，需要在深入解读、充分阐释的基础上进行落实。从数学教育心理(PME)角度审视数学核心素养，可以给教师提供一个比较新颖的视角。其关注的问题是：数学核心素养自身及各个要素的内涵是什么？学生的数学核心素养发展有什么规律？采用什么教学策略可以培养学生的数学核心素养？对此，喻平组织团队成员写了 7 篇文章(见表 1.2.1)，从数学教育心理学角度分别对 6 个数学核心素养的教学作了思考。

表 1.2.1　PME 视角看中小学生核心素养的发展一组文章

喻平	PME 视角：中小学生核心素养的发展	教育研究与评论,2016(2)
张夏雨	PME 视角：中小学生数学运算的发展	教育研究与评论,2016(2)
黄友初	PME 视角：中小学生数学抽象的发展	教育研究与评论,2016(2)
严卿	PME 视角：中小学生逻辑推理的发展	教育研究与评论,2016(2)
沈金兴,王奋平	PME 视角：中小学生直观想象的发展	教育研究与评论,2016(3)
陈蓓	PME 视角：中小学生数学建模的发展	教育研究与评论,2016(3)
罗玉华	PME 视角：中小学生数据分析的发展	教育研究与评论,2016(3)

数学素养的形成和发展离不开具体的情境与问题。数学情境包括现实情

---

① 喻平.发展学生学科核心素养的教学目标与策略[J].课程·教材·教法,2017,37(1)：48-53,68.
② 喻平.数学核心素养的培养：知识分类视角[J].教育理论与实践,2018(17)：3-6.

境、纯数学情境和科学情境,而问题是在这三种不同情境中蕴含的。有学者认为,情境与问题是数学抽象对象的来源、逻辑推理活动的背景、数学建模体验的素材、直观想象发展的媒介、数学运算处理的对象以及数据分析开展的前提。教师在数学教学活动中,可以从情境与问题的视角出发,启发学生进行数学思考,积累数学活动经验,逐步形成数学核心素养。①

虽然核心素养的概念还没有落实到义务教育阶段,但小学和初中关于核心素养教育的研究已经呈现高涨的热情,许多教师开展了相关课题的研究,发表了大量的成果。曹培英认为,小学数学学科核心素养体系由两个层面和六项素养构成,两个层面是:数学思想方法、数学内容领域;六项素养是:抽象、推理、模型、运算能力、空间观念、数据分析观念。数学学科第一层面的核心素养体现了数学最本质、最基本的思想方法,反映了数学对事物的认识方式、处理方式和表征方式;数学学科第二层面的核心素养则进一步与数学三大内容领域固有的重要能力相关。因此,在教学中要根据基础性内容不同领域各有侧重选择培育路径,根据综合性、拓展性专题内容选择不同教学路径。②

三、基于数学核心素养的学习评价研究

关于数学核心素养的学习评价,我们在第六章第三节作详细综述,因此在这里不展开讨论。

综上所述,数学核心素养概念的辨析是初期研究的热点,随后最关注的问题是如何在核心素养背景下作教学转型与评价模式建构。虽然关于核心素养背景下如何教学和如何评价已经有了大量的研究,但是对问题作深层面思考的文章并不多见。广大教师对具体教学内容中如何培养数学核心素养的研究热情比较高,发表的文章也比较多(这部分内容我们没有作综述),然而,鲜见有思想性、概括性、统领性的高层思考和深层设计的文献。另一方面,诸如核心素养的评价这类需要探究操作性的问题研究也不多,反而呈现空泛思辨的现象。

其实,本书就是想站在比较高的层面上思考这些问题,试图解决一些实践中的理论问题,但诚恐水平不够,力所不能及,只能抛砖引玉、求教方家。

---

① 雷沛瑶,胡典顺.提升学生的数学核心素养:情境与问题的视角[J].教育探索,2018(6):23-27.
② 曹培英.小学数学学科核心素养及其培养的基本路径[J].课程·教材·教法,2017(2):74-79.

第二章 数学核心素养的基本成分与结构

研究数学核心素养的一个最基本问题是厘清它的基本成分与结构,这是问题研究的起点。如果不能清晰地界定数学核心素养的成分,没有准确描述数学核心素养的结构,那么实施培养学生数学核心素养的工程就会偏离目标,甚至与培养目标南辕北辙。

第一节 建构数学核心素养成分的前提性思考

做任何事情都是有前提的,不对前提条件有清晰的认识,做事就可能偏离方向。因此,在拟定数学核心素养的成分之前,应当对做这件事情的前提作一些思考。

一、数学核心素养应与一般核心素养的涵义一致

在设计数学核心素养成分时,要考虑数学核心素养的涵义与一般意义下的核心素养涵义应当保持高度一致,不能偏离核心素养的要义。

2014 年,教育部颁发了《教育部关于全面深化课程改革 落实立德树人根本任务的意见》,在这个文件中,明确界定了核心素养的内涵。核心素养是指学生应具备的适应终身发展和社会发展需要的必备品格和关键能力。突出强调个人修养、社会关爱、家国情怀,更加注重自主发展、合作参与、创新实践。在这个定义中,有两层涵义:其一,适应终身发展需要的必备品格和关键能力,指的是个人需求;其二,适应社会发展需要的必备品格和关键能力,指的是社会需求。

2018 年初,教育部颁布了《普通高中课程方案(2017 年版)》,对核心素养的内涵作了进一步刻画,指出各学科的核心素养包括三个要素:正确价值观、必备品格和关键能力。[1] 将正确价值观从必备品格中剥离出来,就是对价值观的强调,在核心素养体系中,它是与必备品格同等重要的要素。

---

① 中华人民共和国教育部. 普通高中课程方案(2017 年版)[S]. 北京:人民教育出版社,2018:4.

适应终身发展需要的正确价值观、必备品格和关键能力,是针对个人内在发展来说的,是个人应当具备的学科能力和道德品质。一个人的发展存在两个重要的阶段,一是学校学习阶段,二是职业生涯阶段,两个阶段的发展有其自身的特征和规律。

学科能力的形成和发展主要是在学校学习阶段习得和培养的。在学校学习阶段,学习知识、形成学科技能、养成优良品质、发展思维能力是主要任务。要适应终身发展的需要,首先,品格和价值观是第一位的,不会做人,能力又有何用? 只有形成正确的价值观,具备健全人格、社会责任、国家认同等品格,才能有正确的个人发展目标,才能成为对社会有用的人。其次,必须掌握扎实的基础知识,包括科学知识和人文知识。知识的学习具有逻辑性、连续性、叠加性、积淀性,前面习得的知识是后继学习的基础。人们要不断深入学习必须有前期的知识作为储备,只有持续不断地学习,才会形成知识的积淀和丰厚的基础。再次,要形成学科技能。每门学科都有蕴含在学科知识中的思想和方法,学生由对这些思想方法的领悟和学科问题解决的训练,会形成学科的技能、学科的思维,从而形成学科能力。知识是人类思维的结晶,是人类智慧的精华,学科能力只能通过知识的学习转化而来,优良的个人品质和正确的价值观也伴随着科研知识的学习过程而滋生。

适应社会发展需要的正确价值观、必备品格和关键能力,是个人应当具备的实践能力和适应社会的道德品质,需要在学校学习阶段和职业生涯阶段共同生长和培养。具备适应社会发展需要的必备品格和关键能力,有两层涵义:其一,社会的各行各业对从业人员的要求是不一样的,即实践能力因职业的不同而存在差异,因此,实践能力的发展是以学科能力为基础,面对社会的不同需求而逐步积累的发展的;其二,当今信息社会的发展日新月异,一个人在学校学习的知识不可能作为自己一生职业生涯的知识储备,必须受到一种终身学习的无形机制制约。因此,人们在学校的学习就不是单纯的学习知识,更应当学会如何学习,唯有如此方能在自己的职业生涯中去学习新的知识,适应社会发展的需求。

拟定数学核心素养的成分,不能脱离正确价值观、必备品格和关键能力这三个要素,要从基础性和发展性两个方面来思考。通过数学知识的学习可以使学生那些主要的、关键的数学能力得到发展,这些数学能力对于学生进入社会之后会有迁移、辐射作用,能够形成离开学校之后个人会学习新知识的一种"基因"。

例如,"逻辑思维能力"作为一个数学核心素养是合理的。数学与逻辑形影不离,有数学的地方就有逻辑,学生不具有逻辑思维能力,他就不可能理解数学知识,反之,对知识的理解又会促进个人逻辑推理能力的发展,两者相辅相成。更重要的是,逻辑推理能力具有迁移功能,通过数学学习形成的逻辑推理能力能够迁移到其他学科的学习中去,能够使人们面对现实生活、生产中的问题作出理性的、有条理的思考,可以说,逻辑推理是个人解决问题必不可少的基本能力。同时,学习任何一种新的知识都与逻辑思维相关,一个人不具备逻辑推理能力,恐怕在学习的道路上会寸步难行。

二、数学核心素养应反映数学学科的本质属性

拟定数学核心素养成分,应当反映数学学科的本质属性。[①]

关于对数学本质的认识,历来是数学哲学中讨论的话题,数学家和数学哲学家从不同视角观察数学,提出了若干不同的认识和见解。表 2.1.1 给出一些著名数学家或哲学家的观点。[②]

表 2.1.1　一些数学家或哲学家对数学本质认识的观点

视角	观　　点
数学的定义与研究对象	数学是关于数量关系的科学,数量关系就是某物与他物在量的侧面相等与否的种种关系,但二物相等系指在任一断言中,两者可以互相取代。——赫尔(G. Hermann) 数学研究的对象就是数量之间种种间接的度量关系,目的在于按照数量之间所存在的种种客观关系去决定它们的相对大小。——科姆特(A. Comte) 整个数学被三种思想观念统治着,或者说有三个基本概念渗透在整个数学领域中,这三个基本概念就是数、序和空间。事实上,每个数学真理或者涉及其中之一个,或者同时涉及其中之两个,或是三者的组合。——塞尔维斯脱(J. J. Sylvester) 在严格意义上说,数学是一种抽象的科学。它演绎地研究那些被蕴含在空间关系和数学关系之原始概念中的论断。——莫雷(J. A. H. Murray) 一般说来,数学基本上是一种自我证明的科学。——克莱茵(F. Klein,1894—1925) 数学是一门理性思维的科学。它是研究、了解和知晓现实世界的工具。复杂的东西可以通过这一工具简单的措辞去表达,从这一意义上说,数学可被定义为一种连续地用比较简单的概念去取代复杂概念的学科。——怀特(W. F. White)
数学的本性	数学的本质就在于它的自由。——康托尔(G. Cantor, 1845—1918) 数学不是规律的发现者,因为它不是归纳。数学也不是理论的缔造者,因为它不是假说。但数学却是规律和理论的裁判和主宰者,因为规律和理论都要向数学表明自己的主张,然后等待数学的裁判。如果没有数学上的认可,则规律不能起作用,理论也不能进行解释。——彭加敏(P. Benjamin) 数学和辩证法一样,都是人类高级理性的体现。当它在演变时,就和雄辩术一样,都是一种艺术。——哥德(Goethe) 数学发明创造的动力不是推理,而是想象力的发挥。——德摩根(A. De Morgan, 1806—1871)

[①] 喻平. 数学学科核心素养要素析取的实证研究[J]. 数学教育学报,2016(6):1-6.
[②] 莫里兹. 数学家言行录[M]. 朱剑英,编译. 南京:江苏教育出版社,1990.

视角	观　　点
数学的价值	数学是一种思维形式,它牢固地扎根于人类智慧之中,即使是原始民族,也会在某种程度上表现出这种数学思维的能力,并且随着人类文明的发展而发展着……数学表现了人类思维的本质和特征,并在任何国家与民族的文明中都会有所体现,因而在当今意义下,任何一种完善的形式化思维,都不能忽视这种数学思维形式。——扬(J. W. A. Young) 我曾说过,数学是一种方法。数学能使人们的思维方式严格化,养成有步骤地进行推理的习惯。当然,我并不主张所有的人都成为知识渊博的数学家,而只是认为,人们通过学习数学,能使他们的理智获得逻辑推理的方法,由此他们就可能去把知识进行推广和发展。——洛克(J. Locke, 1632—1704) 教育孩子的目标应该是逐步地组合他们的知与行。在各种学科中,数学是最能实现这一目标的学科。——康德(I. Kant, 1724—1804)
数学与科学	数学推理几乎可以应用于任何科学领域,不能应用数学推理的学科极少。通常认为无法运用数学推理的学科,往往是由于该学科的发展还不够充分,人们对于该学科的知识掌握得太少,甚至还在混沌的初级阶段。——阿尔波斯诺特(Arbuhtnot) 我坚定地认为,任何一门自然科学,只有当它能应用数学工具进行研究时,才能算是一门发展渐趋完善的真实科学。——康德(E. Kant) 物理学愈发展就愈数学化,数学是物理学的收敛中心。我们可以根据一门科学应用数学工具的程度来评定该门科学的完善程度。——奎特雷特(Quetelet) 我认为没有哪一门科学的服务功能与协调功能能像数学那样高度完善。——戴维斯(E. W. Davis)
数学与艺术	数学揭示并阐明了思维世界的奥秘,它演绎地展开了美与序的深思熟虑,它的各个部分之间是如此和谐地互相联系着,并直接关联着真理的无穷层次及其存在的绝对证明,这一切都是数学的最为令人确信的基础。数学是完美而无懈可击的,它是宇宙的计划,就像一幅尚未卷起的世界地图展现在人们的眼前,数学是那些创造真谛的人们的思维结晶。——塞尔维斯脱 数学是创造性的艺术,因为数学家创造了美好的新概念;数学是创造性的艺术,因为数学家像艺术家一样地生活,一样地工作,一样地思索;数学是创造性的艺术,因为数学家这样对待它。——哈尔莫斯(P. R. Halmos, 1916—2006) 数学的目标和意义有三个方面:首先,数学提供了研究自然界的有力工具;其次,数学的研究有重要的哲学意义;再则,我以敢冒昧地说,数学的探索还有深刻的美学原则。……尽管数学不是美学,两者不能等同,但当人们亲自经历回顾其数学研究的历程时,一种不可控制的愉快油然而生,这难道不是一种美学特征的体现吗?——庞加莱(J. H. Poincaré, 1854—1912)

方延明将各家观点作了一个归类,对数学本质的认识存在如下一些观点。[①]

(1) 万物皆数说。认为数统治着整个宇宙,这是毕达哥拉斯(Pythagoras,前 570—前 495)的观点。

(2) 哲学说。数学是研究哲学问题的重要来源,哲学注重宏观,数学注重

[①] 方延明. 数学文化导论[M]. 南京:南京大学出版社,1999:4-15.

微观,哲学是望远镜,数学是显微镜。牛顿(I. Newton,1643—1727)的名著《自然哲学之数学原理》,把哲学与数学之间的关系表现得亲密无间、天衣无缝。哲学家罗素(B. Russell,1872—1970)说得更加直接:为了创造一种健康的哲学,你可以抛弃形而上学,但要成为一个好的数学家。

(3) 符号说。认为数学是一种高级语言,是符号的世界。

(4) 科学说。认为数学是一门科学,是一门精密的科学。高斯(C. F. Gauss,1777—1855)甚至把数学作为科学的皇后、算术是数学的皇后看待。

(5) 工具说。数学作为一门基础学科,它是其他学科研究的基础,也是一种应用于解决问题的工具,具有工具性特征。

(6) 逻辑说。认为数学就是逻辑。逻辑主义将其推向极端,认为数学概念都可以借助逻辑概念定义给出,而数学定理都可以由逻辑公理原则推出,因此,全部数学都可以由逻辑概念定义给出。

(7) 创新说。把数学看成是不断创新、没有止境的过程。

(8) 直觉说。认为数学是人类心智自由创造活动的产物,数学来源于直觉,数学的基础就是人们的直觉所能体验和直接接受的东西。

(9) 集合说。数学的基础是集合,数学的各个分支都可以归结于集合。

(10) 结构说。数学是各个概念、命题不断抽象形成的一种结构。

(11) 模型说。数学的每一门学科都是一种模型,微积分是物体运动的模型,概率论是偶然与必然现象的模型,欧氏空间是现实空间的模型等,因此,数学是模型的科学。

(12) 活动说。数学是人类的一种活动。

(13) 精神说。数学是一种精神,一种理性精神。

(14) 审美说。数学是对美的追求。庞加莱把数学美概括为统一性、简洁性、对称性、协调性和奇异性。

(15) 艺术说。数学是一门艺术,因为它主要是思维的创造。

对这些观点作进一步梳理,宏观上可以把数学的本质概括为两个大的方面,即数学的科学特质和数学的文化特质。

数学的科学特质表现为除了有科学的本性外,还具有数学本身的特性,数学本身特性可以用几个关键词刻画:抽象、逻辑、结构、模式、数据、直觉。事实上,从历史上几个重要的数学哲学流派的各自追求,可以看到都是围绕这些关键词开展的。以罗素为代表的逻辑主义,把数学与逻辑等价看待,认为数学可以归结为逻辑。直觉主义否认超经验的数学对象存在,强调数学对象的可构造性,而这种构造源于非逻辑思维占主要成分的数学直觉,阿达玛(J. S. Hadamard,1865—1963)认为,数学直觉的本质是某种美的意识或美感,其实是对数学对象间存在着的某种隐微的、和谐性与秩序的直觉认识。① 以希尔伯特(D. Hilbert，1862—1943)为代表的形式主义，认为数学思维的对象就是数学符号本身，符号就是本质，它们并不代表任何物理对象。数学对象是一堆毫无实际内容的形式符号体系，不管从什么假设出发，只要这些假设能以符号形式明显地表示，用形式的演绎来推理，就成为数学。受形式主义学派影响发展起来的法国布尔巴基学派，在促使数学理论体系进一步形式化方面做了大量工作。该学派认为，数学各分支应按照结构性质划分，运用公理化方法按照结构观点加以整理。所谓"结构"，是一些用若干公理来定义的基本数学关系。最基本的结构有三种，即代数结构、序结构和拓扑结构，以这三种结构为基础，全部或绝大部分数学内容都可以归结为各种结构，数学的发展无非是结构的构建和重组而已。显然，逻辑主义以"逻辑"为核心刻画数学；直觉主义以"构造""非逻辑思维""数学美"等概念为核心认识数学；形式主义对数学的描述建立在"抽象"概念基础之上；布尔巴基学派则以"结构"塑造数学。其实，不同学派是从不同角度来认识数学的本质，都有合理因素但又表现出各自的片面性。

数学的文化特质指数学的文化元素表现出来的特别性质。数学既是科学又是一种文化，数学文化包括数学知识、数学思想方法、数学精神、数学信念、数学价值观和数学审美。数学知识是人们认识客观世界的物质成果，是科学劳动的果实和产品，负载着数学方法和数学精神，是数学文化的基础。数学思想方法最能体现出数学思维的过程和品质，是数学文化最主要的现实表现。数学精神、数学信念是数学家共同体在追求真理、逼近真理的科学活动中，将数学思想方法内化后所形成的独特的精神气质，是数学文化的核心和精髓。数学价值观是人们对数学本体功能和外在功能的认识，是人们对数学的价值判断。数学审美是一种理性的精神，这种精神促使人们去探求和确立知识深刻、完美的内涵。科学教学观视野下的数学教学，就是要充分展示数学的文化元素。"数学人文精神的内涵具体体现在其理性求知、一种文化、数学思维品质、普遍的思想方法和语言以及独特的审美价值上。"②

综合上述分析，第一，数学核心素养的成分要体现数学的科学特质，突出抽象、逻辑、模型、数据、直观等最能反映数学思维本质的概念。第二，数学核心素养的成分要体现数学的文化特质，通过数学学习，学生形成的数学文化品格应当作为一种基本素养成分。

---

① 王前. 数学哲学引论[M]. 沈阳：辽宁教育出版社，2002：193.

② 黄秦安，邹慧超. 数学的人文精神及其数学教育价值[J]. 数学教育学报，2006，15(4)：6-10.

三、数学核心素养应反映数学教育的价值

拟定数学核心素养成分，应当反映数学教育的价值属性。

一般说来，数学教育的价值主要体现在育人性和实用性两个方面。郑毓信先生提出，在分析数学教育目标时，应当从两个方面考虑：数学教育目标的价值性准则和数学教育目标的社会性准则。[①]

数学教育目标的价值性准则是指数学教育应当充分体现数学的价值。数学的价值主要有两个：其一，数学应用的价值。数学的应用渗透到人们的日常生活、现代科学技术、其他学科中去，数学具有强大的应用功能。其二，思维训练价值。数学对思维的训练具有特殊的价值。就数学的工具作用和思维训练的特殊意义，郑毓信从定量到定性的研究思想、科学研究的典范、科学的语言、数学化思想、解决问题的艺术、思维的自由想象与创造、不可思议的有效性、看不见的文化等8个方面作了深入分析。

数学教育目标的社会性准则，是指数学教育应当充分体现社会的要求，培养社会需要的人才。历史上有"形式教育"和"实质教育"之争论，形式教育的观点是：教育的目标应当是通过知识的学习，使学生的心智、能力得到发展。实质教育则强调教育的主要任务是教给学生对生产、生活有实用价值的知识和技能，这种理论的缘起是工业社会的出现，人们反思传统的形式教育已经不能满足社会的需求，教育必须拟定新的目标和任务。其实，可以看出形式教育强调的是数学本身的价值，即数学教育目标的价值性准则，而实质教育更偏向于数学教育目标的社会性准则。当今的社会已经进入信息社会阶段，时代对人的要求已不再是工业社会的人才培养目标所能满足的，数学教育的目标要向发展学生数学素养转型，要培养具有良好数学素养、具有终身学习能力的公民。

欧内斯特（P. Ernest）作了更加细致的思考，他把数学教育观念与数学教育目标联系起来，将数学教育分为五种类型：严格训导派，技术实用主义，旧人文主义，进步教育派，大众教育派。这些派别在认识论、课程观、教学观、教育目标等方面都存在差别。数学教育的价值体现在教育目标中，反映了数学教育的育人功能。[②]

严格训导派强调思维训练的重要性，教育目的是针对不同阶层的学生提供不同的训练，掌握基础知识和基本技能，为将来的职业和个人发展做准备。

---

① 郑毓信. 数学教育哲学[M]. 成都：四川教育出版社，1995：133 – 180.
② ERNEST. 数学教育哲学[M]. 齐建华，张松枝，译. 上海：上海教育出版社，1998：170.

技术实用主义持功利主义观,教育目的主要是让学生掌握就业需要的数学知识与技能。旧人文主义重视数学知识、文化和价值的传播功能,视数学为人类文化遗产和智力成就的核心部分,教育目的是传承数学文化,欣赏数学美。进步教育派的教育目的是通过数学教育促进人的素质发展,实现人格完善,富于创新精神。大众教育派强调公平民主,通过数学教育使学生获得批判性意识、民主公民意识,在社会环境中能用数学思维方式提出问题和解决问题。

总结各家论点,数学教育的价值在于:掌握数学知识,形成基本数学技能,发展数学能力,训练数学思维,掌握数学工具,领悟数学精神,传承数学文化。因此,在提取数学核心素养成分时,应综合考虑这些要素,使数学核心素养成分的拟定更加合理、科学。

四、数学核心素养成分应具备相对的完备性

完备性原则是指提取的数学核心素养成分,应当是全面涵盖数学学科特性与数学教育功能的基本要素,不能遗漏一些必备的、重要的要素。

我们借助于公理体系的要求对这个问题作一分析。众所周知,一个公理系统要求满足相容性(一个公理体系不能推导出相互矛盾的结论)、独立性(一个公理不能由体系中的其他公理推出)、完备性(一个公理体系中公理不能多也不能少)。对于数学核心素养体系,不必考虑相容性问题,因为这些核心素养成分不是用于推导其他成分的逻辑起点。至于独立性,数学核心素养成分之间的完全独立是不可能的,它们都可能存在共同的东西。例如“逻辑推理”和“数学运算”,如果把这两个要素都作为数学核心素养,显然它们之间有过多的交集。数学运算本身就是依据一定的法则进行推理的过程,反之,一些数学推理的过程中本身也含有运算的成分。因此,拟定数学核心素养成分也不必考虑独立性问题。但是,完备性是要考虑的,相对的完备方能保证提出的数学核心素养涵盖数学教育功能的全部。

时代的进步和数学学科本身的发展,使得中小学数学教学内容不能只是代数、几何、三角等传统的内容,一些现代数学知识必须充斥到教学内容中。例如,概率统计、数学建模等与现代社会发展紧密相联的学科,这些学科中的基本概念和方法应当成为当代公民必须掌握的知识和技能。因此。数学核心素养成分析取,要考虑这些现代元素,使数学核心素养体系达到相对完备。

需再强调的是,完备是相对的,不是绝对的,因为绝对的完备性不可能做到,也没有必要做到。数学核心素养包括数学素养中的主要成分、核心成分即可。

第二节 数学核心素养生成的本源

人的素养来自何处？更具体地说，一个人的数学核心素养生成的本源是什么？这是需要追究的问题。

核心素养是学生应具备的适应终身发展和社会发展需要的正确价值观、必备品格和关键能力。作为学科核心素养，关键能力就是指学科关键能力，而价值观与品格具有共性，与学科知识的学习有一定关系，但价值观与品格的生成和发展更多地是与社会文化、家庭背景、学校文化、人际交流相关，这是一个复杂的问题，我们在此不去讨论。下面聚焦"必备的学科关键能力"，即围绕数学关键能力的生成展开讨论。①

一、对知识与能力认识的历史纷争

提到能力，不可回避地要回到能力与知识关系讨论的传统话题上。

如前所述，形式教育与实质教育是对教育目的认识的两种相对立的教育理论，前者认为教育旨在使学生的官能或能力得到发展；后者认为教育的目的在于使学生获得知识和生活的必备技能。两种理论的本质是对知识与能力孰轻孰重的考量。

（一）形式教育理论

形式教育思想可以追溯到古希腊。

苏格拉底（Socrates，前470—前399）认为，知识不可能由教师传授给学生，真正的知识存在于人的内部，需要时仅仅是唤起知识，使之达到意识的境界。认为所有的探究、所有的学习都不过是回忆罢了。要实现这种唤醒，训练是最好的途径。因此，苏格拉底强调知识的普遍有效性和道德价值，注重形式和方法而不是内容。

柏拉图（Plato，前427—前347）继承了苏格拉底的观念，认为学习即某些理念（能力、观念）由里向外的发展，学习即回忆。柏拉图认为：我们每个人心灵里都有一种官能，当这种官能被其他日常事务蒙蔽了或毁坏了以后，可以用这些学习（算学、几何学、天文学）来澄清或重新点燃它。保护官能比保护眼睛更重要，因为只有官能才能洞见真理。② 学习某些学科，不仅仅是为了这些学

---

① 喻平.学科关键能力的生成与评价[J].教育学报,2018(2)：34-40.

② 柏拉图.理想国[M].郭斌和,张竹明,译.北京：商务印书馆,1986：292.

科而学习,主要在于这些学科对心灵所产生的影响,某一学科即使没有直接用处,但它对心智训练却很有价值。柏拉图特别对几何学情有独钟,他认为学过几何学的人再学习其他学科会比较敏捷,学习几何学对于学习其他学科都有某种促进作用。可见,柏拉图将形式教育推向一个高潮。

亚里士多德(Aristotle,前384—前322)从哲学和心理学两个领域看待这件事。从哲学方面,他认为认识的对象不是理念,而是真实的存在,人们的认识只能从感觉中产生。显然,这个观点与柏拉图的看法大相径庭。从心理学方面,亚里士多德认为灵魂是生命之本源。他描述了灵魂的五种官能:①生长的官能,即有机体保存和发展自己的能力;②欲望的官能,即追求使自己满意的、良好的东西的倾向;③感觉的官能,包括审美官能;④运动的官能,即活动能力;⑤理性的官能,即推理能力。[①] 这五种官能对教育而言,最重要的是理性的官能,教育的目的在于发展心灵的最高方面——理智,理智教育是教育的最高任务。

作为形式教育的心理学基础,官能心理学认为人的心智这个实体生来就有,由注意、意志、记忆、知觉、想象、判断等官能组成,这些官能是各自分开的实体,分别从事不同的活动。各种官能可以像训练肌肉一样通过练习增加力量,由此产生了迁移学说的最早理论——形式训练说。形式训练说认为迁移要经过"形式训练"的过程才能产生。迁移通过对组成心智的各种官能的训练,提高注意力、记忆力、想象力和推理力等各种能力而自动产生。基于这种观点,教育的主要目标不是掌握知识或技能,而是发展和增强心灵的能力,这就是形式教育的基本要义。

形式教育真正成为一种教育理论,是在文艺复兴时期出现的。代表人物是洛克、裴斯泰洛齐(J. H. Pestalozzi,1746—1827)等。洛克的论著《理解能力指导散论》中,提出了大量形式教育的观点,强调只有通过官能和能力训练,才能使人们具有做任何事情的能力,正如训练可以使身体强健一样,训练也可以使心灵得到发展。裴斯泰洛齐认为教育的目标不是掌握知识或技能,而是发展的增强心灵的能力,知识的传递和特殊技能的训练只能处于从属地位,而是应考虑儿童已拥有什么官能。

瞿葆奎和施良方把形式教育归结为三个要点[②]:

(1)教育的任务在于训练心灵的官能。身体上各种器官,只有用操练使他们发展起来;心智的能力也只有用练习使它们发展起来。教育的主要任务,

---

① 瞿葆奎. 智育[M]. 北京:人民教育出版社,1993:431-432.

② 同①425.

就是要体现那些能够最有效地训练学生各种官能的心智练习。

（2）教育应当以形式为目的。在教育中灌输知识远不如训练官能来得重要。如果人们的官能由于训练而发展了，任何知识随时都可以吸收。知识的价值在于作为训练的材料，即便学习的内容被遗忘了，却仍然留下一种永久的、更有价值的效果。因此，不必重视课程和教材的实用性，而要重视它们的训练作用。

（3）学习的迁移是心灵官能得到训练而自动产生的结果。认为通过一定的训练，使心灵的官能或某种官能得到发展，就能迁移到其他学习上去。学生学习拉丁文、希腊文和数学，会对学习其他课程和教材有很大的好处。

（二）实质教育理论

实质教育的兴起，主要基于两个方面的原因。

第一，工业社会的出现。18 世纪末 19 世纪初，由于资本主义经济的迅猛发展，机器生产和工业社会要求学校教育培养具有一定实用知识的人，形式教育已经不能满足当时社会的需求。第二，形式教育的理论遭到理论界的许多质疑，心理学家先后用实验证实了形式训练说的缺陷。例如，詹姆斯（W. James，1842—1910）的一项实验，先测量被试学习一个诗人的诗句，然后训练他们记忆另一个诗人的某些诗句，最后再回到第一个人的诗句，以确定他们是否比以前能更快地记住这个诗人的诗句，结果表明没有什么迁移效果。桑代克（E. L. Thorndike，1874—1949）采用大样本实验，结果表明在智商相同的被试中，学习拉丁文、几何学、英语等传统学科的学生并不比学习实用学科的学生在理智能力上有更大的提高。这个实验对形式训练说产生了致命的打击。

在这种背景下，促使教育家力图为教育目的建构新的理论体系，于是催生了实质教育思想的发端。其中赫尔巴特（J. F. Herbart，1776—1841）是主要代表人物，他摒弃了官能心理学思想，否认人有与生俱来的官能，而人的心是由通过感觉而形成的许多观念构成的，观念源于经验、社交。因此，赫尔巴特认为教育的目的不在于官能训练，而在于提供适当的观念来充实心智，主张在教材中学习知识的系统性和整体性。实质教育的另一个代表人物，斯宾塞（H. Spencer，1820—1903）也认为最有价值的知识是有利于完满的生活，为将来的生活作好准备的知识。

瞿葆奎和施良方把实质教育归结为三个要点[①]：

（1）教育在于提示适当的观念来建设心灵。心灵在初生时一无所有。心灵的官能不是现成存在的，心灵有赖于观念的联合，它是经验的产物。因此，

---

① 瞿葆奎. 智育［M］. 北京：人民教育出版社，1993：455.

教育的主要任务就是以观念充实心灵的内容。

(2) 教育应该以实质为目的。建设心灵的原料是各种观念。提示外界事物,产生观念的课程与教材就具有首要的地位。因此,教育不在于重视课程与教材的训练作用,或知识教学促进学生能力发展的作用,而是重视课程、教材的具体内容本身及其实用价值,使学生获得丰富的知识。

(3) 必须重视课程和教材的组织。心灵要靠观念的联合以组成概念和范畴。课程和教材的组织和程序,直接影响心灵的组织和程序。

(三) 一种融合的思想

形式教育与实质教育各执己见虽有历史时代的原因,但是这种割裂了知识与能力的作法毕竟存在很大缺陷。知识与能力有不可分割的内在联系,它们不是相互独立或相互排斥的。事实上,作为实质教育的推崇者,斯宾塞本人也看到了知识的价值和训练的价值,他说:"我们可以肯定,在获得那些调节行为最有用的各类知识中就包含了最适宜于增强能力的心智练习。"①

20 世纪初,许多教育家对形式教育和实质教育的极端观点作了批判。杜威(J. Dewey,1859—1952)在批判洛克的形式教育论和赫尔巴特的实质教育论基础上,提出以经验来解决形式教育与实质教育的对立,把能力和知识结合起来。他说:"一盎司经验之所以胜过一吨理论,是因为只有在经验中,任何理论才具有充满活力和可以证实的意义。"②克拉夫基(W. Klafki)认为,学生不掌握内容如何促使能力发展呢? 事实上,掌握内容本身也是一种能力。③

1950 年代,认知心理学的出现对知识的认识有了一种广义的分类,这种分类在一定程度上调解了知识与能力的一种对立或者说独立的关系。

认知心理学把知识分为陈述性知识和程序性知识。陈述性知识是陈述某些事实或现象的知识,即"这个东西是什么"的知识;程序性知识指人们怎么做事的知识,即"怎么做这件事"的知识。④ 按照这种对知识的广义分类,传统意义上的知识对应于陈述性知识,技能对应程序性知识。将技能进一步分解为两个亚类:一类用于对外办事(通过练习可以达到相对自动化),一类用于对内调控(受个体意识控制),这种分法就与加涅(R. M. Gagne,1916—2002)把

---

① 斯宾塞. 教育论[M]. 胡毅,译. 北京:人民教育出版社,1962:37.
② 杜威. 民主主义与教育[M]. 王承绪,译. 北京:人民教育出版社,1990:158.
③ 瞿葆奎,施良方. "形式教育"与"实质教育"(下)[J]. 华东师范大学学报(教育科学版),1988(2):27-41.
④ 皮连生. 知识分类与目标导向教学——理论与实践[M]. 上海:华东师范大学出版社,1998:6.

学习结果分为言语信息、智慧技能、认知策略①产生了对应：言语信息对应陈述性知识,智慧技能对应能相对自动化的程序性知识,认知策略对应受意识控制的程序性知识。② 显然,如果智慧技能的成分对应于技能,那么认知策略的成分则表现为能力。于是,认知心理学把能力作为知识的一种形式,使知识与能力得到统一。

二、知识是学科核心素养生成的本源

能力的发展寓知识掌握之中,这是当代理论界基本共识的命题,由于学科核心素养的主要关注点是学科核心能力,那么得到简单的推论:知识是学科核心能力生成的本源。为了对此有更细致的分析,有必要对知识作出进一步的透析。

休谟(D. Hume,1711—1776)提出了"两种知识"的理论。他认为:人类理性的一切对象可以自然分为两种,就是观念的关系和实际的事实。③ 第一种知识是指几何、代数、三角等科学,这种知识奠基于直觉的确定性和论证的确定性,它们是不依赖于经验的,因而是普遍必然的、明晰的。第二种知识关系到人们周围的,它们是依赖于经验的,因而是偶然的不确定的。I. 康德也把人类的知识概括为以下两种:一种是"经验知识",仅仅后天地、即通过经验才可能得到的知识;另一种是"纯粹知识",这种知识不应该被理解为"不依赖于这个或者那个经验而发生的知识,而是理解为绝对不依赖于一切经验而发生的知识……先天知识中根本不掺杂任何经验性因素的知识叫做纯粹的"④。我们把休谟的第一种知识和康德的"纯粹知识"称为客观知识,这类知识包括自然科学、社会科学、人文科学在内的知识体系,相对于个人来说是外在的客观存在的理智产品。休谟的第二种知识和康德的经验知识,本质上是属于个体内部的知识,它是个人获得的客观知识与经验的总和,我们把这类知识称为个体知识。

波兰尼(M. Polanyi,1891—1976)的知识理论就是"个体知识"(personal knowledge)的理论。人们已经习惯于将知识概念理解为普遍的、客观的、非个人的理智产品;另一方面则是因为个体知识本身从称谓上说也极容易引起误

---

① 加涅. 学习的条件和教学论[M]. 皮连生,王映学,郑葳,等译. 上海:华东师范大学出版社,1999:55.

② 邵瑞珍. 教育心理学(修订本)[M]. 上海:上海教育出版社,1997:58.

③ 休谟. 人类理解研究[M]. 关文运,译. 北京:商务印书馆,1981:26.

④ 俞吾金. 康德"三种知识"理论探析[J]. 社会科学战线,2012(7):12-18.

解,产生歧义。例如人们乍一看容易将个体知识误以为是科学知识的对应物。实际上,个体知识并不是一种相对独立的知识形式,而只是对科学知识性质的一种新表述。[1] 波兰尼以科学家探究科学问题的过程佐证了"个体知识"的存在性,并提出缄默知识概念,为个体知识理论奠定了基础。

学习的过程就是个体将客观知识转化为个体知识的过程,对这个过程,认知主义的解释是知识的复制,建构主义的解释是适应外部世界。欧内斯特对客观知识转化为主观知识(个体知识)作了细致描述:"通过输入的感觉信息直接作用,人类在与客观世界的相互作用下就获得了主观知识。……像科学的发展一样,主观知识是通过假设-演绎发展起来的。"[2]无论怎样解释,学习的结果终究是形成个体知识。客观知识如果不能转化为个体知识,学习就是无效的,也就无所谓个人能力的发展;客观知识能有效地转化为个体知识,才可能生成个人的能力,因此,从这个意义上说,个体知识是学科核心素养生成的发端。

个体知识的成分是知识与经验,从哲学意义上看,经验是指个体在同客观事物直接接触的过程中通过感觉器官获得的关于客观事物的现象和外部联系的认识,并通过理性分析获得的知识。通俗地说,经验就是个体从已发生的事件中获取的知识。杜威认为:"经验包含一个主动因素和一个被动因素,这两个因素以特有的形式结合着。只有注意到这一点,才能了解经验的性质。在主动方面,经验,就是尝试——这个意义,用实验这个术语来表达就清楚了。在被动的方面,经验就是承受结果。"[3]杜威从过程和结果两个维度对经验作了描述,个体要形成经验,对事物必须要有主动尝试的过程,缺乏主动性不会获得经验;另一方面,单纯的活动并不构成经验,要与活动所产生的结果联系起来才能形成经验。因此可以说,经验是核心素养生成的关键元素。

如果说客观知识是学科核心素养形成的外部资源,那么个体知识就是学科核心素养形成的内部资源。作为中小学生而言,经验主要有两类,一类是从日常生活中获得的经验,一类是在学习中获得的经验,后者其实就是个体把客观知识内化为个体知识形成的经验,从这个意义上说,客观知识作为一种外源变量通过个体知识这个内源变量去实现学科核心素养的生成。

第三节　数学核心素养成分的解读

《普通高中数学课程标准(2017 年版)》(以下简称《数学课程标准》)于

① 石中英. 波兰尼的知识理论及其教育意义[J]. 华东师范大学学报(教育科学版),2001(2):36-45.
② ERNEST. 数学教育哲学[M]. 齐建华,张松枝,译. 上海:上海教育出版社,1998:84.
③ 杜威. 民主主义与教育[M]. 王承绪,译. 北京:人民教育出版社,1990:153.

2017 年底颁发,分为课程性质与基本理念、学科核心素养与课程目标、课程结构、课程内容、学业质量、实施建议等六个部分。整个内容以学生发展为本,落实立德树人根本任务,提升数学学科核心素养。

《数学课程标准》明确了数学学科核心素养包括:数学抽象、逻辑推理、数学建模、直观想象、数学运算和数据分析。在对每个核心素养的描述中,分为核心素养的内涵、核心素养的价值、通过学习学生的核心素养要达到的要求。

在对数学核心素养进行解读之前,还需要厘清一个问题:6 个数学核心素养,可以作为名词理解也可作为动词理解。

《数学课程标准》直接把数学抽象、逻辑推理、数学建模、数学运算、直观想象、数据分析界定为素养,例如,"数学抽象是指通过对数量关系和空间形式的抽象,得到数学研究对象的素养"等,从这个角度理解,6 个素养当然作为名词来理解。但另一方面,在《数学课程标准》的描述中,又将其说成是过程,例如,"数学抽象主要表现为:获得数学概念和规则,提出数学命题和模型,形成数学思想与方法,认识数学结构与体系。"这样理解,数学抽象是做一件事的过程,数学抽象便成了一个动词。如果把"数学抽象"改为"数学抽象能力",那么就不会出现这种混乱的定义。即数学抽象能力是指通过对数量关系和空间形式的抽象,得到数学研究对象的素养。数学抽象主要表现为:获得数学概念和规则,提出数学命题和模型,形成数学思想与方法,认识数学结构与体系。

基于这种认识,下面对 6 个核心素养的解读是将其作为动词来认识和展开的。

一、数学抽象的解读

《数学课程标准》对数学抽象作了如下界定[①]:

数学抽象是指通过对数量关系和空间形式的抽象,得到数学研究对象的素养。主要包括:从数量与数量关系、图形与图形关系中抽象出数学概念及概念之间的关系,从事物的具体背景中抽象出一般规律和结构,并且用数学语言予以表征。

数学抽象是数学的基本思想,是形成理性思维的重要基础,反映了数学的本质特征,贯穿在数学的产生、发展、应用的过程中。数学抽象使得数学成为高度概括、表达准确、结论一般、有序多级的系统。

---

① 中华人民共和国教育部. 普通高中数学课程标准(2017 年版)[S]. 北京:人民教育出版社,2018: 4-5.

数学抽象主要表现为：获得数学概念和规则，提出数学命题和模型，形成数学思想与方法，认识数学结构与体系。

通过高中数学课程的学习，学生能在情境中抽象出数学概念、命题、方法和体系，积累从具体到抽象的活动经验；养成在日常生活和实践中一般性思考问题的习惯，把握事物的本质，以简驭繁；运用数学抽象的思维方式思考并解决问题。

下面对《数学课程标准》关于数学抽象的描述进行解读。

(一)数学抽象的内涵

《现代汉语词典》对抽象的解释是：从许多事物中，舍弃个别的、非本质的属性，抽出共同的、本质的属性，叫抽象，是形成概念的必要手段。[①]数学抽象是把研究对象限制在数量关系与空间形式方面。

郭思乐与喻纬对数学抽象概念的界定：数学的抽象，是指数学抛弃了同它的研究对象(一般来说是指空间形式和数量关系)无关的非本质属性，而撷取同研究对象有关的本质因素。[②]这个定义与《现代汉语词典》的界定基本一致。事实上，对数学抽象的认识，学者们的观点基本上与《数学课程标准》的看法一致，因此，关于数学抽象内涵的认识在学界是基本达成共识的。

《数学课程标准》指出："数学抽象主要表现为：获得数学概念和规则，提出数学命题和模型，形成数学思想与方法，认识数学结构与体系。"可以理解为数学抽象的四种类型：①抽象出数学概念和规则；②抽象出数学命题和模型；③抽象出数学思想与方法；④抽象出数学结构与体系。

另一方面，从抽象的来源分析，数学抽象可分为两种类型。第Ⅰ类抽象：对现实事物的抽象。这种抽象主要是抽象出数学概念、规则、模型。第Ⅱ类抽象，对数学对象的抽象，即在已有数学概念、命题基础上抽象出新的概念、命题、模型，也可以抽象出数学思想方法和数学结构体系。将数学抽象的类型和数学抽象的来源组合考虑，可得表2.3.1。

表2.3.1　数学抽象类型与数学抽象来源的对应关系

	数学概念和规则	数学命题和模型	数学思想与方法	数学结构与体系
第Ⅰ类抽象	√	√		
第Ⅱ类抽象	√	√	√	√

① 中国社会科学院语言研究所词典编辑室. 现代汉语词典[M].北京：商务印书馆,1997：177.

② 郭思乐,喻纬.数学思维教育论[M].上海：上海教育出版社,1997：6.

需要指出的是,无论从现实生活中还是从数学概念中抽象出数学模型,都是一个数学建模的过程,它应当属于另个数学核心素养——数学建模,也就是说,数学建模本身也是数学抽象,所以两者是交集很大的两种核心素养成分。

一般说来,第Ⅰ类数学抽象主要用于数学起始概念的建立,它的原型往往有一种或多种现实背景,是对现实事物的抽象。例如,函数的概念,它的背景可以是路程、速度、时间之间的关系,可以是海拔高度与气温的关系,可以是圆的面积与半径的关系,等等,从这些背景中抽象出函数概念,就是要抛弃其背景,找到这些例子的共同属性。

要强调的是,起始概念的建立一方面要基于学生的生活经验,设置恰当的问题情境,从现实情境中引入概念,另一方面,在准确定义该概念的时候,又可能会用到其他概念,即在已有概念的基础上定义新的概念。因此,在学习的过程中,第Ⅰ类数学抽象可能与第Ⅱ类数学抽象结合从而导出新概念。这个过程如图2.3.1。

图 2.3.1 起始概念的抽象途径

在图2.3.1中,从原有的数学概念到新的数学概念,其途径用的是虚线,表明这个路径有时需要,有时不需要。

例如,定义函数概念,可以采用概念形成方式通过对多个有背景的问题进行观察、分析、概括出它们的共同本质属性,但在定义时采用的是映射的描述,即用映射(学生已学过的概念)定义函数(还未学的新概念)。但是,更多的起始概念是不需要用原有数学概念作为基础引入的。

在数学学习中,第Ⅱ类数学抽象情形更多,因为数学概念的建立,一般都是在前面概念基础上生成的,随着抽象程度的提高,高度抽象的数学概念几乎找不到现实生活中的原型。对于第Ⅱ类数学抽象,可以用徐利治先生提出的几个概念作进一步描述。他提出的弱抽象、强抽象、广义抽象等几个概念,用以描述概念之间的关系,在此基础上建立了数学的抽象度和抽象度分析方法[①]。

（1）弱抽象。从一个数学结构 A 中选取某一特征（侧面）加以抽象,从而

① 徐利治,张鸿庆.数学抽象度概念与抽象度分析法[J].数学研究与评论,1985,5(2):133-140.

获得比原结构 A 更广的结构 B,使原结构 A 成为结构 B 的特例,就称 A 到 B 的抽象为弱抽象,或称 A 与 B 之间存在弱抽象关系。记为 A＜B,称符号＜为序关系。

简单地说,前者 A 与后者 B 之间有关系,A 是 B 的特例。

例如:全等三角形＜相似三角形;正方形＜矩形＜平行四边形＜四边形。从包含关系看,欧氏空间⊂内积空间⊂距离空间⊂拓扑空间,我们说内积空间比欧氏空间更抽象,距离空间比内积空间更抽象,拓扑空间比距离空间更抽象。于是连在一起写成一条弱抽象概念链:欧氏空间＜内积空间＜距离空间＜拓扑空间。

(2)强抽象。通过引入新的特征来强化原结构 A,使获得的新的概念或理论 B,B 是原型 A 的特例,则称 A 到 B 的抽象为强抽象,或称 A 与 B 之间存在强抽象关系,记为 A＜B。

简单地说,前者 A 与后者 B 之间有关系,B 是 A 的特例。

例如:函数＜连续函数＜可微函数＜解析函数,这是一个强抽象概念链。

显然,弱抽象与强抽象是相反的关系。

(3)广义抽象。如果知识点 B 与知识点 A 之间没有弱抽象或强抽象关系,但是在定义 B 时用到了 A,或者在证明命题 B 时用到了命题 A,则称 B 是 A 的广义抽象,即 B 比 A 抽象,记为 A＜B。

例如,定义等差数列时用到了自然数、序关系、两数之差,函数等概念,于是等差数列就是后面几个概念的广义抽象概念。

一般地说,若在某一分支的数学抽象物之间定义了一种比较抽象性程度的方法,也就定义了一个顺序(记为＜)。无论我们给出什么样的"抽象性"定义,介于抽象物之间的序关系必须满足下列两个条件:

① 若 A＜B, B＜C,则 A＜C。即若 B 比 A 抽象,C 比 B 抽象,则 C 比 A 抽象。

② 对于任何两个抽象物 A 和 B,或者 A＜B,或者 B＜A,或者 A 和 B 之间无法确定那个更抽象。这三种情况中必有一种且只有一种情况出现。

将上面的概念抽象度问题推广为数学知识的抽象度,数学知识指数学概念、命题、模型等。

抽象出一个新的数学知识,它与原来学习过的知识可能是强抽象关系,也可能是弱抽象关系,还有可能是广义抽象关系。而且,抽象出一个新的知识,可能会用到多个原来学过的知识,图 2.3.2 是第 Ⅱ 类数学抽象的一种途径,其中强抽象用符号"＋"表示,弱抽象用符号"－"表示,广义抽象不用符号表示。

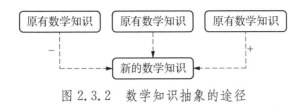

图 2.3.2　数学知识抽象的途径

　　抽象出数学思想与方法,这是一个更高的要求。数学思想方法是蕴含在数学知识深层的要素,是隐性而非外显形式;抽象出数学结构体系,一层涵义是对知识的概括,对知识的系统化,另一层涵义是抽象出知识系统中最本质的结构,例如,运算的结构就是运算律,具体的题目不过是运算律的特例。抽象出数学思想方法和抽象出数学结构体系,由学生独立完成是困难的,应当主要由老师引导学生来开展,学生的主要任务是"形成数学思想与方法,认识数学结构与体系。"这也是《数学课程标准》的要求。

（二）数学抽象的教育价值

　　首先,通过数学抽象的训练,可以培养学生概括问题的能力。数学抽象是从一些具体的事物中找出它们共性的东西,这是需要概括的。当你面对一类事物,通过观察它们的共同特征,概括出它们的属性。但是,有的共同属性并不一定是它们的本质属性,因为这些共同属性可能是表面而非深刻的。换句话说,你找到的共同属性可能不是我们关心的研究问题,而更加深层的共同属性才是有价值的研究属性。一般说来,数学抽象只关注对象的数量特征和图形特征,这事实上又为数学抽象指明了一个思维的路向。例如,请你观察下面一组图形（如图 2.3.3）,它们有什么共同属性,你能为这组图形取一个恰当的名字吗?

图 2.3.3　一组图形

　　通过观察,学生可能会提出许多观点:多边形、六边形、六角形等,这些的确是它们的共同属性,但是,如果只是停留在这个层面上对这些属性进行研究,那么对研究这类图形来说并没有太大的价值。进一步观察,会发现这些六边形比较特殊,它们的三组对边都分别平行,所以它们是特殊的六边形。类比平行四边形的定义:两组对边分别平行的四边形叫做平行四边形,因此,这种图形应当取名为平行六边形。这是一个数学抽象的过程,抽象出了这类图形质的特性。显然,观察者的概括能力在数学抽象中起着至关重要的作用。

第二,通过数学抽象的训练,可以培养学生量化思维的能力。观察一个事物时,能从数量的角度思考问题,能够用量的方法把事物的属性抽象出来,这就是量化思维方式。

量化思维也就是用数学的眼光看待事物,在我们现实生活中的例子比比皆是。比如,手上有一份人民日报,你能估计第一个版面有多少字吗,要全部看完第一版面,大概要多少时间? 又如,一家人利用放假期间去博物馆参观,到了博物馆发现人山人海,需要排队入场。检票口规定,每隔 5 分钟放 50 人进场。如果排了很长的队列,你头脑里会想到什么问题呢? 当然,关注的应当是你们需要排多长时间的队。要解决这个问题,你可能会收集数据,例如,估计你们前面大概有多少人,就可以计算出排队的时间;也可以估计你们排队的位置离入口有多远的距离,而两人站一排,50 人的队列大概有多长,就可算出排队的时间。诸如此类的思维方式就是量化思维。

对于从事专门技术工作的人来说,例如科技工作者、银行职员、会计人员、售货员等等,几乎都是与量打交道的工作,因此,数量与人们的生活息息相关,量化思维是人必备的思维方式。

第三,通过数学抽象的训练,可以培养学生思维的深刻性。数学思维的深刻性,是学生对数学材料进行概括,对具体的数量关系和空间形式进行抽象,以及在推理过程中思考的广度、深度、难度和严谨性水平的集中反映。[1] 显然,无论是强抽象还是弱抽象,都能体现思维的深刻性,不过强抽象与辐合思维更加接近,更能体现思维的深度;弱抽象与发散思维比较接近,更能体现思维的广度。从第 Ⅰ 类数学抽象来看,能够将现实问题的数学元素抽象出来,用数学语言去描述它,由表及里地透过现象看本质,这就是思维深刻性的体现。而第 Ⅱ 类数学抽象,由数学概念为基础生成新的概念,需要对原来概念的内涵进行收缩或放大,或者需要以原来的概念为基础,增加新的元素构建概念,这也是思维深刻性的体现。因此,在教学中对学生数学抽象进行训练,事实上就是在培养思维的深刻性。

二、逻辑推理的解读

《数学课程标准》对逻辑推理作了如下界定[2]:

---

① 林崇德. 学习与发展:中小学生心理能力发展与培养[M]. 北京:北京师范大学出版社,1999:289.
② 中华人民共和国教育部. 普通高中数学课程标准(2017 年版)[S]. 北京:人民教育出版社,2018:5.

逻辑推理是指从一些事实或命题出发,依据规则推出其他命题的素养。主要包括两类:一类是从特殊到一般的推理,推理形式主要有归纳、类比;一类是从一般到特殊的推理,推理形式主要有演绎。

逻辑推理是得到数学结论、构建数学体系的重要方式,是数学严谨性的基本保证,是人们在数学活动中进行交流的基本思维品质。

逻辑推理主要表现为:掌握推理基本形式和规则,发现问题和提出命题,探索和表述论证过程,理解命题体系,有逻辑地表达与交流。

通过高中数学课程的学习,学生能掌握逻辑推理的基本形式,学会有逻辑地思考问题;能够在比较复杂的情境中把握事物之间的关联,把握事物发展脉络;形成重论据、有条理、合乎逻辑的思维品质和理性精神,增强交流能力。

（一）几个概念辨析

1. 逻辑推理

"逻辑推理"这个词在词典上没有解释。《现代汉语词典》只是解释了逻辑思维:逻辑思维是人在认识过程中借助于概念、判断、推理反映现实的思维方式。它以抽象性为特征,撇开具体形象,揭示事物的本质属性,也叫做抽象思维。[①]

2. 推理

推理是指由一个或几个已知判断推出新判断的过程。推理分为演绎推理和归纳推理。

3. 判断

判断是肯定或否定关于对象及其属性的思维形式。[②]

4. 命题

命题是指能判断真假的语句。

一般地说,所有的判断都是命题,判断是经过断定了的命题,但不是所有的命题都是判断,因为,命题的外延要比判断大得多。判断侧重于内容方面,而命题侧重于形式方面。但是在一般的逻辑学教程中,两个概念不做严格的区分,他们都表示同一个意思,都是指人对思维对象的断定。因此,下面的论述直接用命题替代判断,这也就与《数学课程标准》将逻辑推理定义为"从一些事实或命题出发,依据规则推出其他命题"是一致的。

需要说明两点:(1)《数学课程标准》定义的逻辑推理,与推理的涵义是一致的。在"推理"前面加上"逻辑"二字,容易给人一种误解,因为在一些论著

---

① 中国社会科学院语言研究所词典编辑室.现代汉语词典[M].北京:商务印书馆,1997:836.
② 寿望斗.逻辑与数学教学[M].北京:科学出版社,1979:59.

中,是把逻辑推理与演绎推理作为同等看待的。(2)《数学课程标准》所说的逻辑推理,是指从一些事实或命题出发,依据规则推出其他命题的素养,把逻辑推理定义为一种素养,这也是不准确的,逻辑推理本身是一种方法,逻辑推理能力才能叫做一种素养。

　　因此,虽然《数学课程标准》对逻辑推理的表述上存在一些问题,但我们要尊重其政策性指令,采用逻辑推理的称名,并将判断和命题同等看待。波利亚(G. Polya,1887—1985)把归纳推理与类比推理统称为合情推理,因此《数学课程标准》中的逻辑推理就包括演绎推理和合情推理。下面从演绎推理和合情推理两个方面对逻辑推理进行解读。

(二) 演绎推理

　　演绎推理是从一般命题推出特殊命题的推理形式,因此,先从命题说起。

　　一个命题由主项、谓项、联项、量项组成。[①] 主项表示命题对象的概念,通常用字母 S 表示;谓项表示命题对象所具有或不具有某种性质,通常用字母 P 表示;联项表示主项与谓项之间的关系,通常用肯定或否定表述;量项表示命题中主项数量的概念。量项分为三种：全称量项、特称量项和单称量项。全称量项表示在一个命题中对主项的全部外延作了反映,通常用“所有”或“一切”来表示;特称量项表示在一个命题中对主项部分外延的反映,通常用“有的”或“有些”来表示;单称量项表示在一个命题中对主项外延的某一个别对象作了反映,可以用“这个”或“那个”表示。一般地说,单称量项可归入特称量项中去。

　　按质分类,命题可以分为肯定命题(S 是 P)和否定命题(S 不是 P)两类。通常是将“质”与“量”结合起来分类,可以组成表 2.3.2 的 4 种主要命题类型。

表 2.3.2　命题的 4 种类型

判断名称	符号	公式	例子
全称肯定命题	A	所有的 S 都是 P	所有的偶数都是 2 的倍数
全称否定命题	E	所有的 S 都不是 P	所有的偶数都不是 2 的倍数
特称肯定命题	I	有些 S 是 P	有些偶数是 2 的倍数
特称否定命题	O	有些 S 不是 P	有些偶数不是 2 的倍数

　　全称肯定 A、全称否定 E、特称肯定 I、特称否定 O 这 4 种命题之间存在内

---

① 胡竹菁. 演绎推理的心理学研究[M]. 北京：人民教育出版社,2000：2.

在联系,可以作图 2.3.4 描述这些关系。

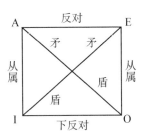

图 2.3.4 判断间的关系

反对关系:同是全称的两个命题,其中一个命题否定了另一个命题所肯定的对象。

下反对关系:同是特称的两个命题,其中一个命题否定了另一个命题所肯定的对象。

从属关系:同是肯定或同是否定命题,其中一个是全称另一个是特称。

矛盾关系:一个是全称命题,另一个是特称命题,其中一个命题否定了另一个命题所肯定的同一对象。

表 2.3.3 给出了 4 种关系的性质。

表 2.3.3 四种关系的性质

判断关系	性质	例子(1 表示真,0 表示假)
反对关系	不能同时为真,至少有一个为假。因此,从一个命题为真可以断定另一个命题为假;反之不然。	a_1:所有的直角都相等。(1) a_2:所有的直角都不相等。(0) b_1:所有直角三角形都是等腰三角形。(0) b_2:所有直角三角形都不是等腰三角形。(0)
下反对关系	不能同时为假,至少有一个为真。因此,从一个命题为假可以断定另一个命题为真;反之不然。	a_1:有些等边三角形是直角三角形。(0) a_2:有些等边三角形不是直角三角形。(1) b_1:有些直角三角形是等腰三角形。(1) b_2:有些直角三角形不是等腰三角形。(1)
从属关系	上真亦下真、下假亦上假、上假下不定、下真上不定。	a_1:所有的直角都相等。(1) a_2:有些直角相等。(1) b_1:有些直角三角形是等边三角形。(0) b_2:所有直角三角形都是等边三角形。(0) c_1:所有直角三角形都是等腰三角形。(0) c_2:有些直角三角形是等腰三角形。(1) d_1:有些直角三角形是等腰三角形。(1) d_2:所有直角三角形都是等腰三角形。(0)
矛盾关系	不能同时为真,也不能同时为假。	a_1:所有的直角都相等。(1) a_2:有些直角不相等。(0)

命题主要分为四类:定言命题、联言命题、选言命题、假言命题。

定言命题:无条件的肯定或否定。

联言命题:给定两个命题 p、q,用联结词"且"构成的复合命题"p 且 q"叫做 p、q 的联言命题(合取式),记为 $p \wedge q$。

选言命题：给定两个命题 p、q，用联结词"或"构成的复合命题"p 或 q"叫做 p、q 的选言命题（析取式），记为 $p \vee q$。

假言命题：给定两个命题 p、q，用联结词"如果…那么…"构成的复合命题"若 p 则 q"叫做 p、q 的假言命题（蕴含式），记为 $p \rightarrow q$。

联言、选言、假言命题的真值表见表 2.3.4。

表 2.3.4　几种命题演算真值表

p	q	$p \wedge q$	$p \vee q$	$p \rightarrow q$
1	1	1	1	1
1	0	0	1	0
0	1	0	1	1
0	0	0	0	1

在演绎推理中，对于定言命题，三段论是最基本的推理形式。所谓三段论，是指从两个定言命题（其中一个必须是全称命题）推出第三个定言命题的推理方法。

例如，菱形是平行四边形。四边形 $ABCD$ 是菱形。所以，四边形 $ABCD$ 是平行四边形。

任何一个三段论都是由三个定言命题组成，两个前提，一个结论。它包含三个项：小项、中项、大项。结论中的主项叫做小项，用字母 S 表示；结论中的谓项叫做大项，用 P 表示；两个前提所共有的、在结论中消失的项叫做中项，用 M 表示。含大项的前提叫做大前提；含小项的前提叫做小前提。

在上例中，"菱形是平行四边形"是大前提，"四边形 $ABCD$ 是菱形"是小前提，"平行四边形"是大项，"四边形 $ABCD$"是小项，"菱形"是中项。

根据中项在前提中的不同位置，三段论可以分为四个格（如图 2.3.5）。

```
M——P        P——M        M——P        P——M
S——M        S——M        M——S        M——S
—————       —————       —————       —————
S——P        S——P        S——P        S——P

第一格       第二格       第三格       第四格
```

图 2.3.5　三段论的 4 种格

第一格：中项 M 是大前提的主项，是小前提的谓项。须满足：大前提必须是全称的,小前提必须是肯定的。

例如,矩形是平行四边形。四边形 $ABCD$ 是矩形。所以,四边形 $ABCD$ 是平行四边形。

第二格:中项 M 在大、小前提中都是谓项。须满足:大前提必须是全称的,有一个前提必须是否定的。

例如,无理数是无限不循环小数。3.1416 不是无限不循环小数。所以,3.1416 不是无理数。

第三格:中项在两个前提中均为主项。须满足:小前提必须是肯定的,结论必须是特称的。

例如,方程 $x^2+1=0$ 没有实数根。方程 $x^2+1=0$ 是一元二次方程。所以,有些一元二次方程没有实数根。

第四格:中项 M 是大前提的谓项,是小前提的主项。须满足:(1)若前提中有一否定,则大前提必全称;(2)若大前提肯定,则小前提必全称;(3)若小前提肯定,则结论必特称。

例如,一切超越数都是无理数。一切无理数都是实数。所以,有些实数是超越数。

在全称肯定 A、全称否定 E、特称肯定 I、特称否定 O 这 4 类命题中任取三个排列起来,顺次作为三段论中的大、小前提和结论,就组成了三段论中的各种"式"。

在 4 类命题中取 3 个(可以重复取)的排列有 64 种,因此 4 个格中共有 256 个式。但是按照三段论的规则可以判定,4 个格中可以成立的式一共只有 19 个:

第一格:AAA、AII、EAE、EIO

第二格:AEE、AOO、EAE、EIO

第三格:AAI、AII、IAI、EAO、EIO、OAO

第四格:AAI、AEE、IAI、EAO、EIO

检验三段论是否成立的程序:

(1)首先找出中项,确定三段论属于哪种格;

(2)指出两个前提各是 A、E、I、O 的哪种类型,这样便得到式的开头两个字母;

(3)查表对照,从而进行判断。

上面讨论的三段论,其中两个前提都是定言命题,这是三段论的基本形式,叫做定言三段论。由基本形式发展而来的还有各种推理形式,其中两种重要的形式是假言推理和选言推理。

假言推理是指在三段论中,大前提是一个假言命题,小前提是一个定言命题。假言推理有两种形式,其公式如表2.3.5。

表2.3.5   假言推理的两种形式

肯定式	否定式
若 S 为 P,则 S_1 为 P_1。	若 S 为 P,则 S_1 为 P_1。
而 S 为 P,	而 S_1 不为 P_1,
所以 S_1 为 P_1。	所以 S 不为 P。

在假言推理中,要得到确实可靠的结论必须遵循下面的规则。
(1) 在肯定式中,从肯定前件到肯定后件。
(2) 在否定式中,从否定后件到否定前件。
选言推理是指三段论中,大前提是一个选言命题,小前提是一个定言命题。选言推理也有两种形式,其公式如表2.3.6。

表2.3.6   选言推理的两种形式

肯定式	否定式
S 或是 P_1,或是 P_2,或是 P_3。	S 或是 P_1,或是 P_2,或是 P_3。
而 S 不是 P_1,也不是 P_2,	S 是 P_1,
所以 S 是 P_3。	所以 S_1 不是 P_2,也不是 P_3。

在使用选言推理时,要遵循下面的规则:
(1) 大前提的谓项必须彼此排斥。
(2) 大前提的谓项必须完全包括一切可能的情形。

(三) 合情推理

简单地说,合情推理就是合理的猜测方法。波利亚认为:论证推理是可靠的、无可置疑的和终决的。合情推理是冒风险的、有争议的和暂时的。[①]

合情推理包括归纳推理与类比推理。归纳推理又分为完全归纳法和不完全归纳法两类,完全归纳是一种严格的论证方法,不属于合情推理范畴。下面的讨论限于不完全归纳和类比推理。

---

① 波利亚.数学与猜想:第一卷[M].李心灿,王日爽,李志尧,译.北京:科学出版社,1984:4.

波利亚提出了一些合情推理的模式。

(1) 就数学中的归纳而言,如果仅限于对结论的检验,就可以用如下模式表述:

$$A 蕴含 B$$
$$B 真$$
$$\overline{\qquad\qquad}$$
$$A 更可靠$$

也就是说,对于一个猜想的命题,假如在新的特例中得到证实,它就会变得更加可信。波利亚把这一模式称为基本归纳模式。

(2) 作为基本模式的对偶模式,有

$$B 蕴含 A$$
$$B 假$$
$$\overline{\qquad\qquad}$$
$$A 较不可靠$$

这一模式是指在作为猜想的可能依据被推翻时,我们对猜想的信任程度只能减小。

(3) 如果 A 和 B 是互不相容的两个命题(反对推理),即两者不可能同时为真,那么由 A 真就可以推出 B 假,即 A 蕴含非 B,从而作为基本归纳模式的特例就有:

$$A 与 B 不相容(A 蕴含非 B)$$
$$B 假(非 B 真)$$
$$\overline{\qquad\qquad}$$
$$A 更可靠$$

按照波利亚的解释,就是指当一个不相容的对抗猜想被推翻时,我们对原猜想的信任程度就会增加。

(4) 波利亚指出,如果将上述的基本模式与相应的论证模式联系起来加以考查,并设想 B 的真值是"连续地"变化的,即由"假"经过"较不可靠"、"更可靠"变为"真",这时就可以引进更多的模式(被隐没的模式):

论证的	(被隐没的)	(被隐没的)	启发的
A 蕴含 B	A 蕴含 B	A 蕴含 B	A 蕴含 B
B 假	B 较不可靠	B 更可靠	B 真
A 假	A 较不可靠	A 稍微更可靠	A 更可靠

(5) 由基本模式出发,考虑没有 A 的 B 的可靠性,可以形成如下模式串:

<table>
<tr><td align="center">论证的</td><td></td><td align="center">启发的</td></tr>
</table>

论证的		启发的
A 蕴含 B	A 蕴含 B	A 蕴含 B
没有 A 的 B 根本不可能	没有 A 的 B 几乎不可能	B 几乎总是可靠
B 真	B 真	B 真
A 真	A 极为可靠	A 微乎其微地多一点可靠

特殊地,如果 B 的可靠性可以不依赖于 A 而独立确定,此时就有:

A 蕴含 B	A 蕴含 B
B 几乎不可能	B 几乎总是可能
B 真	B 真
A 极为可靠	A 微乎其微地多一点可靠

(6) 通过 B 与已经证实的 A 的其他结论的比较来判定 A 的可靠性。

(四) 逻辑推理的教育价值

逻辑与数学并在,学习数学必然要进行逻辑推理,数学素养的高低与逻辑推理能力的高低是高相关关系。但是,逻辑与数学又属于两个不同的学科领域,对于两者的关系,日本数学家小平邦彦(K. Kodaira, 1915—1997)有一段描述:"一般认为数学是按照严密的逻辑构成的科学,即使与逻辑不尽相同,却也大致一样。但是实际上,数学与逻辑没有什么关系。数学当然应当遵循逻辑,但逻辑在数学中的作用就像文法在文学中的作用那样,书写合乎文法的文章与照着文法去写小说完全是两码事;同样,进行正确的逻辑推理与堆砌逻辑去构成数学理论是性质完全不同的问题。"[①]因此,逻辑只是数学研究或者数学表达的一种工具。但是我们应当看到,逻辑与数学结合而形成的逻辑推理,它又有自身的教育价值,具体地说可表现为如下几个方面。

第一,通过逻辑推理的训练,可以培养学生思维的严谨性。演绎推理必须要依据已有的命题,严格遵循逻辑的规则来进行推理,因此,这种思维是严谨的。通过学习数学来培养思维严谨性的功能,是其他学科无法替代的。而且,公理化思想渗透到逻辑推理之中,公理作为逻辑推理的起点,公理体系的独立性、相容性和完备性,保证了一套理论的严谨性,因而,公理化方法更加体现了逻辑推理的严谨性特点。

思维的严谨性具有迁移的功能,具体地说,通过数学学习习得的严谨的思维习惯,能够迁移到其他学科的学习中去,可以迁移到日常的生活和生产中去。一个人思维的严谨性表现为说话有条理、逻辑清晰、言出有据,直接体现

---

① 小平邦彦. 数学的印象[J]. 陈治中,译. 数学译林,1991(2).

出个人的素养。民间有一个俗语"秀才遇见兵，有理说不清"，说的就是一方说话有逻辑，另一方说话无逻辑，即使你说得有道理，对方也理解不了。当然，这里说的是古代的兵，现代的兵素质应该是高的。

推理的正确与否要满足两个要求：一是所选择来作为推理的前提命题必须是正确的；二是不违背形式逻辑的基本规则。如前所述，三段论的格式有256个，但只有19个能够成立，因此，用三段论推理产生错误的概率是很大的。教师在教学中要严格遵循逻辑规则，对学生出现的逻辑错误及时纠正，用正确的三段论格式训练学生，这是非常重要的。由于数学教材并不把形式逻辑作为单独的内容来专门讲授，学生的逻辑思维能力是依附于知识学习而潜移默化发展的，因此，在教学中教师应当有意识地选择相关材料对学生进行逻辑思维能力的训练，甚至，所选的例子可以脱离数学内容。

第二，通过逻辑推理的训练，可以培养学生提出问题的能力。归纳与类比不是依据逻辑规则来进行推理的，它们属于非逻辑思维，因而波利亚把归纳推理和类比推理称为合情推理，是合乎情理的推理而不是完全符合逻辑的推理。"合情推理是一种可能性推理，是根据人们的经验、知识、直观与感觉得到一种可能性结论的推理。"[①]

归纳是提出问题的基本方法。从一组等式观察：$4＝2＋2$，$6＝3＋3$，$8＝3＋5$，$10＝3＋7$，$12＝5＋7$，$14＝7＋7$，……于是得到猜想：任何一个大偶数都可以表示为两个素数相加。这就是著名的哥德巴赫猜想，是由归纳得来的。波利亚指出，归纳的步骤是，首先，注意到某些相似性，然后是一个推广步骤，即把相似性推广为一个明确表述的一般命题，最后，把所得到的一般命题进行检验，即进一步考察其他特例，如果在所有考察过的例子里，这一猜测都是正确的，我们对它的信心就增强了，而如果出现了不正确的情况，我们就应当对原来的猜测进行改进。波利亚所描述的归纳步骤，就是一个提出问题的过程。显然，通过归纳推理的训练，会提升学生提出问题的能力。

同样，类比是提出问题的基本方法。类比也是基于两个对象之间的某些相似性，两个对象在某些方面有相同或相似的性质，如果能够发现它们之间的相似成分，就可能提出一个新的问题。

第三，通过逻辑推理的训练，可以培养学生思维的批判性和独创性。数学思维的批判性，是学生在思维活动中，严格估计思维材料、精细检查思维过程、自我控制或调节思维方向与过程的能力水平的集中反映。数学思维的独创性，是学生在思维活动中，发现矛盾、提出假设并给予论证的、充分体现个体特

---

① 郭思乐，喻纬.数学思维教育论[M].上海：上海教育出版社，1997：91.

征的创造性活动能力水平的集中反映。① 思维的批判性反映了思维活动中独立分析和批判的程度，表现为善于独立思考、提出质疑、能及时发现和纠正错误，能对自我解决问题过程进行评价。思维的独创性主要表现为思维结果的新颖和独特。

数学思维的这两种品质，主要与合情推理相关。采用不完全归纳或类比得到的猜想，一般说来其第一步都应当用证伪的方法，首先证明它是假的，这是批判性思维的表现。其次，在不能证伪的情况下转向证实，得出结论，其成果就显示了思维的独创性。

三、数学建模的解读

《普通高中数学课程标准》对数学建模作了如下界定②：

数学建模是对现实问题进行数学抽象，用数学语言表达问题、用数学方法构建模型解决问题的素养。数学建模过程主要包括：在实际情境中从数学的视角发现问题、提出问题，分析问题、建立模型，确定参数、计算求解，检验结果、改进模型，最终解决实际问题。

数学模型搭建了数学与外部世界联系的桥梁，是数学应用的重要形式。数学建模是应用数学解决实际问题的基本手段，也是推动数学发展的动力。

通过高中数学课程的学习，学生能有意识地用数学语言表达现实世界，发现和提出问题，感悟数学与现实世界的关联；学会用数学模型解决实际问题，积累数学实践的经验；认识数学模型在科学、社会、工程技术诸多领域的作用，提升实践能力。增强创新意识和科学精神。

（一）数学建模的内涵

由上面"数学建模是对现实问题进行数学抽象"的叙述，可见数学建模本质上属于数学抽象的一种类型，它主要偏重对现实问题的数学抽象。

徐利治先生对数学模型方法（mathematical modelling method，简称MM）方法作了比较详细的阐述。"数学模型乃是指针对或参照某种事物系统的特征或数量相依关系，采用形式化数学语言，概括地或近似地表述出来的一种数学结构。……数学模型有广义的解释和狭义的解释。从广义上讲，数学中各种基本概念，如实数、向量、集合、群、环、域、范畴、线性空间、拓扑空间等等都可以叫做 MM。总之，按照广义的解释，凡一切数学概念、数学理论体系、

---

① 林崇德.学习与发展：中小学生心理能力发展与培养[M].北京：北京师范大学出版社,1999：289.
② 中华人民共和国教育部.普通高中数学课程标准(2017 年版)[S].北京：人民教育出版社,2018：5.

各种数学公式、各种方程式(代数方程、函数方程、微分方程、差分方程、积分方程……)以及各种公式系列构成的算法系统等等都可称之为 MM。但按狭义的更多理解,只有那些反映特定问题或特定的具体事物系统的数学关系结构才叫 MM。例如,在应用数学中,MM 一词通常都作狭义解释,而构造 MM 的目的就是为了解决具体实际问题。"①与此对照,《数学课程标准》对模型的界定属于狭义的 MM 理解。

就数学建模的字面理解,它应当是一种数学方法,从上面的描述中可以看出,徐利治是从方法论角度论述了数学模型的。其实许多学者也持这种观点,如李明振教授指出:"用数学方法解决实际问题,要求从实际问题的错综复杂的关系中找出其内在规律,然后用数字、图表、符号和公式将其表现出来,再经过数学与计算机处理,得出供人们进行分析、决策、预报或者控制的定量结果,这种将实际问题进行简化归结为数学问题并求解的过程就是数学建模。"②

《数学课程标准》关于数学建模的定义,不是从方法的角度来论述,而是从人的能力角度切入的,即把数学建模作为一种数学素养看待,本质就是一种数学能力,即通过数学学习,学生要达到掌握一定的数学建模方法去解决问题的能力,这也是区别于其他学科,数学特有的一种能力。

要区别通常说的应用问题与数学建模的差异。教材中的应用问题往往是一个条件充分、结构完整、情节简练、目标明确、结论唯一的问题,学生的任务是解决这个问题。与之不同的是,数学建模只是为学生提供一些情境、数据,需要从中抽象出数量关系,选用某种数学工具来建立模型,并解答问题、修正模型的过程,方法不一定唯一,结论也可能不唯一。当然,解决数学应用的过程也是通过对已知条件的分析,然后建立方程式或不等式,是一个建模过程,因此解决数学应用问题属于数学建模,但数学建模的涵义更加宽泛,还包括提出问题、设定条件、检验模型、修正模型的过程。

《数学课程标准》给出了数学建模的案例。

案例　测量学校内、外建筑物的高度。③
【目的】运用所学知识解决实际测量高度问题,体验数学建模活动的完

① 徐利治. 数学方法论十二讲[M]. 大连:大连理工大学出版社,2007:19-20.
② 李明振. 数学建模认知研究[M]. 南京:江苏教育出版社,2013:21-22.
③ 中华人民共和国教育部. 普通高中数学课程标准(2017 年版)[S]. 北京:人民教育出版社,2018:
132-135.

整过程。组织学生通过分组、合作等形式,完成选题、开题、做题、结题四个环节。

【情境】给出下面的测量任务:

(1)测量本校一座教学楼的高度;

(2)测量本校的旗杆的高度;

(3)测量学校院墙外的一座不可及,但是在学校操场上可以看得见的物体的高度。

可以每2~3个学生组成一个测量小组,以小组为单位完成;各人填写测量课题报告表(见表2.3.7),一周后上交。

表2.3.7　测量课题报告表

项目名称:＿＿＿＿＿＿＿＿＿＿＿＿＿　完成时间:＿＿＿＿＿＿＿＿＿＿

1. 成员分工	
姓名	分工
2. 测量对象	
3. 测量方法(说明测量的原理、测量工具、创新点等)	
4. 测量数据、计算过程和结果	
5. 研究结果(包括误差分析)	
6. 简述工作感受	

这个案例是数学建模的完整过程,学生通过选题、开题、做题、结题几个环节,体验建模的整个过程。测量物体的高度是一个传统的数学应用问题,一般通过题目给出的条件和方法,让学生去完成解答,只是体现了上面过程中的"做题"环节。在案例中,只是提出了一个任务,需要学生根据任务来选题,由于测量的模型很多,可以用平面几何的方法,如比例线段、相似形等;也可以用三角的方法,甚至可以用物理的方法,例如,考虑自由落体的时间等。学习小组选用什么方法,在开题的过程中进行论证和完善。结题时学生要填写"测量报告",把整个研究的过程和结果表达出来。由此可见,数学建模不仅仅是解

决问题的过程,更有助于促进学生间的数学交流,提升数学写作能力,发展综合实践能力。

(二) 数学建模的教育价值

在当今这个信息化的时代,人们面对的是海量数据,要分析或处理这些数据,往往依托于一种数学模型。虽然不是每个人都要去处理这些大数据,但是人们得具备综合分析信息的能力,因为每天接收到的信息太多,如何解析这些信息从而正确、迅速地处理事务,需要一种优化的思维方式。而优化的结果往往是设计一个程序,这恰好也是一种数学模型。

具体地说,数学建模的价值主要体现在如下几个方面。

第一,通过数学建模训练,能提高学生的数学抽象能力。数学建模的环节中,最核心的部分是能够从数学的角度观察问题,从现实情境中抽象出数学模型,本质就是数学抽象。因此,数学建模是数学抽象的一种表现形式,属于数学抽象范畴。

一个著名的例子是七桥问题。18 世纪初普鲁士的哥尼斯堡,有一条河穿过,河上有两个小岛,有七座桥把两个岛与河岸联系起来(如图 2.3.6)。有个人提出一个问题:一个步行者怎样才能不重复、不遗漏地一次走完七座桥,最后回到出发点。

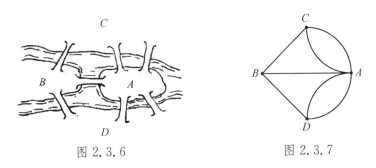

图 2.3.6　　　　　　　　　　图 2.3.7

欧拉(L. Euler,1707—1783)将七桥问题抽象出来,把每一块陆地考虑成一个点,连接两块陆地的桥以线表示。并由此得到了如图 2.3.7 的几何图形。分别用 A、B、C、D 四个点表示为哥尼斯堡的四个区域,于是"七桥问题"便转化为是否能够用一笔不重复的画出过此七条线的问题。如果可以画出来,则图形中必有终点和起点,并且起点和终点应该是同一点。假设以 A 为起点和终点,则必有一条离开线和对应的一条进入线,定义进入 A 点的线的条数为入度,离开 A 点的线的条数为出度,与 A 有关的线的条数为 A 的度,则 A 的出度和入度是相等的,即 A 的度应该为偶数。即要使得从 A 出发有解则 A 的度数应该为偶数,而实际上 A 的度数是 5 为奇数,于是可知从 A 出发是无解的。同时若从 B 或 D 出发,由于 B、D 的度数分别是 3、3,都是奇数,即以之为起点都是无解的。

欧拉非常巧妙地把一个实际问题抽象成一个数学模型,不仅解决了问题,而且开创了数学的一个新的分支——图论与几何拓扑。

更广义地看,数学建模不仅仅限于对现实问题建立数学模型的范围,就连数学本身的体系内部也有大量的建模活动。例如,数学公式的推导,就是把一些具有共同规律的对象建立在一个统一的模型之下,利用这个模型可以解决这类对象的所有问题。一元二次方程的形式可以有无穷多个,要逐个解决这些方程是不可能的,但是有了求根公式,便全部解决了这类问题。发现公式、推导公式本身也是建模的过程,是从特殊到一般的抽象,因而公式教学也是一种建模活动,公式教学过程也是在训练学生的数学抽象能力。

第二,通过数学建模训练,能提升学生综合实践能力。综合实践能力是指通过学习,学生能将学到的数学知识用于解决一些现实问题,能用数学的眼光观察事物,用数学的思维分析事物,这是一种数学应用能力,是数学综合素养的表现形式。

大量的数学建模都源于现实生产和生活的原型,学生除了具备必须的数学知识之外,还要有生活经验。我们现在的教科书中学科性知识几乎统领了主要内容,实践性知识太少,以至学生面对有现实背景的问题就难以应对。

案例 小明与小红在同一所学校上学,小明家距离学校 3 千米,小红家距学校 5 千米,请问小明家距小红家多少千米?

经过测验发现绝大多数学生都是在直线上思考问题,如图 2.3.8 或图 2.3.9,其中 A 表示小红的家,B 表示小明的家,C 表示学校,而这个问题的数学模型是图 2.3.10。为什么会出现这样的情况?其中一个原因是教材中解决

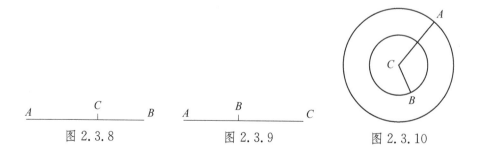

图 2.3.8   图 2.3.9   图 2.3.10

应用问题思路和方法使他们形成了思维定势,在讨论行程问题时,无论是相遇问题还是追及问题,都是在一条直线或曲线上讨论的,而现实生活中,两家与学校在同一直线上的可能性有多大? 可能性几乎为零。这种具有真实背景的问题很少进入学生的学习范围,使他们难以把一个数学问题与其可能存在的真实背景联系起来,这就是综合实践能力的缺失。

第三,通过数学建模训练,能培养学生的数学交流能力。交流包括书面语言表达和口头语言表达,书面语言表达是指学习者能够把自己对知识的理解、学习的体会、探究知识和解决问题的过程用数学作文方法展现出来;口头语言表达指学习者能够把自己对知识的理解、学习的体会、探究知识和解决问题的过程用口头语言表述出来。事实上,数学建模的过程可以实现对学生两种交流形式的训练。开题过程是将自己选题的依据、意义、设计、方法向老师和同学作汇报,需要对开题报告作详细的描述,是书面表达环节;结题过程是将自己的研究成果展现出来,要让他人理解和欣赏,需要用口头语言来表述,体现的是口头语言表达环节。特别是,如果建模活动是采用小组活动方式进行,那么在建模活动中就需要同学之间的相互对话、协商和交流,并随时把进展情况向老师汇报交流。

第四,通过数学建模的训练,能发展学生思维的深刻性和灵活性。数学建模的本质是一种数学抽象,而数学抽象可以培养学生思维的深刻性,当然可以通过数学建模提升学生思维的深刻性。数学思维的灵活性,是学生在数学思维活动中,思考的方向、过程与思维技巧的即时转换水平的集中体现。[①] 所谓灵活,就是思维方式转变及时,能够根据事物的发展与变化及时调整思路,寻求新的思维角度或方向。事实上,面对一个现实生活中的问题或者一个科学领域的问题,选择建立数学模型的工具可能不是唯一的,使用的数学方法也不一定相同,需要解题者根据情况灵活处理。

广义地说,一题多解就是选择不同的模型解决同一问题,这正是训练学生思维灵活性的最好方式。

案例　在 $\triangle ABC$ 中,求证:$\cos^2 A + \cos^2 B + \cos^2 C + 2\cos A \cos B \cos C = 1$。

解决这个问题的一般方法是对等式的左端进行恒等变形,化简之后与右边相等。但是,如果选择线性方程组的理论来处理,则解法明快,事半功倍。

---

① 林崇德.学习与发展:中小学生心理能力发展与培养[M].北京:北京师范大学出版社,1999:289.

考察方程组

$$\begin{cases} -x + y\cos C + z\cos B = 0, \\ x\cos C - y + z\cos A = 0, \\ x\cos B + y\cos A - z = 0。 \end{cases}$$

由于它有非零解（$\sin A$，$\sin B$，$\sin C$），于是系数行列式 $D = 0$，展开即得结论。

四、直观想象的解读

《数学课程标准》对直观想象作了如下界定[①]：

直观想象是指借助几何直观和空间想象感知事物的形态与变化，利用空间形式特别是图形，理解和解决数学问题的过程。主要包括：借助空间形式认识事物的位置关系、形态变化与运动规律；利用图形描述、分析数学问题；建立形与数的联系，构建数学问题的直观模型，探索解决问题的思路。

直观想象是发现和提出数学问题、分析和解决问题的重要手段，是探索和形成论证思路、进行逻辑推理、构建抽象结构的思维基础。

直观想象主要表现为：建立形与数的联系，利用几何图形描述问题，借助几何直观理解问题，运用空间想象认识事物。

通过高中数学课程的学习，学生能够提升数形结合的能力，发展几何直观和空间想象能力，增强运用几何直观和空间想象思考问题的意识，形成数学直观，在具体情境中感悟事物的本质。

（一）直观想象的内涵

在上述描述中，直观想象涉及两个概念：几何直观和空间想象。

在《义务教育数学课程标准（2011 年版）》中，有两个概念：空间观念和几何直观。[②] 空间观念主要是指根据物体特征抽象出几何图形；根据几何图形想象出所描述的实际物体；想象出物体的方位和相互之间的位置关系；描述图形的运动和变化；依据语言的描述画出图形等。几何直观主要是指利用图形描述和分析问题。借助几何直观可以把复杂的数学问题变得简明、形象，有助于探索解决问题的思路，预测问题。几何直观可以帮助学生直观地理解数学，在

---

① 中华人民共和国教育部. 普通高中数学课程标准(2017 年版)[S]. 北京：人民教育出版社，2018：6.
② 中华人民共和国教育部. 义务教育数学课程标准(2011 年版)[S]. 北京：北京师范大学出版社，2012：6.

整个数学学习过程中都发挥着重要作用。

显然，"直观想象"是整合了"空间观念"和"几何直观"两个概念，而空间观念就是空间想象，指具体事物和几何图形之间的互译；几何直观主要指用图形描述和分析数学问题，体现的主要是数形结合思想。

案例 代数公式的几何模型。

公式 $a^2 + 2ab + b^2 = (a+b)^2$ 的几何模型，如图 2.3.11。

公式 $a^2 - b^2 = (a+b)(a-b)$ 的几何模型，如图 2.3.12。

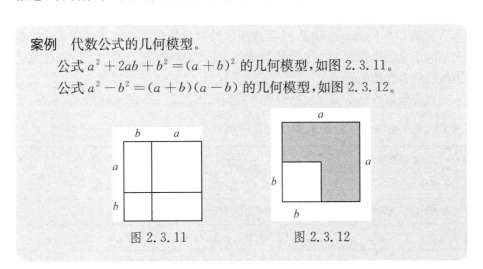

图 2.3.11　　　　　图 2.3.12

案例 一道题目的错误解答，用图 2.3.13 给予解读。

错解：25.3×4.2

$= 25 \times 4 + 0.3 \times 0.2$

$= 100 + 0.06$

$= 100.06$

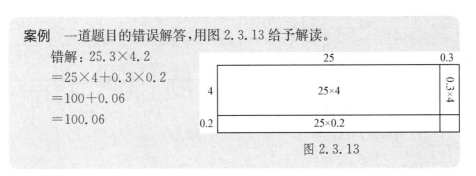

图 2.3.13

上面两个案例，都是用几何图形表示一个数学对象，是典型的几何直观。

直观想象，本质上是一种能力，从传统意义来理解就是空间想象能力。对于空间想象能力的研究，一直是数学教育关注的问题。例如，瑟斯顿(L. L. Thurstone，1887—1955)通过因素分析，将人的智力分解为 7 种基本因素，其中就有空间能力，即同空间物体和空间关系有关的能力。一般是通过对符号或几何图形进行心理操作的测验来测量。魏德林(Werdelin)把数学能力分为 5 种因素，其中空间因素即空间观念和空间能力。克鲁捷茨基(B. A. Крутецкий，1917—1991)提出了关于中小学生数学能力的 9 种成分，其中第 9

种能力即空间概念的能力,它与数学的一个分支如几何学(特别是立体几何)存在直接相关。徐有标等人对 200 名初一学生进行跟踪实验研究至初三。将中学数学能力分离出 11 种成分,把其中的空间想象能力描述为:正确运用空间图形或图象反映和掌握客体的空间特性(形状、大小和位置)和关系的能力。还有林崇德、张奠宙、胡中锋等学者的研究,都把空间想象能力作为重要的数学能力。① 事实上,我国历次的数学教学大纲或数学课程标准都把空间想象能力作为一种主要的数学能力放入其中,充分说明了空间想象能力的数学教育功能。

直观想象的基本类型包括哪些? 我们给出表 2.3.8 的一种划分。

表 2.3.8　直观想象的基本类型

题目类型	涵　义
图形变换	①对图形翻折、平移、旋转的认识;②对不变量的认识。
复杂图形中识别简单图形	①对镶嵌图的识别;②复杂几何图形识别简单图形。
数形结合	①几何问题与代数问题的互相转化;③互译图表与数量的关系。
图形折叠与展开	①平面图形的折叠与展开;②立体图形的折叠与展开。
图形与计算	①平面图形的计算;②立体图形的计算。
图形推理	①找出图形的变化规律;②依据图形之间的关系进行推理。
根据图形提出数学问题	①根据图形提出量化问题;②根据图形建立数学模型。

1. 图形变换的问题(翻折、平移、旋转)
(1)能够辨认通过翻折、平移、旋转之后的图形。

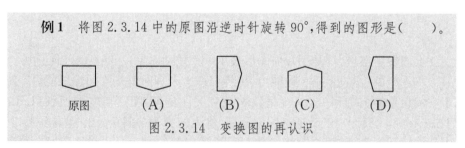

例1　将图 2.3.14 中的原图沿逆时针旋转 90°,得到的图形是(　　)。

原图　　(A)　　(B)　　(C)　　(D)

图 2.3.14　变换图的再认识

① 喻平.数学教学心理学[M].2 版.北京:北京师范大学出版社,2018:317 - 321.

（2）能够判断图形变化之后其中的不变量。

例2　一个多边形的面积为S，将这个多边形平移10厘米后，其面积为T，则（　　）。

（A）$S > T$　　　　（B）$S < T$　　　　（C）$S = T$　　　　（D）$S \leqslant T$

2. 复杂图形中识别简单图

（1）从比较复杂的图形中识别简单图形。

例3　在图2.3.15中，有____个直角三角形，有____个等腰三角形。

图2.3.15　复杂图中识别简单图

（2）镶嵌图是一种测量认知风格的工具，其实反映的也是一种识别图形的能力。

例4　图2.3.16左面给出三个简单图形①、②、③，右边是一个复杂图形。通过观察发现，复杂图形中包含的简单图形有（　　）。

（A）①③　　　　（B）①　　　　（C）①②　　　　（D）②③

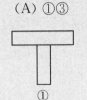
①

②

③

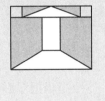

图2.3.16　镶嵌图识别

3. 数形结合

数形结合是最常见的一种直观想象，也是解决问题的常用手段，同时，数形结合将代数与几何有机结合，最能体现数学直观想象的特质。

例5　小明从家里出发去1200米外的图书馆看书，途中经过公园停留了一会儿后，继续前往图书馆，看完书后沿原路回家。图2.3.17表示了小明和家里的距离与时间的关系。设从家里到公园的速度为v_1，从公园到图书馆的速度为v_2，从图书馆回家的速度为v_3，请问三个速度间是什么关系（　　）。

（A）$v_1 > v_2 > v_3$　　　　　　（B）$v_2 > v_1 > v_3$

（C）$v_3 > v_1 > v_2$　　　　　　（D）$v_3 > v_2 > v_1$

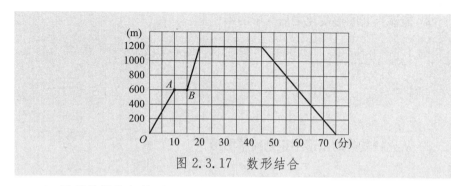

图 2.3.17   数形结合

4. 图形的折叠与展开

心理学领域研究图形折叠与展开,考查的是一种心理旋转,即给被试展示一个图形(平面或立体图),通过一定程度的旋转后让被试判断哪些旋转之后的图与原图是同一个图形。因为不能对实物进行现场操作,被试只能凭借想象来完成作业,显然,心理旋转考查的是被试的空间想象能力。

例 6   如图所示的立方体,如果把它展开,可以是下列图形中的(   )。

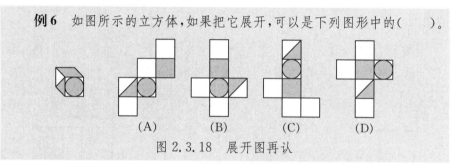

图 2.3.18   展开图再认

5. 图形与计算

主要指根据图形计算相关的量,但要求对图形的变化有较强的观察力。

6. 图形推理

一般给出一组源题和一个靶题,被试通过观察源题的变化规律来解答靶题。这是一种利用图形来推理的过程,考查被试观察图形的能力和想象能力。

例 7   请你从所给的四个选项中,选择最合适的一个填入问号处,使之呈现一定的规律性。正确答案是(   )。

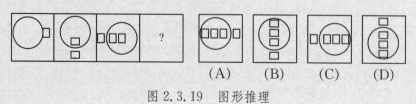

图 2.3.19   图形推理

7. 根据图形提出数学问题

这是考查被试提出问题的能力,但问题的提出必须依赖于图形,对图形有敏锐的观察能力,同时又要有提出问题的意识和提出问题的能力,这是较高层面的直观想象。

(二)直观想象的教育价值

数学本身就是研究数与形的学科,直观想象不仅与"形"有关,而且与"数和形"之间的关系也有关。显然,离开直观想象就无所谓数学学习。

第一,通过直观想象的训练,可以培养学生数学应用的意识和能力。随着社会的发展和科技的进步,数学在现实生活和各学科领域的应用越来越广泛和深入,作为这个时代的公民,必须具备数学应用的意识,具备数学应用的基本能力。可以说,数学应用意识的培养也是数学教育的一个价值取向,与正确价值观的形成相关。数学建模中的许多问题都与直观想象相关,通过对图形的数量抽象建立模型,我们的现实世界是直观的、形象的、三维的,数学建模多是对现实问题的抽象,当然得依附直观想象。

中小学阶段,涉及的数学建模内容不可能真正解决现实中的许多问题,因为这个阶段能够用于数学建模的工具和方法相对较少,因此,教学的主要目的只是通过简单的数学建模活动,训练学生数学建模的意识和最基本的数学建模能力。这一方面为学生今后进一步学习自然科学和社会科学奠定基础,另一方面在从事社会工作之后可以应对一些简单的数学模型问题,善于用数学建模的思维方式思考问题和解决问题。

第二,通过直观想象的训练,可以提高学生的数学化归能力。所谓化归,就是对问题的转化,化复杂问题为简单问题、化不熟悉的问题为熟悉的问题、化未解过的问题为解决过的问题。其中,数与形之间的转化是一种典型的化归方法,其模型如图 2.3.20。

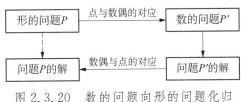

图 2.3.20 数的问题向形的问题化归

图 2.3.20 也可以逆回去,将数的问题转化为形的问题。无论是将形的问题化归为数的问题还是将数的问题化归为形的问题,都需要解题者有很好的直观想象能力。

> **案例**　若 a,b 是小于 1 的正数,证明:
>
> $$\sqrt{a^2+b^2}+\sqrt{(1-a)^2+b^2}+\sqrt{a^2+(1-b)^2}+\sqrt{(1-a)^2+(1-b)^2}\geqslant 2\sqrt{2}。$$

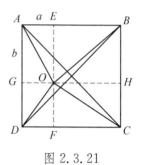

图 2.3.21

　　分析　这是一个代数问题,用代数的方法证明比较麻烦。其实,这个不等式出自一个几何模型。如图 2.3.21,作边长为 1 的正方形 $ABCD$,分别在 AB、AD 上取 $AE=a$、$AG=b$。过点 E 作 $EF \parallel AD$,交 DC 于点 F,过点 G 作 $GH \parallel AB$,交 BC 于点 H,EF 与 GH 交于点 O。连接 OA、OB、OC、OD、BD、AC。

　　因为 $OA = \sqrt{a^2+b^2}$,$OB = \sqrt{(1-a)^2+b^2}$,$OC= \sqrt{(1-a)^2+(1-b)^2}$,$OD= \sqrt{a^2+(1-b)^2}$,又 $OA+OC \geqslant AC$,$OB+OD \geqslant BD$,所以

$$\sqrt{a^2+b^2}+\sqrt{(1-a)^2+(1-b)^2}\geqslant \sqrt{2},$$
$$\sqrt{(1-a)^2+b^2}+\sqrt{a^2+(1-b)^2}\geqslant \sqrt{2}。$$

两个式子相加,即得结论。

　　数形结合在数学问题解决中比比皆是,有数形结合的情形,需要教师尽可能地引导学生将两者结合起来,发展学生的直观想象。

　　第三,通过直观想象训练,可以培养学生思维的深刻性和灵活性。对几何图形的观察,需要抽象出它背后的数量关系,对代数表达式的观察,需要分析隐含的几何模型,这些都是数学抽象过程,需要智力的深度参与,也是思维深刻性的具体表现形式。另一方面,一旦建立了图形与数集的关系,解决问题的方法就会呈现多样性,如何选择方法,如何权衡利弊,如何选择最优等等,都会起到训练思维灵活性的功能。

五、数学运算的解读

　　《数学课程标准》对数学运算作了如下界定[①]:

　　数学运算是指在明晰运算对象的基础上,依据运算法则解决数学问题的

① 中华人民共和国教育部. 普通高中数学课程标准(2017 年版)[S]. 北京:人民教育出版社,2018:7.

素养。主要包括：理解运算对象，掌握运算法则，探究运算方向，选择运算方法，设计运算程序，求得运算结果等。

数学运算是解决数学问题的基本手段。数学运算是演绎推理，是计算机解决问题的基础。

数学运算主要表现为：理解运算对象，掌握运算法则，探究运算思路，求得运算结果。

通过高中数学课程的学习，学生能够进一步发展数学运算能力；有效借助运算方法解决实际问题；通过运算促进数学思维发展，形成规范化思考问题的品质；养成一丝不苟、严谨求实的科学精神。

（一）数学运算的内涵

与逻辑思维能力、空间想象能力并列，数学运算能力一直是我国数学教学大纲突出强调的三大能力之一，可见数学运算在能力排行中的地位非同一般。其实这一点很容易理解，数学运算是数学学科的基本特质，要探讨数学的基本规律，要建构数学的结构体系，都离不开数学运算。一个公式就是运算的压缩程序，一个规则就是运算的规定程序，一个结果就是运算结束的表现形式。因此，数学素养的高低当然与数学运算水平紧密相联。

对数学运算的理解，应注意以下几个方面。

首先，数学运算是演绎推理。运算的前提是规则，依据规则办事就是演绎推理。数运算的交换律、结合律、分配律等，就是具有普遍意义的规则，运算必须遵循这些规则，具体的数字运算就是一般规则的具体运用，是演绎推理的过程。从这个意义上讲，数学运算属于演绎推理范畴，是演绎推理的一种基本样态。

运算规则除了有规定的法则，如"负数乘以负数为正数""同分母的分数相加分母不变分子相加"等等，还包含运算的程序，如"先乘除后加减"，解一元一次方程的程序为：去分母、去括号、移项、合并同类项、方程两边同时除以未知数的系数。因此，数学教材中的程序性知识，基本上都属于数学运算。

其次，数学运算不仅仅是数的运算，还包括式的运算。诸如方程恒等变形，三角恒等变形，整式、分式、根式的运算，函数、向量、极限、微积分、逻辑代数的运算等都是数学运算。可见，数学运算涉及数学的内容的方方面面，数学运算也就当然地成为学生应当具备的一个数学基本素养。

值得强调的是，数学运算具有进阶性，即后面的运算技能是建立在前面运算技能基础之上的，没有前面的运算奠基，后面的运算将无法进行。整数运算是有理数的运算基础，有理数运算是整式运算的基础，整式运算是分式运算的基础等等，前面的运算没有掌握必然影响后面的学习。从这个意义上说，学生打好扎实的运算基础显得尤其重要。

再次,数学运算包括了对运算程序的设计。《数学课程标准》中提出"选择运算方法,设计运算程序"的要求,事实上就表现出数学运算的复杂性一面。对于一些简单问题,可以直接选用运算方法解决问题,方法基本上是单一的。但是,当面对一些比较复杂的问题时,就可能存在对多种方法的选择,而不同的方法可能会使运算的难度变得不同,或者使运算的过程繁杂程度不同。因此,需要解题者对不同方法作出选择,设计运算的程序,寻求最优的解决问题方案。

> **案例**　当 m 取何值时,方程 $x^2 - 2mx + m + 1 = 0$ 的两个根一个比 5 大,另一个比 5 小?

分析　如果把问题表征为: $\Delta > 0$ 且 $\frac{1}{2}(2m - \sqrt{\Delta}) < 5$, $\frac{1}{2}(2m + \sqrt{\Delta}) > 5$,这就需要解复杂的不等式组,加大问题的难度。

换一个角度,联系到根与系数的关系,作一变换,令 $t_1 = x_1 - 5$, $t_2 = x_2 - 5$ 是二次方程 $t^2 + pt + q = 0$ 的两实根,当 $q < 0$ 时,有 $t_1 t_2 < 0$,即一个根大于零,另一个根小于零,不妨设 $t_1 > 0$, $t_2 < 0$,则 $x_1 > 5$, $x_2 < 5$。所以,令 $t = x - 5$,代入原方程,整理后得: $t^2 + 2(5 - m)t - 9m + 26 = 0$。当 $-9m + 26 < 0$,即 $m > \frac{26}{9}$ 时, $x_1 > 5$, $x_2 < 5$。

再换一个角度表征问题:令 $f(x) = x^2 - 2mx + m + 1$,其函数图象是开口向上的抛物线,与 x 轴有两个交点,分别在点 $(5, 0)$ 的两侧。由此,可以得到对问题的最简等价表征: $f(5) < 0$,此时只需解答一个简单的一次不等式即可。

此题选用三种不同的解法,其解答过程和难度完全不同,体现出对算法的不同设计及其解决问题的优劣差异。

(二) 数学运算的教育价值

随着社会的发展,科技的进步,计算工具也发生了质的革新,计算器、计算机的出现事实上改变了人们的观念,人们不需要掌握一些复杂的计算技能,大量的工作都可以用机器替代。毫无疑问,随着高科技的发展,大数据时代的到来,复杂的计算必须依赖于计算机。但是,这是从工具的角度认识计算,如果从训练人的思维角度看,数学运算就有其独特的功能,是人不可缺少的一种数学素养。

概括地说,数学运算的价值主要表现在两个方面。

第一,通过数学运算的训练,可以提高学生处理程序性知识的能力。为了在社会中生存,学会基本的计算是人人都必须具备的基本素质,这是不容怀疑的,这也是数学运算对于人的发展表现出来的基本功能。但是,数学运算更特别的价值还在于可以提升人们处理程序性知识的能力。程序性知识是关于"怎么做事"的知识,即应当怎么做一件事的知识,其心理表征是"产生式",一条产生式就是一条"如果……那么……"。人们头脑中贮存了许多产生式,形成产生式系统,因而能保证人们处理各种不同的事务。

从数学运算本身的功能来看,主要在于使学生掌握基本规则,形成基本计算技能。数学运算的基本逻辑是依据规则办事,一条规则就是一个产生式,熟练的运算必须以掌握上大量的产生式为前提。同时,数学运算又必须按照一定的程序进行,程序混乱必然导致运算的混乱。另一方面,运算技能必须通过一定量的练习方能巩固下来,即数学运算能力的增长离不开必须的练习。应当强调的是,数学运算是演绎推理,是一种基本的演绎推理,是其他形式的演绎推理(例如几何推理)的起始阶段,因为从一年级开始,学生最先接触到的数学就是计算。显然,计算不熟练、计算水平不高势必影响个体演绎推理能力的发展。

从数学运算迁移的功能来看,它的价值就不仅仅囿于计算本身的内涵。人们在处理一些日常事务中,也应该有必须的规则和程序,当然不按常理"出牌"是另一回事。做一件事情得安排先后顺序,解决一个问题得选择方法和制定程序,做一个化学实验,要按照每种物品的用量(规则)和一定的先后次序添加(程序)等等,这些程序性知识的处理都隐含了数学运算的迁移元素。历史上有一种著名的迁移理论——形式训练说,认为迁移要经过"形式训练"的过程才能产生。这种理论源于官能心理学,基本观点是:人的心智由注意、意志、记忆、知觉、想象、推理、判断等官能组成,各种官能可以像训练肌肉一样通过练习而增加力量,这些力量在各种活动中都能发挥作用,迁移通过组成心智的各种官能的训练,提高注意力、记忆力、想象力和推理力等各种能力而自动产生。也就是说,心智是由各种成分组成的整体,一种成分的改进会加强其他成分的改进,心智训练到一定程度后就会自动产生。尽管形式训练说遭到了后来迁移理论的冲击,但它毕竟有合理的一面,的确也能够解释学习迁移的一些现象。事实上,数学运算的迁移,可以说在一定程度上合乎形式训练说的要义。

第二,通过数学运算的训练,可以发展学生思维的敏捷性和灵活性。思维的敏捷性指思维过程的速度和迅速程度。林崇德先生在研究小学生思维敏捷性的发展时,采用的方法就是数学计算,在规定的时间内以完成计算题目的数量和正确性作为思维敏捷性的判定指标。[①] 能够正确迅速地选择算法,能够有理有节地设计程序,能够准确无误地得到结果,这是思维敏捷性的集中体现。当然,运算过程中灵活地设计计算程度显得尤为重要,因而敏捷性与灵活性密切相关。

案例 用不等号连接:$\dfrac{10}{17}$,$\dfrac{12}{19}$,$\dfrac{15}{23}$,$\dfrac{20}{33}$,$\dfrac{60}{37}$。

分析 按照通常的算法,应当对这一组分数进行通分,再比较各分数分子的大小。但是通过观察可以看到求分母的最小公倍数是很繁琐的。如果采用求各分数分子的最小公倍数,变为同分子的分数,再根据分母的大小进行比较,则运算会简化了许多。

因为 $\dfrac{10}{17}=\dfrac{60}{102}$,$\dfrac{12}{19}=\dfrac{60}{95}$,$\dfrac{15}{23}=\dfrac{60}{92}$,$\dfrac{20}{33}=\dfrac{60}{99}$,

所以 $\dfrac{10}{17}<\dfrac{20}{33}<\dfrac{12}{19}<\dfrac{15}{23}<\dfrac{60}{37}$。

灵活地选择算法,提高了思维的敏捷性。

案例 解方程:$\dfrac{x-8}{x-10}+\dfrac{x-4}{x-6}=\dfrac{x-5}{x-7}+\dfrac{x-7}{x-9}$。

分析 急于去分母,发现计算太繁,仔细观察,可将方程作适当变形,得

$$1+\frac{2}{x-10}+1+\frac{2}{x-6}=1+\frac{2}{x-7}+1+\frac{2}{x-9},$$

即 $$\frac{1}{x-10}+\frac{1}{x-6}=\frac{1}{x-7}+\frac{1}{x-9}。$$

此时还不能马上通分去分母,继续变形,得

$$\frac{1}{x-10}-\frac{1}{x-9}=\frac{1}{x-7}-\frac{1}{x-6}。$$

通分后便得到一个简单的同解方程

---

① 林崇德. 学习与发展:中小学生心理能力发展与培养[M]. 北京:北京师范大学出版社,1999:224 - 226.

$$\frac{1}{(x-10)(x-9)}=\frac{1}{(x-7)(x-6)},$$

解得
$$x=8。$$

这个过程,很好地体现了思维灵活性与敏捷性的高度统一。

六、数据分析的解读

《数学课程标准》对数据分析作了如下界定[①]:

数据分析是指针对研究对象获得数据,运用数学方法对数据进行整理、分析和推断,形成关于研究对象知识的素养。数据分析过程主要包括:收集数据,整理数据,提取信息,构建模型,进行推断,获得结论。

数据分析是研究随机现象的重要数学技术,是大数据时代数学应用的主要方法,也是"互联网+"相关领域的主要数学方法,数据分析已经深入到科学、技术、工程和现代社会生活的各个方面。

数据分析主要表现形式为:收集和整理数据,理解和处理数据,获得和解释结论,概括和形成知识。

通过高中数学课程的学习,学生能提升获取有价值信息并进行定量分析的意识和能力;适应数字化学习的需要,增强基于数据表达现实问题的意识,形成通过数据认识事物的思维品质;积累依托数据探索事物本质、关联和规律的活动经验。

(一)数据分析的内涵

数据的类型可以分为确定性数据和随机数据两类,确定性数据是研究对象总体的数据,随机性数据是从总体中抽取的样本的数据。对确定性数据规律或现象的刻画,一般用平均数、标准差、方差、极差、中位数、众数等概念或工具;对随机性数据,除了用集中或离散的工具进行描述外,更重要的思想方法是用统计推断的方法由样本数据去估计总体的数据。

数据分析主要属于《数学课程标准》界定的"概率与统计"模块,在高中阶段,统计的内容是在概率论的基础上建立的,因此研究对象多是随机性数据。内容包括:获取数据的基本途径及相关概念、抽象、统计图表、用样本估计总体。

数据分析过程主要包括:收集数据,整理数据,提取信息,构建模型,进行推断,获得结论。理解数据分析过程需再厘清两个问题。

---

① 中华人民共和国教育部. 普通高中数学课程标准(2017 年版)[S].北京:人民教育出版社,2018: 7.

　　其一,收集数据的情形与核心素养水平的关系。收集数据分为两种情形,一是直接给解题者提供数据,这事实上不用解题者去收集数据;二是解题者自己收集数据,例如研究现实问题中的某个现象需要收集而没有现成的数据。其实,教材中的题目大多是给定的数据,学生的任务是根据已知数据作一些描述、推理、计算。而"收集数据"应当属于"数学建模活动与数学探究活动"模块,而不是单纯地囿于"概率与统计"模块。

　　一般说来,数据分析的高级水平,需要收集数据环节的介入,它不只是收集数据,还需要整理数据和提取信息。例如,要学生对一个十字路口的红绿灯设计恰当的停车和放行时间,就需要先对这个十字路口的车流量进行调查,根据调查的数据来设计具体方案。这种情形,学生必须去现场采集数据,否则无法解决问题。对于给定数据情形,主要考虑到学生的数据分析水平较低,但是,在给定数据的问题中,如果能够设计采用不同的方法解决从而得到不完全一致答案的情节,即是开放性问题,那么可以达到测量数据分析的高级水平。例如,《数学课程标准》中的案例35。

案例　估计考生总数。①

　　【情境】某大学美术系平面设计专业的报考人数连创新高,今年报名刚结束,某考生想知道报考人数。考生的考号按0001,0002,…的顺序从小到大依次排列。这位考生随机地了解了50名考生的考号,具体如下:

0400	0904	0747	0090	0636	0714	0017	0432	0403	0276
0986	0804	0697	0419	0735	0278	0358	0434	0946	0123
0647	0349	0105	0186	0079	0434	0960	0543	0495	0974
0219	0380	0397	0283	0504	0140	0518	0966	0559	0910
0658	0442	0694	0065	0757	0702	0498	0156	0225	0327

　　请给出一种方法,根据这50个随机提取的考号,帮助这位考生估计考生总数。

　　分析　这是一个给定数据问题,但解决问题的方案可能是多种的。例如,可以采用:给出数据的最大值986(与0986对应)估计考生总数;用数据最大值与最小值的和(986+17=1003)估计考生总数;借助数据中部分数据的信息

① 中华人民共和国教育部. 普通高中数学课程标准(2017年版)[S]. 北京:人民教育出版社,2018:169.

(如平均数、中位数等)估计考生的总数;等等。

设考生总数为 N,即 N 是最大考号。

方法一:随机抽取 50 个数的平均值应该与所有考号的平均值接近,即用样本平均值估计总体平均值。

这 50 个数的算术平均值是 $24671 \div 50 = 493.42$,它应当与 $\dfrac{N}{2}$ 接近。因此,估计今年报考这所大学美术系平面设计专业的考生总数为 $N \approx 493.42 \times 2 \approx 987$(人)。

方法二:把这 50 个数据从小到大排列,这 50 个数把区间 $[0, N]$ 分成 51 个小区间。由于 N 未知,除了最右边的区间外,其他区间都是已知的。可以利用这个区间来估计 N。

由于这 50 个数是随机取的,一般情况下可以认为最右边区间的长度近似等于 $[0, N]$ 长的 $\dfrac{1}{51}$,并且可以用前面 50 个区间的平均长度近似来替代这个区间的长度。因为这 50 个区间长度的和,恰好是这 50 个数中的最大值 986,因此得到 $N = \dfrac{986}{50} \times 51 \approx 1006$。

因为这是一个开放题,允许有不同的答案。只要学生能够对自己提出的方法给出合理的解释,就可以认为达到相应水平的要求。

其二,数据分析与数学建模密切相关。我们的一项研究,是探讨数学核心素养的基本成分。首先进行设计一组问题,对大样本进行调查,然后根据调查数据,用因素分析提取出数学核心素养的基本要素,最后再用聚类分析,将相近要素进行合并,最终提取出数学核心素养,由 7 个成分组成:数学抽象、运算能力、推理能力、建模与数据处理、空间能力、问题解决能力、数学文化品格[1]。

在聚类分析中,其中就将数学建模能力与数据分析能力作了合并,这个合并从学理上是通顺的,因为有许多数学建模,都有对数据的分析过程,在对数据的基础上才能选择恰当的模型进行建构;反之,对不同类型数据的收集、处理和分析,最终归结为用一种数学模型去解决问题。例如,回归分析就是利用一组随机数据来建立回归方程。上面的案例,也是根据样本的数据,选择不同的方法从而建立不同的模型解决问题的过程。因此,培养学生的数据分析能力不仅仅限于"概率与统计"的内容,还涉及"数学建模活动与数学探究活动"的相关内容。

---

① 喻平.数学学科核心素养要素析取的实证研究[J].数学教育学报,2016(6):1-6.

（二）数据分析的教育价值

翻开 2001 年以前的数学教学大纲，并没有数据分析的说法，之后的课程改革，逐步出现并强化了这个概念。显然，这是社会发展特别是大数据时代的到来对数学教育提出了新的要求，包括概率统计在内的一些现代数学知识必须进入中小学数学教育范畴，在这种背景下，数据分析就自然而然地成为学生必备的基本素养。

概括地说，培养学生数据分析能力的教育价值主要体现在两个方面。

其一，通过数据分析的训练，可以提高学生的数学应用意识和数学应用能力。如前所述，数据分析的本质是一种数学建模活动，数学建模就是一种数学应用，当然数据分析也是数学应用的过程。数据分析的研究对象是数据，而数据往往来自现实的生产和生活场景，来自科学实验，数据分析的工具并不复杂，关键是有没有敏锐的数据意识，能否从一组直观的数据中观察和分析出里面的信息，这能体现出学生是否具备直观想象和数据分析的素养。

沃尔玛经典营销案例：啤酒与尿布。

1990 年代，沃尔玛的超市管理人员在分析销售数据时发现了一个奇怪的现象：在某些特定的情况下，"啤酒"与"尿布"两件看上去毫无关系的商品会经常出现在同一个购物篮中，这种独特的销售现象引起了管理人员的注意，经过后续调查发现，这种现象出现在年轻的父亲身上。在美国有婴儿的家庭中，一般是母亲在家中照看婴儿，年轻的父亲前去超市购买尿布。父亲在购买尿布的同时，往往会顺便为自己购买啤酒，这样就会出现啤酒与尿布这两件看上去不相干的商品经常会出现在同一个购物篮的现象。如果这个年轻的父亲在卖场只能买到两件商品之一，则他很有可能会放弃购物而到另一家商店，直到可以同时买到啤酒与尿布为止。沃尔玛发现了这一独特的现象，开始在卖场尝试将啤酒与尿布摆放在相同的区域，让年轻的父亲可以同时找到这两件商品，并很快地完成购物；而沃尔玛超市也可以让这些客户一次购买两件商品，从而获得了很好的商品销售收入，这就是"啤酒与尿布"故事的由来。

1993 年美国学者艾格拉沃（Agrawal）提出通过分析购物篮中的商品集合，找出商品之间关系的关联算法，由根据商品之间的关系，找出客户的购买行为。艾格拉沃从数学及计算机算法角度提出了商品关联的计算方法——Aprior 算法。沃尔玛从 1990 年代尝试将 Aprior 算法引入到 POS 机数据分析中，并获得了成功。

这个案例说明数据分析的意识何等重要。要能够对一些现象、一堆数据背后所隐藏的规律进行透析，要能够用数学的眼光去看待它，用数学的思维的解析它，用数学的语言去表述它，这就是数学应用的意识和能力。

其二,通过数据分析的训练,可以提高学生多元表征问题的能力。在数据分析过程中,对数据的表达可以采用不同的方式,可以列出表格,可以用各种类型的图形描述,可以用解析式刻画等等,这就是对同一对象的多元表征。

多元表征是一种重要的思维形式,从多个角度、多个方向考察一个事物,能够达到对事物全方位的认识,加深对事物本质的理解。正如理解数学概念一样,不能只是从一个定义来认识它,而应当在头脑中形成这个概念的一组等价定义,形成概念域和概念系,方能作到对概念本质属性的把握。更重要的是,多元表征还包含了不同表征形式之间的内在联系和相互转化。

数据分析过程可大致分为两个组成部分:定量分析方法和图解分析方法。定量分析方法是指那套产生数值型或表格型输出的统计学操作程序,比如假设检验、方差分析、点估计、可信区间以及最小二乘法回归分析。这些手段以及与此类似的其他技术方法全都颇具价值,属于是经典分析方面的主流。图解分析方法是以图形作为工具,这些工具包括散点图、直方图、概率图、残差图、箱形图、块图以及双标图。其特点是:形象具体、简明生动、通俗易懂、一目了然。其主要用途有:表示现象间的对比关系;揭露总体结构;检查计划的执行情况;揭示现象间的依存关系,反映总体单位的分配情况;说明现象在空间上的分布情况等等。多元表征主要指用不同图形表达同一对象,可以由一种表征转化为另一种表征。

第四节　数学核心素养的结构

数学核心素养包括 6 个元素,那么这些元素之间是什么关系? 本节对 6个数学核心素养之间的关系作一个思辨性分析。

一、关于能力结构的一些研究

提出能力成分,这只是孤立地看待这些元素,有必要厘清它们之间是什么关系,这样才能更深层次地刻画能力结构。

对于一般能力结构的研究,美国心理学家吉尔福特(J. P. Guilford,1897—1987)提出了一种构想。他认为智慧因素是由操作(包括认知、记忆、发散思维、辐合思维和评价五种智力类型)、材料内容(包括图形、符号、语意和行为)和产品(包括单元、门类、关系、系统、转换和含蓄)三个变项构成,像一个有长、宽、高三个维度的方块,每一变项由有关要素组成,每个变项中与任何一个项目相结合,一共可以得到 $4 \times 5 \times 6 = 120$ 种结合。每一种结合代表一种智力因素,这样就不仅建立了能力结构模式,而且还可确定能力的成分因素。吉尔福特的研究方法,为建构数学能力结构提供了参考模式。

有学者认为可以从三个角度来分析研究数学能力的本质与结构,分别是从数学学科特点分析、从认识过程分析、从个性心理特征分析。数学能力的本质是(形式和辩证)逻辑思维能力。这种逻辑思维能力又经常分别地表现为关于形的逻辑思维能力,关于数的逻辑思维能力,更经常地表现为数形结合的逻辑思维能力。以这三种逻辑思维能力为"经",以形式辩证逻辑的思维形式和规律为"纬",形成关于数学能力的结构网络,网络的每一点,都可以作为分工研究的一个专题。[①]

有学者把中小学生的数学能力分为两个层次:第一层次包括运算能力、空间想象能力、信息处理能力;第二层次包括逻辑思维能力及问题解决能力;在这两个层次之间模式能力起着非常重要的桥梁作用。所谓模式就是由若干遵循某种规则的元素形成的结构。模式可以是数量化的也可以是非数量化的。第一层次是学生获得更高级能力的基础,使得在理性思维方面发展起逻辑思维能力,实践操作方面发展起问题解决能力,而模式能力则在中间起桥梁作用,使得数学能力的各个成分之间互相联系,形成了一个整体结构系统。[②]

还有人指出数学能力结构为知识量、数学基本能力、个性心理、思维品质 4 个因素组成的一个多维空间立体结构(见图 2.4.1)。

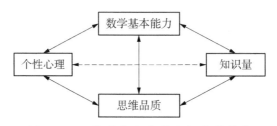

图 2.4.1　数学能力多维空间立体结构

这 4 个部分相互制约、相互联系、共同组成一个多形态、多层次、多联系的复合结构,即数学能力。[③]

林崇德在研究数学能力结构中,提出了一种比较独特的框架。他以数学运算能力、逻辑思维能力和空间想象能力这三种能力作为一个维度,以思维的

① 张士充.数学能力的分析研究与综合培养[J].数学通报,1985(6):2-4.
② 史亚娟,华国栋.中小学生数学能力的结构及其培养[J].教育学报,2008(3):36-40.
③ 张学杰.数学能力的结构分析与综合培养[J].教育探索,1996(4):50-51.

品质作为一个维度,其中思维品质包括思维的灵活性、思维的深刻性、思维的敏捷性、思维的批判性、思维的独创性。从而构成一个以三种能力为"经",以五种思维品质为"纬"的数学能力结构系统(如表 2.4.1)。这种结构共 15 个交叉点。

表 2.4.1 数学能力结构

	运算能力	逻辑思维能力	空间想象能力
思维的深刻性			
思维的灵活性			
思维的独创性			
思维的批判性			
思维的敏捷性			

林崇德对每个交叉点作了细致的刻画。比如,空间想象能力与思维的独创性的交汇点,其内涵是:(1)表现在概括过程中:善于用独立的思考方式去探索和发现几何形体上的数学特征与度量性质。(2)表现在理解过程中:善于提出等价的几何公式和修正意见;善于用一般化的和运动的思想方法去认识形体中的数学特征。(3)表现在运用过程中:善于创设几何环境;善于制作几何模型;善于用独特、新颖的方法分析、解答几何问题。(4)表现在想象效果上:想象丰富、新颖、独特。①

2004 年,喻平对数学能力的成分与结构作了一个比较系统的研究。②

数学能力结构在整体上应当分为三个层面,三个层面是指依据数学能力各因素(成分)的特征划分的。第一类为元认知能力,它表现为监控整个数学认知活动;第二大类是在数学认知活动中所共有的因素,即不论个体从事哪种数学活动都需要介入的能力因素,将这类能力称为共通任务的能力;第三类指在特定的数学活动中才能表现出来的能力,称为特定任务的能力。

1. 共通任务的能力

数学认知活动是分阶段进行的,每个阶段的认知方式有差异,但是,有些认知因素贯穿整个认知活动的始末,反映出一种具有各种活动共有的数学能力成分。

① 林崇德.学习与发展:中小学生心理能力发展与培养[M].北京:北京师范大学出版社,1999:290 - 299.
② 喻平.数学教育心理学[M].南宁:广西教育出版社,2004:291 - 294.

共通任务的能力包括下面5种基本的能力成分：

（1）数学阅读能力。指阅读、领会和理解数学材料的能力。

（2）数学概括能力。对数学材料的概括、抽象能力，包括对数、形、数学关系、数学结构、算法以及数学方法等方面的概括。

（3）数学变换能力。将一种数学结构变换为另一种数学结构、将一个数学问题转化为另一个数学问题的能力。

（4）逻辑思维能力。运用已有规则，遵循逻辑规律进行数学推理的能力。

（5）空间思维能力。根据数学对象的特征，能灵活运用一维或多维心理空间识别、表征和分析对象的能力。

2. 数学元能力

指自我监控能力。个体对整个数学认知活动进行积极主动的计划、监视、控制、调节和反思的能力。

3. 特定任务的能力

数学学习活动中的特定任务主要包括数学发现、数学解题、数学应用和数学交流等，在每一种特定任务中，存在着与该活动密切相关的能力成分。

（1）数学发现能力。针对某一情境，能够提出关于某种数学结构、数学关系的猜想或针对特定情境创生出解决问题的新颖方法的能力。数学发现能力的基本成分是归纳思维能力、类比思维能力、直觉思维能力、发散思维能力和批判性思维能力。

（2）数学解题能力。指对已经提出的问题进行解答的能力。解答数学问题依赖于解题者的知识基础和解题经验。数学解题能力主要包括合理表征问题能力、模式识别能力、连续推理能力。

（3）数学应用能力。指应用数学理论、思想和方法去解决一些简单的现实生活问题的能力。数学应用能力主要包括数据收集与分析能力、数学建模能力。

（4）数学交流能力。个体以直观的或非直观的、口头的或书面的、普通语言形式或数学语言形式与他人交流数学知识、数学体验、数学思想以及解题体会等方面的能力。

数学元能力、共通任务的能力和特定任务的能力组成数学能力结构的三个层面。其中，数学元能力、共通任务的能力是基本的数学能力，是数学认知活动中学习者必备的数学能力。特定任务的能力与特定的数学任务相联系，它在体现学生的个性和特殊才能方面更有表现力。数学能力系统及各成分之间的关系如图2.4.2。

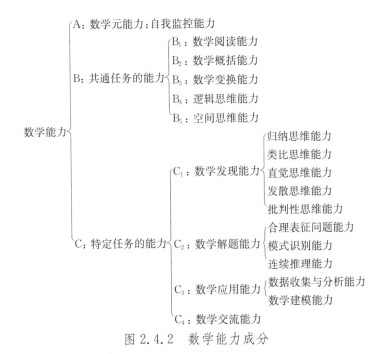

图 2.4.2 数学能力成分

再根据数学能力的三个层面,构建了数学能力的一种结构(如图 2.4.3)。其中 A 表示数学元能力,B 表示数学共通任务能力,$C = C_1 \cup C_2 \cup C_3 \cup C_4$ 表示数学特定任务的能力。C_1 表示数学发现能力,C_2 表示数学解题能力,C_3 表示数学应用能力,C_4 表示数学交流能力。

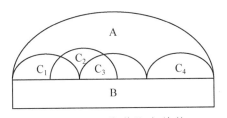

图 2.4.3 数学能力结构

下面对这种数学能力的系统和结构作进一步说明。

第一,将数学能力分为数学元能力、共通任务的能力和特定任务的能力合乎数学认知活动的特征。数学学习是一种思维活动,这种思维活动的基本表现形式是抽象、概括和推理,这些基本的思维活动受自我意识的监控而贯穿整个认知活动,无论从事何种数学活动,都不能脱离这些基本的思维方式,因此也就存在渗透在所有数学活动及数学活动过程中的共同能力成分。另一方面。针对不同的活动，又有一些特殊的思维形式介入，它们对于这些特殊的活动起着决定性作用。当然，这些特殊的思维形式所表现出来的特殊能力不能游离于共通能力成分之外，特定任务的能力以共通任务的能力作为支撑。

第二，数学发现能力、数学解题能力、数学应用能力三者之间不是彼此完全独立的，它们之间也有一些共同的要素。事实上，数学解题和数学应用也含有直觉和顿悟因素，也需要一定的归纳、类比和发散思维；数学应用也需要模式识别和连续推理的能力。同样，数学发现中有时也需要模式识别和数学建模，脱离个体认知结构的顿悟是不存在的。相对而言，数学交流能力比前三者有独立的一面，它更多地依托于共通任务的能力。

第三，数学结构的三层面观延拓了传统数学能力研究的视野。我国传统意义上的三大能力，只考虑了共通任务的能力，忽视了特定任务的数学能力要素。将数学能力分为三大类、三个层面，一方面使数学能力的因素更加完备，考虑到了数学认知活动的各种类型和各个方面；另一方面又揭示了数学能力成分之间的联系以及各种能力成分所表现的特殊环境，因此，有利于教师根据特定数学活动的具体情况，制定培养学生一般数学能力和特殊数学能力的教学策略。

第四，依据数学能力的三层面观，学生在数学能力上表现出的个体差异应该主要是三种类型，一是数学元能力的差异；二是共通任务能力的差异；三是特定任务能力的差异。对于数学能力低的学生，教师可以在三个层面上分别诊断，确定能力弱的主要因素，拟定弥补措施。一般来说，培养学生的数学元能力和共通任务的能力是数学教育的基本目标，通过数学学习，学生必须具备一定的共通任务的数学能力。对于特定任务的能力差异，能力强的学生所反映出的是他们在某些领域中的特殊才能，因此，在特定任务中培养特殊能力，有利于有数学才能的学生得到充分发展。

邵光华教授专门研究了数学思维能力的结构，他认为数学思维能力结构是由其 12 种能力成分由低向高组成的一种分层塔状体(图2.4.4)。

12 种构成因素中，发现相似性能力、形成数学通则通法的概括能

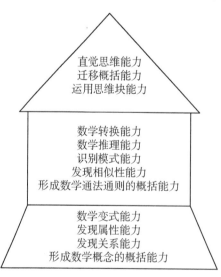

图2.4.4　数学思维能力的塔状图

力、迁移概括能力、数学转换能力、数学变式能力、识别模式能力、数学推理能力、运用思维块能力和直觉思维能力较之发现属性能力、形成数学概念的概括能力和发现关系能力更为重要一点,这里的"次要"因素是构成数学思维能力的"基础"能力因素。由各种能力因素的意义可知,运用思维块能力、迁移概括能力和直觉思维能力是较高层次的能力因素,这些能力因素的形成要有其他能力做基础。[①]

上面是不同学者对数学能力结构的探究得到的一些结果,各人的切入点不同,得到的结论不尽相同,但是都对数学能力的结构作了有意义的探索。

二、数学核心素养的一个结构

如前所述,数学核心素养的 6 个成分事实上就是 6 种数学能力,6 种数学关键能力。从图 2.4.2 中可以看到,这 6 种能力都包含在其中,但是,要把这 6 个成分之间建立联系和结构,不能再用图 2.4.3 的形式。

用图 2.4.5 表示 6 种关键能力之间的关系。

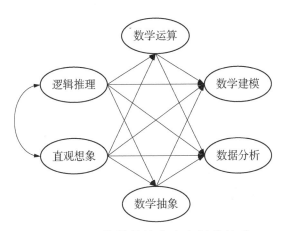

图 2.4.5 数学关键能力之间的关系

逻辑推理、直观想象是两种基本的数学能力,它是其他四种能力生成和发展的基础。从图中可以看到,逻辑推理与直观想象是两个外源变量,两者之间有一定相关性;数学抽象、数学运算、数学建模、数据分析是四个内源变量;同时数学抽象和数学运算又是两个中介变量。需要强调的是,这是一个理论构

———————————————

① 邵光华.数学思维能力结构的定量分析[J].数学通报,1994(11):13-17.

想图,即一个理论框架,并没有经过实证的验证。

下面对图 2.4.5 的框架作进一步地分析。

(一)两种基本能力要素分析

逻辑推理、直观想象是两种最基本的数学能力,它们有相对独立的一面。

数学与逻辑是水乳交融关系,逻辑主义甚至把逻辑推向一种至高的境地。逻辑主义主张数学是逻辑的延伸。他们只研究概念间的纯逻辑关系,从逻辑学可推导出全部数学,全部数学可以归结为逻辑学。逻辑主义的代表人物弗雷格(F. L. G. Frege,1848—1925)相信全部数学都能从基本的逻辑规律推演出来,认为集合论具有逻辑的性质。他发明了一套无论在当时还是现在都使人觉得难以理解的逻辑符号,并把集合论的某些内容翻译和再造成逻辑学的定义和定理,进而定义了自然数和推演出整个算术理论。逻辑主义的另一代表人物罗素在其论著《数学原理》中认为数学和逻辑是全等的,具体地说它可以分析为三部分内容:(1)每条数学真理都能够表示为完全用逻辑表达或表示的语言。简单来讲,即每条数学真理都能够表示为真正的逻辑命题。(2)每一条真的逻辑命题如果是一条数学真理的翻译,则它就是逻辑真理。(3)每条数学真理一旦表示为一个逻辑命题,就可由少数逻辑公理及逻辑规则推导出来。虽然逻辑主义存在偏激的一面,但也从一个侧面明示了数学与逻辑不可分割的内在联系。既然学习数学离不开逻辑支撑,那么逻辑推理就是数学的最基本能力,它是其他数学能力生成和发展的基础。

数学是研究数与形的学科,是研究数与形之间关系的学科,一方面是用数去刻画形的性质,反过来又可用形表达数的直观。解析几何的创立,通过数偶与点集的对应关系构建了数与形实质性的联系,使数与形达到了一种完美的结合。"形"的特征是直观,但要从数学角度观察"形",就得考虑它的形状、大小、面积、体积、变换、不变量……,因而有想象因素介入,即研究形必然面对直观,面对直观必然涉及想象,也就是说直观想象与学习数学如影随形,当然直观想象就是第二个基本的数学能力。

首先,逻辑推理与直观想象有相对独立的一面,具体表现在:(1)逻辑推理可以不限于数学对象,它可以表现在其他学科的学习中,直观想象偏重于对数学问题的思考。(2)在数学活动中,一种要素的介入可能跟另一要素完全无关,例如,对问题"凡是 9 的倍数的数一定是 3 的倍数,而 27 是 9 的倍数,则可推出_____",这个推理只需要"逻辑推理"介入而勿需"直观想象"的介入。

其次,逻辑推理与直观想象又有相互关联的一面,即它们具有一定的相关性,故在图 2.4.5 中用双箭头弧线表示它们之间的关系。一方面,逻辑推理过程中涉及直观想象,例如,解决几何问题要借助于图形,对图形中各要素进行观察和分析,这需要直观想象,即逻辑推理需要直观想象支撑,在直观想象的基础上进行推理;另一方面,直观想象过程中也可能涉及逻辑推理,例如,通过观察图形去猜想出一些结论,这是合情推理。更特殊地说,从前面的讨论中可以看到,直观想象的一个维度就是图形推理,需要对图形进行仔细观察,发现其中的变化规律,从而推出答案。因此,逻辑推理与直观想象之间存在一定的相关关系,但可能这种相关性不是特别高。

在 6 个数学关键能力中,逻辑推理和直观想象起着奠基性作用,是其他数学能力的生成本源,一个人不具备这两种能力,就无所谓数学运算能力和数学抽象能力,更不能发展数学建模能力和数据分析能力。

(二) 其他四种能力要素分析

1. 数学运算

从图 2.4.5 中可以看到,有两个箭头指向数学运算,即数学运算能力的形成和发展有两条主要来源,一是逻辑推理能力,二是直观想象能力。

事实上,数学运算就是逻辑推理的一种形式,数学运算是指根据规则进行恒等变换的过程,从本质上看,数学运算是指通过已知量的可能的组合获得新的量的过程,运算的本质是集合之间的映射。依据一定的规则进行推理就是演绎推理,是典型的三段论推理。许多计算是通过公式来进行的,而公式其实是对系列运算过程的压缩,应用公式时就是假言三段论推理的过程。例如,利用一元二次方程求根公式解一元二次方程的过程:

假言推理的肯定式　　　例子

若 S 为 P,则 S_1 为 P_1。　　若 $ax^2+bx+c=0$,则 $x=\dfrac{-b\pm\sqrt{b^2-4ac}}{2a}$。

而 S 为 P,　　　　　　　而 $x^2-3x+2=0$,

所以 S_1 为 P_1。　　　　所以 $x=\dfrac{3\pm\sqrt{9-8}}{2}$。

显然,数学运算能力受制于三个因素的影响:掌握规则、选择规则、逻辑推理。其一,掌握规则是前提,没有在理解规则的基础上掌握规则,数学运算就不可能进行,这体现掌握基础知识的重要性表现所在。其二,选择规则是关键,要能够根据问题的属性合理地选择规则。例如,因式分解的方法很多,如何根据题目的不同形态选择不同的方法,这是影响到问题能否解决或者问题能否很快解决的重要因素。再如,只是掌握了换元法,这叫形成了基本技能,但在什么时候该用换元法,应当怎样换元,对此要作出合理选择才能有效地解决问题。其三,具备逻辑推理的能力是根本。明了判断的类型、了解三段论推理的格式、掌握命题推理形式都是学生进行数学推理应具备的基本素质,在进行一些比较复杂的数学运算中,需要解题者设计算法,设计算法本身也是逻辑思维过程。

直观想象的主要目的是利用图形描述、分析数学问题,建立形与数的联系,构建数学问题的直观模型,探索解决问题的思路。显然,在一些问题的解决中,直观想象对数学运算起到了辅助作用,例如,数形结合问题。另一方面,几何问题中存在大量的计算,这些计算都有借助于几何图形来推理,需要直观想象的直接参与。因此,直观想象对数学运算起着一定的支撑作用。

另一方面,图 2.4.5 中由数学运算发出的箭头为两个,一个指向数学建模,一个指向数据分析。这两个指向是显然的,因为在数学建模和数据分析的过程中,都涉及数学运算,即数学运算是数学建模和数据分析的支撑因素。

由此可见,数学运算在逻辑推理、直观想象这两个外源变量与数学建模、数据分析这两个内源变量之间起着中介变量作用。

2. 数学抽象

如图 2.4.5,有两个箭头指向数学抽象,因此与数学运算一样,数学抽象受到逻辑推理和直观想象两个因素的支持。

数学抽象的基本涵义是:从数量与数量关系、图形与图形关系中抽象出数学概念及概念之间的关系,从事物的具体背景中抽象出一般规律和结构,并且用数学语言予以表征。在第Ⅰ类数学抽象中,要从现实背景中抽象出数学概念或命题,需要量化的思维,需要用数学的眼光去观察和分析事物的本质属性,需要挖掘直观现象背后的数量关系或图形关系,当然要有严格的逻辑思维和跳跃的合理推理,而在第Ⅱ类数学抽象过程中,强抽象、弱抽象和广义抽象,本身都是在进行数学推理。可见,离开逻辑推理和直观想象,就谈不上所谓数学抽象。

在本章的图 2.3.6 与图 2.3.7 中,这本来是一个现实生活中的问题,欧拉借助于直观想象将其抽象为一个数学问题,将 4 块地想象成 4 个点,7 座桥想象成 7 条线,这是非凡的直观想象,然后欧拉又用逻辑推理不仅解决了这个问题,而且开拓了图论这门新兴学科,这更是一个超水平的数学抽象。

数学建模、数据分析本质上是数学抽象,是数学抽象的一种特殊形式,把一个现实问题抽象成数学问题,用数学语言描述,用数学方法解决,都是数学抽象的直接体现,因而数学抽象是数学建模和数据分析的直接基础。

3. 数学建模和数据分析

数学建模与数据分析都是数学的应用,即用数学方法去解决现实问题、科学问题和其他学科的问题。在 6 个数学关键能力中,它们只有"入"没有"出",即其他 4 种能力都是它们的基础,它们的形成和发展都会受到其他能力的影响和制约;还应当看到,数学建模与数据分析是两种与实践能力最为接近的能力,要培养学生的实践能力和创新能力,就应当加强对学生数学建模和数据分析能力的培养。

第三章　核心素养导向的教学理论转型

中小学课程都是分科课程,核心素养的落实必然依托于各学科的课程与教学,因此,学科核心素养概念的出现是一种必然。"为建立核心素养与课程教学的内在联系,充分挖掘各学科课程教学对全面贯彻党的教育方针、落实立德树人根本任务、发展素质教育的独特育人价值,各学科基于学科本质凝练了本学科的核心素养,明确了学生学习该学科课程后应达成的正确价值观念、必备品格和关键能力。"①

课程的变革必然引发教学的变革,从知识导向的教学转向提升素养导向的教学,如果作为指导教学的基本理论不产生位移,那么势必导致教学实践层面的迷茫,从而使课程实施难以推进。

第一节　从客观主义向建构主义转变

一、客观主义认识论的局限

17 世纪之后,西方经验主义和理性主义的知识观逐渐取代了宗教神学或形而上学的知识观,它们的共同追求是知识的客观性,认为:"现代科学的目的就是建立一套严格客观的知识体系,任何达不到这一标准的知识都只能被当作暂时的、有缺陷的知识,并且这种知识的缺陷迟早应加以剔除,否则就应该被淘汰。"②这种观念就是客观主义。

客观主义知识观认为,知识是客观事物的属性与联系的反映,是客观事物在人脑中的主观映象。知识是人类认识的结果,是在实践的基础上产生,又经过实践检验的对客观世界的反映。客观主义知识观可分为理性主义知识观和经验主义知识观。理性主义知识观认为,一切知识均源于理性所显示的公理。理性主义的知识观把知识当作外在于主体的客观存在,学生的学习就是要获得这些客观知识。经验主义知识观认为,一切知识均起源于经验,人们是在对

---

① 中华人民共和国教育部. 普通高中课程方案(2017 年版)[S]. 北京:人民教育出版社,2018:4.
② 石中英. 波兰尼的知识理论及其教育意义[J]. 华东师范大学学报(教育科学版),2001(2):36 - 45.

个别现象感知的基础上再由归纳的方式获得一般原理。知识的来源是现实的生活，而不是间接经验和书本知识，知识获得的方式是从个别到一般，而且只有以这种方式获得的知识才是可靠的。它反对由一般演绎到特殊，也就是说，认为知识是纯粹经验的产物而不是理性的产物。尽管经验主义和理性主义知识观在知识获得的途径和方法上有明显差异，但两者对知识本质的看法上却是一致的，它们都把寻找普遍的、确定的、客观的、绝对的知识作为认识的根本。

客观主义哲学相信有独立于精神的现实存在，个体依靠感觉、知觉和思维建立与这种现实的联系，利用理性或非矛盾识别处理所感觉的信息。客观主义知识观认为，知识是客观的，知识是不依赖认识者而独立存在的客观实体；知识是普遍的，客观世界存在着永恒不变的本质，知识即是这种事物本质的反映，它不因时、因地、因人而异，认识的目的在于发现事物这种客观存在的本质；知识是中立的，知识不受知识者的信念、情感、态度、价值观等因素的影响。

从知识论上看，客观主义的基本观点可以概括为：（1）知识的客观性。知识是客观存在的，科学研究的任务是发现这些客观规律，不能带有科学家自身的价值观，发现的结果只能是对现实存在的真实写照，不带有代表社会群体意识和利益的价值意向。（2）知识的确定性。数学、科学知识是人类探求自然得到的真理，它不会因为时间的变化、地域的不同而改变其确定性，是放之四海而皆准的真理，是绝对真理。（3）知识的静态性。知识一旦被发现，它们就变成了一种产品，一种科学家制造的产品，它们被放入人类的知识宝库中贮存起来，作为人类的文化代代传承，教学的过程是由教师把这些知识传递给学生，探究、发现知识的活性成分荡然无存，体现出作为结果知识的静态性特征。（4）二元认识论。在认识信念上持二元论，二元论是一种绝对主义知识观，认为知识依赖权威的仲裁，被分为真与假两类；在道德信念上，二元论指一切行为都只有对与错之分，是一种二歧性结构观。

基于这种认识论，学习的基本形态表现为：第一，将学习看做是人脑对知识的复制。人的学习过程是个体去认识这些客观事物，将客观知识转化为主观知识的过程。学习的本质就是通过建立客观现实与个体头脑的映射，将客观知识复制到头脑中，这种复制应当是准确无误的。第二，学习是一种无条件的接受。经过一批人发现的知识，还要通过另一批人去精心打磨最终以真理的形态表征出来，学生要学习的东西是这些最终的结果，教师的任务就是为学生构建一个知识复制的场域，提供一种知识传递的情境，并用证实的思维解读教材，目的是要学生相信这些事实并接受它。显然，这种教学逻辑封闭了学生的个人见解，扼杀了他们对知识的怀疑态度，学习就成为一种无条件的接受过程。第三，学习内容表现出"冰冷的"形态。其实，知识产生的过程充满了发现者火热的思考,潜藏着科学家追求真理的坚定信念和执着,艰辛的探究历程,这些思维的精华才是最有教育价值的元素,但是它们被最终形成的"冰冷的"结果性知识所掩盖而荡然无存。

反映到教学上,特别是针对数学教学和科学教学方面,基于客观主义知识观的数学和科学教学是一种"知识授受式"教学范式,这种教学范式具有以下特征:教学目标的单一性和工具性,教学内容的绝对性和封闭性,教学方式的机械性和被动性,教学评价的片面性和终结性。[①]

客观主义知识观的局限性体现在它忽视了世界的无限复杂性和作为认识主体的人所具有的巨大能动性。

二、建构主义的兴起

行为主义、认知主义均持客观主义认识论,这种由于工业革命带来的对知识的膜拜而产生的认识论无疑是历史的产物,也有必然的合理性。然而,随着信息社会的出现,"知识爆炸"时代的人才培养目标不能定位在只塑造有知识的人,而更关注培养会学习的人,知识创新的速度太快,指望在学校习得的知识能够提供一个人毕生的应用储备将成为历史。显然,单纯用知识复制的方式习得知识已经不能适应社会对人才培养的要求。在这种背景下,人们开始对学习理论进行反思,1980 年代,杜威、皮亚杰(J. Piaget, 1896—1980)和维果斯基(Л. С. Выготский, 1896—1934)关于认知的理论又重新凸显出来,出现了建构主义认识论。与客观主义不同,建构主义认为知识是发展的,是个体内在建构的,同时也是以社会和文化为中介的社会建构过程。学习者在认知、解释、理解世界的过程中建构自己的知识,学习者在人际互动中通过社会性的协商进行知识的社会建构。

建构主义的基本要义是:(1)知识的建构性。不把知识看作是有关绝对现实的知识,而是个人对知识的建构,是个人创造有关世界的意义而不是发现源于现实的意义。建构通过新旧知识的相互作用来实现,认知的功能是适应。(2)知识的社会性。除了个体对知识的建构外,知识的建构离不开共同体,知识的建构更多的是共同体协商、互动、交流的结果。(3)知识的情境性。人的思维不能脱离情境,在适当的情境和实践共同体中,知识的建构才能达成。(4)知识的复杂性。知识是复杂的,其复杂性表现为结构的开放性、不良性、建

[①] 袁维新. 从授受到建构——论知识观的转变与科学教学范式的重建[J]. 全球教育展望,2005,34
(2): 18-23.

构性、协商性和情境性。(5)知识的默会性。知识由明确知识和默会知识构成,两者形成知识完整的统一体①。

建构主义的兴起,使人们对知识、学习和教学的认识都产生了根本性的转变。

在对知识的理解方面,建构主义认为知识并不是对现实的准确表征,而只是一种解释和假设。知识的机能是适应个体自己的经验世界,帮助组织自己的经验世界,而不是去发现本体论意义上的现实。知识不是对客观事物本来面目的反映,而是适应和体现主体的经验。学习者根据自己的经验背景,以自己的方式建构对知识的理解,不同的人看到的是事物的不同方面,因此对于世界的理解和赋予意义由每个人自己决定,而不存在唯一标准的理解。因而,知识不能灌输、强加,要靠学生以自己的经验、信念,在对新知识分析、检验和批判的基础上实现建构。

在对学习活动的理解方面,建构主义认为知识不是个体通过感觉或接受建构起来的,而是认知主体主动建构起来的,建构通过新旧经验的相互作用实现。因而,学习活动不是由教师向学生传递知识,而是由学生自己建构知识的过程,学习者不是被动地接受信息,而是主动地建构信息的意义,同时把社会性的互动作用看作促进学习的源泉。在新的学习中,学生往往基于以往的经验去推出合乎逻辑的假设,新知识是以已有的知识经验为生长点而"生长"起来的。建构包含两方面的含义:(1)对新信息的理解是通过运用已有经验,超越所提供的新信息而主动建构的过程。(2)从记忆系统中所提取的信息本身也要按具体情况进行建构,而不仅仅是提取。建构一方面是对新信息意义的建构,另一方面又包含对原有经验的改造和重组。

建构主义学习特征可以归结为五个方面②:(1)学习的目标:深层理解。学习目标是定向的,但不是从外部由他人设定,而是形成于学习过程的内部,由学习者自己设定。其深刻程度可以用几个指标刻画:能否用自己的语言解释、表述所学的知识;能否基于这一知识作出推论和预测,从而解释相关的现象;能否用这一知识解决变式问题和综合性问题;能否将所学知识迁移到新问题中去。(2)学习的内部过程:通过思维构造实现意义建构。要求学习者在建构自己的知识和理解过程中,要不断思考,不断对各种信息进行加工转换,形成假设、推论和检验。学习是累积性的,不是简单叠加或量变,而是深化、突

---

① 斯特弗,盖尔. 教育中的建构主义[M]. 高文,徐斌艳,程可拉,等译. 上海:华东师范大学出版社,2002:9-11.

② 张建伟,陈琦. 简论建构性学习和教学[J]. 教育研究,1999(5):56-60.

破、超越或质变。(3)学习的控制：自我监控与反思性学习。学习者要不断监视和判断自己的进展以及与目标的差距，采用各种增进理解和帮助思考的策略，并对学习活动进行阶段反思和整体反思，修正学习策略。(4)学习的社会性：充分的沟通、合作和支持。(5)学习的物理情境：学习应发生于真实的学习任务之中，强调多样的、情境性的信息与有力的建构工具。

较之客观主义的观点，建构主义对学习本质的解释产生颠覆性的认知。人的学习过程不是简单的刺激与反应的联结，不是对客观知识的直接写照，而是把人的经验、理解、交流、协商都介入到学习之中，其根本的教育价值在于个人在学习过程中有了自己的话语权，个人的热情、主张、观点、意见都能参与到学习之中，学习不再是一种对知识的顶礼膜拜从而无条件地接受和信仰。

三、建构主义：数学核心素养导向的认识论基础

尽管客观主义与建构主义在认识论上表现出对立性，但梳理两者的逻辑起点，可以看到它们具有内在的一致性，具体表现在对知识本身客观性的认识方面。

哲学上对知识的研究由来已久，尽管观点繁多、各家立说，但对知识兼有客观性与经验性的双重性质却是一种基本的共识。休谟提出了"两种知识"的理论。他认为：人类理性的一切对象可以自然分为两种，就是观念的关系和实际的事实。[1] 第一种知识是指几何、代数、三角等科学，这种知识奠基于直觉的确定性和论证的确定性，它们是不依赖于经验的，因而是普遍必然的、明晰的。第二种知识是依赖于经验的，因而是偶然的不确定的。康德也持类似的观点，他把人类的知识概括为两种：一种是"经验知识"，是后天通过经验才可能得到的知识；另一种是"纯粹知识"，这种知识是绝对不依赖于一切经验而发生的知识[2]。休谟和康德的表述尽管不同，但休谟的"第一种知识"与康德的"纯粹知识"都是对客观知识的认同。杜威对此有更直接的描述"真的知识和实在是完全相符的。被认知为真的东西在存在中便是实有的。知识的对象构成了一切其他经验对象的真实性的标准和度量。……总之，所有这一切理论的共同实质就是，被知的东西是先于观察与探究的心理动作而存在的，而且它们完全不受这些动作的影响。"[3]应当说，对知识的客观性的认同并不等于客观

① 休谟.人类理解研究[M].关文运，译.北京：商务印书馆，1981：26.
② 俞吾金.康德"三种知识"理论探析[J].社会科学战线，2012(7)：12-18.
③ 杜威.确定性的寻求：关于知行关系的研究[M].傅统先，译.上海：上海人民出版社，2005：15-16.

主义,但是知识客观性的认识又是客观主义观念建立的必要条件。事实上,建构主义对知识客观性也不是完全排斥的,建构主义的分支如信息加工建构主义、弱建构主义和社会文化认知等,所坚守的完全是牛顿的绝对时空观,都承认知识的客观性。就是激进建构主义的代表人物格拉塞斯费尔德(E. von Glasersfeld)也承认知识的客观性,"我从没有否认过绝对真实的存在,我只是如同怀疑论者所做的那样,想说明我们没有一种认识真实的适当方法。"①从学习的角度看,客观知识是学习者认知的对象,离开客观知识就无所谓建构,这是前提。因此,在对知识客观性的认识上,客观主义与建构主义并非大相径庭。

客观主义与建构主义两者的根本分歧不在于是否对客观知识的认同,而是对知识学习过程的不同解释。学习的过程就是个体将客观知识转化为个体知识的过程,对这个过程,客观主义的解释是学习者对知识的复制,建构主义的解释是学习者对外部世界的适应。问题的关键是,这种认识论的分歧导致了教学思路完全不同的路向,达成的是不同的教学目标,培养的是不同的人才规格。

从教育目标的定位看,客观主义教学观把教材和教师作为教学成败的决定因素。既然要准确无误地掌握客观知识,教师就会在忠实于教材的前提下将知识完整无误地传递给学生,学生的学习任务就是一种无条件的接受,教学的目标是使学生理解和掌握教材中规定的知识、形成以这些知识为核心去解决学科和现实生活问题的技能。这是一种工业社会培养人才的模式,即人才培养目标定位在适应工业机器生产时代的社会需求,19 世纪科技的发达程度和人类知识的总量的限制是客观主义存在性与合理性的前提。然而,到了今天的信息时代,这种人才培养模式显然捉襟见肘,难以适应发展学生核心素养背景下的教育改革。与客观主义不同,建构主义把知识的理解解释为自我的建构,学习者需要通过互动、交流、沟通和对话来建构知识,教学变为以学生为中心,这样就摒弃了知识的单纯接受行为而将知识的创生成分纳入教学之中,教学目标是通过知识的学习发展学生的能力,包括学科能力和实践能力,变"学会"为"会学",这与我们当下强调培养学生的关键能力是高度一致的。

另一方面,客观主义教学观对真理传承的过分渲染,会塑造学生膜拜真理的信念,书本上的知识都是真理,只能敬畏和接受,个人不能对知识的真理性持怀疑态度和批判精神。在这样的情境下学生何来主见更无创新思维可言。现实的教学确实如此,例如,数学教材从头到尾都是真理,为了使学生相信,书本上对数学命题作了严格的推理证明,你不相信就用证明来使你相信,至于定

---

① 斯特弗,盖尔.教育中的建构主义[M].高文,徐斌艳,程可拉,等译.上海:华东师范大学出版社,2002:6.

理从何而来又因何而去,其中伴随着数学家经过艰辛的探究和无数次证伪的思维过程被消解得无影无踪。长此以往,学生形成二元认识论的价值判断,不对即错、不好即坏,多元化的思维碰撞在当下的课堂教学难以寻觅,学生本该有的话语权遭到剥夺,从而造成他们价值观形成的偏失和品格发展的缺陷。建构主义倡导知识的个人建构与社会建构,学生在学习共同体中有充分的发言权;倡导探究式的教学方式,做到知识形成过程与知识形成结果在教学中的相互关照,学生的怀疑、批判、证伪等思维形式都能够融入到学习中,不仅促进了个人学科能力的发展,还能使学生形成正确的价值观和完善必备的品格。

第二节　从浅层学习向深层学习转变

一、深度学习的源起

深度学习的理解有两条线索,一是计算机领域的机器学习理论;二是教育学领域的学习理论。

在计算机领域,自 2006 年起,深度学习作为机器学习领域中对模式(音频、图像、文本等)进行建模的一种方法已经成为机器学习研究的一个新领域。深度学习可以理解为神经网络的发展,神经网络是对人脑或生物神经网络基本特征进行抽象和建模,可以从外界环境中学习,并以与生物类似的交互方式适应环境。

在教育领域,对深度学习的研究已有一定的历史。奥苏伯尔(D. P. Ausubel, 1918—2008)把学习分为意义学习和机械学习。他指出:"如果把学习课题不是任意地,而是在实质上同学习者已经知道的东西联系起来,以及如果学习者采取相应的学习心向,那么在这两种场合下都可以进行有意义的学习。"[1]而机械学习与此相反,是一种对学习材料进行简单记忆而非意义理解的学习。奥苏伯尔的观点事实上应当是早期的深度学习与浅层学习雏形,后来的研究不过是在此基础上的拓展与深化。

布卢姆的教学目标分类理论把教学目标分成认知、情感和动作技能三大类。其中,认知又进一步细分成六个子类,即识记、理解、应用、分析、综合及评价。识记主要指记忆知识,对学过的知识和有关材料能识别和再现。这一目标要求学生能做到:确认、定义、选择、默写、背诵等。理解主要指对知识的掌

---

[1] 奥苏伯尔,等.教育心理学——认知观点[M].佘星南,宋钧,译.北京：人民教育出版社,1994：29.

握,能抓住事物的实质,把握材料的意义和中心思想。可以借助三种形式来表明对知识材料的理解:一是转换,即用自己的话语或用与原先表达方式不同的方式来表达所学的内容;二是解释,即对一项信息(如图表、数据等)加以说明或概述;三是推断,即预测发展的趋势。应用指把所学的知识应用于新情境。要求学生能做到列举、计算、设计、示范、运用、操作、解答实际问题等。分析指能将知识进行分解,找出组成的要素,并分析其相互关系及组成原理。这一目标要求学生达到:能对事物进行具体分析、图示、叙述理由、举例说明、区别和指明,认出在推理上的逻辑错误,区别真正的事实与推理,判断事实材料的相关性。综合指把各个元素或部分组成新的整体。这一目标要求学生能做到:联合、组成、创造、计划、归纳、重建、总结等。评价指根据一定的标准对事物给予价值的判断。这一目标要求学生能做到:比较分析、评价效果、分辨好坏、指出价值。

2001 年,安德森(L. W. Anderson)和克拉斯沃尔(D. R. Krathwohl)对这六个子类的认知层次做了修订:删去其中的综合层次,增加创造层次,并按照人们认知能力的高低调整为记忆、理解、应用、分析、评价及创造。其中,对知识的记忆、理解属于初步的浅层认知,后面四个环节属于较高级别的深层认知。显然,布卢姆的教学目标分类就是深层学习的一个理论基础。

最早明确提出"深度学习"概念的是马顿(F. Marton)和萨乔(R. Säljö),他们在 1976 年做了一个实验,把被试学生分为两个组,一个是"浅层学习"组,一个"深层学习"组。两个组分别阅读内容相同的两份材料,然后分别作答两份问题侧重不同的试卷。在"浅层学习"组的试卷中,只要认真阅读并记住了文章的一些细节内容后就能够正确回答试卷所提出的问题,让这些学生觉得能够复述出学习的内容是一种较好的学习方法,从而逐渐形成以表面层次为主的学习过程。在"深层学习"组的试卷中,学生则需要对所学内容有着较为深刻的理解与掌握才能够答出试卷的问题。然后,两个组同时阅读第二部分内容,再作答两份完全相同的试卷。此时两个小组的学生表现出的加工水平出现了很大的差异。浅层学习组的注意力会集中在文本本身,需要依靠死记硬背才能够完成学习过程,这样的学习过程称为浅层学习(surface learning)。而深度层次小组的学生有着较高的深加工水平,能够对文章作者想要表达的观点进行更加深刻地理解,这样的学习过程称为深度学习(deep learning)。①

之后,比格斯(J. B. Biggs)提出 SOLO(Structure of the Observed

---

① MARTON F, SALJO R. On qualitative differences in learning: I — outcome and process [J]. British journal of educational psychology, 1976(46).

Learning Outcome)分类评价理论,用于评价学生的学习质量。将其分为五个水平：前结构、单点结构、多点结构、关联结构、抽象扩展结构。SOLO 分类理论能够以"质"的方式更好地解释学习者在学习不同任务时的不同表现,用动态的视角评判过程中的各种发展变化,同时注重对变化的具体分析和描述。利用 SOLO 分类理论对学生的思维操作模式开展评价能够为学生提供战略性的学习组织框架,同时还可以为教师创设深度学习提供教学设计指导框架,引导学生进行深度学习。SOLO 学习结果分类的结构及其对应的学习阶段可如图 3.2.1 所示,本质上刻画的是无学习、浅层学习、部分深度学习和完全深度学习四个阶段。①

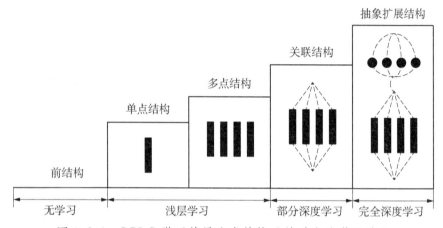

图 3.2.1　SOLO 学习结果分类结构及其对应的学习阶段

　　在单点结构阶段,学习者往往是孤立地认识知识,不能阐述不同知识点之间的联系,也不会利用上下文内容来探究问题的答案。在多点结构阶段,学习者能够理解单个知识点,也能够发现知识点之间的简单联系,但却不能发现隐藏于知识点背后的复杂联系。在关联结构和抽象扩展阶段,学习者便进入了深度学习阶段。处于关联结构阶段的学生能够完成知识点的整合,建立起更大的知识结构。在抽象扩展阶段,学习者能够组织、归纳、整合知识,发现不同学科知识之间的联系,同时还能够利用知识解决真实的问题。处于这个层次的学生有着较高的元认知能力,对完成任务的过程能够及时监控与自我调整,在解决问题时能准确选用最高效的策略。这个阶段的学习者具有了深度学习的所有特征。

---

① 付亦宁.深度学习的教学范式[J].全球教育展望,2017(7)：47-56.

二、深度学习的内涵

近些年来,关于深度学习的研究更加深入,国内外学者从不同角度开展探索,得到了一些不尽相同的结果。

杰森(E. Jensen)和尼克尔森(Nickelsen)认为,深度学习是学习者必须经过一步以上的学习和多水平的分析或加工才能获得的新内容或技能。在深度学习过程中,学习者不仅要进行复杂的高阶思维、精细的深度加工,还要在深度理解的基础上,主动建构个人知识体系、深度掌握高阶技能并有效迁移应用到真实情境中来解决复杂问题[①]。莱尔德(T. F. N. Laird)等人基于深度学习量表分析,发现深度学习可以解构为高阶学习、整合性学习、反思性学习这三个相互关联的部分。其中,高阶学习是指学生在学习过程中充分运用分析、综合、评价、创造等能力;整合性学习要求学习者调动已有认知结构,整合多科知识、多渠道知识来对材料进行学习;反思性学习要求学生在学习过程中对自身的思维方式、学习方式以及解决问题的过程进行监控与反思[②]。

国内学者对深度学习作了诠释和解读,观点不尽相同,指向却大同小异。付亦宁认为,深度学习有五个特征:理解认知、高阶思维、整体联通,创造批判、专家构建[③]。理解性认知既可以是学习过程又可以是学习结果,是深度学习所具备的首要特征。理解的过程不仅可以在原有的知识基础上增添新的要素,还可以在一个不断发展的过程中整合、生成新的认知结构。借助高阶思维将相关学习资料视为类比的、可归类的、有联系的、系统的材料,并能够通过一些判断准则与逻辑将信息组织成一个整合的体系,形成一种抽象的思维结构。在整体性的背景之下,学生在各种知识和现象之间建立联通关系,逐渐建构起自己的知识体系。通过这种联通关系所学到的知识往往比现有的知识体系更加全面与深入。创造性学习是与传统的维持学习相对的,是能够引起变化、更新、改组,提出一系列问题的学习。学生在调整自己的学习过程时如果能够灵活使用元认知策略,也将极大地帮助其完成知识的迁移,创造性地解决问题,从而逐渐向专家型学习靠拢。

① JENSEN, NICKELSEN. 深度学习的 7 种有力策略[M]. 温暖, 译. 上海: 华东师范大学出版社, 2010: 11.
② LAIRD T F N, SHOUP R, KUH G D. Measuring deep approaches to learning using the national survey of student engagement [C]. The annual forum of the association for institutional research, Chicago, IL, 2006.
③ 付亦宁. 深度学习的教学范式[J]. 全球教育展望, 2017(7): 47－56.

安富海认为,深度学习的特点主要表现在四个方面。[①] 第一,注重知识学习的批判理解。深度学习是一种基于理解的学习,强调学习者批判性地学习新知识和思想,要求学习者对学习材料保持一种批判或怀疑的态度,批判性地看待新知识并深入思考,并把它们纳入原有的认知结构中。第二,强调学习内容的有机整合。学习内容的整合包括内容本身的整合和学习过程的整合。其中内容本身的整合是指多种知识和信息间的联接,包括多学科知识融合及新旧知识联系。学习过程的整合是指形成内容整合的认知策略和元认知策略,使其存储在长时记忆中。第三,着意学习过程的建构反思。建构反思是指学习者在知识整合的基础上通过新、旧经验的双向相互作用实现知识的同化和顺应,调整原有认知结构,并对建构产生的结果进行审视、分析、调整的过程。第四,重视学习的迁移运用和问题解决。深度学习要求学习者对学习情境的深入理解,对关键要素的判断和把握,在相似情境能够做到"举一反三",也能在新情境中分析判断差异并将原则思路迁移运用。

有学者认为深度学习有理解与批判、联系与建构、迁移与应用等三大特点。[②] 他们给出一个表比较了浅层学习与深度学习的差异(表 3.2.1)。

表 3.2.1　浅层学习与深度学习的比较

深度学习	浅层学习
弄清楚信息所包含的内在含义	依赖于死记硬背
掌握普遍的方式和内在的原理	记忆知识和例行的解题过程
列出证据归纳结论	理解新的思想感到困难
在学习过程中逐步加深理解	在学习中很少反思自己的学习目的和策略
对学习的内容充满兴趣和积极性	对学习感到压力和烦恼
有逻辑地解释、慎重地讨论,批判性地思考	在活动和任务中收获较少
能区分论据与论证,即能区分事实与推理	不能从示例中辨别原理
能把所学到的知识应用到实际生活中	不能灵活地应用所学到的知识
能把事物的各个部分联系起来,作为个整体来看	孤立地看待事物的各个部分
能把所学到的新知识与曾经学过的知识联系起来,重新构建自己的知识体系	不能对自己的知识体系进行很好的管理
主动地参与到学习中来,能积极地与同学及教师产生互动和交流	被动地接受学习,学习是因为外在的压力,学习是为了考得高分

---

① 安富海. 促进深度学习的课堂教学策略研究[J]. 课程·教材·教法,2014(11):57-62.
② 何玲,黎加厚. 促进学生深度学习[J]. 现代教学,2005(5):29-30.

郭华教授指出,深度学习是教学中的学生学习而不是一般的学习者的自学,必有教师的引导和帮助;深度学习的内容是有挑战性的人类已有认识成果;深度学习是学生感知觉、思维、情感、意志、价值观全面参与、全身心投入的活动;深度学习的目的指向具体的、社会的人的全面发展,是形成学生核心素养的基本途径。深度学习是在教师引领下,学生围绕具有挑战性的学习主题,全身心积极参与、体验成功、获得发展的有意义的学习过程,并具有批判理解、有机整合、建构反思与迁移应用的特征。①

尽管对深度学习有各种界定,但有几点认识是相对统一的。(1)深度理解。即学习者对知识本质的理解,对事物或知识意义的理解及对自我生命意义的理解。(2)高阶思维。即学习者在知识建构、问题解决的过程中,要有多种思维形式介入以及元认知的参与。(3)知识迁移。学习者能将在一个学科中习得的知识或方法迁移到另一学科情境或现实情境中去解决问题。(4)实践创新。即学生的问题解决能力、迁移能力和创新能力在学习中能够得到发展。

三、深度学习：数学核心素养导向的学习论基础

当前的学科教学出现了学习评价决定教学目标,或者更直接地说是考试评价左右教学目标本末倒置的现象,而这里的"教学目标"又非课程标准所规定的教学目标的全部内涵,主要是偏重于知识与技能的单一目标。教师关注的是最后对学生的考试评价而不是课程标准的目标设定,备课依据是考试大纲而非课程标准。为了应付考试,学生的学习成了做题训练,无休止的重复训练,模仿、记忆、熟练、题型、知识点、解题模式等成为学习的关键词。应当说,解题练习是学习中必不可少的环节,是掌握知识和形成技能的重要手段,但是,解题训练并不等于问题解决,并不能涵盖学习的全野。解题训练多是围绕一些结构良好的封闭性问题(教材中的问题基本上属于这类题型)开展,大量的重复练习会造就学生思维的封闭与定势,而问题解决则需要有探究的元素,不是已有知识的简单应用,需要解题者将一些结构不良的问题转化成结构良好的问题,思维是多向与开放的。显然,前者是基于行为主义的练习律,采用"刺激-反应"强化的学习方式,大多属于典型的浅层学习。真正的问题解决,与核心素养的发展密切相关,需要学习者对知识有深入地理解,能够灵活迁移和运用知识,有批判与质疑的态度和行为。

---

① 郭华.深度学习及其意义[J].课程・教材・教法,2016(11)：25-32.

从以知识传授为主要任务的教育目标转向发展学生核心素养为主导的教育目标,是教育理念的一种更新。事实上,当今人类处于一种知识倍增的信息时代,单纯接受教科书上的知识已不足以应对这个高科技的世界。教科书上的知识是各学科最基础的知识,是人类智慧的结晶,牢固地掌握这些知识无疑是学习的基本任务。但是,把学习理解为是复制和传承就真的能显示出"知识就是力量"吗?在人类浩瀚的知识海洋中,教科书的知识毕竟有限,"学会了"只是一种基本的要求,"会学了"才是学习的最终追求。也就是说,我们的教育不应当只是传递和接受知识,而应当把学生会生成知识也作为教育的目标之一。

深度学习强调高阶思维,高阶思维具体涉及的高阶思维活动有:提出研究问题、解决非规则系统的复杂问题、处理争论问题、识别潜在的假设问题等①。鲁德尼克(J. A. Rudnik)等认为,高阶思维包括回忆、基本思维、批判性思维、创造性思维。② 可见,高阶思维本质是思维的一种高水平活动,不仅需要学习者能够解决结构良好的问题,还要能够解决结构不良问题;不仅需要学习者在掌握基础知识和基本技能的基础上解决问题,还要能够具备批判性思维创造性地提出问题。学科核心素养的发展,本质上是思维的发展,是让学生学会思维,这一点已成为学界的共识。事实上,在颁发的各学科课程标准中,所提出的学科核心素养都与思维发展高度相关。例如,数学学科提出"数学抽象、逻辑推理、直观想象",物理学科提出"科学思维",化学学科提出"证据推理与模型认知",生物学科提出"理性思维",语文学科提出"思维发展与提升",英语学科提出"思维品质",地理学科提出"综合思维"等等,这些学科提出的思维都是指向高阶思维而非低阶的思维。《普通高中课程方案(2017 年版)》对培养目标的描述:"掌握适应时代发展需要的基础知识和基本技能,丰富人文积淀,发展理性思维,不断提升人文素养和科学素养。敢于批判质疑,探索解决问题,勤于动手,善于分析,具有一定的创新精神和实践能力。"③显然,这样的目标要求已经完全突破了浅层学习的视阈,诸如"批判质疑""探索问题""创新精神和实践能力"等关键词,正是高阶思维的本意和内核。

深度学习主张知识的迁移与应用。心理学对迁移的解释是"一种学习对另一种学习和影响",主要是在学科内部针对学习新知和解决问题来定义的。

① RESNICK L B. Education and learning to think [M]. Washington:National Academy Press,1987:71.

② KRULIK S, RUDNICK J A. Reasoning and problem solving:a handbook for elementary school teachers [M]. Boston:Allyn and Bacon,1993:125 - 127.

③ 中华人民共和国教育部. 普通高中课程方案(2017 年版)[S]. 北京:人民教育出版社,2018:4.

深度学习所说的迁移是对传统心理学定义的一种拓展,指学生能够将一种情境中习得的知识和方法迁移到另一情境中去解决问题,情境主要包括不同学科的情境和现实生活情境。迁移的功能主要体现在两个方面:其一,突破了学科之间的边界,使不同学科的知识之间建立内在的联系。以不同学科情境构建的问题需要多个学科的知识合力解决,这不是一种虚拟的构想,而是当今科技发展的必然态势,国际上流行的 STEM 已见学科整合的端倪。其二,开辟了学科与社会实践之间的通道。一方面,学生可以把学科知识用于解决现实生活、生产中的一些问题,促进学科关键能力的发展;另一方面,可以把迁移与应用看作学生在学校阶段通过教学情境去模拟的体验社会实践的"真实过程",这对于发展学生的品格和正确价值观有积极的作用,体现出综合育人的价值。

深度学习是学生感知觉、思维、情感、意志、价值观全面参与、全身心投入的活动,是作为学习活动主体的社会活动,而非抽象个体的心理活动。[1] 深度学习不是只关注学习者的认知活动,还要强调非认知因素在学习中起到的关键性作用。其实,在浅层学习与深度学习的情境中学生的角色是不相同的。在浅层学习环境中,学生就是一个"旁观者"的角色,看着老师的表演,听着老师讲故事,接受老师传递的知识。虽然,需要看得懂老师的表演,需要听懂老师讲的故事,需要对知识的理解,但是,在这样的教学环境中,学习情感是被拉动而非自发的,教师个人的价值观以及既定知识沉淀的价值观会潜移默化地影响着学生的价值判断,无条件接受真理的信念会在久而久之的学习环境中变得根深蒂固。在深层学习环境中,学生的角色变成"参与者",个人的热情、主张、观念都能够得以表达,对知识的理解不再是单纯的虔诚接受,而是允许在怀疑、批评的前提下,在相互交流、沟通、合作的情境中主动建构知识和生成知识。显然,教学活动显现出社会活动的属性,而这种社会活动与个人品格、正确价值观和关键能力的发展存在内在的必然联系。

第三节　从教学科学化向科学地教学转变

教学科学化指为了实现某种教学目标,在教学方式上力求建构一些科学的模式的认识倾向;科学地教学指以科学的态度和方式看待和处理教学过程

---

[1] 郭华. 深度学习与课堂教学改进[J]. 基础教育课程,2019(2): 10 - 15.

的认识倾向,两者是不相同的教学认识信念。①

一、教学科学观的追求

　　由于把教学本身作为科学来认识,教学科学观视角下教学论的追求就是以知识学习为中心,以寻求教学的基本规律为旨趣,以自然科学研究的逻辑为准绳,构建具有一般指导意义的教学理论框架和具有共性的教学模式、程式、方法和策略等结构体系。以"物性化"为前提,追求教学规则的"通性"是教学科学观的基本价值取向。

（一）教学科学观的历史溯源

　　作为形而上的教学科学观直接关照的是形而下的教学科学化,追求教学科学化就成为具有教学科学观念的教育家们的共同倾向。教学科学化的研究主要有两种路向:一是对教学中"教"的研究,属于教学论研究范畴;二是对教学中"学"的研究,即从学习心理视角研究教学的科学化,属于教学心理学研究范畴。

　　"教学论是从动态的教学整体出发,综合研究教学活动和教学关系,探索教学最一般规律的一门学科"②。教学论研究的对象是教学本质、教学过程、教学原则、教学模式、教学设计、教学方法、教学艺术、教学评价、课堂管理等,通过对这些教学元素独立和相互关系的解析,寻求具有一般概括意义的准则来指导教学。显然,这是一种科学探究的思维逻辑。夸美纽斯(J. A. Comenius,1592—1670)的《大教学论》虽然并非构建教育学的科学体系,只是教育经验的描述,但把教育看成是一门职业训练的方法加以论述,可以认为是教学科学化探究的一个发端。1806 年,赫尔巴特发表了《普通教育学》,他指出:教育学作为一种科学,是以实践哲学和心理学为基础的。前者说明教育目的;后者说明教育的途径、手段与障碍。③ 赫尔巴特的"教育途径、手段与障碍"事实上做的是教学科学化工作,这种科学化不仅是教育学学科体系上的也是教学操作技术层面上的。

　　此后的发展历程中,教学论一直在追寻教学科学化的道路上行进,逐渐从对现象的描述走向理论的思辨,从比喻、类比走向科学的论证,从单纯的思辨

---

① 喻平. 教学科学观与科学教学观:两种不同信念的教学追求[J]. 湖南师范大学教育科学学报,2015(1): 58 - 64.

② 李定仁,徐继存. 教学论研究二十年[M]. 北京:人民教育出版社,2001: 25.

③ 赫尔巴特. 普通教育学·教育学讲授纲要[M]. 李其龙,译. 北京:人民教育出版社,1989: 190.

走向理论与实践相结合的融通,涌现出大量的教学理论。以教学模式的研究为例,斯金纳(B. F. Skinner,1904—1990)建立程序教学模式,采用积极反应、小步子策略、即时反馈、自定步调等原则进行教学设计,使教学效果最优化。布卢姆创立了掌握学习模式,把教学分为五个环节:单元教学目标设计、依据单元教学目标的群体教学、形成性评价(A)、矫正学习、形成性评价(B)。布鲁纳(J. S. Bruner,1915—2016)提出发现学习模式,基本程式为四个阶段:带着问题意识观察具体事实、树立假设、上升到概念、转化为活的能力。克拉夫基等人提出范例教学模式,教学程序为四个阶段:范例引入课题,使学生认识事物的"个性";从范例推广到一般,使学生的认识从"个性"上升到"类性";获得事物"类性"规律;沟通各"类"之间的联系,认识更为抽象或总结性规律。巴班斯基(Ю. К. Бабанский,1927—1987)的最优化教学模式,把教学目标、任务、内容、形式、方法、原则等教学元素置于一种系统中加以综合考虑,即用系统论的观点设计教学,使教学过程最优化。这些理论从不同视角考量教学,都是在寻求教学的科学性本源,企图建立科学化的教学模式。

教育心理学把研究学生的学习心理作为教学设计的逻辑起点,使教学的科学性有一个实在的依托。由于不同的心理学派对学习的心理机制有不同的解释,对应到教学上来看也就形成了不同的有效教学标准,产生出不尽相同的教学目标、教学策略和教学评价标准。行为主义把学习解释为刺激与反应之间的联结,因此提出包括准备律、效果律、练习律等一系列增强刺激有效性的教学策略,将教学目标定位于使学生掌握基础知识,形成基本技能。认知主义把学习解释为是知觉的重组,是对知识同化和顺应从而形成图式的结果,于是将发展学生的知识、技能、能力作为教学目标,重视对知识的科学分类并针对不同类型的知识开发不同的教学策略,如精致加工、知识组织、记忆编码等对陈述性知识的记忆策略;呈现图式的正反例、选择恰当反例、创设不一致事件等支持图式改进的教学策略;掌握子技能、促进组合、促进程序化等程序性知识的教学策略。[①]

无论从教学维度还是从心理视角研究教学的科学化本性,其关注的问题本源是相同的,即以知识的认知为逻辑起点和归宿,以教学现象存在内在规律为基本假设,从而将自然科学对物质世界的研究范式迁移到教学研究领域,以物性化观念理解教学本义。

(二)教学科学观的认识论基础

既然知识是认知的起点,教学观念当然就是对知识的不同认识而萌生的。

---

① 吴庆麟.认知教学心理学[M].上海:上海科学技术出版社,2000:108-166.

本体论知识观，主要关注知识的本质，知识的来源，知识的可靠性，知识获得形式。柏拉图把知识界定为一种确证了的、真实的信念。知识是由信念、真与确证三个要素组成，这是西方传统知识的三元定义。按照这种定义知识首先是真的，但仅仅是真还不足以是知识，你还需要相信它。康德把有关事物的判断分为三个层次，最高一级是知识，它不仅在主观上，而且在客观上是有关事物的真判断。关于知识的来源与获得方式，培根(F. Bacon，1561—1626)、霍布斯(T. Hobbes，1588—1679)、洛克等认为人的知识起源于感觉、经验、知觉，是人心对不同观念间的联络和契合，或矛盾和相违而产生的一种知觉。没有这种知觉，人们只能想象、猜度或信仰，而不能得到知识。而斯宾诺莎(B. Spinoza，1632—1677)、康德、罗素、波普尔(K. R. Popper，1902—1994)等人则认为人的知识主要来自人的经验，但也不完全来自人的经验，在经验知识之外还存在着人的先验知识。经验的知识是经由经验获得的，并且仅仅在后天才可能获得，而先验知识是指绝对地离开所有经验而独立存在的、没有掺进任何经验成分的东西，康德认为客观知识能超越社会和个体的限制，能得到普遍的证实并被接纳，因而是先天的、绝对的。

基于传统对知识的认识信念：知识是客观存在的，知识是真的，人们凭经验去感知并且相信知识的真理性，于是便建立了传统教育知识论的基础。传统教育正是以这种态度关注知识问题，把知识作为外在于人的客观实在看待，人需要通过一种合理的形式才能得到它，因此，教学所关心的是如何选择一些最有效的、符合于知识可靠性和真理性的途径让学生掌握知识。由此建立的教学系统充分展现了物性特征，用自然科学的标准来衡量教学体系的科学性，在技术层面构建标准化、程式化的教学范式：预设性教学目标的精致设计，统一性教学模式的苦心经营，技术性教学媒介的过度迷恋，功利性教学评价的不懈追求，归根结底，是把教学过程完全当作自然之物的生产流程，师生主体性由此被具有工具理性、实践理性和逻辑实证主义特征的自然物性所严重摧残。"在这个意义上看，不仅传统的夸美纽斯和赫尔巴特的教育思想，包括后来被称为现代教育的赞科夫(Л. В. Занков，1901—1977)、杜威和布鲁纳的教育思想都可看作这种知识观的产物。他们都遵循着本体知识论的线索建构教育系统，在这一点上，传统教育与现代教育发生了意义的连接。"①

传统知识论是在作为结果的知识层面讨论问题，是一种没有认识主体的认识论，即只有作为认识结果的知识，没有作为认识主体的人。"正是这种没有认识主体的认识论，在很大程度上导致没有教育主体的教育观，从而导致以

① 薛晓阳. 知识社会的知识观——关于教育如何应对知识的讨论[J]. 教育研究，2001(10)：25－30.

知识为中心或以知识为本,而不是以人为中心或以人为本的教育。"①

（三）教学科学观面临的挑战

1. 知识观的演变

现代知识观特别是后现代知识观对知识的重新解释,对教学科学观产生了强大的冲击。

在对知识性质、知识真理性等认识方面,传统知识观与现代知识观形成分野,从建构主义对知识本质的阐释到后现代主义对知识性质的重构,均抛弃了知识的客观性属性,认为知识只具有主观性和相对性的品质,知识是在主体与主体之间、主体与客体之间理解与合作、沟通与对话的基础上形成的认识。在交往对话的过程中,人的情感、价值观和生活经验等会影响认识的形成,因此,知识是不确定的、情境化的,它不是对事物本质的发现,而是人们在交往中理解事物与人自身关系的一种策略。在这种认识下,教学科学观过分倚重知识的客观性,并企图在此基础上建立物性十足的科学化教学框架的愿景受到质疑。如果以现代知识观为基础重新构造教学的运行机制,那么为加快知识传授的进程而采用的某种技术手段就不再是教学的原动力,教学的主体应当回归到人的能动性,知识的建构因人与情境的不同而各异,工艺化、模式化的物质生产流程不能迁移到教学中来,人的主体性才是教学发生的动因。

值得强调的是,虽然建构主义、情境认知理论等持现代知识观,但是这些理论的倡导者也同样有寻求教学的统一化、标准化的倾向。建构主义把学习理解为是个人和社会建构的结果,认为教学的有效模式包括抛锚式教学模式、认知学徒模式、随机访问教学模式等;情境认知理论把情境的作用推向极端,认为思维和学习只有在特定的情境中才有意义,因而教学不能脱离物理情境和社会情境,有效教学要以构建情境、合作学习、建立实践共同体作为保障。诚然,这些理论追求教学科学化主要是从"学"的角度切入的,即如何采用有效策略帮助学生建构知识,教学科学观追求教学科学化主要是从"教"的角度切入的,即如何采用有效策略把知识尽快地传递给学习者,两者虽有差异,但并非大相径庭而有殊途同归之意。

2. 个别化教学的兴起

个别化教学热潮的兴起也对教学科学观提出考问。

科学教学观在一定程度上基于假设:学习者、学习时间和教学方式在整个教学过程中都是不变的常量。在这种理想化的前提下,当然可以采用统一的教学方式来处理所有的教学过程。然而,学生的个体差异是一个客观存在

---

① 孟建伟. 教育与文化——关于文化教育的哲学思考[J]. 教育研究,2013(3)：4-11.

的事实,从皮亚杰的发生认识论到建构主义的知识建构观再到加德纳(H. Gardner,1943—   )的多元智力理论,对个体认识事物的个性化、个体思维发展的阶段性和异步性、个体智力的多元化都给出了定论性描述,也就是说无论是智力还是非智力,个体之间都存在差异,这也是人们在实践中形成的共识。因此,学生是教学中的变量因素。在这个前提下考察教学方式,正如用不同的金属铸造形状相同的零件,采用相同的熔解温度、统一的生产工艺必然会产生大量次品一样,在教学过程中,教学方式犹如熔解金属的温度,针对不同金属的性质要用不同的温度,因而不可能是一个常量,而是一个变量。同样,由于个体差异的存在性,学生认识事物和理解事物的水平是不相同的,对于每一种学习材料,个体所需要的学习时间也是不相同的,因此,学习时间也不可能是一个常量。

既然学习者、学习时间和教学方式均为变量,如何处理这些变量就成为如何科学地处理教学矛盾的问题,教学科学观难以对此作出解说,要摆脱面临的困境就得寻找一条新的途径。

3. 现代社会对人才培养目标提出了新的要求

随着社会的进步、科技的发展,现代社会对人才培养目标有了新的定位。农业经济、工业经济时代已经悄然退出社会经济发展的主流,取而代之的是高科技崛起带来的信息革命、知识经济。在这种背景下,社会对公民的素质有了新的要求,传统教育培养低层次技术型、操作型人才的目标必然向有个性、有思想、有创新的人才培养目标转型。

教学科学观引领下的教学科学化追求,其基本假设是:第一,教学是有规律的,只要遵循教学规律就能制定科学的教学程序;第二,在统一的教学程式下,所有学生都能达到基本的教学目标。基于这样的假设,教学目标主要定位于使学生掌握基础知识、形成基本技能的层面,满足于培养适合生产力低下、生产关系简单的社会劳动者。而且,所能达到的“基本教学目标”在当下已经被异化为应对升学考试的功利性目标,先进的课程改革理念难以贯彻,大量的机械训练应对的就是与课程标准不相适应的滞后考试评价体系,我们姑且不论课程改革本身可能存在一些问题,但教学科学观对课程改革确实产生了一定的负面作用。

更大的问题是,统一的、标准化的教育模式不仅压抑了学生的个性,学生的创造性在物性化的机械运动中被磨灭,而且由于教学科学化运行形成的惯性,广大教师会养成对某些教学理论、教学模式的崇拜心态,参照、效仿、追捧标准化、形式化的统一教学模式,从而使自己的个性得不到张扬,教师个人的创新思维空间也会被模式化的教学思想所覆盖而变成荒漠,试想,教师没有个性何能培养学生有个性？没有创新能力的教师何能培养有创新能力的学生？

二、科学教学观的追求

(一) 科学教学观的内涵解读

毫无疑问，教学科学观对教学论的理论发展起到了重要的推进作用，对教学实践也作出了积极贡献，但是随着历史的演进，教学科学观的一些片面性也显露出来，特别是极端地追求教学科学化倾向所带来的难以自圆其说的困惑，不可避免地要接受现代教学观念的挑战。教学科学观势必要检讨自己，寻求新的发展路向。在此，我们提出科学教学观的概念，向科学教学观的拓展或许是教学科学观解脱困境的一种主张。

科学教学观就是要以科学的态度和方式看待和处理教学。科学教学观的理念是以人为本，教学目标是着眼学生的素质发展，教学过程应理解为：在顺应教学的科学性基础上，融知识教学与文化教学、教学模式与教学智慧于一体，根据教学的具体内容、具体情境，根据学生的实际认知水平、情感态度，教师采用与之相适宜的教学指导思想进行教学设计，在教学操作中能对生成性知识采用灵活多样的策略来修正教学目标和教学程序，采用有伸缩空间的教学评价标准和形式多样的教学评价方式。

科学教学观在"人性化"层面审视教学的本真，以研究教学情境、教学生成、教学智慧和教学创新为基本宗旨，以追求个性化的教学操作为基本倾向。科学教学观不是对教学科学观的否定，而是在修正其极端性认识上的发展。现代心理学特别是脑科学的研究表明，人的学习是有一定规律的，并非完全建立在经验基础之上。而主要依托学习心理科学建构的教学理论无疑是有科学性质的，但问题在于这些理论更多的是偏重知识学习的论道，姑且不说各学科知识之间的千差万别，对这些知识的学习本身就不可能是一种模式，就是从把教学理解为知识的教学的信念本身来看也是片面的。从知识教学走向以知识为核心的文化教学，从机械化教学走向以人为本的人性化教学正是科学教学观对教学科学观的补充和发展。

(二) 科学教学观的教育意蕴

1. 科学教学观是对人性尊重的回归

科学教学观的前提之一是将物性教学为主导的理念转化为人性教学为主导的理念。

教学的对象是人，教学世界就不仅仅是一个客观物质世界，更主要的是人的主观精神世界，对这个具有非确定性和复杂性的精神世界而言，用自然科学化的认识理念作为教学设计逻辑就具有极大的局限性。如果把教学活动看成是对教学内容的分解、组合，并以一种固有程序将信息传递给学生，这种机械性、简单性和可重复性只能把教学的本质框定为一种对象化活动。试图把所有精神层面上的教学存在都一概简单地采用非精神的手段和机制来解释，就是抹杀了教学精神世界自身的特殊性。事实上，教学并不仅仅是一个简单的对象化认识过程，对学生思想的形成和发展而言，教学还是一个教师帮助下学生非对象化地自我生成过程，因为思想是非外在的、非预设的和非确定的，它不能由外部简单地移入学生大脑。

正如机械学习与意义学习、接受学习与发现学习并非完全对立一样，物性教学与人性教学也不是完全对立的。无论是传统学习理论建构的教学模式还是依据现代教育技术创立的教学手段，无疑对教学理论与实践都要有不可替代的作用，问题在于科学化教学的追求并不是教学目的的全部，对学习者而言，它可能利于对知识的接受但不利于对知识的生成，可能利于个人经验的形成而不利于社会经验的积累，可能利于对知识的解释而不利于对知识的理解。科学教学观要求教师在掌握基本教学理论、基本教学模式的基础上，以预设教学方案为基础，根据学生的具体情况，根据教学内容的特殊性，根据教学的进展，灵活运用学科教学知识，注重生成性教学策略，教师不是固守自己的思维模式，而是顺应学生的思维过程展开教学。这样的教学才是对学生的尊重，对人性的回归。

2. 科学教学观是对学生发展的关照

科学教学观的前提之二是将共性化教学为主导的理念转向个性化教学为主导的理念。

从知识学习角度看，正是因为个体差异存在的客观性，采用具有共性的标准化教学形式难以满足学习能力强的学生的需求，同时对学习能力差的学生来说又可能力所不能及，造成学生的发展空间受到收缩或扩张。科学教学观要求以适合不同学生学习水平的实际情况设计教学，保证全体学生达到教学的基本目标，对更高的目标采用弹性化处理方式，使不同群体学生都有自我的发展空间。用发展性评价手段评价学生的学习业绩和学习能力，使学生形成正确的学业成就归因，充分调动每一个学生的学习积极性。

同时还在看到，对人的教育不仅只是知识教育，更重要的是文化教育，表现在教学上就不能以知识为中心而应当以人为中心，教学内容要在知识中注入更多的文化元素，教学的任务不仅要使学生掌握知识，而且要让学生受到包括知识在内的整个文化的全面熏陶。学生素质的提升不仅依赖于知识的积累，更重要的是文化的滋养。以数学教学为例，数学既是科学又是一种文化，数学文化包括数学知识、数学思想方法、数学精神、数学信念、数学价值观和数学审美。数学知识是人们认识客观世界的物质成果，是科学劳动的果实和产品，负载着数学方法和数学精神，是数学文化的基础。数学思想方法最能体现出数学思维的过程和品质，是数学文化最主要的现实表现。数学精神、数学信念是数学家共同体在追求真理、逼进真理的科学活动中，将数学思想方法内化后所形成的独特的精神气质，是数学文化的核心和精髓。数学价值观是人们对数学本体功能和外在功能的认识，是人们对数学的价值判断。数学审美是一种理性的精神，这种精神促使人们去探求和确立知识深刻、完美的内涵。科学教学观视野下的数学教学，就是要充分展示数学的文化元素。

3. 科学教学观是教师专业发展的诉求

教学科学观演绎的教学科学化探究往往是一些专家或专门组织所做的工作，形成的理论、方法是一些所谓带有普遍意义的、共性的结论，我们姑且不论这些结果是否具有真正意义上的科学性（因为教育研究很难具有可重复性），而只是就这样做所造成的后果来看，对教师的专业发展也是极其不利的。因为面对这些理论教师只有遵从、模仿、信奉、应用的义务，这种权威的强势对教师个人才智的成长产生了一种压迫效应，教师个人的创新能力、个人的教学智慧没有了生长的空间，教师只能成为照图施工的工匠，成为教学研究的旁观者。

科学教学观强调教学的创造性、艺术性。教师应当是教学的设计者、教学的实施者和教学研究的参与者。教师的教学设计不是照搬理论，硬套模式，而是根据教学具体场景充分发挥自己的聪明才智，创造性地设计合乎实情的教学方案。教学实施是科学教学观信念的直接展现，在教学操作中，教师要对教学设计进行再创造，要灵活应对课堂上产生的意想不到的突发事件，因此教学实施最能展现教师的教学智慧和教学艺术。艺术的精髓是创造，没有创造就没有艺术，课堂教学的艺术展现就是教师教学智慧的展现，就是教师创造性品质的展现。教师还应当积极参与教学研究，只有通过研究才能对教学的得失有切身感悟，才会反思、批评和提出问题，才能萌生创新的意识。

教师专业发展的一条重要途径是使教师形成科学教学观，并且能由这种信念指导自己的教学工作。教师具备的学科知识、教育理论知识、学习心理知识是必须的也是重要的，教师掌握基本教学模式、教学方法、教学技能是必须的也是重要的，但形而上的个人信念比形而下的技术元素更具教学行为统摄作用，它不仅可以引导教师科学地组合自己拥有的知识和技术资源并能说明组合这些资源合理性的理由，而且还能引领教师明确自己在教学中的角色和学生角色的定位。从这个意义上说，教师的专业培训不能只是以开了几门课程、听了几个专家讲座为目标,而应当把教师专业培训从"学"提升为"研",不能以分门别类的思路学习技术,而是要创新技术、集成技术。教师专业培训的目标,应当是使他们的思维水平和智慧层次得到提升。

(三)科学教学观的现实担当

教学科学观有着一些明显的缺陷:认识论上依据传统知识观,以一种没有认识主体的认识论作为基础;刻意追求教学模式化、程序化,给教学创新空间编织了一个无形的网;物性十足的工艺化教学范式消解了教育人性化的内涵。科学教学观在一定程度上弥补了这些缺陷,它并不是对教学科学观的解构,而是在教学科学观基础上的发展。

"科学发展观,第一要义是发展,核心是以人为本,基本要求是全面协调可持续,根本方法是统筹兼顾。"这是党的十七大报告对科学发展观的阐述。科学教学观是科学发展观在教学领域中的具体体现。首先,教学应当以学生的发展为本。人类的所有活动,不论是掌握知识、改造自然、与自然和谐相处,还是传播人文、实施教化、法律规范、道德约束、信仰引导,都是为了扩大人的自由空间,或者在有限时空内维护人的自由,最大限度地实现人的自由本质。因此,教学目标就应该是使学生得到自由而全面的发展为价值取向。其次,"全面协调""统筹兼顾"恰好是科学教学观在方法论层面的描述,教师只有正确认识和妥善处理教学中的基本矛盾,灵活运用、有机组合和创造性地使用教学模式,把知识教育与文化教育融为一体,才能真正实现有效的教学。

"以'认知'为目的的认识论教育观只能造就'知识人',以'致用'为目的的政治论教育观只能造就'经济人',只有以'生成'为目的的人本论教育观才能培养出独立自由、全面发展的人。"[①]为了学生的自由成长,为了不人为地限制学生的思维发展空间,为了使教师和学生从极端化的知识学习和技能训练的困境中解脱出来,营造一种真正回归人性教育的优良环境,教学信念的定位和教学实践发展的路径应当是从教学科学观走向科学教学观,这也就是科学教学观的现实担当。

三、科学地教学:数学核心素养导向的教学论基础

科学地教学,既是一种教学观念也是一种教学方法论。

从教学观念层面看,科学地教学完全脱离了以教材为中心和以教师为中心的双重樊篱,了解学生的不同需求,理解学生的个体差异,尊重学生的个性

---

① 刘赞英,康圆圆.哲学视野中的大学理念:反思与展望[J].高等教育研究,2009,30(9):1-6.

特征,以学生为中心来设计教学和实施教学,学生成为学习真正的主体。学生成为学习的主体是他们的核心素养得以发展的必要前提,因为知识可以由教师灌输给学生,让他们无条件地接受,但"能力"是不可能通过灌输来培养的,个人的能力只能依附自己的身体和心智来生长。具身认知理论认为:"认知、思维、记忆、学习、情感和态度等是身体作用于环境的活动塑造出来的。从根本上讲,心智是一种身体经验,身体的物理体验制约了心智活动的性质和特征。"①以学生为主体的教学,就是要求学生成为教学活动的主体,他们的活动其实是身体的参与并由此激发出来的智力与非智力因素的参与,在"做中学",在学习共同体中相互协商、相互活动中实现个人能力的发展。能力的生长需要适宜的场景和肥沃的土壤,为学生能力生长提供优质的活动场景,为学生不同的心智土壤施加适宜的肥料,这就是科学地教学追求的目标,是教师用智慧教学去开发学生智慧的过程。

从教学方法论层面看,科学地教学并不是一种具体的教学模式或教学方法,它没有固定的操作程序,更不指向具体的学科,它是比具体教学模式或方法更上位的概念,是一种教学方法合理运用的指导思想。如果把教学系统简化为三个要素:学生、教学过程、教学目标,那么单纯追求教学科学化的模式把三者均作为常量看待,或者把教学过程和教学目标看作常量,学生看作变量,但是,无论是哪种情况,这里面其实蕴含了一个错误的逻辑,因为只要教学过程是常量,那么不论把学生看作是常量还是变量,都难以保证所有学生都能达到预定的教学目标,所以事实上教学目标就变成了变量。但是,课程标准规定的教学目标是所有学生都必须达到的底线,这是一个不能更改的常量。科学地教学把学生、教学过程均视为变量,把最低的教学目标定为常量,向上拔高的目标是变量,这其实就还原了教学的基本逻辑。科学地教学,就是教师根据学生和教学内容的具体情况,通过调节教学过程来实现教学目标,使所有的学生都得到充分地发展。

科学地教学还包括科学地评价,为了考查学生关键能力的发展水平,考试评价应当从单纯测量知识的模式中解脱出来。既然在特定的历史条件下,评价的"甄别与选拔"功能无法淡化,那么科学地评价就要在评价内容、评价方法、评价制度方面对原有的评价体系进行改造,建立能够对学生学科核心素养发展进行全面考量的评价体系。

---

① 叶浩生.身体与学习:具身认知及其对传统教育观的挑战[J].教育研究,2015(4):104-114.

第四章 发展学生数学核心素养的教学设计

核心素养的提出,必然给教学带来一场变革,不改变以知识传递为主要目标的传统教学逻辑,发展学生核心素养的理念就不可能落地,"核心素养"也就可能会成为一句过眼烟云的口号。

教学改革涉及教学目标的定位、教学模式的转型、教学策略的设计、学习评价的重构,这应当是一个系统的工程,只改革教学过程中的某些环节都可能无济于事。本章主要讨论教学目标、教学模式和教学策略,学习评价放到第五章专门论述。在讨论这些问题之前,首先探讨教学设计中如何对教材进行分析,这是教学设计的基本前提。

第一节 教学设计中对教材的分析

对教材的分析,涉及课程资源问题。

《义务教育数学课程标准(2011 年版)》将数学课程资源界定为:"数学课程资源是指用于教与学的各种资源。主要包括文本资源——如教科书、教师用书,教与学的辅助用书、教学挂图等;信息技术资源——如网络、数学软件、多媒体光盘等;社会教育资源——如教育与学科专家、图书馆、少年宫、博物馆、报纸杂志、电视广播等;环境与工具——如日常生活环境中的数学信息,用于操作的学具与工具,数学实验室等;生成性资源——如教学活动中提出的问题、学生的作品、学生学习过程中出现的问题、课堂实录等。"①这种对课程资源的界定,是从知识的外显性层面描述的,包括文本资源、社会教育资源、信息技术资源、社会教育资源、环境与工具、生成性资源等所有元素,都是外显的事实。然而,数学学科的特殊性负载着特殊的课程资源——内隐性的课程资源,这种课程资源并没有在课程标准中给予描述和定义。

按照功能特点分类,课程资源包含两种形式:形成课程要素的来源(素材性资源);实施课程的一些直接或间接的条件(条件性资源)。将素材性资源和

---

① 中华人民共和国教育部. 义务教育数学课程标准(2011 年版)[S].北京:北京师范大学出版社,2012:67-71.

条件性资源从外显和内隐两个维度进行透视，可以分为外显素材性资源、外显条件性资源、内隐素材性资源、内隐条件性资源。①

外显素材性资源主要指以文字、语言、符号、图形、图表等在教材或媒体上显示的知识，反映的是外显的、静态的结果型知识。将外显素材性资源称为显性知识。

外显条件性资源指课程实施的人力、物力和财力资源，主要涉及设施、媒介和环境。例如，图书馆、博物馆、大众传播系统、网络、校内外教师资源等均属于外显条件性资源。这两类资源就是课程标准中描述的课程资源。

内隐素材性资源是指不以文本形式显性表述的，潜藏于显性知识深层的隐性知识，具体地说，包括数学知识的文化元素、数学知识的过程元素、数学知识的逻辑元素、数学知识的背景元素等。内隐素材性资源是一种客观存在的知识，它是被显性知识所包裹的知识内核。将内隐素材性资源称为隐性知识。

内隐条件性资源主要指教师根据对素材性课程资源的理解，结合外显条件性资源构建的一种适宜于学生学习的课堂环境，包括构建能够使学生智力和非智力因素共同参与学习的情境，采用灵活多样的教学组织形式，对课堂节奏的准确把握，营造平等的课堂对话氛围，对学生的行为作出恰当评价，使用有效的方式提出问题等。

对教材的分析，主要是指对章、节、单元的知识内容和核心素养成分作解析。知识内容分为显性知识和隐性知识；核心素养成分，指通过本章、节、单元知识的学习，能够培养学生的哪些数学核心素养。因此，对教材的分析分为三个部分：显性知识结构分析、隐性知识结构分析、核心素养成分分析。

一、显性知识结构分析

显性知识是教材中明确列出的知识，分析其结构就是要找出这些知识之间的联系。对显性知识结构的分析可以运用一些方法，而且可以把这些方法串联起来得到比较丰富的信息再对知识结构作系统分析，整个分析方法、过程及功能见图 4.1.1。

（一）构造有向概念图

概念图是包含结点和连线的一种对知识的结构化进行形象表征的方法。结点代表的是某个领域或主题内的重要概念，这里的概念被定义为知觉到的

---

① 喻平. 论内隐性数学课程资源［J］. 中国教育学刊，2013（7）：59-63.

图 4.1.1　显性知识结构分析方法

一组用符号或标记来说明的物体或事件之间的规律和关系[①],这些概念是按照上位概念与下位概念的层次加以组织的,概念的例子列在图的底部。连线指的是一对概念(结点)之间的关系,线上的标注解释了概念之间是如何相互关联的。两个结点和一个包含标注的连线组成一个命题,命题是概念图中最基本的意义单元,也是用于判断概念间连线是否有效的最小单元。

概念图作为一种知识表征工具,它具有这样一些特点。[②] 首先,相关的概念之间有标注线进行联结。在概念图中,两个概念不仅有连线表示它们相关,而且还在线上做标注(称为联结词),说明他们之间的具体关系。由此可见,概念、连线和标注组成一个有意义的命题,命题是概念图中必不可少的成分,缺少命题就无法准确地表征绘图者的理解。其次,概念图中概念的排列还有一定的层次结构。也就是说,最一般的、包含性最广的概念在概念图的顶端,具体的、包含性稍低的概念在适当的下位位置。概念的层次结构并不容易确定,它主要依赖当前考察的特定知识单元以及研究者希望具体强调的内容,同一个概念在不同的主题下,所处的层次水平可能不同。

将概念图作一些改进,称其为有向概念图:(1)结点不仅仅表述概念,也可表示规则、公理、定理、公式,甚至一些重要的例题或习题,即结点表示知识点。(2)将两个结点之间的连线改为有向线段,根据知识点在教材中的排列顺序,如果某两个知识有联系,就用一条有向线段相连,有向线段的方向以前面知识点为起点,后面知识为终点。(3)在概念图中,两个结点之间有关系,用弱抽象关系、强抽象关系、广义抽象关系(这三个概念的定义见第二章第三节)来表示,其中强抽象用符号"+"表示,弱抽象用符号"-"表示,广义抽象不用符号表示。

在单元结构分析时,构建有向概念图一般可以通过以下几个步骤来实现。

① NOVAK J D, GOWIN D B, JOHANSEN G T. The use of concept mapping and knowledge vee mapping with junior high school science students [J]. Science Education, 1983,67(5).

② NOVAK J D. Meaningful learning: The essential factor for conceptual change in limited or inappropriate prepositional hierarchies leading to empowerment of learners [J]. Science Education, 2002,86(4).

（1）把确定的章、节或单元所有的知识点都罗列出来，包括虽然不在该单元出现，但与该单元关系密切的知识。

（2）找出这些知识中较基本的带有普遍意义的关键知识，设这个知识点为概念图中第一层面的结点。

（3）从关键知识出发，寻求各知识之间的联系，然后按一定的逻辑关系将所有的知识点整理归类、分层。

（4）在有关系的知识点之间用有向线段相连，并在连线上作符号注明是强抽象或弱抽象或广义抽象关系。

（5）不断反思和调整，进一步完善概念图。

构造有向概念图，主要是为下面的三元指标分析作准备。

（二）概念图的三元指标分析

在第二章第三节中，介绍了弱抽象、强抽象和广义抽象的概念，下面再补充介绍三个概念：相对抽象度、入度与出度、三元指标。

1. 相对抽象度

如果一组知识点 C_1，C_2，$\cdots C_n$，它们组成一个完全知识链（中间不能再插入知识点）$C_1 < C_2 < \cdots < C_n$，其中相邻两个知识点之间存在三种抽象关系之一。则称 C_n 相对于 C_1 的抽象度为 $\deg(C_n | C_1) = n - 1$。

一段教材涉及的知识点比较多，它们之间会形成一个知识网络而不是单纯的知识链，也说是说，联结两个知识点的路可能不止一条，例如联结 C_1 与 C_n 之间的路有 k 条，在这种情形下，定义这些路中最长者为 C_n 相对于 C_1 的抽象度。

如果联结 C_1 与 C_n 的完全链存在 s 条：λ_1，λ_2，$\cdots$，λ_s，长度分别为 r_1，r_2，$\cdots$，r_s，定义 $\deg(C_n | C_1) = \max\{r_1, r_2, \cdots, r_s\}$。

如果最长的路径不止一条，那么就选择其中之一作为相对抽象度即可。

2. 入度与出度

在有向概念图中定义知识点的入度和出度的概念。

将指向一个知识结点 x 的有向线段条数称为 x 的入度，记为 $d^-(x)$。由一个知识结点发出的有向线段的条数称为出度，记为 $d^+(x)$。

3. 三元指标

将相对抽象度、入度、出度统称为三元指标。相对抽象度反映的是一个知识点 y 相对于另一个知识点 x 的距离，如果相对抽象度大，就说明 y 相对于 x 来说抽象程度高，反映了知识点 y 的深刻性程度。如果一个知识点 x 的入度大，说明指向 x 的有向线段条数多，反映了 x 的重要性程度。如果一个知识点 x 的出度大，说明由 x 发出的有向线段条数多，诸多知识点的引入都要用到

x,从而反映出 x 的基本性程度。

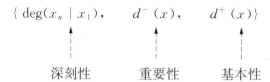

$$\{ \deg(x_n \mid x_1), \quad d^-(x), \quad d^+(x) \}$$

深刻性　　　　　重要性　　　　基本性

有了上述一些概念,就可以对教材中的某一单元、某一章节乃至整个教材作出知识体系的分析。其步骤如下:

(1) 将教材中某一章、节或单元的知识点罗列出来。

(2) 构建有向概念图。

(3) 计算相对抽象度、入度、出度和三元指标。

(4) 由"相对抽象度"分析知识点在教材中的深刻性程度,由"入度"分析知识点在教材中的重要性程度,由"出度"分析知识点在教材中的基本性程度,由此从显性知识层面确定教学的重点和难点。一般说来,基本性程度高的知识点是教学的重点内容,教学的难点则可能分布在三个指标中,难点更多地会体现在相对抽象度高的知识中。

(5) 采用调整教材结构或适当增加知识点的方法,可以改变教材中知识点之间的抽象形式分布状况,避免单一的抽象形式。

在上面步骤中,没有必要把三元指标中所有的数据都计算出来,可以通过观察图形,选择一些相对抽象度高、入度大、出度大的知识点进行计算。

概念图中对三元指标的分析,目的是确定各知识点的深刻性、重要性、基本性程度,从而确定教学的重点和难点。

(三) 概念图的连通度分析

知识的抽象度关注的是概念图中知识链的长度、知识点的入度和出度,因而把概念图作为一个有向图来讨论。现在关心的是概念图整体的连通性问题,与联结两个知识点线段的方向无关,因此,下面讨论的概念图是一个无向图,即联结两个结点的线段是无向线段。

图论中讨论图,一般用 G(V, E)表示,V 表示一个图中顶点的集合,E 表示该图中联结各顶点的边的集合。与概念图对应,我们现在也采用 G(V, E)表示概念图。

设 G(V, E)是一个无向图,对于任意的 C_i, $C_j \in V$,若 C_i 与 C_j 之间存在通路,则称 C_i 和 C_j 是连通的。如果在一个无向图 G 中,任何两个顶点都是连通的,则 G 为连通图,否则称 G 为非连通图或分离图。

一个图要么是连通的,要么是不连通的。但对于任意连通图来说,它们的连通程度也可能是不同的。为了精确地体现连通的程度,下面将引入两个概念：边连通度和顶点连通度。

有 n 个顶点的图称为 n 阶图，一个 n 阶图中，任意两个顶点都有连线，则称这个图为完全图，记为 K_n。

设 $G(V, E)$ 是一个 n 阶图。如果 G 是完全图 K_n，那么定义它的顶点连通度为 $\kappa(K_n)=n-1$，否则，定义它的顶点连通度为 $\kappa(G)=\min\{|u|: Gv-u$ 是非连通的$\}$，即最小顶点数，删除这些顶点便是非连通图。

对概念图再作一个较细的划分。如果概念图 G 不存在割点，即任意去掉 G 中的一个点，图都是连通的，则称图 G 所对应的概念图为知识块。如果概念图 G 除去端点外均为割点，即去掉除端点外的 G 中任一顶点图 G 均不连通，则称图 G 对应的概念图为知识树。

不难证明知识链、知识树的连通度均为 1，知识块的连通度至少为 2。一般说来，图形中连线愈多其连通性愈好，即连通度愈大。

现在我们来分析知识网络知识链、知识网的连通度与知识结构变量之间的关系。①

现代认知心理学的研究表明，良好的认知结构取决于三个认知结构变量：其一，可利用性——当学习者面对新的学习或问题时，他的认知结构中是否有可以用来同化新知识的较一般的、概括的、包容广的观念。其二，可辨别性——当原有结构同化新知识时，新旧观念的异同点是否可以清晰地辨别。其三，稳定性——原有的、起固定作用的观念是否稳定、清晰。关于认知结构与知识结构之间的关系，奥苏伯尔认为学生的认知结构是从教材的知识结构中转化而来的。由此看来，良好认知结构的建立，很大程度依赖于教材中知识结构的组织。与此对应，三个认知结构变量反映在教材上也有三个变量，称它们为知识结构变量。也就是说，教材组织的合理性程度与知识结构变量相关，增大知识结构变量的"可利用性""可辨别性"及"稳定性"表明教材中知识结构组织的合理性程度亦随之增大，两者是正相关关系。

首先，概念图的连通度大，表明各知识点之间的关联紧密，使之在学习新概念时，可利用的同化点多，同时这种联系又会扩充和加深对原有概念的理解，这样就增加了知识的"可利用性"。其次，知识网络的连通度大表明去掉适量的知识点并不影响知识网络的连通性，即知识不会断层，于是就提高了知识的"稳定性"。由此我们可以得出知识网络的连通度与教材组织合理性程度密切相关。也就是说，知识块的教材体系优于知识链、知识树的教材体系。

但是，由于受教学时间限制等多方面原因，数学教材结构多是以知识链、

---

① 喻平. 数学教材中三个指标的分析探讨[J]. 数学教育学报，1994(4)：42-46.

知识树的体系编排的,而这种体系一旦某个知识点出现间断,学生对该知识点没有掌握,就会导致该图不连通,从而使学生的认知结构断层,给后继学习带来困难。增大知识网络连通度的一个重要途径,是在教材中配备适当和适量的例题、习题,通过这些例题、习题去沟通各知识点的联系,增多图形中的连线,形成数学概念体系,这样就可以变知识链、知识树为知识块,从而增大知识网络的连通度。

因此,对概念图的连通度分析,应当考虑:(1)为了提高教材结构的合理性程度,应适当增大概念图的连通度。(2)增大概念图连通度的一条重要途径是在教材中配备适当与适量的例题和习题。也就是说,例题和习题的一个功能是为了增大概念图的连通度。(3)例题与习题的数量应至少保证使知识链或知识树变为知识块。亦即,我们给出了例题与习题在数量上的一个下界。

概念图的连通度分析,目的是分析教材结构的合理性,从而可以通过增加知识的方法来优化教材的结构。

二、隐性知识分析

要对教学内容中与数学核心素养相关的知识进行分析,就应当从课程资源角度展开。显性知识(外显素材性资源)不足以涵盖数学核心素养的全野,与数学核心素养相关的更多内容恰好是隐性知识(内隐素材性资源)。因此,在教材分析中必须要对隐性知识作分析。

隐性知识包括数学知识的文化元素、数学知识的过程元素、数学知识的逻辑元素、数学知识的背景元素、一些数学命题的推广变式等。

(一) 数学知识的文化元素

数学既是科学又是一种文化。将数学作为一种文化理解,其依据是:就广义的文化分类而言,任何科学都属于文化的一部分。数学在推动科学技术和社会发展的同时,也为人类的思想宝库留下了珍贵的遗产。事实上,数学作为一种文化,是单纯把数学理解为科学的拓广。数学文化包括数学知识、数学思想方法、数学精神、数学信念、数学价值观和数学审美。作为课程资源,数学知识是一种外显的课程资源,其余的均为内隐的课程资源。

数学思想方法。如果说问题是数学的心脏,那么思想方法则是数学的灵魂。数学思想方法如同血液一样流淌在数学这个活体中,支撑着数学理论的生成和发展。数学知识的产生、数学问题的解决、数学理论的应用都会受到思想的诱导和方法的制约。思想与方法的关系表现在:思想潜于深层,方法浮于表面;思想更具普适性,方法更具针对性;思想是一类方法的抽象和浓缩,方法是一种思想在不同情境中的具体表现形式;思想对个体思维发展具有延展性和迁移性,方法表现出更多的是功利性和实用性。方法与思想相互依存,方法往往依附于思想,如演绎方法依据公理化思想;换元法、参数法、变换法等是映射即化归思想的体现;配方法、恒等变形贯穿着等价思想;用样本数据估计总体数据的方法是统计推断思想的支撑。值得强调的是,正是因为数学方法更倾向于显性,更具有实用性和可操作性,数学思想则偏于隐性且实用性不易彰显,在教学实践中广大教师就更偏重于对数学方法特别是解题方法的钟爱而忽视对数学思想的揭示。作为隐性课程资源,对数学思想方法的理解应当是整体的、复合的,不能只讲"用"而不讲"理",否则将失去一种重要的课程资源。

数学精神。数学家对追求科学真理的坚定不移信念、为探求真理而不畏艰难的意志品格表现出来的就是数学精神。数学精神是庄重的、严肃的、令人景仰的,她贯穿于数学历史的长河中。数学史是挖掘数学精神的矿藏,教学中将数学史的叙事与数学知识的发现过程相互关照,将证伪逻辑与证实逻辑相互映衬,使学生在学习数学知识的过程中领略数学精神内核,并将精神融入自己的学习之中,形成顽强的学习意志和百折不挠的学习精神,这是开发数学精神这种内隐课程资源的意义所在。

数学价值观。数学的价值体现在它是人类文化的组成部分,在人类社会文明中起着重要作用。具体地说,数学价值表现在:"数学是打开科学大门的钥匙、是科学的语言、是思维的工具、是理性的艺术、是工程技术的基础,数学可以促进人类思想的解放。"[1]数学的价值是多维的、全向的,在促进人的发展和推动社会进步两个方面都起着十分重要的作用。所谓数学价值观是指人们对数学价值的认同和信奉,全面的数学价值观就是形成对上述六种数学价值认同的信念。教师能够将没有以文字信息展示于教材上,却能融科学价值观和人文价值观于一体的数学价值观贯通到教学过程中,使学生潜移默化地感悟从而形成全面的数学价值取向,就是对这种内隐课程资源的有效开发。

数学美。数学文化的美学观是构成数学文化的重要内容。数学美的实质从两个方面表现出来:理性精神和结构美。[2] 在价值追求方面,数学审美是引导人们追求尽善尽美的数学真理的一种理性精神;在表现形式上,数学美是以数学语言呈现出来的以秩序、和谐、对称、奇异、简洁等为主要内容的结构美。数学审美可以陶冶情操,数学美作为评价标准还是推动数学发展的一种源动

① 邓东皋,孙小礼,张祖贵.数学与文化[M].北京:北京大学出版社,1990:199-212.
② 方延明.数学文化导论[M].南京:南京大学出版社,1999:109-110.

力。在教学中,引导学生欣赏数学知识的结构美,并以结构美为评判标准引导学生自我探究新的数学知识,是开发数学美这种内隐课程资源的两项主要工作。

教师在对教材中关于数学知识的文化元素进行分析时,可以思考三个问题:

(1) 为什么人们要研究这个知识?

(2) 人们是怎么研究这个知识的?

(3) 这个知识有什么价值和意义?

思考这三个问题,就能在一定程度上提练出教材中的数学文化元素。[①] 这个原因的分析可以利用图 4.1.2 表示。

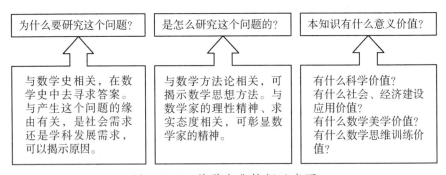

图 4.1.2　数学文化挖掘示意图

在作教学设计的时候,阅读教材,自我提问:

这个教学内容包含了哪些数学文化因素? 如何利用这些文化元素?

这个教学内容的引入,能否嵌入数学史的材料? 以什么方式嵌入最好?

这个教学内容包含什么数学思想? 什么数学方法? 在教学的什么环节体现这些数学思想方法?

这个教学内容能表现数学美吗? 如何让学生欣赏这种数学美?

这个教学内容是否隐含了数学家追求真理的精神? 如何在教学过程中把这种精神表现出来?

……

(二) 数学知识的过程元素

绝对主义数学观把数学视为绝对真理,认为作为数学家创造的人类思维

---

① 侯代忠,喻平. 彰显数学文化:教学设计中的三个自问[J].数学通报,2018(9):32-36.

结晶,数学理论一旦形成就是放之四海而皆准的真理,这种真理性不会因为地域不同、时代变迁而改变。由此导致一种观念,数学知识是结果性的、产品性的,是一种外显的、静态的表现形式,反映在教育领域,教师的任务就是从知识库中提取知识传递给学生,学生的任务是准确无误地接受客观知识,表现出的是一种典型的"结果型"教学范式。从课程资源角度分析,可以看出结果形式的数学知识就是外显性素材性资源,即结果型教学模式开发的只是单一的外显素材性资源。

可误主义数学观把数学视为相对真理,数学的真理性受到自身结构与逻辑起点的制约。可误主义采用动态的观点看待数学,认为数学由问题、语言、方法、命题组成:数学产生于问题,问题要用数学语言描述,用数学语言建构的数学模型要用恰当的方法去解决,最终形成由命题组成的理论体系,这是一个流动的过程。反映在教学上,以这种观念为基础建立的教学范式是"过程型"的,教师的任务不仅要使学生掌握结果性知识,更重要的工作是要将问题、语言、方法、命题这一条逻辑链清晰地展示出来,让学生经历知识的产生过程,体验知识的深层的数学思想方法。以动态数学观认识课程资源就会发现许多隐性资源依附在过程之中,有过程就有体验,有体验就会形成经验,因此,我们把体验过程而形成经验的知识直接称为过程性知识。过程性知识是一种隐性数学课程资源,它是学生形成"数学活动经验"的基础。

首先,从知识的产生过程方面分析。数学知识有严谨的逻辑体系,因此概念、命题的产生总有其缘由和存在的合理性。数学概念的产生受两种力量的驱动,一是对一类事物本质属性的概括,使研究个别对象的属性转向研究一类对象的属性,使研究过程简化、研究结果更具有普适性;二是为新知识的产生和推动知识的发展提供支点,如为了进一步揭示对象的本质需要引入新的概念,为了解决问题引入新的概念等。命题由若干概念构成,命题的产生主要有两种方式:猜想和逻辑推理。其中从猜想到形成命题是一个去伪存真的过程,这个过程主要以证伪和证实为主要手段,通过不断地证伪、修正、证实的循环阶段来实现。数学教材往往只是展示确定的概念、命题这些外显的课程资源,而不论述概念、命题产生的理由,掩盖了内隐的课程资源。把概念产生的缘由、命题发现的过程作为教学的基本内容,可以使学生经历知识形成的过程,掌握证伪而不仅仅是证实的方法。教学应当是一种由知识的不确定性到知识确定性的渐进过程。知识的不确定性阶段是指提出问题和判断问题,证伪在这一阶段扮演着重要角色;知识的确定性阶段是对知识的确认,证实在这一阶段起着重要作用。"事实上,由证伪到证实再到求是这种去伪存真的做法本来就是人们认识知识、积累知识的思维模式,教学不应当将这个完整的过程切断,把不确定性知识的判断这个对于人的素质全面发展起着重要作用的元素抛弃。"①

其次,从知识的发展过程方面分析。概念、命题产生后形成结果性知识,这些结果性知识一方面可以作为新知识产生的起点,另一方面又可以作为工具用于解决数学问题或现实生活中的问题,在教学中教师应当揭示知识的这些功能,有效地开发这类内隐课程资源。通过展现知识的发展过程,可以使学生体悟知识发展的动因,包括数学学科的内部因素和促进知识发展的外部因素,领会蕴含在知识中的数学思想方法,感受数学结构的美,形成命题变式的意识和能力,体会数学应用的广泛性,积累解决问题的认知策略和元认知知识,形成自我监控的意识和习惯。

教师在对数学知识的过程元素分析时要自我提问:

这个知识产生的缘由是什么?

是否可以从历史的角度考察,并将这个知识的历史发生过程融入到教学中去?

这个知识与哪些知识有联系? 它们之间是什么关系?

在先前学习过的知识基础上,以什么方式引入当前知识为宜?

为什么要学习这个新知识?

这个知识后来会往什么方向发展? 它可能会生成一些什么新的知识?

……

(三)数学知识的背景元素

数学知识的背景元素主要有三个来源:数学史、现实生活背景、其他学科知识背景。一般说来,这三种背景大多也不会以明确形式展现在教材里面,因而是一种内隐课程资源。一个数学概念或命题,其现实性背景与学生的生活密切相关,将现实背景融入到课堂教学中,使其作为学习知识的"先行组织者",这样有助于学生利用生活经验去同化知识、理解知识,同时可以使他们在心理上消除数学的"冰冷性",感知数学的现实性。数学概念、命题或数学模型,也有可能与物理学、化学、生物学等其他科学相联系,或者是科学知识的数学模型,或者是数学作为工具在其他学科中的应用,开发这类课程资源,会增强学生对数学知识应用性的理解,有助于他们对数学价值的多方位认识。

开发数学知识背景元素,除了要能够厘清一个概念或命题的背景之外,更重要的是要能够辨别和选择。因为一个数学概念或命题的背景往往不是唯一的,它们可能有多种背景,教师要能够对这种多维背景进行辨认并从中选择最

---

① 喻平.教学的应然追求:求是与去伪的融合[J].教育学报,2012,8(4):28-33.

适合的材料为课所用,不贴切甚至与课题无关的背景材料充斥在课堂中可能会冲淡主题,其效果是华而不实、适得其反,达不到帮助学生建构知识的目的。

教师在对数学知识的背景元素分析时要自我提问:

教材中设计的情境是否适合我的学生学习?

这个教学内容的现实背景有哪些? 选择怎样的现实背景才适合我的学生学习?

这个知识与其他学科知识有关系吗? 如果有关系该如何利用?

是否可以从历史角度引入知识? 如何设计?

我设计的情境是否合乎真实性和适切性?

这个知识有现实应用背景吗?

……

(四) 数学知识的逻辑元素

数学知识的逻辑元素是指渗透在数学知识中的逻辑知识。数学知识与逻辑知识是不可分割的,逻辑支撑着数学理论体系。从课程表现形式看,知识是外显的,逻辑是内隐的。概念的内涵、外延,概念的分类,判断,判断的分类,三段论的格与式,逻辑量词,命题演算等,这些纯粹逻辑的知识也不会直接展示在数学教材中,然而又蕴含在教学内容中。例如,"如果一个四边形的一组对边平行且相等,那么这个四边形是平行四边形",用数学语言去描述:四边形 $ABCD$ 中,$(AB /\!/ CD) \wedge (AB = CD) \rightarrow ABCD$ 是平行四边形。这里蕴含了:这是一个假言命题,是一个复合的蕴涵式命题。显然,这就是隐含在知识内部的逻辑知识,学生习得这些逻辑知识是在学习数学的过程中潜移默化地实现的。教学中开发这种内隐课程资源,并不是要将形式逻辑知识变成外显的课程资源进行讲授,即不是要学生专门地学习逻辑知识,而是指教师在进行教学设计时要做到心中有数,思考一些问题,如本节课的内容中涉及哪些逻辑知识? 学生在学习新知识时可能会遇到哪些逻辑方面理解上的困难? 为帮助学生克服理解障碍,应当采用什么有效的教学策略? 等等。事实上,造成学生学习数学困难的原因可能不是对知识理解的困难,而是对逻辑理解的困难,开发数学知识逻辑元素就是要在逻辑方面扫清学生学习障碍,促进学生逻辑思维能力的发展。

教师在对数学知识的逻辑元素分析时要自我提问:

这个内容涉及什么逻辑知识?

学生在学习这个内容时,可能在逻辑理解上出现什么问题?

如何解决学生逻辑理解的困难?

……

（五）数学问题的推广元素

教材中许多问题（例题或习题）都是可以通过变式得到新的问题或者通过推广得到一个更一般的问题，这也是一种隐性的知识，不去挖掘它也就流失了，如果能够挖掘出来作为教学的内容，则能充分彰显这类隐性知识的作用。

> **案例**   求抛物线 $y^2 = 6 - 2x$ 上与原点距离最近的点 P 的坐标。

这个问题是一个普通的习题，在学生解答完成之后，可引导他们对问题进行变式。首先，把特殊的问题变成更一般的问题。

变式 1   在抛物线 $y^2 = 6 - 2x$ 上求一点 P，使此点到 $A(a, 0)$ 的距离最短，并求出最短距离。

此变式是将条件从特殊变一般，将案例中"到原点的距离"改为"到 x 轴上动点的距离"，这使题目更一般化，但是解法完全相同，是对案例表面内容的变式，促使近迁移的产生。

变式 2   已知 $A(1, 1)$，F 为 $y^2 = 6 - 2x$ 的焦点，点 P 是该抛物线上的动点，求当 $|PA| + |PF|$ 取得最小值时点 P 的坐标。

将问题形式进行变形，这是一个中等程度的迁移问题。

变式 3   某抛物线顶点在 x 轴上，且以 $x = \dfrac{7}{2}$ 为准线，如果点 $A(1, 0)$ 到此抛物线上的点的最小距离是 $\sqrt{3}$，求此抛物线方程。

此变式便是将案例中的条件变为待求的结论，将之前的结论变为已知的条件，是引导学生对逆命题的探究，属于远迁移问题。

变式 4   有一抛物线以 $(3, 0)$ 为顶点，且以 x 轴为对称轴，如果动点 A 满足直线方程 $l: 3x + 4y = 12$，且到此抛物线上的点的最小距离为 $\dfrac{1}{15}$，求此抛物线方程。

此题改变了条件背景，将定点 $A(1, 0)$ 变为在定直线上的动点，是对案例的远迁移设计。

教师在对数学问题的推广元素分析时要自我提问：

可以加强问题的条件使它变为另外一个更加特殊的问题吗？

可以减弱问题的条件使它变为另外一个更加一般的问题吗？

这个命题的逆命题成立吗？

对这个几何问题，能否通过运动的方式变化图形从而得到一些新的结论？

这个公式通过恒等变形变为另一种表达形式，用于解决某类问题是否会更加方便？

……

三、数学核心素养成分分析

综合对教材显性知识和隐性知识的分析，可以进一步分析本章、节、单元中所蕴涵的数学核心素养成分。

第一，数学抽象因素分析。数学抽象主要包括：从数量与数量关系、图形与图形关系中抽象出数学概念及概念之间的关系，从事物的具体背景中抽象出一般规律和结构，并且用数学语言予以表征。数学抽象主要表现为：获得数学概念和规则，提出数学命题和模型，形成数学思想与方法，认识数学结构与体系。

因此，数学抽象广泛地分布在数学内容中，在分析教材时，凡是新概念的生成，新命题的获得，数学模型的建构都是数学抽象的过程。新概念、新命题的产生，一条途径是通过对现实原型的抽象而得到，另一条途径是在原来概念或命题基础上通过强抽象、弱抽象或广义抽象得到，这种情形很多，是数学概念和命题形成的主要途径。另一方面，数学思想是一类对象共同具有的基因，数学方法是解决一类问题的通则，数学思想方法的获得需要学习者对数学知识有深刻的领悟，对解决问题的方法有概括，能够从表面不同内在相通的对象中获取它们的共同元素，领会和掌握数学思想方法，这个过程也是数学抽象。

第二，逻辑推理因素分析。逻辑推理主要包括两类：一类是从特殊到一般的推理，推理形式主要有归纳、类比；一类是从一般到特殊的推理，推理形式主要有演绎。逻辑推理主要表现为：掌握推理基本形式和规则，发现问题和提出命题，探索和表述论证过程，理解命题体系，有逻辑地表达与交流。

由图 2.4.5 可知，逻辑推理在其余 5 个数学核心素养中都有渗透，对 5 种数学核心素养都会产生影响，因此，逻辑推理是数学核心素养中的基础成分。一般说来，提出问题多与合情推理有关；解决问题多与演绎推理有关，当然，这也不是绝对的，例如，在解决问题过程中，解题者可能会首先猜想或预估解决问题的策略，这是一种直觉思维，同样属于合情推理范畴。在分析教材时，不能被教材的知识编排结构所束缚，要开放式地思考问题。例如，教学内容是讲授一条定理，按照教材的写法，一般是直接展示定理，然后是证明定理和应用定理，从逻辑推理角度分析，显然是培养学生的演绎推理能力。但是，如果教师思考应当展示这个定理的生成过程，即把发现定理的过程揭示出来，那么就需要对教材进行加工，体现知识的发生和发展过程，于是，逻辑推理的范围就扩大了,不仅仅是训练学生的演绎推理能力,更主要的是训练学生的合情推理能力。也就是说,在考虑教材中逻辑推理因素时,尽量把逻辑推理的两种形态有机地结合起来,从而训练学生全面的逻辑推理能力。

第三,数学建模因素分析。数学建模过程主要包括:在实际情境中从数学的视角发现问题、提出问题,分析问题、建立模型,确定参数、计算求解,检验结果、改进模型,最终解决实际问题。

对教材中数学建模因素的分析比较简单,凡是符合上述定义的内容就是数学建模,它主要是数学的应用。当然,我们也可以宽泛地理解数学建模,在数学内部也存在数学建模,例如,公式的推导就是一个建模过程,公式本身应当是一种数学模型,它可以用于解决一类问题。但是,如果是一堂讲授公式或规则的课,那么在分析教材确定本节课是培养学生何种核心素养时,并不把公式或规则推导中的数学建模作为一种主要因素考虑,因为公式或规则的推导更主要涉及逻辑推理或直观想象,数学建模在其中只是一个次要因素。

第四,直观想象因素分析。直观想象主要包括:借助空间形式认识事物的位置关系、形态变化与运动规律;利用图形描述、分析数学问题;建立形与数的联系,构建数学问题的直观模型,探索解决问题的思路。直观想象表现形式为:建立形与数的联系,利用几何图形描述问题,借助几何直观理解问题,运用空间想象认识事物。

图 2.4.5 显示,直观想象也是其他各个数学核心素养的基础,它对其他数学核心素养的发展有直接影响。在分析教材时要根据上述界定来确定直观想象因素,一般说来,(1)无论是平面几何还是立体几何的学习,其内容均与直观想象有关,都需要借助空间形式认识事物的位置关系、形态变化与运动规律。(2)解析几何是在数偶和点集之间建立一一对应关系,从而构建起来的一种数学结构,因此数与形的问题便可以相互化归,代数问题可以借助于几何图形来表征,反之亦然,显然,几何直观在这种双向结构中扮演着重要的角色。(3)凡是讨论函数的问题,均要研究它们的图象,因此,在研究函数的过程中有直观想象因素的直接介入。(4)能够建立直观模型的数学问题,也渗透了直观想象。

第五,数学运算因素分析。数学运算主要包括:理解运算对象,掌握运算法则,探究运算方向,选择运算方法,设计运算程序,求得运算结果等。数学运算表现形式:理解运算对象,掌握运算法则,探究运算思路,求得运算结果。

数学运算的本质是一种恒等变形,即按照一定的规则对数或式进行转化,使转化前后的表达式是恒等关系。数学运算渗透到数学的各个角落,代数和概率统计问题几乎与数学运算如影随形,几何中也有大量的计算,凡是与量度相关的内容都有数学运算。由于数学运算无处不在,因此,在分析教材时要特别注意的是,什么情况数学运算是主要因素,什么情况下数学运算是次要因素,要根据教学内容来定。例如,学习有理数的四则运算内容,数学运算一定是培养学生的主要核心素养因素;在学习勾股定理时,虽然有很多计算问题,但不能把数学运算作为主要因素,因为勾股定理的主要功能是用于判断一个三角形是否为直角三角形,是一个论证问题的依据,其作用更主要是训练学生的逻辑推理,发展逻辑推理能力。

第六,数据分析因素分析。数据分析过程主要包括:收集数据,整理数据,提取信息,构建模型,进行推断,获得结论。数据分析表现形式为:收集和整理数据,理解和处理数据,获得和解释结论,概括和形成知识。

显然,数据分析主要集中在教材中的统计内容部分和数学探究活动部分。但是要注意的是,数学建模与数据分析也有联系,其实,有一些数学建模就是在对数据分析的基础上构建模型的。因此,学习统计内容时,一般要把数据分析作为一个主要因素,数学运算作为次要因素,即通过统计内容的学习,主要目的是发展学生的数据分析能力。

第二节　发展学生数学核心素养的教学目标

教学目标是关于教学将使学生发生何种变化的明确表述,是指在教学活动中所期待得到的学生的学习结果。在教学过程中,教学目标起着十分重要的作用。教学活动以教学目标为导向,且始终围绕实现教学目标而进行。教学目标一般分为课程目标和课堂教学目标。

一、对三维目标的检视

(一)三维目标的描述

2001 年教育部颁发了《基础教育课程改革纲要(试行)》,文件确定了以下改革目标。一是实现课程功能的转变。改变课程过于注重知识传授的倾向,强调形成积极主动的学习态度,使获得基础知识与基础技能的过程同时成为学会学习和形成正确价值观的过程,关注学生的"全人"发展。二是体现课程结构的均衡性、综合性和选择性,对各门课程的比重进行调整,增加综合课程和选修课程。三是密切课程内容与生活和时代的联系。改变课程内容过于注重书本知识的现状,加强课程内容与学生生活以及现代社会和科技发展的联系。四是改善学生的学习方式。改变课程实施过于强调接受学习、死记硬背、机械训练的现状,倡导学生主动参与,培养学生搜集和处理信息的能力、获取新知识的能力、分析和解决问题的能力以及交流与合作的能力。五是建立与素质教育理念相一致的评价与考试制度。建立促进学生全面发展的评价体系,建立促进教师不断提高的评价体系。六是实行三级课程管理制度。改变课程管理过于集中的状况,实行国家、地方、学校三级课程管理,增强课程对地方、学校及学生的适应性。在《纲要》中,明确提出课程的三维目标,即知识与技能、过程与方法、情感态度与价值观。应当说,三维目标的提出是这一轮课程改革的一个亮点。

《基础教育课程改革纲要(试行)》的颁发,昭示新一轮课程改革的起动。2001 年,各科课程标准相继出台,在实施了 10 年之后,各学科于 2011 年又对各自的课程标准作了修订。

具体到数学学科,2001 年颁布的《全日制义务教育数学课程标准(实验稿)》,将三维目标分解为 4 个部分:知识与技能、数学思考、解决问题、情感与态度,即将"过程与方法"分解为"数学思考"和"问题解决"。具体的描述见表4.2.1。[①]

表 4.2.1　义务教育数学课程总体目标(2001 版)

知识与技能	(1) 经历将一些实际问题抽象为数与代数问题的过程,掌握数与代数的基础知识和基本技能,并能解决简单问题。 (2) 经历探究物体与图形的形状、大小、位置关系和变换的过程,掌握空间与图形的基础知识和基本技能,并能解决简单的问题。 (3) 经历提出问题、收集和处理数据、作出决策和预测的过程,掌握统计与概率的基础知识和基本技能,并能解决简单的问题。
数学思考	(1) 经历运用数学符号和图形描述现实世界的过程,建立初步的数感和符号感,发展抽象思维。 (2) 丰富对现实空间及图形的认识,建立初步的空间观念,发展形象思维。 (3) 经历运用数据描述信息、作出推断的过程,发展统计观念。 (4) 经历观察、实验、猜想、证明等数学活动过程,发展合情推理能力和初步的演绎推理能力,能有条理地、清晰地阐述自己的观点。
解决问题	(1) 初步学会从数学的角度提出问题、理解问题,并能综合运用所学的知识和技能解决问题,发展应用意识。 (2) 形成解决问题的一些策略,体验解决问题策略的多样性,发展实践能力与创新精神。 (3) 学会与人合作,并能与他人交流思维的过程和结果。 (4) 初步形成评价与反思的意识。

---

① 中华人民共和国教育部. 全日制义务教育数学课程标准(实验稿)[S]. 北京:北京师范大学出版社,2001:6-7.

续　表

情感与态度	（1）能积极参与数学学习活动，对数学有好奇心与求知欲。 （2）在数学学习活动中获得成功的体验，锻炼克服困难的意志，建立自信心。 （3）初步认识数学与人类生活的密切联系及对人类历史发展的作用，体验数学活动充满着探索与创造，感受数学的严谨性以及数学结论的确定性。 （4）形成实事求是的态度以及进行质疑和独立思考的习惯。

　　同时，《全日制义务教育数学课程标准（实验稿）》还列出了更加细致的学段目标。①

　　《义务教育数学课程标准（2011 年版）》对表 4.2.1 作了一些微小的调整，但是更加突出了"四基"，即基础知识、基本技能、基本思想、基本活动经验，并将原来的 4 段论述变为 3 段论述，第一段论述的是知识与技能，第二段论述的是过程与方法，第三段论述的是情感态度与价值观，这实际上是向三维目标的回归。表 4.2.2 是两个版本对课程总目标的描述对照。

表 4.2.2　义务教育课程标准 2001 版和 2011 版的描述对照

2001 年版	2011 年版
（1）获得适应未来社会生活和进一步发展所必需的重要数学知识（包括数学事实、数学活动经验）以及基本的数学思想方法和必要的应用技能。 （2）初步学会运用数学的思维方式去观察、分析现实社会，去解决日常生活中和其他学科学习中的问题，增强应用数学的意识。 （3）体会数学与自然及人类社会的密切联系，了解数学的价值，增进对数学的理解和学好数学的信心。 （4）具有初步的创新精神和实践能力，在情感态度和一般能力方面都能得到充分发展。	（1）获得适应社会生活和进一步发展所必需的数学基础知识、基本技能、基本思想、基本活动经验。 （2）体会数学知识之间、数学与其他学科之间、数学与生活之间的联系，运用数学思维方式进行思考，增强发现和提出问题的能力、分析和解决问题的能力。 （3）了解数学的价值，提高学习数学的兴趣，增强学好数学的信心，养成良好的学习习惯，具有初步的创新意识和科学态度。

　　2003 年颁布的《普通高中数学课程标准（实验）》在课程目标的设置上，基本上用的是三维目标表述，具体目标如下：

　　（1）获得必要的数学基础知识和基本技能，理解基本的数学概念、数学结论的本质，了解概念、结论产生的背景、应用，体会其中所蕴涵的数学思想方法，以及它们在后续学习中的作用。通过不同形式的自主学习、探究活动，体验数学发现和创造的历程。

---

① 中华人民共和国教育部. 全日制义务教育数学课程标准（实验稿）[S]. 北京：北京师范大学出版社，2001：8－10.

（2）提高空间想象、抽象概括、推理论证、运算求解、数据处理等基本能力。

（3）提高数学地提出、分析和解决问题（包括简单的实际问题）的能力，数学表达和交流能力，发展独立获取数学知识的能力。

（4）发展数学应用意识和创新意识，力求对现实世界中蕴涵的一些数学模式进行思考和作出判断。

（5）提高学习数学的兴趣，树立学好数学的信心，形成锲而不舍的钻研精神和科学态度。

（6）具有一定的数学视野，逐步认识数学的科学价值、应用价值和文化价值，形成批判性的思维习惯，崇尚数学的理性精神，体会数学的美学意义，从而进一步树立辩证唯物主义和历史唯物主义世界观。

前面四点是将知识与技能、过程与方法作了一种整合的处理，采用混合的方式来表述，并将五种数学能力明确列出，突出了三维目标中没有强调的能力。后面两点谈的是情感态度与价值观。

（二）三维目标的理论分析

首先，对这一轮课程改革的理论基础作分析。[①] 显然，《基础教育课程改革纲要（试行）》的指导思想和对课程目标的描述在学生的兴趣和经验、教学内容与现实的联系、学生探究能力和社会实践能力的发展、评价多元化、促进学生全面发展等方面与人本主义的主张基本相同。人本主义课程目标包括下列几点：理解学习者的需要、理想，发展其经验，各种教学方法要有助于学习者独特潜能的发挥；促进学习者的自我实现，使学习者意识到个人的成就；使学习者获得复杂社会生活所必须具备的基本技能，包括学术的、人际的、信息沟通的和经济生存的能力；使教育决策与教育实践个人化；承认人的情感、价值在教育过程中具有重要意义；建立富有挑战性，理解、支持、激励个体的、无威胁的学习环境；培养学生真诚关心和尊重他人价值的态度，使其获得解决矛盾冲突的技巧。[②] 简言之，人本主义课程观的主旨是促进人的全面发展。可见，人本主义是我国课程改革的心理学理论基础。

下面再看看行为主义和认知主义的基本观点。

行为主义教学设计的假设及原理如下：

（1）强调确定可观察的和可测量的学习结果（行为目标、任务分析和标准参照评估）。

---

① 喻平. 课程改革实践检视：课程设计视角[J]. 中国教育学刊,2012(10)：40-44.

② 高文. 现代教学的模式化研究[M]. 济南：山东教育出版社,1998：640-641.

（2）预先对学习者作出评估以确定教学应该从哪里开始（学习者分析）。

（3）在进入更高层次的学习水平或业绩能力之前，先要掌握前面的东西（教学呈现内容的排序，掌握学习）。

（4）运用强化影响业绩（实际奖赏，形成性反馈）。

（5）运用线索、塑造和练习以确保形成刺激-反应之间的强有力联系（从简单到复杂的练习序列，运用提示）。①

由此可见，行为主义把教学目标定位于：使学生深入理解学科基础知识，熟练掌握学科基本技能，即以"双基"作为教学的主要目标。显然，行为主义的教学目标对应三维目标中的"知识与技能"，因而行为主义也是课程的理论基础。

认知主义与教学设计直接相关的假设及原理如下：

（1）强调学习者主动参与学习过程（学习者控制、元认知训练，如自我规划、自我监控调节等）。

（2）运用层级分析以确定和图示学习任务的先决条件关系（认知任务分析程序）。

（3）强调信息的结构化、组织和排序，以促进最优的信息加工（运用认知策略，诸如画线、小结、综合和先行组织者等）。

（4）允许和鼓励学习者对先前习得的材料作出联系（回忆先决技能、运用相关例证、类比）。②

认知心理学的教学目标：掌握扎实的基础知识、形成熟练的基本技能、完善认知结构、培养分析问题和解决问题的能力、发展学科能力和元认知能力，再看课程标准对过程与方法的目标行为动词的描述，与认知主义提倡的教学策略一脉相承。因而，认知主义也是我国课程改革的理论基础。

因此，2001年的课程改革其理论基础是一种多种理论的合璧。

（三）三维目标的困惑

从上面的分析可以看到，三维目标分别对应不同的理论，即行为主义支持知识与技能，认知主义支撑过程与方法，人本主义恰好是情感态度价值观的理论基础，这样就产生一个尴尬的问题，三种理论本身是不和谐的，其中它们之间还有一些矛盾的情形。作为三维目标的理论基础相互排斥，势必造成实践

---

① ERTMER P A，NEWBY T J. 行为主义、认知主义和建构主义（上）——从教学设计的视角比较其关键特征[J]. 盛群力，译. 电化教育研究，2004(3)：34-37.
② ERTMER P A，NEWBY T J. 行为主义、认知主义和建构主义（下）——从教学设计的视角比较其关键特征[J]. 盛群力，译. 电化教育研究，2004(4)：27-31.

层面的困难。

三种理念不同、追求各异的理论同时并存于课程之中,产生了肢解课程三维目标的效应:人本主义理论支撑"情感态度与价值观";认知主义支撑"过程与方法";行为主义支撑"知识与技能",这就导致课程改革在实践中面临尴尬。一方面,人本主义课程理论的理想化色彩过于浓烈,要将其理论转化为可操作的实践行为不仅一线教师难以做到,即使倡导人本主义的理论工作者也没有完全构架好一座联系理论与实践的桥梁。教学现状确实如此,以认知主义和人本主义为基础的二维目标"过程与方法、情感态度与价值观",其实践效果与课程设计初衷差距甚远。另一方面,由于行为主义的学习理论、课程理论与教学理论都相对具体、完善和成熟,教学策略和评价手段的可操作性强,加上"知识与技能"与传统意义上的"双基"同源,就使得教学的重心整个向这一维度倾斜,教师的课程意识、教学观念、教学行为、教学评价经过长期的思维定势已经形成一种惯性,有力地推动着三维目标向知识与技能一维目标的蜕变。①

二、新课程标准的教学目标定位

分析教学目标的定位,要思考两个问题:一是核心素养如何融入课程设计;二是课程目标定位的是否准确。

(一) 核心素养融入课程的思考

关注学生核心素养的培育已成为世界各地课程发展的基本指导思想,但如何把核心素养融入课程,却因对核心素养理解的不同而有不同的路向。目前主要有两种模式:整体支配模式和部分渗透模式。

"整体支配模式"试图由核心素养推导和演化出全套课程,即构建基于核心素养的课程体系。在此思路下,核心素养被自觉或不自觉地理解为学生须具备的全面素养,成为教育总目标、学段课程目标和各科目课程目标的另类陈述。换言之,核心素养必须具备"发育"为整个课程体系的能力。"部分渗透模式"将核心素养理解为学生在未来生活中所应具备的至关重要的素养——关键素养,而非全部素养。该模式所关心的不是学生素养的完整性、全面性,而是时代性和针对性。②

整体支配模式的课程发展路径,以逐级规范、层层转化为特征,要求以核

---

① 喻平. 课程改革实践检视:课程设计视角[J]. 中国教育学刊,2012(10):40-44.
② 郭晓明. 从核心素养到课程的模式探讨——基于整体支配与部分渗透模式的比较[J]. 中国教育学刊,2016(11):44-47.

心素养统领各学段、各领域以及各科目的框架和内容,是一个系统"发育"的过程,希望保证课程理念和课程思维的一致性以及课程体系的整体性。部分渗透模式选择了一条完全不同的课程发展路径,它不破坏各教育阶段、各领域及各科目的基本框架,尊重它们的特殊性,仅以渗透的方式将未来世界学生须具备的重要素养落实在相应的学习领域及科目,有助于抓住课程的时代性和关键素养。

下面分析我国的做法。按照《教育部关于全面深化课程改革　落实立德树人根本任务的意见》的要求,教育部设计了两条路径开展研究。第一条路径是由林崇德教授领衔的团队,研究中国学生的核心素养体系;第二条途径是各学科组织专家,研究学科核心素养体系,在此基础上编制课程方案和课程标准,编制各学科教材。显然,第一条途径采用的是整体支配模式来设计课程体系,第二条途径则采用部分渗透模式来设计学科课程体系。因此,我国课程改革采用了整体支配模式与部分渗透模式相结合的一种混合设计方式。

(二) 对数学课程目标的思考

《数学课程标准》设定的课程目标为[①]:

通过高中数学课程的学习,学生能获得进一步学习以及未来发展所必需的数学基础知识、基本技能、基本思想、基本活动经验(简称"四基");提高从数学角度发现和提出问题的能力、分析和解决问题的能力(简称"四能")。

在学习数学和应用数学的过程中,学生能发展数学抽象、逻辑推理、数学建模、直观想象、数学运算、数据分析等数学学科核心素养。

通过高中数学课程的学习,学生能提高学习数学的兴趣,增强学好数学的自信心,养成良好的数学学习习惯,发展自主学习的能力;树立敢于质疑、善于思考、严谨求实的科学精神;不断提高实践能力,提升创新意识;认识数学的科学价值、应用价值、文化价值和审美价值。

在这一描述中,第一条突出"四基"和"四能";第二条是学生必备的数学核心素养;第三条是学生必备的品格和正确价值观。第一条显得与后面两条不协调,不能形成一种并列关系,似乎是对数学核心素养的层次描述,但又没有完全揭示层次关系。这样的描述使人难以辨析"四基"与 6 个核心素养成分是什么关系,课程目标突出的到底是前者还是后者。事实上,6 个数学核心素养成分本身就蕴含了"四基"。素养生成源于知识,因而基础知识和基本技能是数学核心素养的基础;在 6 个数学核心素养成分中,都渗透了数学基本思想;基本活动经验,伴随着发展数学核心素养的过程,在体验中形成。而发现问

---

① 中华人民共和国教育部. 普通高中数学课程标准(2017 年版)[S]. 北京:人民教育出版社,2018:8.

题、提出问题、分析问题、解决问题这"四能",也已经由 6 个数学核心素养涵盖。因此,是否把"四基"和"四能"单独作为一条教学目标提出是值得商榷的。

基于数学核心素养的课程目标制定,应当以"知识作为核心素养的生成本源"为逻辑线索,以"核心素养贯穿整个课程体系,数学核心素养贯穿数学课程体系的整体支配模式与部分渗透模式相结合"为框架,用体现目标水平的层次结构方式,兼顾学业评价的可操作性。基于这种思考,课程目标应当突出数学核心素养的内涵,以发展学生数学核心素养为目标,并且以发展水平体现层次,为学业评价提供一种导向。

基于核心素养的课程目标,可描述为[①]:

(1)逐步学会用数学的眼光观察世界,发展数学抽象、直观想象素养;用数学的思维分析世界,发展逻辑推理、数学运算素养;用数学的语言表达世界,发展数学建模、数据分析素养。

(2)提高学习数学的兴趣,增强学好数学的自信心,养成良好的数学学习习惯;树立敢于质疑、善于思考、严谨求实、一丝不苟的科学精神;认识数学的科学价值、应用价值和人文价值。

(3)经历知识的产生与发展过程,获得进一步学习以及未来发展必需的数学基础知识、基本技能;能够将知识迁移到数学情境、现实情境、其他学科情境中去解决问题,体悟数学思想方法;能够提出问题、对知识作拓展,形成数学思维。

前两条分别体现了数学核心素养中的关键能力、必备品格和正确价值观,第三条是数学核心素养三种水平的描述(关于核心素养的水平,在第五章中作详细描述)。

要说明的是,这种描述并没有曲解和篡改课程标准的目标本意。把数学核心素养放到第一条,体现核心素养的主线作用,第二条与课程标准的描述相同,第三条是把"四基"和"四能"分解到核心素养的不同水平之中,这样便于教学实施的操作。

教学目标从"双基"到三维目标再到核心素养的转变,既是观念上变革也是技术上的革新,教师不应当把教学的重心放到学生对知识的了解、理解、掌握等关键词上,而应当思考如何通过知识的学习达到数学核心素养的增长,这样的思考就会涉及知识深层的东西而非知识表层的外壳。

李润洲指出,学科知识具有三重意蕴:知识内容、知识形式与知识旨趣。知识内容是看得见的概念、命题与理论,知识形式是获得知识内容的方法、思

---

① 喻平.基于核心素养的高中数学课程目标与学业评价[J].课程·教材·教法,2018(1):80-85.

想与思维,而知识旨趣则是为何创生这样的知识内容而不是那样的知识内容的价值欲求。[①] 按照这种理解,指向核心素养的教学目标就不能只是停留在"知识内容"层面,而应当深入到"知识形式"和"知识旨趣"层面。

从课程资源角度看,如果说教学目标的设定只是在外显素材性资源的开发层面,那么就是一种典型的知识教育;而充分挖掘内隐素材性资源并用于教学之中,这才是素质教育。要发展学生的数学核心素养,在设定教学目标时必须充分开发和利用隐性课程资源。其实,内隐素材性资源也就是上面所说的"知识形式"和"知识旨趣"。

三、教学目标的设计

教学目标不是单一的,而是多侧面、多层次、多水平的。某一教学单元或某一节课可以侧重认知学习,可以侧重态度养成,也可以侧重技能获得。而且认知目标的水平也是不相同的,可以侧重高认知目标,也可以侧重低认知目标。[②]

教学目标分为单元目标和课时目标,单元教学目标是针对单元教学设计拟定的教学目标,课时目标指每一堂课的具体教学目标。无论是单元教学设计还是每堂课时教案的设计,在设定教学目标时,都要围绕培养学生的数学核心素养来思考。教学目标必须突出数学核心素养,这是一个基本的原则。

具体地说,教学目标的设定应遵循如下几个要点。

第一,明确本单元或课时要培养学生哪些具体的数学关键能力。一般说来,一个单元或者一堂课的内容不可能只是涉及单一的数学关键能力,往往会涉及多个关键能力,例如,逻辑推理和数学运算可能会在每一节课中都有体现。但是,在这些关键能力要素中,必然有主次之分,不能以并列的形式表现。主要培养什么能力? 次要培养什么能力? 在教学目标是要有明确的界定,因为它会影响到整个教学设计的路径。要对本单元或者本节课知识可能涉及的数学关键能力有清晰地认识,就必须对教材内容进行全面分析,包括对显性知识(外显课程资源)和隐性知识(内隐课程资源)的分析。

第二,明确关键能力应当达到的水平。《数学课程标准》将数学核心素养分为三级水平,水平一是高中毕业应当达到的要求,也是高中毕业的数学学业水平考试命题依据;水平二是高考的要求,也是高考命题的依据;水平三是基于必修和选修课程的某些内容对数学学科核心素养的达成提出的要求,可以

---

① 李润洲. 指向学科核心素养的教学设计[J]. 课程・教材・教法,2018,38(7):35 - 40.
② 高文. 现代教学的模式化研究[M]. 济南:山东教育出版社,1998:425.

作为大学自主招生的参考。但是,这种水平的划分显得比较笼统,教学中比较难以操作。我们在第五章中要专门讨论学习评价问题,提出更加具有操作性的水平划分。

第三,品格与价值观要在整个教学中有所体现。学生必备品格和形成正确价值观是核心素养的两个重要成分,要利用对内隐课程资源的充分挖掘,思考如何利用这些隐性资源来实现对学生的品格和价值观的培养。

> **案例**　必修课程主题二:函数。①

1. 单元目标分析

这个主题的内容包括函数的概念与性质,幂函数,指数函数,对数函数,三角函数,函数应用。

分析这些内容,可以看到:(1)在初中用变量之间的依赖关系描述函数的基础上,用集合语言和对应关系刻画函数,从集合到对应再到函数,这是一个数学抽象的过程。函数的单调性、奇偶性可以用概念形成方式引入,这是数学抽象的过程,同时,函数的性质可用图象表征,建立数与形的对应关系,这需要直观想象。(2)幂函数概念形成,可以用特殊到一般的方式获得概念,这是数学抽象过程;指数函数与对数函数是在指数概念和对数概念基础上的一般化处理,是数学抽象过程;幂函数、指数函数与对数函数都涉及运算,因此与核心素养——数学运算直接相关。(3)三角函数概念的建立,是在用锐角三角函数刻画直角三角形中边角关系的基础上,借助于单位圆而获得的,再利用几何直观和代数运算的方法研究三角函数的周期性、奇偶性、对称性、单调性、最大值和最小值等性质,涉及数学抽象和直观想象。另一方面,三角恒等式的证明,利用三角函数构建数学模型,解决实际问题,涉及数学运算和数学建模。(4)函数的应用包括十分法与方程近似解、函数与数学模型,涉及的核心素养是数学建模。(5)在整个单元的学习中,逻辑推理贯穿始终。

这一单元涉及的数学文化元素:①数学的历史:函数的发展史,对数发展史。②数学思想方法:化归思想方法,数形结合思想方法,归纳与演绎方法。③数学美:简单美,对称美。④数学应用:以函数为工具建立数学模型,解决科学问题和现实生活中的问题。

通过上述分析,可以确定本单元的教学目标:

---

① 中华人民共和国教育部. 普通高中数学课程标准(2017 年版)[S]. 北京:人民教育出版社,2018:18-25.

（1）通过对知识形成的体验和对知识结果的理解，培养学生的数学关键能力：①数学抽象、直观想象；②数学建模、数学运算；③逻辑推理。

（2）通过提出问题和解决问题的过程，使学生的数学抽象与数学建模达到三级水平；直观想象、数学运算与逻辑推理达到二级水平。

（3）通过数学文化的挖掘，使学生理解数学思想方法，崇尚科学精神，体悟数学之美，领略数学的应用价值。

2. 课时目标分析：以幂函数为例

幂函数的内容包括：幂函数的概念，幂函数的性质，幂函数的图象，幂函数的应用。

教学目标的设置，一定要往如何培养学生的核心素养方面思考，不能单纯考虑知识的习得和理解。例如，按照下面的方式设计教学，其教学目标是否体现了核心素养的培养？

（1）直接给出幂函数的定义：函数 $y=x^\alpha$ 叫做幂函数，其中 α 是常数。

（2）讨论函数的定义域。

（3）给出一组正例进行强化。

（4）由函数的图像讨论函数的性质。

（5）举例。

（6）练习。

（7）小结。

这个设计，教学目标的定位基本上突出的是"双基"，要学生理解幂函数的概念，会利用幂函数的概念解决基本的问题。从核心素养方面考察，涉及的是直观想象和逻辑推理，而且直观想象和逻辑推理只是一级水平。因而，从发展学生数学核心素养的角度看，教学目标的设计是有缺失的，这个教学设计基本上维系了以知识为中心的教学理念。

要思考：这个内容到底可以培养学生的何种数学核心素养？要培养这些核心素养，应当怎么设计教学？

改进教学方案：

（1）给出一组实例，让学生观察它们的共同属性。

$$y=x，y=x^2，y=x^{\frac{1}{2}}，y=x^3，y=\frac{1}{x}，y=x^{-2}，\cdots$$

（2）由学生讨论、概括、归纳出幂函数的定义。

（3）讨论函数的定义域。

（4）作出上述函数的图像，并观察它们的特征和规律，从中概括出幂函数的性质。

（5）举例。

（6）练习。

（7）小结。

改进后的方案，其特征表现为：

第一，用概念形成的方式引入幂函数，观察一些具体的实例，分析和概括出它们的共同属性，从而抽象出概念，形成概念定义，这个过程是数学抽象，同时又是一种归纳推理。核心素养的指向：数学抽象、逻辑推理。

第二，体现了一种重要的数学思想方法——类思想。数学研究对象，必须是"类"而非"个别"，把个别作为研究对象，是难以穷尽的，只有类思想才可能形成概念和命题。数学教学必须强调这种思想，从而彰显数学的文化价值。

第三，这种引入方式，学生对新概念的认识会显得自然、能体会概念产生原因，合乎学生的认知规律。

通过分析，幂函数的教学目标应当如下：

（1）通过概念形成方式抽象出幂函数概念，培养学生的数学抽象和逻辑推理能力；通过幂函数图象去理解其性质，培养学生的直观想象能力。

（2）数学抽象、逻辑推理和直观想象均达到二级水平。

（3）通过知识的学习，使学生领会特殊到一般的思想，数形结合思想。

从上面的教学设计可以看到，如果教学目标不是准确定位到核心素养的培养方面，那么设计出来的教学方案往往只能停留在知识教学层面，而要准确把握内容中涉及的数学核心素养，就必须对教学内容作全面、细致和深入地分析。

第三节　发展学生数学核心素养的教学模式

在第三章中，谈到了教学不应当过分追求教学的科学化，而应根据教学的具体情况采用科学的方法进行教学。但问题的另一方面，作为从习惯性的知识教学转向注重核心素养发展的教学，后者应当有一些基本的模式，否则教师很难适应这样的教学变革，因为，以知识为重心的教学模式已经很成熟，广大教师已经熟练掌握、运用自如，如果没有一个参照，他们就不容易从思维的定势中走出来。

教学模式是教学基础理论的具体化，又是教学具体经验的概括化，是教学基础理论与教学实践的中介。教学模式的结构由理论基础、主题、目标、程序、策略、评价构成。[①]

---

① 李定仁,徐继存.教学论研究二十年[M].北京：人民教育出版社,2001：268.

理论基础。任何教学模式都有一定的教学理论或教学思想作为基础,例如,程序教学模式的理论基础是行为主义;非指导性教学的理论基础是人本主义;发现法教学的理论基础是认知主义等。没有理论基础的教学模式很难有普适性,因为它解释普遍现象的张力不足。

教学目标。特定的教学模式都有自己的教学目标,因为教学模式就是为达到这个教学目标而搭建的。例如,布卢姆创立的掌握学习模式,目标是学生牢固掌握基础知识,形成扎实的基本技能;布鲁纳提倡的发现学习模式,其教学目标是训练学生探究问题的能力。

操作程序。指教学活动展开的时间序列和运作步骤,这是教学模式必须建立的环节。操作程序给出了教学模式的具体操作步骤,便于使用者的准确运用。

教学策略。运用这种教学模式应当采用的一些具体策略。例如,程序教学模式的教学策略有小步子原则:所呈现的教材被分解成若干小步子,两个步子之间的难度相对很小,前一步学习是后一步学习的基础。即时反馈原则:教师对学生的反应作出即时评价。自定步调原则:程序教学允许学习者根据自己的情况确定掌握材料的速度。教学策略是为实现教学目标、提高教学效益、保证教学模式正常运行所采用的具体手段。

教学评价。评价是教学模式的一个重要因素,它包括评价的方法和标准。教学模式的目标、程序和条件不同,评价的方法和标准也就不同。一个教学模式一般都要规定自己的评价方法和标准,例如,罗杰斯(C. R. Rogers,1902—1987)的非指导性教学模式,评价主要采用学生的自我评价;布卢姆的掌握学习模式采用的是诊断性评价、形成性评价和终结性评价三种形式。

教学模式是教学论关注的研究问题。高文教授对冈特(Gunter)等人选择的 8 种教学模式作了梳理。[①]

1. 直接教学模式

教学目标:知识掌握与技能获得。

理论基础:行为主义心理学。

教学步骤:复习原来学过的知识—描述目标—传授新内容—教师指导下的学生练习—独立地练习—间隔性复习。

直接教学模式适用于相对低级的认知目标及技能目标,更多涉及"知识""理解"等认知领域目标。

2. 概念获得模式

教学目标:界定、理解和运用概念。

---

① 高文. 现代教学的模式化研究[M]. 济南:山东教育出版社,1998:439 - 471.

理论基础：布鲁纳的概念形成理论。

教学步骤：选择和界定一个概念—确定概念的属性—选择肯定和否定的例子—将学生导入概念化过程—呈现例子—学生自己概括概念的定义—提供更多例子—讨论概念化过程。

概念获得模式主要涉及"分析""综合"等认知目标。

3. 概念发展模式

教学目标：发展学生的思维能力。

理论基础：思维是可以学习的，概念是组织现实的创造性方式。

教学步骤：列举（罗列项目）—分组（对项目进行分类）—标记（确定项目之间的关系）—重新分组（重新分析或归纳项目）—综合（总结资料，形成概括）。

概念发展模式以列举、分组、标记等概念发展过程培养学生的思维能力。

4. 群辩法模式

教学目标：发展学生的创造思维能力。

理论基础：思维的非理性因素和类比理论。

教学步骤：描述所要探究的课题—创造直接类比—确定最佳信号类比—产生新的直接类比—重新考察原来的课题。

群辩法模式就是指在集体中交流不同意见，利用非理性力量达成新的理解的创造性过程。

5. 萨其曼探究模式

教学目标：问题解决和探究。

理论基础：斯腾伯格（R. J. Sternberg，1949—   ）和布鲁纳的探究学习理论。

教学步骤：选择课题—向全班解释探究的程序—搜集相关的资料—形成理论和描述因果关系—说明规则和解释理论—分析探究过程。

萨其曼探究模式主要是通过发现和提问给学生传授问题解决策略。

6. 课堂讨论模式

教学目标：通过提出问题和解决问题，培养学生的洞察力，促进批判性思维发展。

理论基础：社会互动理论。

教学步骤：阅读材料和设计问题—与合作者共同规划设计问题群—向学生介绍课堂讨论过程—进行讨论—回顾讨论过程及总结各自的观察和体验。

课堂讨论模式侧重于培养学生的独立性和批判性思维。

7. 合作学习模式

教学目标：发展学生的合作态度，增进认知成长。

理论基础：建构主义理论。

合作学习有三种类型，其教学步骤有一定差异。类型 1：交错法。教学步骤：向学生介绍交错法进行的程序—确定异质性小组—不同小组中承担阅读相同材料的部分成员组成专家组，专家组共同学习—专家组参与，学生将各自学习的内容传达给其他组员—评价个人和小组成绩。类型 2：小组竞赛法。教学步骤：呈现新概念—确定异质性小组进行练习—开展学习竞赛—评价小组成绩。类型 3：小组分层计分法。教学步骤：呈现新概念—确定异质性小组进行练习—学生独立地参加小测验—评定学生的成绩。

合作学习模式本身包括各种教学策略，有的指向低级认知目标，有的指向高级认知目标。

8. 探索情感和解决矛盾模式

教学目标：情感发展和问题解决。

理论基础：皮亚杰和塔巴（H. Taba，1902—1967）的认知发展理论。

教学步骤：分为探索情感和解决矛盾两个部分。探索情感的教学步骤：列出与矛盾情境相关的所有事实—推论相关人物如何感受这一情境—学生探讨他人的情感和行动—学生描述相似的经历—学生将自己的情感与他人的情感进行比较。解决矛盾的教学步骤：列出与矛盾有关的所有事实—推论有关人物如何感受矛盾情境—学生提出解决矛盾的方案—学生确定最好的解决方案并说明理由—学生描述相似的经历—学生描述他人的情感—学生评价他人对矛盾的处理—学生寻找解决矛盾的其他方法—学生进行总结概括。

上述 8 种教学模式，为我们建构新的教学模式提供了一个参照。本章尝试建构以发展学生数学核心素养为目标的 4 种教学模式。这 4 种教学模式的理论基础，都是第三章中所论述的建构主义理论、深度学习理论和科学教学观理论，因此，下面的论述不再对理论基础作专门说明。

一、单元结构教学模式

崔允漷认为，学科核心素养是学科教育之"家"，指学生学了本学科之后逐步形成的关键能力、必备品格与价值观念。它意味着教学目标的升级，而"逐个"知识点的"了解""识记""理解"等目标从此退出历史舞台。新的教学目标关注学生运用知识做事、持续地做事、正确地做事，强调知识点从理解到应用，重视知识点之间的联结及其运用。由此看来，学科核心素养的出台倒逼教学设计的变革,教学设计要从设计一个知识点或课时转变为设计一个大单元①。

事实上,数学核心素养的成分难以在单个的知识点上表现出来,它往往隐藏在知识体系、知识结构之中。例如,数学抽象是一个对象在另一个对象属性基础上的抽象过程,也就是说,只有在知识的联系中才能有数学抽象过程,无他也无我,显然,数学抽象离不开知识之间的联系,离不开知识的体系。因此,发展学生的数学核心素养,就应当着眼于知识结构的教学,这样才利于素养的生成、发育和成长,其中,单元教学就应当是一种有效的教学方式,因为一个单元就是一个知识体系。

单元教学是围绕单元知识结构开展的,徐文彬等认为,单元可以是教材中编制好的某一单元、某一章节、某一主题、某一模块、某一领域、某一学期或学年某学科教材整体、某一学期或学年所有学科教材整体甚至整个学校课程。单元知识结构是指由某单元的内在学科知识、基本原理、思想方法及其关联,以及与相关的单元学科知识等之间的联系,以及该单元的学科知识结构与其他学科或领域、学生当下的社会实践与生活经验之间的联系。② 可见,单元知识结构是一个比较宽泛的概念。

单元结构教学,就是围绕学生数学核心素养的发展设计主题,以主题为核心对某一单元的内容经过整合而开发的教学形式。单元结构教学的设计过程如图 4.3.1。

图 4.3.1　单元结构教学的设计过程

分析单元知识结构按照本章第一节的方法来做。首先,对教材显性知识的分析把本单元的知识点列出来,包括概念的定义、定理、公式、法则、公理、重要的例题、重要的习题等。然后建构这些知识点的有向概念图。第二,计算这个图的三元指标,分析知识点在教材中的基本性、重要性和深刻性,从显性知识层面确定教学的重点和难点。第三,分析概念的连通度,如果结构不是十分合理,就要适当地增加一些例题或习题,使教材结构更加优化。第四,对隐性知识进行分析,包括数学知识的文化元素、数学知识的过程元素、数学知识的逻辑元素、数学知识的背景元素、一些数学命题的推广变式等。

① 崔允漷.学科核心素养呼唤大单元教学设计[J].上海教育科研,2019(4):1.
② 徐文彬,李永婷,安丹诺.单元知识结构整体教学设计模式的理论建构[J].江苏教育(中学教学),
　2018(6):7-9.

　　主题是单元设计的核心。主题的确定对于整个单元教学设计来说显得尤其重要,它在一定程度上决定了单元教学设计的质量和品位。主题的设计,要围绕培养和发展学生的数学核心素养,这也是单元设计的主要教学目标。

　　主题确定之后,要考虑整个教学的程序,即教学的展开过程和环节的划分与处理,制定教学流程。同时,要对各个环节所采用的教学策略有明确的策划。单元结构教学程序,要根据所选择的主题来定,不同的主题其教学程序有一定差异。而且,相同的主题其教学程序也可以是不唯一的,教师在教学实践中应充分发挥自己的创造力,设计更加新颖、更有成效的教学程序和策略。

　　设计学习评价方案是教学模式重要的环节,因为它涉及检验整个教学的有效性问题。评价方案一定要围绕教学目标来制定,要以发展学生数学核心素养为宗旨而不是仅仅在考察学生对知识的理解来设计评价指标。关于学习评价的问题,将在第六章详细研究。

　　下面以主题的分类为标准,主要讨论 4 类单元教学模式。

(一) 以问题解决的过程线索为主题的单元教学模式

　　1. 以问题解决的过程线索为主题的单元教学

　　以问题解决的过程线索为主题组织单元,是指在解决问题的过程中出现了许多新问题,然后以这些新问题串为主线展开研究进而产生新知识学习的单元教学设计。这种设计一般用于新授课的教学。

　　数学中的许多概念、命题是由于解决问题的需要而产生和发展的。但是,教材的编制往往是从知识的逻辑结构来组织内容的,教材中的知识都是以结果的形式陈述,并不反映这个知识的产生过程。这样的处理方式,往往使教材中知识展示的顺序与历史上产生这个知识的过程是相反的。以问题解决过程作为单元的主题,就是将其倒过来,从解决问题入手,分析可能产生的概念和命题,厘清知识产生缘由,还原知识形成的过程。

　　案例　二次函数的单元教学设计。

　　在《义务教育课程标准实验教科书数学九年级(下)》[①]中。二次函数的内容由二次函数、二次函数的图象与性质、二次函数与一元二次方程、二次函数的应用、数学活动等 4 个部分组成,并由这个顺序展开。

　　如果采用单元设计,那么可以考虑以问题解决过程为主线来组织单元内容。

---

① 杨裕前,董林伟. 义务教育课程标准实验教科书:数学(九年级下册)[M].南京:江苏科学技术出版社,2004:6-37.

首先,给出两个问题。

问题 1   用总长为 24 米的篱笆靠墙围出一块矩形菜地,中间用篱笆将菜地截成左、右两部分,问: 所围菜地的最大面积为多少平方米?

问题 2   如图 4.3.2,用总长为 24 米的篱笆靠墙(限宽 10 米)围出一块矩形菜地,中间用篱笆将菜地截成左、右两部分,问所围菜地的最大面积为多少平方米?

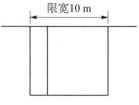

图 4.3.2   篱笆问题

通常这一问题是单元知识学习完后,在二次函数的应用一节中出现,因为这个问题的解决几乎用到二次函数的全部重要知识: 配方法求最值、利用性质求最值、求最值要考虑自变量的取值范围等。现在把问题教学次序倒过来,先让学生去解决这个问题,然后再引入知识。

学生可能会用不同的方法尝试解决这个问题,例如,选择枚举求解二元不定方程,发现取值具有对称性,得到最大面积为 $48\,\mathrm{m}^2$;也可以通过列代数式,利用配方法也求得最大面积为 $48\,\mathrm{m}^2$。在验证答案时,可能想到了 $10\,\mathrm{m}$ 限宽,如果长为 $4\,\mathrm{m}$,则不能围出菜地。

那么,到底菜地最大的面积是多少? 用什么方法去求呢? 教师引导学生探究问题 1。

设篱笆的长为 $x\,\mathrm{m}$,那么宽为 $(24-3x)\,\mathrm{m}$,于是面积 $S=(24-3x)x=-3x^2+24x$。学生会发现这是一个新的函数。要求 S 最大,就要考虑 x 在符合要求内的变化情况。能否对这个式子进行变形,变为一个完全平方加上一个常数的形式,即 $S=(\quad)^2+a$,于是当 $(\quad)^2=0$ 时,S 最大。回忆一元二次方程的配方法,可以得到

$S=-3x^2+24x=-3(x^2-8x)=-3[(x-4)^2-16]=-3(x-4)^2+48$。

当 $x=4$ 时,$S=48$,即最大面积是 $48\,\mathrm{m}^2$。

对于问题 2,x 能够等于 4 吗? 事实上,由于加了限宽 $10\,\mathrm{m}$ 的条件,因此 $0<24-3x\leqslant10$,所以 $\dfrac{14}{3}\leqslant x<8$,所以 x 不能等于 4。

此时,可以借助表格对 $S=-3(x-4)^2+48$ 的取值作分析,看到在 x 的取值范围内,S 随着 x 取值的变小而变大,于是,确定当 $x=\dfrac{14}{3}$ 时,面积达到最大值为 $\dfrac{140}{3}\mathrm{m}^2$。

在解决这个问题的过程中,出现了一系列要思考的问题:(1)遇到了一个以前没有见过的函数:$y = -3x^2 + 24x$,这种函数与解决现实问题有关系;(2)与一次函数类比,这个新的函数会有什么性质呢?这些性质可能与解决上面的问题有关系;(3)与一次函数类比,这个新函数的图象是什么样子?函数的图象可能与解决上面的问题有关系;(4)这种函数与一元二次方程太相似了,它们之间有什么关系?于是,以解决这个问题为主线,展开了研究这个单元知识的思路(如图4.3.3)。

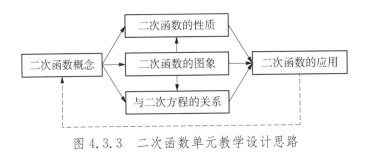

图 4.3.3 二次函数单元教学设计思路

2. 教学程序与策略

以问题解决过程线索组织单元的教学程序见图4.3.4。

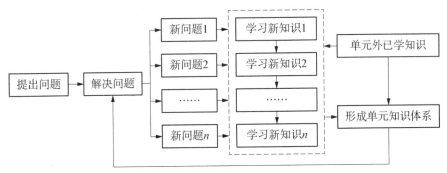

图 4.3.4 以问题解决过程线索组织单元的教学程序

第一步:教师提出问题,教师也可以引导学生提出问题。

第二步:在教师的引导下,学生解决问题。

第三步:在解决问题的过程中,可能会分解出一系列新的子问题,而这些子问题是学生已具备的知识基础无法解决的,于是引发出一些新的知识点。教师梳理出新的知识点,设计学习序列。

第四步:分别学习新知识,这些新知识有先后顺序,前面的知识是后面的基础。在新知识的学习过程中，会用到单元外学生已经学习过的旧知识。

第五步：各个新知识学完之后，形成本单元的知识体系，并用新知识去解决原始问题和新的问题。

以问题解决过程线索组织单元的教学策略，可以考虑下面几点：

（1）合理设计引入的问题。

问题应当尽量体现贯穿于整个单元的知识内容。一个好的问题要能够产生与将要学习的知识之间内在的联系，形成串联单元知识的经脉。同时，在问题解决的过程中要能够引发学生的思考，充分调动学生的学习动机。

（2）明示单元内容学习思路。

单元教学的第一节课，通过问题引入和问题解决，教师要对产生的子问题进行归类，并指出要解决这些子问题可能涉及到的新知识，可以用有向概念图给学生展示本单元的知识学习路径，使学生对本单元的学习有一个明确的大目标。先有全景再学细节，先观森林再见树木，这种方式利于知识的同化和顺应。

（3）不忘回溯起点。

单元内容的学习源于问题，学习完单元的内容之后，应当有一个回溯本源的环节，即回头解决当初的问题，并由这个问题引发出更加一般、更加广泛的新的问题，运用习得的系统单元知识去解决这些问题，这是一个前后照应又不断深化的教学过程。

（二）以建立个体 CPFS 结构为主题的单元教学模式

1. 以建立个体 CPFS 结构为主题的单元教学设计

本书不对数学学习心理的 CPFS 结构作详细介绍，读者可以参阅《数学学习心理的 CPFS 结构理论》[①]，这里只是简单提及这个理论。

个体的 CPFS 结构是数学知识在头脑中的表征形式，分为概念域、概念系、命题域、命题系四种形式。具体地说，一个概念 C 的所有等价定义的图式，叫做概念 C 的概念域（concept field）；称一个概念网络的图式为概念系（concept system）；称一个等价命题网络的图式为命题域（proposition field）；称一个命题网络的图式称为命题系（proposition system）。将概念、命题、域、系四个英文单词的第一个字母取出组成 CPFS。

CPFS 结构的涵义是：①在个体头脑中内化的数学知识网络之中，各知识点（概念、命题）处于一定位置，知识点之间具有等值抽象关系，或强抽象关系，或弱抽象关系，或广义抽象关系。②正是由于网络中知识点之间具有某种抽

---

① 喻平. 数学学习心理的 CPFS 结构理论[M]. 南宁：广西教育出版社，2008：22-23.

象关系,而这些抽象关系本身就蕴含着思维方法,因而网络中各知识点之间的连接包含着数学方法,即"连线集"为一个"方法系统"。

以建立 CPFS 为主题的单元教学设计,是指以某个概念为中心,探究并得到与这个概念等价或有关系(强抽象、弱抽象、广义抽象)的概念,或以某个命题为中心,探究并得到与这个命题等价或有推出关系的命题,并将这一组概念或命题用于解决一类问题的教学设计。这种设计一般用于复习课的单元教学。

数学核心素养的形成不能脱离数学问题解决,逻辑推理、数学建模、直观想象、数学运算和数据分析都与解决数学问题息息相关、密不可分。基于此,以建立个体 CPFS 结构为主题的单元教学应当是一种发展学生数学核心素养的有效教学模式。

在几何学习中,可以按照问题的目标进行分类,这个目标与一些概念或命题存在内在联系。例如,按照题目的结论可分为:证明线段相等问题,证明线段垂直问题,证明角相等问题,证明直线平行问题,证明直线垂直问题,证明平面平行问题,证明平面垂直问题……,然后围绕与这些结论相关的概念和命题设计教学。又如,针对培养学生数学核心素养来分类,可以分为培养数学抽象为主要目标的问题,培养逻辑推理为主要目标的问题,培养数学建模为主要目标的问题,培养直观想象为主要目标的问题,培养数学运算为主要目标的问题,培养数据分析为主要目标的问题。

以建立个体 CPFS 结构为主题的单元教学设计,往往是突破了章节的限制,是对不同章节内容的一种整合,这样可以贯通知识之间的联系,塑造学生完整的认知结构。

> **案例** 以"证明线段相等"为主题的单元教学设计。

这个问题的单元设计步骤:(1)组织学生回忆并梳理与证明线段相等的定理(包括定义)有哪些,用一个表格罗列出来,见表 4.3.1。(2)建立这些知识点的概念图,如图 4.3.5。(3)教师精心设计题组进行训练。

表 4.3.1 平面几何范围内与线段相等的部分命题

序号	命　　题
1	全等三角形判定定理(SSS, SAS, ASA, AAS, HL)。
2	如果一个三角形有两个角相等,那么这两个角所对的边也相等。

续　表

序号	命　题
3	线段垂直平分线上的点到这条线段两个端点的距离相等。
4	平行四边形的对边相等。
5	平行四边形的对角线互相平分。
6	三角形的中位线与第三边平行且等于第三边的一半。
7	矩形的对角线相等。
8	菱形的四条边都相等。
9	正方形的四条边都相等。
10	如果一组平行线在一条直线上截得的线段相等，那么在其他直线上截得的线段也相等。
11	经过三角形一边的中点与另一边平行的直线必平分第三边。
12	经过梯形一腰的中点与底平行的直线必平分另一腰。
13	同一底上的两个角相等的梯形是等腰梯形。
14	三个角相等的三角形是等边三角形。
15	垂直于弦的直径平分这条弦。
16	从圆外向一个圆所引的两条切线长相等。

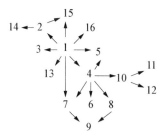

图 4.3.5　与线段相等
　　　　　的相关命题
　　　　　概念图

事实上，这个例子反映的本质是培育学生头脑中完整的 CPFS 结构，即形成良好的概念域、概念系、命题域和命题系。个体的 CPFS 结构是数学关键能力生长的沃土，要保证沃土的优良性，就应当不断施肥，以问题解决的类型特质作为单元主题教学，起到的就是施肥的功能和作用。

2. 教学程序与策略

以建立个体 CPFS 结构为主题的单元教学程序见图 4.3.6。

第一步：教师提出一个学习过的概念或命题，引导学生探究与这个概念或命题的等价概念或等价命题，再探讨与这个概念存在强抽象、弱抽象、广义抽象的概念，或探讨与这个命题存在推出关系的命题，填写知识结构表。

图 4.3.6　以建立 CPFS 结构为主题的单元教学程序

第二步：教师展示事先设计好的、与学生要形成的 CPFS 结构相关的一组问题。

第三步：师生共同解决问题。

第四步：教师引导学生反思，增补知识结构表，促进学生形成完善的 CPFS 结构。

教学中可以考虑采用的策略：

（1）逐步完善知识结构表。

开始列出的知识结构表，不一定要全面，可以是有遗漏的，目的是启发学生来修补和完善，形成一个逐步生长的知识树。同样，方法表也采用逐步增添的方式，因为即使是问题目标相同，解决问题的方法也可能大相径庭。对知识结构表的不断完善，学生可以在"反思"阶段进行。

（2）精心设计题组。

CPFS 结构形成涉及的概念或命题，它可能来自不同章节也可能涉及不同学段的内容，因此，题目的选择是综合性、跨越性的问题。例如，与证明线段长度相等有关的概念或命题可能来自平面几何、立体几何和解析几何。教师在设计题目时，要眼界开阔，广泛收集，精心组题。

（3）注重反思训练。

教师要注意培养学生的反思意识，提高反思能力。反思包括对解决问题方法的反思，思考解题方法的合理性，思考是否还有更好的方法；对问题本身的反思，思考问题是否可以变式，是否可以推广；对解决问题要用到的知识的反思，思考解决这个问题除了用知识点一，还能用知识点二吗？等等。

（三）以概念的发展作为主题的单元教学模式

1. 以概念的发展作为主题的单元教学设计

以概念的发展作为主题组织单元，是指以概念的生长为主线贯穿单元来组织知识学习的教学设计。这种设计可以用于新授课也可以用于复习课。有些概念的"出度"较大，可称为核心概念，这种概念的基本性程度高，由它可以生长出其他概念。

核心概念的生长有两层涵义。第一，概念 C 本身是一个基本概念，它自身不具有生长性，但是，随着情境的不同、研究对象所处的结构不同，由概念 C 导出了更多的概念和命题，此时我们也将其理解为概念 C 是一种生长过程。例如，在几何中"平行"和"相等"是两个核心概念，如果讨论平面上三条直线的位置关系，利用平行和相等概念可以刻画平行线的判定和性质定理。如果讨论四条直线的位置关系，那么可以刻画四边形的相关性质：两组对边平行的四边形是平行四边形；有且只有一组对边平行的四边形叫做梯形。而且，由平行和相等的概念，可以导出平行四边形及梯形的若干性质，再由此进一步引申出菱形、矩形、正方形、等腰梯形等概念和命题。"平行"和"相等"是两个基本概念，它本身没有生长，但随着图形的生长体现出它们自身也在"生长"，它们往往是两个存在数学抽象关系的概念之间的连接词，是对数学抽象关系的具体刻画。

第二，通过扩大和缩小核心概念 C 的外延和内涵，产生了一些与概念 C 密切相关的新的概念，此时我们说概念 C 得到了生长。也就是说，如果两个概念之间是强抽象关系或弱抽象关系，那么后一个概念都是前一个概念的生长结果。其实，从这个意义上说，数学领域中研究的许多问题都是概念生长的问题。函数到连续函数到可微函数；平行四边形到菱形到正方形；全等三角形到相似三角形到位似三角形等等，均是概念生长过程。

> **案例**　以"函数奇偶性的图象对称性概念"为主题的教学设计。

整个教学围绕下面概念生长过程为主线展开。

定义　在定义域内，如果 $f(-x)=f(x)$，那么 $f(x)$ 的图象关于 y 轴对称；如果 $f(-x)=-f(x)$，那么 $f(x)$ 的图象关于原点对称。

这是偶函数和奇函数的定义或性质，现以这两个性质为生长点去引申出其他相关函数的性质。

因为如果函数 $f(x)$ 为偶函数，那么将自变量 x 换成它的相反数，其函数值不变。所以 $f(x)$ 的图象必然关于 y 轴对称。

思考一：（1）y 轴用方程应当怎么表达？

（2）由偶函数的图象关于 $x=0$ 对称，你能联想到什么？是否存在图象关于 $x=m(m\in\mathbf{R})$ 对称的函数？你能举出这类函数的实例吗？

此时学生会联想到二次函数 $y=ax^2+bx+c(a\neq0)$ 的图象关于直线 $x=-\dfrac{b}{2a}$ 对称。

思考二：除了二次函数之外，是否还有具有这一性质的其他函数？

还可举出诸如 $f(x)=|x+m|$，$f(x)=\sin\left(x+\dfrac{\pi}{2}\right)$，$f(x)=(x+m)^4$ 等函数。

思考三：这类函数的图象存在共性，那么它们的函数表达式也必然有共性，你能否根据偶函数的定义去找出这种共性？

这里体现了一种类比引申，由 $f(-x)=f(x)$，得 $f(0-x)=f(0+x)$，容易猜想出命题；学生也可以从具体的函数去观察，归纳出命题。

命题 1　如果在定义域内，恒有 $f(m+x)=f(m-x)$，那么函数 $f(x)$ 的图象关于直线 $x=m$ 对称。

思考四：你能证明这个命题吗？

证明：设点 $P(x,f(x))$ 是函数 $f(x)$ 图象上任意一点，则 P 关于直线 $x=m$ 的对称点为 $P'(2m-x,f(x))$。由于 $f(2m-x)=f(m+(m-x))=f(m-(m-x))=f(x)$，所以点 P' 也在函数 $f(x)$ 的图象上。因此，函数 $f(x)$ 的图象关于直线 $x=m$ 对称。

思考五：在命题 1 中，函数 $f(x)$ 满足的方程为 $f(m+x)=f(m-x)$，即左右两边均含同一个数 m，你能否改变这一条件而得到一个更一般的结论吗？

命题 2　如果在定义域内，对任意的 x 均有 $f(m+x)=f(n-x)$，那么函数 $f(x)$ 的图象关于直线 $x=\dfrac{m+n}{2}$ 对称。

思考六：能否参照命题 1 和命题 2 的产生过程，作为类比，奇函数的概念也能推广吗？

由学生去探索，发现并证明下面两个命题。

命题 3　在定义域内，如果对任意的 x，满足 $f(m+x)=-f(m-x)$，那么函数 $f(x)$ 的图象关于点 $M(m,0)$ 成中心对称。

命题 4　在定义域内，如果对任意的 x，满足 $f(m+x)=-f(n-x)$，那么函数 $f(x)$ 的图象关于点 $M\left(\dfrac{n+m}{2},0\right)$ 成中心对称。

在此基础上，可以引导学生进一步去探讨与两个函数有关的性质，得到如下若干命题：

命题 5　函数 $y=f(m+x)$ 与函数 $y=f(m-x)$ 的图象关于直线 $x=0$ 对称。

命题 6　函数 $y=f(m+x)$ 与函数 $y=f(n-x)$ 的图象关于直线 $x=\dfrac{n-m}{2}$ 对称。

命题 7 函数 $y=f(m+x)$ 与函数 $y=-f(m-x)$ 的图象关于原点成中心对称。

命题 8 函数 $y=f(m+x)$ 与函数 $y=-f(n-x)$ 的图象关于点 $\left(\dfrac{n-m}{2},0\right)$ 成中心对称。

有了上面命题之后,可以安排一组题目进行练习。

这个例子充分体现出奇函数和偶函数概念的生长过程,表现出整个教学的探究过程,可以培养学生的数学抽象、直观想象和逻辑推理能力。

2. 教学程序与策略

以概念发展为主题组织单元的教学程序见图 4.3.7。

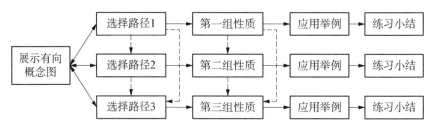

图 4.3.7   以核心概念发展为主题组织单元的教学程序

第一步:教师展示事先设计好的概念发展有向概念图,给学生明示本单元要学习的内容和路径。

第二步:在概念图中选择路径 1,研究由路径 1 产生的一组性质(记为 S_1),然后教师举例,学生练习,教师小结。

第三步:回到有向概念图,选择路径 2,研究由路径 2 产生的一组性质 (S_2),在这个过程中,可能会用路径 2 中的一些元素,得到性质 S_2 时也可能会用到性质 S_1。然后教师举例,学生练习,教师小结。

第四步:回到有向概念图,循环这个过程,直到把有向概念图中的所有路径都走完。完成单元学习。

要说明两点:

第一,路径是指有向概念图中起点到终点的所有路。例如,图 4.3.8 是四边形单元的概念图,其路径有 4 条:①四边形→平行四边形→矩形→正方形;②四边形→平行四边形→菱形→正方形;③四边形→梯形→等腰梯形;④四边形→梯形→直角梯形。

第二,在有向概念图中,路径的生成有两种方式。一是由原始概念本身产生,即两条路径都起源于原始概念,例如图 4.3.8 中的路径①和路径③。二是后一条路径由前面某些路径生成的概念而生成,或者由前面已经学习过的一组概念去生成,也包括原始概念。例如图 4.3.8 中的路径②,此时菱形的概念并不需要回到四边形这个原始概念,只需从平行四边形作为起点即可。

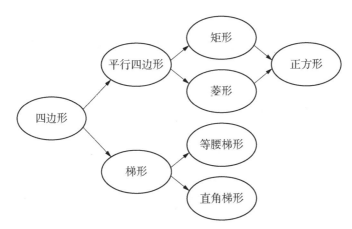

图 4.3.8 四边形的单元有向概念图

以概念发展为主题组织单元的教学,可以考虑采用的策略:

(1) 分支推进策略

分支推进的意思是在概念图中,从一级概念开始,选择每一条路径依次教学,例如,图 4.3.8 中,依次选择路径①、②、③、④进行教学。如果路径有重复部分,就不用再回到路径的起点,从重复部分的末点作为教学的起点。在图 4.3.8 中,路径①走完之后,路径②就以"平行四边形"为起点。

分支推进策略与奥苏伯尔提出的"不断分化"教学原则是一致和同含义的。

(2) 横向贯通策略

概念图一般是一种树状结构,但知识点之间往往有纵向关系,概念图很少揭示知识之间的横向关系,因此,在教学中要认真分析,如果两个概念有横向联系,就应当将其联系起来。横向联系有的可能是直接的,有的可能是间接的,如果是间接关系,就可考虑用知识点将两个概念联系起来,这个知识点往往是两个对象所共同具有的性质。例如,图 4.3.8 中。平行四边形与梯形之间,可以用中位线定理联系两者;矩形和菱形有共同的性质:中心对称图形;矩形和等腰梯形有共同性质:对角线相等。

横向贯通可以使知识结构更加完善,这一策略与奥苏伯尔提出的"综合贯通"教学原则殊途同归。

（四）以数学思想方法解决问题为主题的单元教学模式

1. 以数学思想方法解决问题为主题的单元教学设计

以数学思想方法解决问题作为主题组织单元，是指以解决问题的某种方法为主线来组织单元内容的教学设计。其实与我们平时所说的"多题一解"如出一辙，即用一种方法解决不同类型的问题。这种单元设计适合于复习课。

波利亚构建的几个典型解题模型，其实就是以数学方法为骨架来建构的，可以为单元教学设计提供参考。

——双轨迹模式

波利亚从几何中的作图问题抽象出解决问题的双轨迹模式。我们知道，平面几何中的作图问题归结为要确定某些点的位置，而在平面几何范围内，点的位置的确定一般需要两个条件：或者是两直线的交点，或者是一条直线和一个圆的交点，或者是两个圆的交点。点 P 在两曲线 C_1，C_2 上，交轨作图就是求 C_1 与 C_2 的交点。波利亚对这种模式作了推广，得到如下一般形式：

"问题的未知量是 x，问题的条件分成 l 个分款，我们用 l 个方程来表示：

$$r_1(x)=0, \ r_2(x)=0, \ \cdots, \ r_l(x)=0。$$

满足第一个条款 $r_1(x)=0$ 的对象组成一个确定的集合，我们称之为第一条轨迹。满足第二个条款的对象组成第二条轨迹，……，满足最后一个条款的对象组成第 l 条轨迹。所提问题的解——对象 x 必须满足全部条件，即所有 l 个条件分款必须同时属于所有这 l 条轨迹。另一方面，任何一个对象 x 如果同时属于 l 条轨迹，即同时满足 l 个条件分款，它就是所提问题的一个解。简言之，这 l 条轨迹的交点组成了解的集合，即满足所提问题的条件的全部点的集合。"[①]

——笛卡儿模式

笛卡儿（R. Descartes，1596—1650）曾经设想过解决问题的所谓"万能方法"，该方法可以表述为图 4.3.9 的模式：

图 4.3.9　笛卡儿模式

波利亚并不认为笛卡儿模式是万能的，但是他认为笛卡儿提出的却是一

① 波利亚. 数学的发现：第一卷[M]. 刘景麟，曹之江，邹清莲，译. 呼和浩特：内蒙古人民出版社，1980：14.

种重要的思维模式。事实上,由于笛卡儿创立了解析几何学,使得许多几何问题都可以化归为代数问题去处理,而代数的基本问题就是方程。另一方面,许多现实问题也可以通过数学建模去解决,方程又是数学模型的基本形式,因此,从一定意义上说,笛卡儿模式确实是解决许多不同类型问题的强有力的思维工具。

——递归模式

递归模式的原理源于数列中存在的某种特殊关系,通过这种关系可以由一些已知量去确定未知量的特定方法。波利亚指出:"对于一个依次排列起来的序列,我们可以去算它当中的任一项的值,每次算一个。为此需要两个先决条件:首先应当知道序列的第一项;其次,应该有某个关系式将序列的一般项与它前面的那些项联系起来。这样就可以借助于前面的项,一个接一个依次地、递推地把所有的项都找出来。这就是重要的递归模式。"①

——叠加模式

证明一个几何问题,有时需要对图形的不同情形进行讨论,在不同的情形中命题的结论均成立,就证明了命题的真实性。例如,利用圆内接三角形证明正弦定理,应当对三角形分别为直角三角形、锐角三角形和钝角三角形这三种情况分别讨论,最后综合三种情形而得到一般结论。

由上述思想,波利亚引申出了解决问题的叠加模式。所谓叠加模式是指:"从一个导引特款出发,利用特殊情形的叠加去得出一般问题的解。"②由此可见,叠加模式蕴含了两种思想,其一,特殊化思想,即将问题分解为一些特殊的情形加以处理;其二,分类思想,将问题划分为若干情形加以处理,最后把各种类型叠加,从而得到问题的解。

案例　以"方程思想方法解决问题"为主题的单元设计。

这个设计的关键是要组织一组题目,它们都可以用方程思想来思考,用方程方法解决问题。下面是一组这类题目。③

例1　设 a , b , c 为实数,求证:
$$(b-2a+c)^2 \geqslant 3(a-2b+c)(a-c).$$

---

① 波利亚.数学的发现:第一卷[M].刘景麟,曹之江,邹清莲,译.呼和浩特:内蒙古人民出版社,1980:14.

② 同①.

③ 汤服成,祝炳宏,喻平.中学数学解题思想方法[M].桂林:广西师范大学出版社,1998:140-154.

分析 观察要证明的结论,它的结构有点像一元二次方程类别式。尝试构造如下方程:

$$(a-2b+c)x^2-2(b-2a+c)x+3(a-c)=0。$$

当 $a-2b+c\neq 0$ 时,这是一个一元二次方程,易见 $x=-1$ 是它的一个实数根,所以判别式 $\Delta\geqslant 0$,故结论成立。当 $a-2b+c=0$ 时,结论显然成立。

例 2 已知实数 a,b,c 满足 $a+b+c=\dfrac{1}{a}+\dfrac{1}{b}+\dfrac{1}{c}=1$,求证:$a,b,$ c 中至少有一个等于 1。

分析 已知条件可改写为 $a+b+c=\dfrac{ab+bc+ca}{abc}=1$。

稍作变形,已知条件又可改写为

$$\begin{cases} a+b+c=1, \\ ab+bc+ca=m, \\ abc=m, \end{cases}$$

其中 $m\neq 0$,由韦达定理的逆定理知道 a,b,c 是方程 $x^3-x^2+mx-m=0$ 的三个根。而 $x=1$ 显然是其中一个根,故知 a,b,c 中至少有一个是 1。

例 3 已知一等差数列前 k,l,m 项的和分别是 S_k,S_l,S_m,求证:

$$\begin{vmatrix} k & k^2 & S_k \\ l & l^2 & S_l \\ m & m^2 & S_m \end{vmatrix}=0。$$

分析 把已知条件按等差数列求和公式写出,可以得到

$$\begin{cases} 2ka_1+k(k-1)d-2S_k=0, \\ 2la_1+l(l-1)d-2S_l=0, \\ 2ma_1+m(m-1)d-2S_m=0, \end{cases}$$

其中 a_1,d 分别为等差数列的首项和公差。联想到线性方程组,可以看出 $2a_1,d,-2$ 是齐次线性方程组

$$\begin{cases} kx + k(k-1)y + S_k z = 0, \\ lx + l(l-1)y + S_l z = 0, \\ mx + m(m-1)y + S_m z = 0 \end{cases}$$

的一个非零解,由齐次线性方程组的性质立即可得结论。

例 4　求 $n \in \mathbf{N}$,使 $2^8 + 2^{11} + 2^n$ 为完全平方数。

分析　要使 $2^8 + 2^{11} + 2^n$ 为完全平方数,可设 $2^4 = x$,原式可变为 $x^2 + 2^7 x + 2^n$。要使它为完全平方数,须使方程 $x^2 + 2^7 x + 2^n = 0$ 的判别式等于 0,即 $\Delta = (2^7)^2 - 4 \times 2^n = 0$,解得 $n = 12$。

例 5　如图 4.3.10,已知 P 是正方形 $ABCD$ 外接圆的弧 ADC 上任意一点。求证:

(1) $PA + PC = \sqrt{2} PB$;

(2) $PA \cdot PC = PB^2 - AB^2$。

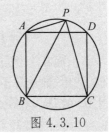

图 4.3.10

分析　观察发现待证明的两个式子的左边与韦达定理的形式相近,那么是否可以构造出这样的一元二次方程呢?

注意到 $\angle APB = 45°$,在 $\triangle APB$ 中,由余弦定理,得

$$AB^2 = PA^2 + PB^2 - 2PA \cdot PB \cos 45°,$$

即　　　　　　$$PA^2 - \sqrt{2} PB \cdot PA + PB^2 - AB^2 = 0。 \qquad ①$$

在 $\triangle PBC$ 中,也有 $BC^2 = PC^2 + PB^2 - 2PC \cdot PB \cos 45°$,由 $BC = AB$,得

$$PC^2 - \sqrt{2} PB \cdot PC + PB^2 - AB^2 = 0。 \qquad ②$$

①和②说明,当 $PA \neq PC$ 时,PA、PC 是方程 $x^2 - \sqrt{2} PB \cdot x + PB^2 - AB^2 = 0$ 的两个根。因此

$$PA + PC = \sqrt{2} PB,$$
$$PA \cdot PC = PB^2 - AB^2。$$

当 $PA = PC$ 时(即 P 点与 D 点重合),可知 $PA = PC = AB$,结论也成立。

例6　在△ABC中,求证:$\cos^2 A + \cos^2 B + \cos^2 C + 2\cos A\cos B\cos C = 1$。

分析　此题若用三角公式变形,运算会比较复杂。构造一个方程

$$x^2 + 2x\cos B\cos C + \cos^2 B + \cos^2 C - 1 = 0,　　　①$$

则根的判别式

$$\begin{aligned}
\Delta &= 4\cos^2 B\cos^2 C - 4(\cos^2 B + \cos^2 C - 1)\\
&= 4(1 - \cos^2 B)(1 - \cos^2 C)\\
&= 4\sin^2 B\sin^2 C
\end{aligned}$$

因此方程①的根为 $x = -\cos B\cos C \pm \sin B\sin C = -\cos(B\pm C)$。取其中的一个根 $x = -\cos(B+C) = \cos A$ 代入,既得

$$\cos^2 A + \cos^2 B + \cos^2 C + 2\cos A\cos B\cos C = 1。$$

上面6个例题,以方程思想方法为主线,组成一个单元教学,把代数、几何、三角、数论等不同领域的问题用方程思想方法串联起来,可以起到完善学生认知结构,培养逻辑推理和数学运算能力。

2. 教学程序与策略

以数学思想方法解决问题为主题组织单元的教学程序如图4.3.11。

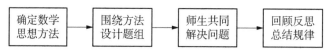

图4.3.11　以数学思想方法解决问题为主题组织单元的教学程序

第一步:对所学过的内容,综合考虑,选择可以贯穿这些学习内容的数学思想方法作为单元设计的骨架。

第二步:围绕选定的思想方法,精心设计一组题目,题目可以是不同章节、不同领域的问题。

第三步:教师出示问题,并组织学生采用独立方式或合作讨论方式去解决问题,教师再作归纳、提炼、小结。接着提出第二个问题,采用相同程序解决问题。

第四步:一组题目解决后,组织学生对这一组问题的解决过程进行反思,总结这类问题解决的共同规律,加深对数学思想方法的理解。

教学中可以考虑采用下面一些策略:

（1）鼓励学生讲解。

教师给出任务，学生完成任务，选择解答问题出现错误的学生和解答问题优秀的学生上讲台，讲解自己的解题过程，教师和同学共同评判，让大家共同解析产生错误的原因，学习优异的解题思路，同时可以培养学生数学交流的能力。

（2）形成方法体系。

在"回顾反思总结规律"环节，教师要分析这组题目的共性，为什么它们能够被统摄在一种思想方法之下，其特点和规律是什么，突出数学思想方法的价值与功能，让数学思想方法深入学生心灵，而不仅仅是为了掌握一些知识。要强调的是，思想方法也包括一些解题的技巧，但解题技巧不是主流，思想方法层面更高、更普适，它与发展核心素养密切相关。

二、归纳形成教学模式

归纳形成教学有两层涵义，一是通过概念形成方式获取概念或知识的教学方式；二是通过从特殊到一般的归纳获得命题和知识的教学方式。

在第二章中，我们讨论了数学抽象的两种类型，第Ⅰ类抽象是指对现实事物的抽象。这种抽象主要是抽象出数学概念、规则、模型。第Ⅱ类抽象是指对数学对象的抽象，即在已有数学概念、命题基础上抽象出新的概念、命题、模型，也可以抽象出数学思想方法和数学结构体系。显然，第Ⅰ类抽象是以归纳形式为主的，第Ⅱ类抽象中的弱抽象是典型的归纳形式。由此可见，数学抽象这个核心素养要素与归纳思维高度相关。同时，其他数学核心素养与归纳思维也是密切联系的，逻辑推理中的合情推理、数学建模中的建模过程、数据分析中由数据选择处理工具的问题等，都是归纳思维的表现。不仅如此，从特殊到一般的思维有时要借助于图形或者本身就是要直接从图形中抽象出数学关系，显然，这种思维形式与另一个数学核心素养——直观想象密切相关。因此，归纳思维与数学核心素养发展如影随形，归纳形成教学模式直接指向发展学生的数学核心素养。

归纳形成教学模式可以分解为两种子模式：概念形成教学模式和归纳衍生教学模式。概念形成教学模式一般用于概念教学；归纳衍生教学模式一般用于命题教学。

（一）概念形成教学模式

概念形成教学模式，是指用概念形成方式设计的概念教学形式。其依据是教育心理学中概念形成理论。

1. 概念形成的基本涵义

概念形成是指人们对同类事物中若干不同例子进行感知、分析、比较和抽象,以归纳方式概括出这类事物的本质属性从而获得概念的方式,奥苏伯尔将概念形成的心理过程描述如下[①]:

(1) 对各种不同的刺激模式进行辨别性分析;

(2) 提出关于已抽象出来的共同成分的假设;

(3) 在随后的特定的情境中检验这些假设;

(4) 从这些假设中选择一个一般类目或一组共同的属性,使一切变式能成功地归属于该类目或该组属性的范围之内;

(5) 把这一组属性同认知结构中的有关起固定作用的观念联系起来;

(6) 使新概念从以前学习过的一些有关概念中分化出来;

(7) 把新概念的标准属性推广到这个类目的一切例子;

(8) 利用与传统用法相一致的那种语言符号表示该新类目的内容。

概念形成可以是以学生的直接经验为基础,用归纳的方式概括出一类事物的共同属性,从而达到对概念的理解。因此,比较适合低年级的学生学习概念,也适合对"原始概念"的学习,因为原始概念多是建立在对具体事物的性质的概括上,更多的是依赖于学生的直接认识与直接经验。另一方面。概念形成也可以以学生的间接经验为基础,在所要讲授的概念外延中选取例子作为观察对象,而这些例子都是数学的材料,也就是说,是在数学例子的基础上概括出它们的本质属性,从而形成新的概念。

2. 概念形成模式的教学程序

概念形成教学的程序见图 4.3.12。

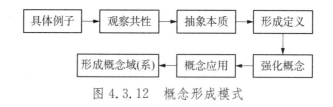

图 4.3.12　概念形成模式

概念形成教学模式的理论基础是概念形成的心理学理论。

操作程序:

第一步,由教师提供一组概念的正例供学生观察和分析。所谓概念的正

① 奥苏伯尔,等.教育心理学——认知观点[M].佘星南,宋钧,译.北京:人民教育出版社,1994:118.

例,指在所要学习的概念的外延中的特例,这些例子存在共同的本质属性。

第二步,学生处理资料,他们可通过自己独立的观察也可以采用小组合作形式,概括出这些例子共同的、本质的属性。在这一过程中,学生会首先提出一些假设,然后经过比较、分析去验证、修正这些假设。

第三步,教师引导学生共同归纳、概括和抽象出该组实例的本质属性。

第四步,教师给出概念定义,或者由学生自己给出概念定义,教师给予评判和修正。

第五步,采用由学生举出更多概念的正例,教师举出反例让学生识别和判断,强化学生对概念的理解。

第六步,概念的应用,包括概念的直接应用和讨论概念的性质,而讨论概念的性质就转入命题学习阶段。

第七步,逐步形成概念域和概念系,这一阶段往往要经历概念的多次应用后方能实现,它不仅与已学过的概念相关,而且还与以后要学习的概念相关,因此,概念表征是一个不断深化、精制的过程。

> **案例**　单项式概念的教学设计。

第一步,教师给出一组例子,学生解答。

(1) a 表示正方形的边长,则正方形的周长是_____,面积是_____。

(2) a 表示三角形的一条边长,h 表示这条边上的高,该三角形的面积是_____。

(3) $3y$ 表示一个数,它的相反数是_____。

(4) 一件衣服的原价是 a 元,现涨价 15%,现价为_____元。

第二步,学生讨论:这些代数式中包含哪些运算? 有何运算特征?(揭示各例的共性是含有"乘法"运算,表示"积")

第三步,形成概念。引导学生抽象概括单项式的概念。补充"单个的数字和字母也是单项式"。

第四步,反例强化。让学生判断 $\dfrac{1}{a}$,$\dfrac{3\pi}{a}$,$\dfrac{a^2}{b}$ 是不是单项式,说明理由。

第五步,将单项式纳入代数式体系,使学生形成新的认知结构。

3. 概念形成模式的教学策略

(1) 正反例强化。

在概念形成中,教师开始提供的例子都是正例,在学生概括出这组对象的共同性质之后,教师要用反例去强化,这是概念形成教学模式必须采用的方法。

概念的属性包括相关属性和无关属性。相关属性指的是涉及到概念本质特征的关键属性;无关属性指的是不涉及概念本质特征的属性。概念学习本质是对概念属性的辨认,而例子则是概念属性的具体化和形象化,对概念的学习有着重要的辅助作用。例子包括了正例和反例两种,正例是概念集合下的成员之一,具备概念所有相关属性;反例是指缺乏概念中一个或多个相关属性的例子。

许多学者对概念学习中正反例的作用作了研究,这些研究主要探讨教学中如何使用正反例来帮助学生辨认概念的属性,从而掌握概念。概括地说,主要探讨正反例的呈现顺序、质量和数量等问题。①

首先,正反例的呈现顺序。正反例的呈现顺序是指在教学中以什么顺序呈现正反例,应该是按照例子的类型还是按照例子的特征来呈现。按例子的类型呈现是指先呈现所有正例再呈现所有的反例,或者是先呈现所有反例再呈现所有的正例;按例子的特征呈现是指基于例子本身的属性和例子之间的关系来呈现正反例。例如,假定一个概念的定义中有几个条件,即满足所有条件才能叫做某某概念,那么不满足任一条件而满足其余所有条件的例子都是反例,于是就可以用满足所有条件或不满足某一条件来呈现正反例。几乎所有的研究都表明,按例子的特征来呈现正反例的教学效果最好。② 当然,正反例的呈现方式要根据具体的概念情形来定,不宜采用单一的例子类型或者例子的特征来呈现。

其次,正反例的质量。好的正反例能够促进学生对概念的掌握,那么什么是好的正反例呢?研究表明,好的正反例至少具备三个特征:(1)正反例相互匹配,即正例与反例之间具有相同的无关属性;(2)正例之间差异大,即两个正例之间的无关属性的值尽可能地不同;(3)由简单到困难呈现例子,即正例和反例都应当由浅入深地呈现。

再次,正反例的数量。正反例的比率与数量是多少才合适?研究表明,正例的数量应该大于或等于反例的数量,而对于课堂教学而言,1∶1的比率是比较符合教学实际的。③ 教学中应该使用多少个正反例则取决于学习任务、学习环境及学习者自身的情况,并没有固定的标准。

---

① 郭建鹏,彭明辉,杨凌燕.正反例在概念教学中的研究与应用[J].教育学报,2007,3(6):21-28.

② MERRILL M D, TENNYSON R D. Concept Classification and classification errors as a function of relationships between examples and nonexamples [J]. Improving human performance quarterly, 1978(7): 351-364.

③ ALI A M. The use of positive and negative examples during instruction [J]. Journal of instructional development, 1981,5(1): 2-7.

总的来说,目前关于正反例的研究成果告诉我们,教师在课堂教学中应该积极使用例子进行概念教学。正确的方法应该是按照例子的特征来组织教学,正反例应该相互匹配,正例之间差异要大,由简单到困难来呈现例子,正反例的比率应该是 1∶1,例子数量视具体情况而定。

(2) 形成概念域与概念系。

概念域的涵义是关于一个概念的一组等价定义的图式,这里所说的"等价"是逻辑意义上的,即等价定义所描述的概念是同一关系,或者说对于同一个概念的两个等价定义之间可以相互推出。基于概念域的这一内核,在数学教学中,教师应当从多种背景、多重层次、多个侧面、多维结构去揭示概念的内涵,帮助学生构建完整的概念域。

第一,在多种背景下揭示概念的内涵。一个概念的背景往往是指概念的现实背景或现实模型,而现实背景或现实模型又多是概念的一些特例,通过特例去形成概念,可以使学生在感性材料基础上获得对概念的初步认识,同时由感性逐步上升到理性,达到对概念多背景意义下的认识。

案例 "直角坐标系"概念的认识。

下面是这一概念的多种背景:

(1) 在电影院内如何根据电影票找到自己的座位? 在电影票上有几个数字? 8 排 12 号与 12 排 8 号有什么不同? 如果我们用 (8, 12) 表示 8 排 12 号,那么 12 排 8 号应当如何表示? 是否会出现不同排数或号数的两张电影票对应同一个座位的情况?

(2) 一辆汽车从 A 地向正东方向行驶了 5 千米到达 B 地,然后再向正北方向行驶了 3 千米到达 C 地。另一辆汽车也从 A 地出发向正西方向行驶了 5 千米到达 D 地,然后再向正南方向行驶了 3 千米到达 E 地。你能否用一对有顺序的数表示 A、B、C、D、E 这 5 个点的位置?

(3) 如图 4.3.13,图 (a)、(b) 是两个相同的正方形,图 (a) 中有一个点 A,你能在图 (b) 的同样位置画出一个点吗? 该点的位置是怎样确定的?

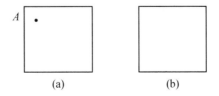

图 4.3.13　直角坐标概念的认识材料

　　第二,在多重层次中揭示概念的内涵。数学概念具有发展性,这主要由于在不同的结构中对概念的认识是有差异的。例如,"平行线"概念在平面上可定义为"两条不相交的直线叫做平行线",但是在三维空间中就不能再用这个定义,因为异面直线也是不相交的两条直线。数学概念的发展性反映了人们认识概念的不断深入,同时又反映出数学概念的复杂性和抽象性。在教学中教师应当充分认识数学概念的发展性,协助学生建构完整的概念域。

> **案例**　"绝对值"概念。

　　层次 1:数 a 的绝对值 $|a|$ 指数轴上表示数 a 的点与原点的距离。
　　层次 2:

$$|a| = \begin{cases} a, & a \geqslant 0 \\ -a, & a \leqslant 0 \end{cases}$$

　　层次 3:数 $a-b$ 的绝对值 $|a-b|$ 指数轴上表示数 a 的点与数 b 的点的距离。
　　层次 4:

$$|a-b| = \begin{cases} a-b, & a \geqslant b \\ b-a, & b \geqslant a \end{cases}$$

　　层次 5:$\sqrt{a^2} = |a|$。
　　层次 6:向量 $\overrightarrow{OZ}$ 的模(即有向线段 OZ 的长度) r 叫做复数 $Z = a + bi$ 的模(或绝对值),记作 $|Z|$ 或 $|a+bi|$。

$$|Z| = |a+bi| = r = \sqrt{a^2+b^2}。$$

　　显然,如果 $b=0$,那么 $Z=a+bi=a$,$|Z|=|a|$,即 a 是在实数意义上的绝对值。
　　第三,在不同结构中揭示概念的内涵。对一个概念,有时可以在不同结构中去刻画,例如,可以在欧氏平面中用点去刻画,也可以在平面直角坐标系中用有序实数对去刻画,把直线与方程对应起来,还可以采用极坐标去描述直线,用"角"和"距离"去建立直线的方程。事实上,点集与有序实数对的一一对应关系,在数与形之间构架了一座桥梁,使两个结构中的对象建立对应关系,从而使它们可以相互转化,对于概念而言,在头脑中形成的图式就是广义的概念域。
　　第四,形成概念体系。如果说概念域的形成是针对某个特定概念而言的,那么概念系的形成则涉及一组概念,这一组概念中彼此之间存在一些特定的数学抽象关系。要强调的是,学习者要达到对某个特定概念的理解,不能脱离与该概念相关的其他概念。从内部看,一个概念的定义性特征涉及到多个其他概念,即定义一个概念必须要用另外的概念来构架它;从外部看,概念的生长性导致了概念之间的密切联系,孤立的数学概念是不存在的。因此,概念域和概念系不是相互独立的,而是一个胶合的整体。因此,教师要经常性地梳理知识体系,概括知识结构,营造学生生成概念系的外部环境。

（二）归纳衍生教学模式

归纳衍生教学模式,是指利用归纳方式获得数学命题的教学形式。

1. 归纳衍生模式的教学程序

归纳衍生模式的教学程序如图 4.3.14。

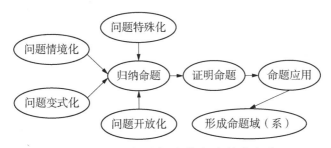

图 4.3.14　归纳衍生模式的教学程序

理论基础:布鲁纳、萨其曼(J. R. Suchman, 1927—1991)、兰本达(L. Brenda, 1904—1990)的发现-探究学习理论,情境认知学习理论。

操作程序:

第一步,构造问题情境。教师把待讲授的命题变成一个问题形式,可以将问题设置于一种情境中,可以把问题变成一个开放性问题,可以将问题作特殊化处理,可以将问题进行多种变式,等等,创设一个可以衍生命题的问题情境。

第二步,在问题情境中,教师引导学生去感知、体验、概括、抽象,从而归纳出命题。

第三步,分析证明思路,写出证明过程。

第四步,命题的应用,转入解题教学阶段。

第五步,在命题应用的基础上,逐步使学生形成命题域和命题系。

案例　命题"平均值不等式"的教学。

可设计如下两个实际应用问题,引导学生从中发现关于平均值不等式的定理及其推论。

(1) 某商店在春节前进行商品降价酬宾销售活动,拟分两次降价。有三种降价方案:甲方案是第一次打 p 折销售,第二次打 q 折销售;乙方案是第一次打 q 折销售,第二次打 p 折销售;丙方案是两次都打 $\dfrac{p+q}{2}$ 折销售。请问:哪一种方案降价较多?

(2) 今有一台天平两臂之长略有差异,其他均精确。有人要用它称量物体的重量,只须将物体放在左、右两个托盘中各称一次,再将称量结果相加后除以 2 就是物体的真实重量。你认为这种做法对不对? 如果不对的话,你能否找到一种用这台天平称量物体重量的正确方法?

教师引导学生审题、分析、讨论,两个问题都归结为不等式 $pq \leqslant \left(\dfrac{p+q}{2}\right)^2$ 问题,即归结为平均值不等式 $p^2 + q^2 \geqslant 2pq$。这样,就由现实生活中的问题引入了要学习的命题。

2. 归纳衍生模式的教学策略

(1) 注重过程。

注重过程有两层涵义,一是注重命题产生的过程;二是注重命题证明的过程。

追溯命题产生的过程,就是寻求命题生长的根,从逻辑关系看,也就是溯源命题的逻辑起点。一般说来,这个逻辑起点是先于命题产生的、学习者已经习得的知识。显然,引导学生去经历知识产生的过程,也就是要使他们厘清知识之间的关系,为形成命题域和命题系建立认识基础。要注重命题证明的过程,事实上,一个命题的证明可能以一组命题作为基础,也可能以另一组命题作为基础,这就使得在命题的证明中可能与多个命题产生联系。另一方面,证明一个命题还可能用到多种方法,这也是个体形成命题域和命题系所需要的积淀。

(2) 注意变式。

在概念形成方面,要使学生知道概念产生的缘由,体验知识形成的过程;在问题解决方面,注重对问题化归过程(变式)的解析。

从变式的对象看,包括概念变式、命题变式(问题变式),变式前与变式后均以结果表征,而两个结果之间的化归则表现为一种过程。变式的目的,是使学习者在头脑中建构某一概念的概念域和概念系,建构某一命题的命题域和命题系。事实上,变式可以分为"等价变式"和"不等价变式"两种类型。等价变式指变式前后的问题其本质是相同的,即变化只发生在表面的形式方面,本质特征并没有改变。不等价变式指变式前后的问题不仅在形式上而且在本质方面都发生了变化,但两个问题之间存在某种具体的数学抽象关系。对概念和命题来说,等价变式就是促成学习者形成概念域和命题域的有效策略,不等价变式则是促成学习者形成概念系和命题系的重要策略。

变式还包括公式变式、图形变式、命题的条件(或结论)变式等。

(3) 形成命题体系。

作为一个事实、结果,数学命题是陈述性知识,是一种静态的知识。将一组有内在联系的命题按等价关系、强抽象关系、弱抽象关系和广义抽象关系进行梳理,就建立了该组命题的陈述性知识网络。这种陈述性知识网络的功能在于使知识的发生发展脉络清晰,显现知识的层次性和内在结构的统一性。需要强调的是"数"与"形"的对应是数学的特性,在建立网络的时候,除了反映"数"还应反映"形",既有"数"的网络又有"形"的网络。

(4) 加强命题应用。

在命题应用的教学设计中,首先,应当精选问题,以问题为桥梁沟通命题之间的联系。教学中经常会出现这样的现象:教师反复强调知识之间的联系,但是学生还是很难在头脑中建立知识体系,对知识的组织是零散的、割裂的。造成这种现象的一个主要原因就是知识应用的数量不足、强度不够或知识应用的质量不高。解决这一问题的一个有效途径就是精选例题和习题,通过命题的应用加深学生对命题之间关系的理解,建立命题之间稳固的联系。选取问题时,最好的方法是组成问题系列,这样利于学生形成命题域和命题系。

其次,要强调命题的变式应用,特别是公式的变形应用。

再次,对命题应用的结果应及时反馈,即对学生应用命题的情况给予及时评价。

三、问题生长教学模式

问题生长以树的生长为隐喻。一棵生命旺盛的大树,土壤里盘根错节,土壤外枝繁叶茂;一个有价值的数学问题何不如此? 它可能有不同背景的来源,又可能有自由生长的空间。

(一)问题生长教学的内涵

数学问题生长,是指根据内在的逻辑关系,问题的发生和发展过程。问题生长教学就是顺应问题发生与发展逻辑而展开的教学形式。对这个定义的理解要注意两点：

其一，问题生长包括问题发生的过程，即问题产生来自什么情境？问题产生源自什么理由？因而，问题生长的教学就要关注对知识的追根溯源，明了"知识从何而来"。我们知道，教科书上的知识都是以结论形式出现的，表现的是知识的结果形态，并不关注知识产生的本源问题，而问题生长的教学就是要揭示知识产生的来源，这也就是问题生长教学模式的特点之一。

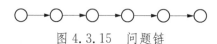
图 4.3.15　问题链

其二，问题生长包括问题的发展过程，即问题会向哪些方向生长，这是"知识从何而去"的问题。问题的生长可能不只是一种链状形态，与人们通常所说的"问题串"或"问题链"（如图 4.3.15）不完全相同，问题生长完全可能是一棵树状形式，甚至是一种网络形式，因此问题生长过程用知识树（如图 4.3.16）或知识网（如图 4.3.17）来描述更为准确。反观教科书中的知识描述，它只是一棵树中的一段，甚至是树上结的果实，至于这棵树会怎么生长，它在什么地方会长出叉枝则不会作描述。问题生长教学模式的教学就是要提出知识的发展走向，阐明知识发展的可能去向，这是问题生长教学模式的特点之二。

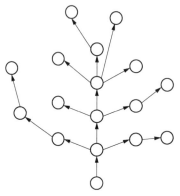
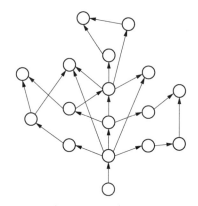

图 4.3.16　问题树　　　　　　　图 4.3.17　问题网

无论是问题链、问题树还是问题网，它都是一种数学知识的抽象过程或者是问题的变式过程，与数学抽象密切相关，另一方面，问题链又依据知识之间的逻辑关系相互联结，是逻辑推理串联的结果，同时，这个推理过程又可能与直观想象有关系，与数学建模有内在关系。因此，问题生长的教学与数学核心素养紧密相联，通过这种教学方式，可以很好地促进学生数学核心素养的生长和发展。

（二）问题生长教学程序

问题生长教学可以分为两个类型，一是在新知识的学习中，借助于问题生长去探究知识的生成过程，从而建构和理解知识；二是在理解了新知识之后的应用知识解决问题阶段，借助于问题生长探究问题的提出和问题的解决。两种类型其教学程序大同小异，可用图 4.3.18 表示。

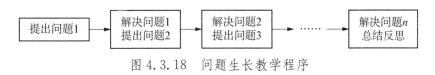

图 4.3.18　问题生长教学程序

教学操作：

第一步，由教师提出第一个问题，明确学习的主题。

第二步，学生思考、讨论，共同解决第一个问题。教师引导学生共同探讨并提出第二个问题。

第三步，学生思考、讨论，共同解决第二个问题。教师引导学生共同探讨并提出第三个问题。以此类推。如果是新知识学习课，通过解决一串问题，学生就习得了这一知识；如果是知识应用课，通过解决一串问题，提升了解决问题的能力。

第四步，如果是知识讲授课，那么教师讲解知识，进入知识应用阶段；如果是解题教学课，教师则引导学生对问题串引申、解决过程的回顾与反思，同时提出一些可以进一步探究的问题。

显然，问题生长教学其关键点是问题链（问题串）的设计，没有好的问题链，这种教学就很难取得好的效果。

1. 改变问题的条件设计问题链

问题链设计，有时可从基本概念出发生成若干问题。基本概念用定义描述，把定义中的条件作一些变化，例如加强条件、减弱条件、改变条件等，由一个定义生成一组可供学生思考和探究的问题。

案例　双曲线定义的教学。

在学习双曲线的定义时，教师可根据"平面内与定点 F_1、F_2 的距离的差的绝对值等于常数（小于 $|F_1F_2|$）的点的轨迹叫作双曲线"这一基本定义，即 $||MF_1|-|MF_2||=2a(2a<|F_1F_2|)$。

设计下列问题链：

问题 1：若将定义中的"$2a<|F_1F_2|$"改为"$2a=|F_1F_2|$"，其余保持不变，那么动点的轨迹是什么？

问题 2：若将定义中的"$2a<|F_1F_2|$"改为"$2a>|F_1F_2|$"，其余保持不变，那么动点的轨迹是什么？

问题 3：若定义中的常数 $2a=0$，其余保持不变，那么动点的轨迹是什么？

问题 4：若去掉定义中的条件"小于$|F_1F_2|$"，其余保持不变，那么动点的轨迹是什么？

问题 5：若去掉绝对值，其余仍保持不变，那么动点的轨迹是什么？

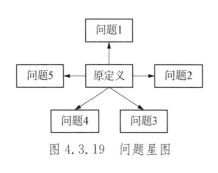

图 4.3.19　问题星图

这 5 个问题的根都是来自原始定义，因此它们组成一个"星图"（如图 4.3.19），它属于知识树的一种。

2. 围绕建构概念或规则设计问题链

有时建构概念或命题始于对问题的解惑，因而可以围绕对某个概念或命题的建构设计一组问题，学生通过解答这些问题去建构知识。

案例　探究公式：$\cos(\alpha-\beta)=\cos\alpha\cos\beta+\sin\alpha\sin\beta$。

问题 1：按下面两种要求进行计算，你发现了什么？

设向量 $\vec{a}=(\cos 75°,\ \sin 75°)$，$\vec{b}=(\cos 15°,\ \sin 15°)$，试分别计算 $\vec{a}\cdot\vec{b}=|\vec{a}||\vec{b}|\cos\theta$ 及 $\vec{a}\cdot\vec{b}=x_1x_2+y_1y_2$。

问题 2：下面计算的依据是什么？

$$\cos x+\sin x=(\cos x,\ \sin x)\cdot(1,\ 1)=1\cdot\sqrt{2}\cos\theta=\sqrt{2}\cos\left(x-\frac{\pi}{4}\right),$$

其中 θ 为向量 $(1,\ 1)$ 与向量 $(\cos x,\ \sin x)$ 的夹角。

问题 3：这两个情景有什么共同点？

问题 4：$\cos x+\sin x$ 怎样化为 $A\sin(\omega x+\varphi)$？

问题 5：怎样把 $\cos\left(x-\dfrac{\pi}{4}\right)$ 用 x 的三角函数与 $\dfrac{\pi}{4}$ 的三角函数来表示？

问题 6：你能说出 $\cos(\alpha-\beta)$ 与 α 和 β 的三角函数的关系吗？对这个猜想能给出证明吗？证明的方法是什么？

问题 7：如何推导 $\cos(\alpha+\beta)$ 呢？

案例　"函数单调性"教学的问题链。[①]

问题 1：分别作出函数① $y=x+1$，② $y=-x+1$，③ $y=x^2$，④ $y=\dfrac{1}{x}$ 的图像。观察函数图像，从左至右有什么变化趋势？每个函数中 y 随 x 的增大有何变化？

该问题是教学的起点性问题，旨在激活学生的已有经验，并为高中函数的解析刻画方式的关联奠定基础。

问题 2：如何通过高中所学的自变量 x 及其函数值 $f(x)$ 的关系来更细致地、定量化地刻画上述变化趋势？

问题 2-1：以 $y=x^2$ 为例，你能比较、归纳 $f(x)$ 随 x 的变化特点吗？

（1）可以借助表 4.3.2 加以分析。

表 4.3.2　函数值对应表

x	…	-3	-2	-1	0	1	2	3	…
$y=x^2$	…								…

（2）除了表中取到的自变量，取其他自变量时函数值又有什么样的特点？

问题 2-2：对于其他函数，你能得到什么样的结论？

问题 2-3：你能用上述方法去刻画其他更一般的函数吗？

这里通过 3 个子问题将学生对单调性的刻画方法由定性转向定量，并由具体问题推广至一般问题，形成单调函数、单调区间的定义，并通过一些问题引导学生加深对单调函数、单调区间定义的理解。

问题 3：函数的单调性中涉及到自变量、对应法则（及由此确定的函数值）及单调性等要素。如果只给出其中一些要素作为条件，你能获得其他要素的结论吗？

问题 3-1：已知某个函数在定义域上是单调递增的，自变量的 2 个取值 $x_1<x_2$，不求函数值比较 $f(x_1)$ 和 $f(x_2)$ 的大小.

问题 3-2：已知某个函数，自变量的 2 个取值 $x_1<x_2$，且有 $f(x_1)>f(x_2)$，这个函数是减函数吗？为什么？要如何添加条件才能使上述结论成立？

---

① 吴丹红，唐恒钧.基于问题链的"函数单调性"教学探索[J].中学教研（数学），2016(5)：7-9.

问题 3 - 3：已知函数 $y = x^3$，如何判断该函数的单调性及其单调区间？

问题 3 - 4：你能概括出判断函数单调性的一般方法吗？请找一个函数验证你提出的判断方法的有效性。

问题 3 旨在帮助学生建立起数学相关概念及其所涉及的要素间的关系，以形成概念网络。同时问题 3 也希望为学生如何理解命题提供机会，这对于提高学生的解题能力是有价值的。问题 3 - 1 是单调函数及单调区间的简单应用，同时为后续问题的解决提供思路。问题 3 - 2 则是对单调函数概念理解的精致化处理，即解决学生在单调函数的学习中容易忽视的两个问题：一是定义中两个自变量取值的任意性；二是单调函数是描述函数局部特征的。问题 3 - 3 利用单调函数的定义和函数的解析式判断单调性，并为函数单调性判断与证明的一般方法的发现（问题 3 - 4）提供线索。

3. 问题解决中围绕问题的变式推广设计问题链

波利亚的解题四阶段模型，强调解题之后的"回顾"，这种回顾主要包括对解决问题方法的回顾，思考能否有更好的方法解决问题，还包括对问题本身的思考，思考能否对问题作一些变化从而得到一些新的问题，这事实上就是借助于问题链不断深入探究问题生长的思维过程。

> **案例**　一组集合问题链。

问题 1：设 $A = \{x \mid -1 < x < 2\}$，$B = \{x \mid 1 < x < 3\}$，求 $A \bigcup B$。

问题 2：设 $A = \{x \mid -1 < x < 2\}$，$B = \{x \mid a < x \leqslant 3\}$，$A \bigcup B = \{x \mid -1 < x \leqslant 3\}$，求实数 a 的取值范围。

问题 3：设 $A = \{x \mid -1 < x < 2\}$，$B = \{x \mid a < x < 3(a < 3)\}$，若 $A \bigcap B \neq \varnothing$，求实数 a 的取值范围。

问题 4：设 $A = \{x \mid -1 < x < 2\}$，$B = \{x \mid (x - a)(x - 3a) < 0\}$，若 $A \bigcap B \neq \varnothing$，求实数 a 的取值范围。

四个问题彼此间相互联系，前面问题是后面问题的基础与铺垫，后面问题是前面问题的深化，问题解决体现出思维深化的过程。

问题的变式，可以考虑从迁移的角度来思考。一般说来，可以把开始解决的问题称为源题，变式之后的题称为靶题。相对于源题而言，根据靶题的难易程度，可分别称对应的靶题为近迁移题、中迁移题和远迁移题。靶题的难易程度，一种方式是通过源题与靶题之间的关系来刻画，即用两个指标"表面内容"和"内在结构"来反映源题与靶题的关系。表面内容指靶题与源题涉及的事件、背景、对象等具体内容；内在结构指解决问题要用到的原理、方法等。

一般说来,源题 A 与靶题 B 之间存在四种关系:表面内容相同内在结构相同、表面内容相同内在结构不同、表面内容不同内在结构相同、表面内容不同内在结构不同。

案例 一道应用问题的源题和靶题设计。

源题 一辆汽车以平均每小时 100 公里的速度从 A 地驶向 B 地,A、B 两地相距 500 公里。问:该汽车从 A 地到 B 地需要多少时间?

问题的表面特征:汽车,A 地,B 地,时速,两地距离。解答规则:$a = b \div c$。

靶题 如表 4.3.3。

表 4.3.3 四个靶题的描述

	内在结构相同	内在结构不同
表面内容相同	(1) A 地与 B 地相距 800 公里,一辆汽车从 A 地出发,以每小时 80 公里的速度驶向 B 地,请问:多长时间能够到达?	(2) 一辆汽车以平均每小时 80 公里的速度从 A 地驶向 B 地,共行驶了 5 个小时,请问:汽车行驶了多长路程?
表面内容不同	(3) 一位游客以 1:5 美元的外汇比将 300 美元兑换成英镑,问:他会拿到多少英镑?	(4) 一位游客以 1:5 美元的外汇比将他的美元兑换成 200 英镑,问:他原来有多少美元?
解答规则	$a = b \div c$	$a = b \times c$

在表 4.3.3 中,第(1)题称为源题的近迁移题,第(2)题与第(3)题称为源题的中迁移题,第(4)题称为源题的远迁移题。许多研究表明,迁移量会随着近、中、远迁移题而逐渐减小。

一般说来,在教学设计要思考如何编制近、中、远迁移问题来训练学生,以提升他们的问题解决迁移能力。

案例 一道几何问题的源题与靶题设计。

源题 如图 4.3.20,在 $\triangle ABC$ 中,已知 $\angle DAB = \angle DAC$,$\angle BED = \angle CED$,求证:$AD \perp BC$。

靶题 如图 4.3.21。

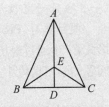

图 4.3.20 源题

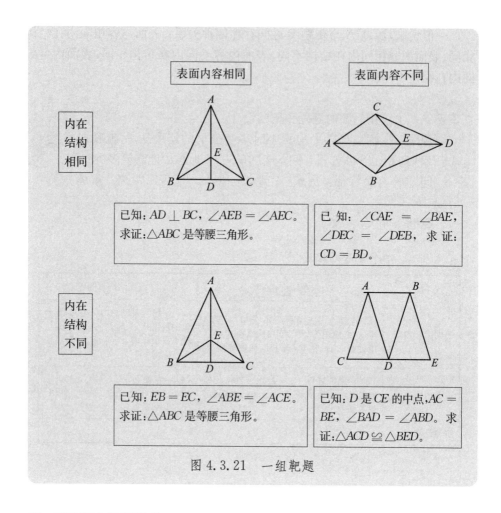

图 4.3.21 一组靶题

四、项目研究教学模式

项目研究教学模式基于项目学习理论,是项目学习理论在数学教学中的一种应用。

(一)项目研究教学的内涵

项目学习(Projected-based Learning,简称 PBL)是一种系统的学习组织形式,学生通过经历事先精心设计的项目和一连串任务,在复杂、真实和充满问题的学习情境中持续探索和学习。[①] 在研究实践中,PBL 也逐渐形成了一

① 何声清. 国外项目学习对数学学习的影响研究述评[J]. 外国中小学教育,2017(6):63-71.

套原则标准：(1)驱动性问题，是指精心设计的用以推进项目的指引性问题；(2)明确的学习目标，它规定了项目中知识学习的要求；(3)充裕的时间保证，它的实施需要在一段完整的时间内持续进行；(4)师生合作，是指师生在PBL中应通力合作；(5)促进学习，它对于学生的学习应有实实在在的促进作用，它是一道"主菜"而不仅仅是辅助性的"甜点"。巴克教育研究所(Buck Institute for Education，简称BIE)在长期的探索中逐渐形成了PBL设计和实施的"6A"参考框架：真实情境(Authenticity)、严谨规范(Academic Rigor)、知识应用(Applied Learning)、主动探究(Active Exploration)、成人参与(Adult Connections)及评价实践(Assessment Practices)。具体的内容见表4.3.4。[①]

表4.3.4　项目学习设计的"6A"标准

标准维度	具 体 描 述
真实情境	1. 从背景信息引出的项目问题对学生而言是有意义的吗？ 2. 该项目类似于成人在社区或工作间所做的工作吗？ 3. 该项目能够给学生提供获得学校环境以外知识和能力的机会吗？
严谨规范	1. 该项目能够促使学生获得和运用某一个或几个学科领域的核心知识吗？ 2. 该项目能够促使学生运用某一个或几个学科的探索方法吗？(例如像科学家一样思考) 3. 在该项目中，学生发展了高层次思维或良好的思维习惯吗？(例如寻找证据的意识，从多角度思考等)
知识应用	1. 学生的学习是发生在半结构化及真实的问题情境中吗？ 2. 该项目能够促使学生获得学习活动中的高层次素养吗？(例如团队协作、技术运用、问题解决、讨论交流等) 3. 该项目能够帮助学生发展自我组织和管理的能力吗？
主动探究	1. 学生在项目过程中有足够的时间探索和完成项目任务吗？ 2. 该项目需要学生从事实际调查、运用多种方法及自主支配资源吗？ 3. 学生在项目过程中有机会表达他们的学习体会并相互交流吗？
成人参与	1. 学生在项目过程中能够接触相关的专业人士吗？ 2. 学生在项目过程中有机会和至少一位成人就某个环节进行合作吗？ 3. 成人有机会对学生的工作进行评价和指导吗？
评价实践	1. 学生在项目过程中能够根据项目目标对自己的学习进行评价和监控吗？ 2. 成人是否帮助学生建立了对项目实际意义的感知？ 3. 学生的工作及成果还会通过其他途径进行展示和评价吗(例如小组汇报、档案袋等)？

　　郭华认为，项目学习是在系统学科知识学习的基础上，学生综合运用多学科学习成就进行自主学习的一种综合性、活动性的教育实践形态。[②] 她认为项

[①] 何声清，綦春霞. 国外数学项目学习研究的新议题及其启示[J]. 外国中小学教育，2018(1)：64-72.
[②] 郭华. 项目学习的教育学意义[J]. 教育科学研究，2018(1)：25-31.

目学习既是课程形态又是教学策略。课程形态与教学策略在项目学习里是一个事物的两面,难以分离。以课程形态来看,它是基于学科课程的跨学科的活动课程;以教学策略(教学活动形态)来看,它主要是以完成作品(特定任务)为目标的学生自主的、探究的、制作的活动。也就是说,在动态的实践层面,项目学习既是课程形态又是教学形态(教学策略),课程形态与教学形态合二为一。

项目研究教学的本质是项目学习,是指教师为学生提供一个任务(项目),指出任务的目标或者不指出任务目标,让学生围绕项目开展探究的学习活动,学习方式可以是独立与合作形式相结合。

项目研究教学的特征表现在:其一,项目设计要体现情境性。情境可以是现实生活情境,可以是科学情境,也可以是数学情境。如果是现实生活情境,则应当表现出情境的真实性;如果是科学情境,则应当建立在学生已经学习过的科学知识基础之上。其二,教学设计要有研究性。所谓研究性是指解决问题的思路不是显而易见的,需要摸索,需要直觉,解决问题的方法不是简单算法的直接套用,需要设计算法或组合算法。如果任务目标明确给定,则需要学生探究解决问题的途径;如果任务目标不明确,则需要学生寻找目标,提出假设,猜想结果,证伪结果,再探求证实结果的途径。其三,解决问题要体现综合性。探究问题和解决问题需要用到多种知识、多种方法,甚至是跨学科的知识。其四,项目学习的合作性。传统教学中也常常采用小组合作学习方式,但是,因为一堂课的时间有限,课堂的教学目标难度不高、跨度不大,老师提出来的问题常常是学生稍做思考即能作答的,很少有需要团队协作解决的问题。项目学习的问题往往比较大,不借助团队的力量很难完成。其五,项目研究教学要有评价的工具。项目研究教学的目标可能是完成一件作品,可能是通过项目研究去学习新的知识,可能是应用知识去解决一个综合性问题,可能是发现一些新的结论等等,因而对学习结果的评价就不能局限于单纯的考试方式,而应当结合形成性评价和终结性评价,对学习活动过程和学习活动结果进行综合的评价,方式可以是自评、互评和教师的评价相结合。

传统教学中,常常把一个教学内容的主题分解成若干便于课堂教学的小板块,采用小步快走策略。与之相对照,项目学习则完全相反,采用的是大步慢走的策略。项目学习一般都从项目的发布开始,这个项目当中蕴含的要么是综合化的,具有相当的复杂性和挑战性的大问题,要么是直指本质的核心问题。"在项目学习的视域中,通过项目让问题所有的复杂性和挑战性都显现出来,学生直面真实而复杂的问题情境,需要通盘考虑问题的各个方面,自己制定完成项目的规划方案,并且分解成若干需要解决的二级子问题。这样的过程,知识不再是单纯的知识,而是基于学习情境的意义化的建构。"①

项目研究教学提倡的是研究,无论是从现实生活中抽象数学问题,还是从数学问题中抽象出新的数学问题,都与数学抽象密切相关,是发展学生数学抽象的有效教学形式。更主要的是,项目学习与数学建模、数据分析联系更加紧密。一般说来,教师提供的项目都是具有数学背景的,往往潜藏了某种数学模型或数据信息,通过探究,学习的目标就是揭示这种数学模型解决问题,或者通过数据分析解决问题,因此,项目研究学习可以发展学生的数学建模和数据分析能力。

(二) 项目研究教学程序

项目研究教学可以分为两种类型,一是学习新知识的项目研究教学,二是知识综合应用的项目研究教学。

1. 学习新知识的项目研究教学

学习新知识的项目研究教学与以问题解决的过程线索为主题的单元教学基本上是一致的,即在解决问题的过程提出新知识并循序渐进地学习新知识的过程。其教学程序如图 4.3.22 所示:

图 4.3.22　学习新知识的项目研究教学程序

第一步,教师提出一个综合性问题,这个问题以项目形式出现,解决这个问题需要用到多个知识,这些知识可能是学生已经学过的,也可能是学生没有学过的。

第二步,教师引导学生对问题的解决方案进行研究,提出解决问题的方案。明确解决这个问题可能出现的知识障碍,列出要学习的新知识单。

第三步,依据知识的逻辑关系开展新知识的学习。

第四步,回到最开始提出的问题,对这一问题进行全面解决。

案例　"有理数"内容的项目研究教学设计。

(1) 提出问题。

某牙膏厂为了支援灾区人民,决定捐献一批牙膏,但牙膏不是灾区人民的

① 周振宇.项目学习:内涵、特征与意义[J].江苏教育研究,2019(10):40-45.

急需品,需要换成现款支持灾区人民重建家园。于是,一个学校的师生决定采用义卖活动,将这批牙膏通过义卖换取现金。校方决定在学校所处街道上策划一次义卖活动,这条街道的长度是 1000 m。假定牙膏的总数量为 a 只,在牙膏卖出总量的三分之二后,厂方允许打 6 折出售,结果两天就把这批牙膏义卖完毕。请策划并实施这一次义卖方案。

(2) 设计问题串。

任务 1:设计义卖活动方案

义卖方案包括:在 1000 米的街道上,向学校两边延伸确定义卖点;根据各义卖点所在路段的繁华程度确定该点义卖牙膏的数量;每个义卖点的牙膏数量卖出多少后可以打折出售;根据各义卖点准备的牙膏数量确定各义卖点的人数;确定各义卖小组的人员分工;设计收支账本;设计义卖广告。

任务 2:实施义卖活动方案

(3) 实施方案包括:记录收支情况;计算支出与收入。

显然,这一项义卖活动,涉及的数学知识包括有理数概念、数轴、有理数加法、有理数减法、有理数乘法、有理数的乘方、有理数除法、有理数混合运算。在整个活动的分析过程中,老师呈现新的知识点,然后按照逻辑关系依次展开对各知识点的学习。待本章的知识学习结束后,回头再来审视这次义卖活动,解决这次活动中各个环节的问题。

由此可见,学习新知识的项目研究教学,与以问题解决的过程线索为主题的单元教学基本上是相同的,不同之处是以问题解决的过程线索为主题的单元教学更多的是局限于教科书上的单元内容,而学习新知识的项目研究教学与现实生活的联系更为密切,项目往往是一种真实的任务。

2. 知识综合应用的项目研究教学

与学习新知识的项目研究教学不同,知识综合应用的项目研究教学是指学生将已经学习过的知识进行综合应用,解决项目提出的任务。其表现形式有两种:一是用多个知识解决项目问题;二是用一种知识解决多种问题。其教学目标在于培养学生应用知识综合解决问题的能力,发展学生的数学建模、逻辑推理、数学运算、数据分析等核心素养。其教学程序如图 4.3.23 和图 4.3.24 所示。

图 4.3.23　多个知识综合应用的项目研究教学程序

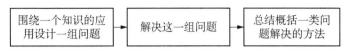

图 4.3.24　一个知识综合应用的项目研究教学程序

多个知识综合应用的项目研究教学操作：

第一步，教师提出一个综合性问题，这个问题以与现实生活相联系的项目形式出现，解决这个问题需要用到多个知识，这些知识都是学生已经学过的。

第二步，教师引导学生思考，提出解决问题的方案，论证各种方案和策略。

第三步，学生归纳完成这项任务各个环节要用到的知识和方法。

第四步，学生以独立或合作方式解决问题，并完成研究报告的撰写，最后，汇报研究成果。

一个知识综合应用的项目研究教学操作：

第一步，教师展示经过精心设计的一组问题，这组问题是围绕某个知识点的基本结构来设计的。

第二步，教师引导学生分析和解决这一组问题。

第三步，总结、概括以这个知识应用为核心的问题基本结构，分析"多题一解"的基本规律。

案例　交叉路口红绿灯时间的设计。

（1）提出问题。

交通路口信号灯的变换是按照一定规律设计的。绿灯开放车可通行，红灯开放不能通行。在一个时间段内，东西方向开绿灯，东西方向的车辆可以行驶，此时南北方向开红灯，车辆必须等待；然后交通信号灯转换，东西方向开红灯，车辆等待，南北方向开绿灯，车辆通行。如何设计红灯和绿灯的开放时间，才能使所有车辆在交叉路口的滞留时间总和最短。

（2）分析问题。

要解决这个问题，应当对条件进行一些限制，也就是要提出一些假设，在满足这些假设的前提下方能解决问题。

假设 1：十字路口每个方向只有一条车道，不允许超车和两辆车并排同向行驶，车辆也不能转弯。

假设 2：不考虑路口行人和非机动车辆的影响。

假设 3：不考虑黄灯的影响。

假设 4：两个方向的车流量均是稳定和均匀的。

假设 5：将交通信号灯转换的最小周期取为单位时间 1。

分析可能用到的知识点和方法：

这个问题与函数有关，而求最小值可能会用到函数求最值的方法，如果是二次函数，则可以用配方法，如果是高次函数，则可能用到求导数的方法。因此，建立函数关系是本问题解决的关键。

（3）建构数学模型。

设单位时间内从东西方向到达十字路口的车辆数为 M，从南北方向到达十字路口的车辆数为 N。在同一个周期内，假设东西方向开红灯、南北方向开绿灯的时间为 T，那么在这个时间段内，东西方向开绿灯、南北方向开红灯的时间为 $1-T$。一辆车在路口滞留时间包括两部分：一部分是遇到红灯后停车等待时间；另一部分是停车后司机见到绿灯重新发动到开动时间，称为启动时间，记为 t。要确定红绿灯的控制方案，就是要确定 T。使得在一个周期内车辆滞留的时间最短。

因为在一个周期内，从东西方向到达路口的车辆数为 M 辆，该周期内东西方向开红灯的时间为 T，因此需停车等待的车辆共 MT 辆。这些车辆等待信号灯改变的时间有的较长，有的较短，它们的平均等待时间为 $\dfrac{T}{2}$。所以，东西方向行驶的车辆在此周期内等待时间的总和为

$$MT \cdot \frac{T}{2} = \frac{MT^2}{2}。 \tag{①}$$

同理，南北方向行驶的车辆在此周期内等待时间的总和为

$$\frac{N(1-T)^2}{2}。 \tag{②}$$

凡是遇红灯停车的车辆均需 t 单位的启动时间。在此周期内，各方向遇红灯停车的车辆总和为 $MT+N(1-T)$，而相应的启动时间为

$$t\,[MT+N(1-T)]。 \tag{③}$$

由①＋②＋③可得，在此周期内所有过此路口的车辆的总滞留时间为

$$Y = \frac{MT^2}{2} + \frac{N(1-T)^2}{2} + t\,[MT+N(1-T)]$$

$$= \frac{M+N}{2}T^2 - [N(1+t)-Mt]T + tN + \frac{N}{2}。 \tag{④}$$

于是,红绿灯控制问题的数学模型为:求 T,使得 Y 最小。因为是关于 T 的二次函数,因此当 $T = \dfrac{N(1+t) - Mt}{M+N}$ 时,Y 达到最小值,即

$$Y_{\min} = \frac{2(M+N)\left(tN + \dfrac{N}{2}\right) - \left[N(1-t) - Mt\right]^2}{2(M+N)}。$$

这是一个与我们日常生活密切相关的问题,需要应用综合知识去解决,思考问题要全面、细致,同时还需要学生有一定和社会实践经验。

案例　"韦达定理"的综合应用。

(1)不解一元二次方程 $ax^2 + bx + c = 0(a \neq 0)$,求两根 x_1,x_2 与系数 a,b,c 的代数表达式。

(2)不解一元二次方程 $ax^2 + bx + c = 0(a \neq 0)$,求以两根 x_1,x_2 的代数式为根的另一个一元二次方程。

(3)已知一元二次方程的一根,不解方程求另一根。

(4)已知一元二次方程的两个根,求此方程。

(5)利用方程两根之间相互关系的条件,求一元二次方程字母系数间的关系。

(6)求解二次曲线的中点弦问题。

(7)求解二次曲线一组平行弦的中点轨迹问题。

(8)求二次曲线的弦长。

……

这是一个典型的知识综合应用的项目研究教学设计,体现出韦达定理与多种知识的联系,因而韦达定理有其广泛的应用背景。

第四节　发展学生数学核心素养的教学策略

学科核心素养的提出,是从以知识为中心教学目标向能力为核心教学目标的转型,因而教学不应当是一种单纯的知识教学,而应当是一种以发展学生能力为主导的教学。于是,教学目标制约下的教学模式应当自然转型,一些用于单纯知识掌握、技能形成的教学策略必然由发展核心素养的教学策略所充实甚至取代,这是回应新课程改革的应然追求。

本节讨论发展学生数学核心素养的教学策略,严格意义上说,下面的讨论

不完全是应对教学的具体操作策略,而是一些宏观层面的思考,是用于指导教学行为的指导思想或意见。在整个讨论中,充分体现辩证的逻辑思维,采用包容、互融的思辨理论展开论述。

一、知识取向与文化取向的结合

将数学作为知识体系来传授还是作为文化来传播,构成知识取向与文化取向的两种教学形态。知识取向的教学是以知识为中心的教学。教学所关注的问题是,如何采用有效的方法使学生准确无误地获取知识,教师的职责就是考虑如何最有效地向学生传递知识,学生的任务就是最大限度地从教师和课本那里获得客观知识。文化取向的教学关注的不仅仅是知识,而且包括知识在内的整个文化;不再以知识为中心,以知识为本,而是以人为中心,让学生受到包括知识在内的整个文化的全面熏陶。

发展学生的数学核心素养的教学目标,单纯的知识教学是力所不能及的,在数学学科教学中,要培养学生的数学核心素养,必须考虑数学文化,因为它扮演着一个不可缺少的角色。文化取向的教学"关注的不仅仅是知识,而且包括知识在内的整个文化;不再以知识为中心,以知识为本,而是以人为中心,以人为本;不再仅仅局限于让学生学习和掌握现有的知识,从而成为旧知识的接受者,而是让学生受到包括知识在内的整个文化的全面熏陶,从而不仅是旧知识的接受者,而且是新知识的创造者"①。数学知识是数学文化不可分割的组成部分,数学文化比数学知识有更宽泛的意蕴,如果把数学知识作为数学文化的形而下层面理解,那么数学的思想、精神、理念、价值观等就是数学文化形而上层面的东西,它们是数学文化中更深刻、更本质的内核。

事实上,《普通高中数学课程标准》对数学文化的价值和教学要求都有明确的说明:"数学文化应融入数学教学活动。在教学活动中,教师应有意识地结合相应的教学内容,将数学文化渗透到日常教学中,引导学生了解数学的发展历程,认识数学在科学技术、社会发展中的作用,感悟数学的价值,提升学生的科学精神、应用意识和人文素养;将数学文化融入教学,还有利于激发学生的数学学习兴趣,有利于学生进一步理解数学,有利于开拓学生的视野、提升数学学科核心素养。"②

---

① 孟建伟. 从知识教育到文化教育——论教育观的转变[J]. 教育研究,2007(1): 14 - 19.
② 中华人民共和国教育部. 普通高中数学课程标准(2017 年版)[S]. 北京:人民教育出版社,2018: 82 - 83.

　　如何将数学文化融入到教学中？在本章第一节我们提出教师在教学设计时要思考三个问题(见图 4.1.2)：(1)人们为什么要研究这个知识？(2)人们是怎么研究这个知识的？(3)这个知识有什么价值和意义？思考这三个问题，或者说自问这三个问题，就能有效地提炼出教材中隐藏的数学文化元素。

(一)　自问 1：为什么人们要研究这个问题？

　　教师在教学设计时要思考的第一个问题是：为什么要研究这个问题？或者说人们为什么要研究这个问题？追根溯源，自然会回归到数学的历史中去寻因。

　　数学史是一部记录，它描绘了数学这棵大树的主干与枝叶，记载了这棵大树成长的历程，铭刻了这棵大树经历的风风雨雨；数学史是一部传记，一部数学思想史，它记录着数学家探究问题的历程和艰辛，饱含着数学家追求真理的信念和精神，贯穿着潜在于数学理论深层的数学思想，涵盖着发现问题、解决问题的方法。同时，数学史又留下了许多美丽的故事。将数学史与数学知识的有机融合，是实施数学文化教学的极佳材料。这种渗透可以体现在概念教学、命题教学和解题教学的各个层面，也可以在课外活动中进行。

　　在教材的编制中，往往是从知识的逻辑结构来组织内容的，教材中的知识都是以结果的形式陈述，并不反映这个知识的产生过程。因此，教材中知识展示的顺序，往往与历史上产生这个知识的顺序是相反的。在教学设计中，教师从"为什么要研究这个问题"的角度思考，就能厘清知识产生缘由，还原知识形成的过程。

　　一般说来，思考"为什么要研究这个问题"有两种途径，一是数学理论发展的需求，即随着知识的发展而创生新的知识；二是解决问题的需要，即为了解决一个问题而引入新的概念。这两种途径都与数学史息息相关，而且，数学史往往有许多有趣的故事，将这些故事融入课堂，就是数学文化的再现，对于激发学生的学习兴趣有积极的作用。

　　几何定理的产生，有很多情形是由图形的变式得来的。这种变式，往往会把看起来不相关的两个命题联系到了一起，从而沟通了两个命题之间的联系，同时也暗示了"为什么要研究这个问题"的一种思考。

案例　弦切角定理的教学。①

---

① 人民教育出版社，课程教材研究所，中学数学课程教材研究开发中心.普通高中课程标准实验教科书：数学 A 版　选修 4 - 1　几何证明选讲[M].北京：人民教育出版社，2007：32 - 33.

1. 问题引入

观察　如图 4.4.1，以点 D 为中心逆时针旋转直线 DE，同时保证直线 BC 与 DE 的交点落在圆周上。当 DE 变为圆的切线时（如图 4.4.2），你能发现什么现象？

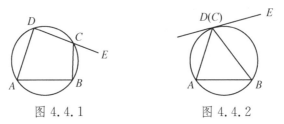

图 4.4.1　　　　　　　　　图 4.4.2

2. 学生探究

学生围绕下面问题思考：根据圆内接四边形的性质，图 4.4.1 中 $\angle BCE = \angle A$。在图 4.4.2 中，DE 是切线，$\angle BCE = \angle A$ 仍然成立吗？

由于图 4.4.2 是图 4.4.1 的极限情形，于是可以得到猜想：$\triangle ABC$ 是 $\odot O$ 的内接三角形，CE 是 $\odot O$ 的切线，则 $\angle BCE = \angle A$。

3. 证明猜想(略)

4. 定义弦切角(略)

对于一些著名的定理，为什么人们不厌其烦地研究对它的证明？这是因为这个定理太美，它的证明本身就蕴涵了深邃的思想和奇异的方法。譬如"勾股定理"的教学，许多教师会考虑设计一条发现该定理之路。在课堂上发给学生一些工作单，边长为 3，4，5 等一系列直角三角形，让学生通过测量、计算、填表的实验方法去发现直角三角形三条边之间的平方关系。但是反思这种设计会发现它并不是真正意义上的发现，而是教师事先设计的一条路让学生去走，毫无探究的元素。其实，勾股定理的教学重点应当放到证明方面，因为它的证明方法、文化内涵才是真正有价值的东西，学生在学习中可以去探究不同的证明方法，可以欣赏中国数学家做出的面积出入相补方法，赵爽(约 182—约 250)的代数证明方法，并与几何原本中的面积证明方法进行比较，不仅可以训练学生的思维，同时也能感受数学文化，提高民族自豪感。

(二)自问 2：人们是怎么研究这个问题的？

教师在教学设计时要思考的第二个问题是：这个问题是怎么研究的？或者说人们是怎么研究这个问题的？研究数学问题必然与数学方法有关，与数学思想相联。在教学中通过知识的生成过程或者命题的证实过程，充分揭示蕴含在知识中的数学思想方法，就是在展示数学的文化元素。

数学思想和数学方法往往伴随着个别知识而出现,但它更多的表现则是扮演着对一类知识的统摄和引领角色,是一类知识共性的理性抽象。如果把数学理论知识比喻为一棵大树枝叶,那么这棵树的根就是数学思想,它为大树的生成提供营养,支撑着大树的成长。事实上,数学思想的功能已不囿于数学自身体系内部,它的许多功能本身就具有一般科学方法论的意义,譬如:化归思想、极限思想、函数思想、统计思想等,领悟这些思想,对于学习知识能力的迁移、数学核心素养的发展都是十分有益的。

例如,初中一年级在讲有理数内容过程中,实际上是由两条线展开的,一条是从代数角度讨论"数"的性质,一条是从几何角度讨论"点"的性质。通过建立数轴将两者联系起来,于是研究有理数的问题可以转化为研究图形中对应点的问题,反之亦然。这里面蕴含的是化归、转化思想,它不仅揭示了研究有理数的方法,而且体现了数形结合思想。在教学中,如果教师不揭开这层面纱,就难以使学生领略到潜藏在知识深层的文化元素。

案例　虚数的产生。

教师提出问题:在解一元二次或一元三次方程时,出现了负数开方的问题,也就是说,是否存在一种数,它的平方为负数。这个问题的本质是:是否存在一个数,它的平方为-1?

教师讲述历史:笛卡儿对这个概念给出了明确的界定,他在其著作《几何学》中将负数开平方后得到的数称为"imaginary figure",意为"虚无缥缈的数"。1777 年瑞士数学家欧拉在其论文中首次用字母 i,它满足:$i^2=-1$,把 i 称为虚数单位。虚数也就由此而来,从而产生了复数 $a+bi$ 的概念。

那么,复数与实数有什么关系呢?

高斯在平面直角系中建立了点与复数之间的一一对应关系,提出用数偶 (a,b) 来表示 $a+bi$,这样就使平面直角坐标中每一个点对应一个复数,于是沟通了实数与复数的联系。1797 年,挪威数学家韦赛尔(C. Wessel,1745—1818)引入向量来表示复数,高斯对其进一步完善,得到了复数的几何加法和乘法法则,最后由爱尔兰数学家哈密尔顿(W. R. Hamilton,1805—1865)给出了复数的四则运算法则,并验证运算满足结合律、交换律和分配律。

复数产生的历史,反映出了这个概念产生缘由,同时看到对这个概念研究的方法,它是一种典型的化归思想,将虚数与实数之间通过坐标建立联系,从而将复数的运算转化为实数的运算,这是教学中必须强调的思想方法主线。

汪晓勤教授对函数奇偶性概念的产生作了考源。[①] 1727 年,欧拉在提交给圣彼得堡科学院的旨在解决"反弹道问题"的一篇论文中,首次提出了奇、偶函数的概念。若用$-x$代替x,函数保持不变,则称这样的函数为偶函数。欧拉列举了两类偶函数:

$$f(x)=x^{2n}(n=1,2,3,\cdots);f(x)=x^{\frac{m}{n}}(m\text{ 为偶数},n\text{ 为大于 1 的奇数});$$

上面两类幂函数经过加、减、乘、除、乘方运算所得到的函数及其任意次幂,如

$$f(x)=(ax^2+bx^{\frac{2}{3}})^n \quad (a,b\text{ 为常数},n=1,2,3,\cdots)。$$

若用$-x$代替x,函数变号,则称这样的函数为奇函数。欧拉也列举了三类奇函数:

$$f(x)=x^{2n-1}(n=1,2,3,\cdots);f(x)=x^{\frac{m}{n}}(m,n\text{ 均为奇数},n>1);$$

上面两类幂函数经过加、减、乘、除、乘方运算所得到的函数及其任意次幂,如

$$f(x)=(ax^3+bx^{\frac{5}{7}})^n(a,b\text{ 为常数},n\text{ 为奇数})。$$

接下来,欧拉讨论了奇偶函数的性质:

(1) 两个奇函数的乘积为偶函数,如:$x^3 \cdot x^{\frac{1}{3}}=x^{\frac{10}{3}}$;

(2) 一个奇函数与一个偶函数的乘积为奇函数,如:$x \cdot \sqrt{a^2+x^2}$。

尽管欧拉在 1748 年出版的名著《无穷分析引论》中对函数奇偶性概念有所扩充,但只是针对代数函数而言,未涉及三角函数、反三角函数等,即没有把这个概念一般化。

从这个案例可以看到,大数学家在研究问题时也是从特殊情形入手的,从特殊到一般的研究问题方法,应当渗透到数学教学中去,这既符合概念产生的历史过程,也符合学生认知数学的心理规律,同时也是训练和提升学生数学思维的有效手段。因此,在教学设计时首先要思考一个问题:是否可以先将问题特殊化再引申为一般情形?

(三)自问 3:这个知识的价值何在?

除了数学知识、数学思想方法之外,数学文化还包括数学精神与信念、数学价值观、数学审美和数学应用。数学精神、信念是数学家共同体在追求真理、逼近真理的科学活动中所形成的独特的精神气质和坚定信念;数学价值观是人们对数学本体功能和外在功能的认识,是人们对数学的价值判断;数学的

---

① 汪晓勤."奇、偶函数"考源[J].数学通报,2014,53(3):1-4.

审美既是一种理性的精神也是一种人文素养,它能使人们去领略数学知识的深刻性,欣赏数学知识的完美性。数学应用表现在数学文化向社会渗透而生成其他亚文化,数学及其转化后的技术在社会文化的各子系统中表现出强大的文化功能,并给社会带来了重大的社会效益和经济效益。

教师在教学设计时要思考的第三个问题是:这个知识的价值何在?

第一,思考:这个问题有什么科学价值?

这里说的"科学价值"是一种狭义的理解,指这个知识在教材体系或者教学单元中的作用和价值。数学知识总是以逻辑关系构成体系,表现出网络形式。在某个知识网络中,如果一个知识点与其他诸多知识都有联系,即概念的入度和出度大,那么说明这个知识点的基本性和重要性程度都比较高,在教学中应当高度关注。

教师要备课时,如果目光只是盯住本节课要教的内容,而不是一种整体考察,没有理清知识点之间的逻辑关系,那么就很难深度把握知识的内涵。例如,在讲授"分式的加减法"内容时,是否想过一个问题:教材中为什么把这个内容放到分式的乘除法后面?按一般的理解,应当是先讲加减法再讲乘除法。显然,这个问题不理清楚,怎么能深入把握知识之间的联系及其他的本质属性。当下提倡的"单元备课",本质上就是希望教师厘清知识的"科学价值"。

第二,思考:这个知识有什么应用价值?

包括数学在现实生活中的应用,在其他学科中的应用。一般说来,凡是有现实生活背景或者科学背景的概念、命题,它们都有其应用价值,因此,在这类知识的教学设计时,可以考虑加入应用问题。但要注意的是,问题设置应当是真实的而非虚构的情境。一般说来,应用问题的设计有两种思路,一是从现实问题抽象出数学问题,二是将数学结论用于解决现实问题。

> **案例** 圆面积公式的教学。

圆面积公式本身很简单,学生在学习了这个公式之后,如果让学生练习的是限于"求一个已知半径的圆的面积或已知面积求圆的半径"等一类题目,那么学生的知识就没有从数学内部迁移到其他情境。显然,这种教学设计的"科学味"太重而"文化味"太淡。如果设计如下的一些应用问题,就会体现数学的应用价值和文化功能。

(1)两个厚度相同的圆饼,一个半径为 10 cm,售价为 3 元,另一个半径为 15 cm,售价为 4 元,问买哪一种饼更划算?

(2)现要将一块半径为 20 m 的圆形土地分为面积相等的两部分,用其中一部分作为花园。请你设计几种方案。

第三,思考:这个问题有什么美学价值?

众所周知,数学美主要指数学的对称美、简单美、奇异美、和谐美,这些美主要针对数学知识的最终结果表现形式。另一方面,还应关注数学思维的美。徐迟(1914—1996)在其著名的报告文学《哥德巴赫猜想》中,对数学家陈景润(1933—1996)的一串美妙公式用了一段优美的文字描写:这些是人类思维的花朵。这些是空谷幽兰、高寒杜鹃、老林中的人参、冰山上的雪莲、绝顶上的灵芝、抽象思维的牡丹。这是对数学结果美的精彩描述,更是对数学思维美的生动刻画。

要注意的是,领略数学之美要让学生发自内心的自己认可,而不是由教师把美的理解强加给学生。美与丑是对立的概念,要让学生认可美就得让他们能够识别丑,这种对立统一观才能培养学生辩证的思维,发展他们追求美的意识和能力。

例如,黄金分割的教学,教师可给学生观察几幅画,画面是一只鸟站在树枝上。将这只鸟放置在画中不同位置,让学生观察、讨论,从而辨析构图最好的一幅画。教学实践证明,学生的意见形成高度一致,就是鸟位于画中横线黄金分割点与纵线黄金分割点相交的地方,其构图是最美的。这是学生发自内心的认可,而不是教师用黄金分割方法把一条线段分为两个部分,再把这两条线段的比例描述得多么美丽,要学生承认、认同。

让学生学会用数学的思维去欣赏数学之美,用数学的眼光去解析自然之美,这才是数学美教学的真正目的。

二、结果取向与过程取向的结合

教学的结果取向是指在教学中偏重知识结果的传授,教学的过程取向则是指在教学中强调知识的发生与发展过程,追求揭示知识的生长过程。

知识结果的教学其基本前提是学习即接受,学习就是无条件接受前人创造的知识,学习者只是一种旁观者角色,把知识作为不可更改和逾越的客观存在来认识,不了解知识产生的缘由,不清楚知识的发展走向,只知其然不知其所以然,本质上学习者不是参与者。人们发现和创造知识的过程是复杂而曲折的,知识创造者的精神和智慧都浸透在知识的形成阶段,作为写在教材中的知识已经抹去了这些故事而只是一种冰冷的知识结果的呈现,单纯直面这些知识当然无法领略产生它们时火热的思考,学习者会失去对研究者创新过程的体验。

指向核心素养发展的教学,就是要摒弃单纯的知识结果教学格式,将知识的产生和发展过程嵌入教学的过程之中,过程与结果相互整合、相得益彰。教学中可采用"由因导果"或"执果索因"的思路,即从原因出发产生结果或找出产生结果的原因。产生一个结果的原因可能不是唯一的,寻求一个结果的多种原因需要探究,这就是创新性的体验过程。概念、规则的产生往往是在解决问题的过程中产生的,创设恰当的问题情境、提出观察的问题是教师进行教学设计的前提,也是实现知识结果教学与知识形成教学相结合的途径。

（一）体现教学的完整过程

教学的完整过程包括三个环节:这个知识从何而来? 这个知识是什么? 这个知识到何处去?

在图 4.4.3 中,"知识从何而来"阶段指的是知识的来源、知识产生的原因分析,这是学生建立新知识与旧知识联系的重要环节,反映了知识生成的过程,可以使学生在经历这种过程中习得数学活动经验。"这个知识的本质是什么"是对知识的本质的解析,是学生理解知识、应用知识解决问题的教学环节,反映了知识结果的掌握过程,这是数学核心素养形成的基础。"知识到何处去"是指知识的发展走向,因为知识的发展可能不是唯一的路径,于是就给学生预留了可以想象和探索的空间,这是发展学生数学核心素养的优良教学环境。

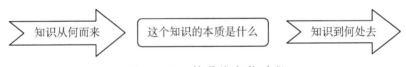

图 4.4.3　教学的完整过程

教学的三个阶段,其中头尾两个阶段揭示了知识的来龙去脉,给学生创设了体验知识发生发展的场景。另一方面,"知识从何而来"和"知识到何处去"往往不会囿于一种固定的程式,知识的来源可能有多种路径,知识的去向也可能有多种选择,因而教学就会突破教材的束缚,给学生的思维开拓更大的活动空间。

在第一阶段,教师要引导学生思考:为什么要学习这个知识? 产生这个知识的缘由是什么? 这个知识是如何生成的? 它与其他知识是什么关系? 要解决这几个问题,教师就必须揭示知识产生的过程和在产生这个知识的过程中出现的困惑与曲折。显然,知识的过程因素、知识的证伪因素、知识的实践因素都会在教学的这一阶段介入,同时还会有数学文化元素的渗透,这个教学阶段为发展学生的数学素养起着奠基性作用。第二阶段,教师要帮助学生对知识结果的理解,包括利用知识解决数学本身的问题和解决一些现实生活中的问题。知识的理论因素、知识的结果因素、知识的证实因素会在这一阶段介入,这个教学阶段为发展学生的数学素养起着夯实性作用。第三阶段,教师要启发学生思考知识会向什么方向发展? 在这个知识基础上会生成什么新的知识? 这一阶段需要反思性思维、批判性思维、创新性思维的参与,需要猜想、证伪、证实诸多方法的并用,这个教学阶段在发展学生的数学素养过程中起着关键性作用。

然而,当下的数学教学课堂,教师关注的主要是"这个知识的本质是什么",教学的任务是使学生对知识结果的理解、掌握和应用。显然,这种掐头去尾的做法,是一种典型的知识教学思维。事实上,数学教学长期以来都处于一种不完整的教学场景,教学评价的定位是"知识是什么",于是教学的关注点囿于事实性知识,完整教学链的两端被切割、抛弃,消解了数学教学的基本功能。因此,教学应当回到一种完整的格式,变残缺为完美。

教师在作教学设计时,要思考如下一些问题:

(1) 为什么要学习这个新知识?

(2) 这个知识与以前学习过的哪些知识有联系,它们之间是什么关系?

(3) 这个知识在教学单元中和教材体系中的地位和作用如何?

(4) 这个知识产生的来源有哪些,有现实背景来源吗?

(5) 设计什么情境可以把这个知识生成的过程恰当地表现出来?

对这些问题的思考,是回答"知识从何而来"。

(6) 这个知识蕴涵的数学思想方法是什么?

(7) 这个知识有哪些应用背景?

(8) 这个知识会怎么发展?

(9) 这个知识与后面要学习的哪些知识有联系?

对这些问题的思考,是回答"知识到何处去"。

案例 "圆幂定理"教学设计。

首先,设置一个特殊的情境,从特殊情况入手研究圆幂定理,这样,可以揭示出知识产生的一条根源。其次,在此基础上,对图形作变式,形成一条相交弦定理、割线定理、切割线定理、切线长定理产生的逻辑链。

探究一 如图 4.4.4,AB 是 $\odot O$ 的直径,$CD \perp AB$,AB 与 CD 相交于 P,线段 PA、PB、PC、PD 之间有什么关系?

联结 AD、BD,则 $\angle ADB = 90°$。由射影定理可得:$PD^2 = PA \cdot PB$。

$\because AB$ 是圆的直径,$CD \perp AB$,$\therefore PD = PC$。

$$\therefore PA \cdot PB = PC \cdot PD。 \qquad\qquad ①$$

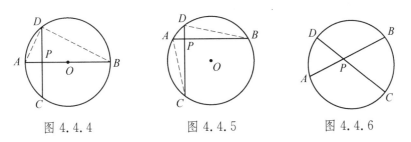

图 4.4.4　　　　　　图 4.4.5　　　　　　图 4.4.6

探究二　将图 4.4.4 中的 AB 向上(或向下)平移,使 AB 不再是直径(图 4.4.5),结论①还成立吗?

联结 AC、BD,请同学们自己给出证明。

探究三　上面讨论了 $CD \perp AB$ 的情形。进一步地,如果 CD 与 AB 不垂直,如图 4.4.6,CD、AB 是圆内的任意两条相交弦,结论①是否仍然成立?

事实上,AB、CD 是圆内的任意两条相交弦时,结论①都成立,而且证明方法不变。请同学们自己给出证明。

由上述探究及论证,我们有

相交弦定理　圆内的两条相交弦,被交点分成的两条线段长的积相等。

以上通过相交弦交角变化中有关线段的关系,得出了相交弦定理。下面我们从新的角度考察与圆有关的比例线段。

探究四　使圆的两条相交弦的交点 P 从圆内运动到圆上(图 4.4.7),再到圆外(图 4.4.8),结论①是否还能成立?

当点 P 在圆上时,$PA = PC = 0$,所以 $PA \cdot PB = PC \cdot PD$ 仍成立。

当点 P 在圆外时,在图 4.4.8 中,联结 AD、BC,容易证明 $\triangle PAD \backsim \triangle PCB$,所以 $\dfrac{PA}{PC} = \dfrac{PD}{PB}$,即 $PA \cdot PB = PC \cdot PD$。

根据上述探究和论证,可得

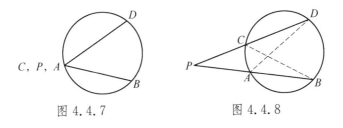

图 4.4.7　　　　　　图 4.4.8

割线定理 从圆外一点引圆的两条割线,一条割线和它在圆外部分的积,等于另一条割线和它在圆外部分的积。

下面继续用运动变化观点探究。

探究五 在图 4.4.8 中,使割线 PB 绕 P 点运动到切线的位置(图 4.4.9),是否还有 $PA \cdot PB = PC \cdot PD$?

联结 AC、AD,同样可以证明 $\triangle PAC \backsim \triangle PDA$,因而①式还是成立。在这种情况下,$A$、$B$ 两点重合,$PA \cdot PB = PC \cdot PD$ 变形为:

$$PA^2 = PC \cdot PD. \tag{②}$$

由上述探究和论证,得到

切割线定理 从圆外一点引圆的切线和割线,割线和它在圆外部分的积等于切线的平方。

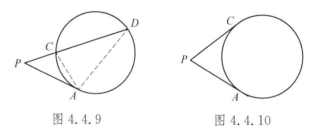

图 4.4.9   图 4.4.10

探究六 在图 4.4.9 中,使割线 PD 绕 P 点运动到切线位置(图 4.4.10),可以得出什么结论?

从图 4.4.9 变到图 4.4.10 时,点 C 与点 D 重合,因此②式变为 $PA^2 = PC^2$,所以 $PA = PC$。

结合切线的性质定理,得到

切线长定理 从圆外一点引圆的两条切线,它们的切线长相等,圆心和这一点的连线平分两条切线的夹角。

证明:如图 4.4.11,联结 OA、OC,则

$OA \perp PA$,$OC \perp PC$。

$\because OA = OC$,$OP = OP$,

$\therefore \text{Rt}\triangle OAP \cong \text{Rt}\triangle OCP$。

$\therefore PA = PC$,$\angle APO = \angle CPO$。

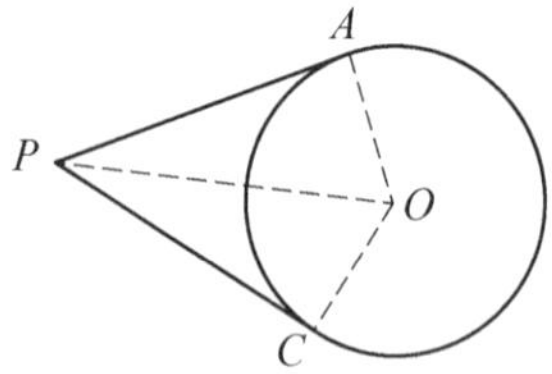

图 4.4.11

思考 由切割线定理能证明切线长定理吗? 在图 4.4.11 中,由 P 向圆任作一条割线试一试。另外,你能将切线长定理推广到空间的情形吗?

圆幂定理的这种教学设计,揭示了每一条定理产生的来源,同时也提出了

定理的发展走向,而且,使表面无关的相交弦定理、割线定理、切割线定理以及切线长定理串联在一起,使学生明白这些定理的本质就是一个定理,只是在不同的情形下有不同的表达形式,从而形成圆幂定理的命题系。

(二) 正确把握过程的形态

1. 正确选择过程的形式

知识产生与发展的形式是多样的,如何选择恰当的过程表现形式是教学中要考虑的一个因素。例如,对于概念教学可以反映出过程形式的多样性。数学概念的产生一定有根源,这种根源往往不是唯一的,或者以某种现实生活中的原型作为源泉,或者以已有的数学概念作为逻辑起点,以数学概念的起源入手进行概念教学设计,是过程性表现形式的一种体现。事实上,数学概念是对一类事物的概括和抽象,因此,从具体的事例中归纳、概括和抽象出事物本质属性的概念形成方式是过程性教学的主要手段,概念形成本身包含了过程,将这种过程展示出来就是过程教学取向的典型形式。另一方面,数学概念本身是一个体系,学习概念是沿这个逻辑体系探索的过程,在原有概念的基础上习得新的概念,如果教学中揭露出新旧概念之间的内在联系,厘清概念体系中的逻辑关系,这也是过程性形式的一种表现。因此,知识产生的过程表现形式可能是丰富多彩、形式各异的,因而如何选择过程表现形式就显得尤其重要。

案例 对数函数的教学设计。

方案一 在知识的应用背景中引入概念。

1. 设置情境

情境 1:在细胞分裂问题中,细胞个数 y 是分裂次数 x 的指数函数 $y=2^x$.

(1) 分裂成 64 个细胞需要多少次?

(2) 分裂成 a 个细胞需要多少次?

(3) 在(2)中 x 是 a 的函数吗? 为什么?

情境 2:某放射性物质经过时间 x(年)与物质的剩余量 y 的关系为 $y=0.84^x$.

(4) 类似情境 1,你能用 y 表示 x 吗? x 是 y 的函数吗?

思考 在一个指数函数中,如果知道了函数的值,要求自变量 x 的值,应当怎么求呢? 一般说来,应当把 x 用 y 的解析式来表达才方便求 x。

2. 讲授新课

(1) 对数函数的概念。

一般地,函数 $y=\log_a x (a>0$ 且 $a \neq 1)$ 叫做对数函数。

问题 1：当 $a > 0$ 且 $a \neq 1$ 时，$y = a^x$ 与 $y = \log_a x$ 有什么关系？

问题 2：对数函数的定义域、值域分别是什么？

（2）学生活动。

让学生在同一个坐标系中画出 $y = 2^x$ 与 $y = \log_2 x$ 的图象。

问题 3：这两个函数图象有何性质？

问题 4：一般情况下，$y = a^x$ 与 $y = \log_a x$ 的图象有什么关系？

问题 5：对照指数函数的性质，你发现对数函数有何性质？

（3）举例（略）

（4）练习（略）

这个教学设计，在对数的应用中选择实例，从具体到一般地引入对数函数概念，是一种常用的体现概念生成过程的教学方式。

方案二   由对数引入对数函数。

1. 复习对数概念

我们已经学习过了对数的概念及性质，本节我们将利用对数来引入对数函数。

对数的定义   在 $a > 0$，$a \neq 1$ 时，只要 $N > 0$ 的条件下，唯一满足 $a^x = N$ 的数 x，称为 N 以 a 为底的对数，并用符号 $\log_a N$ 表示，N 称为真数。

2. 给出对数的定义

现在，我们将对数的底 a 固定，将真数 N 用变量 x 替代，以研究对数的值 $\log_a x$ 随 x 变化而变化的规律，用 $y = \log_a x$ 来描述 y 与 x 的关系就是对数函数。

定义 a 为常数，且 $a > 0$，$a \neq 1$ 时，称 $y = \log_a x$ 为以 a 为底的对数函数。

3. 讨论对数函数的定义域

略。

4. 研究对数函数的图象

略。

这个方案是直接从原有知识点引入对数函数概念，因为对数是对数函数的特殊情形，由特殊到一般引进概念，也是概念教学的一种方式。

比较一下上面两个方案，可以看到，方案 1 是基于解决问题而引出概念，这个问题往往与现实生产生活相关；方案 2 是在原来概念基础上作了弱抽象，是一个数学抽象的过程。显然，两种方案的教学目标存在一定的差异，方案 1 对培养学生的数学建模和数学应用能力有积极的促进作用；方案 2 则注重发展学生的数学抽象能力。两种都是可行性方案，具体选用哪一种设计，可以根据教师期望达到的教学目标来定。

2. 正确把握过程设计的度

应当强调,教学是既有结果又有过程的有机整体,但教学目标应当偏重结果,数学教学是一种以结果教学为主、过程教学为辅的结构系统。"结果"是指在一定阶段事物发展所达到的最后状态,而"过程"是指事情进行或事物发展所经过的程序,过程是结果的必要条件,但不是充分条件,有结果必然有过程,有过程不一定有结果,过程的目的是追求结果,这就是结果和过程的关系。因此,结果是矛盾的主要方面,围绕结果探究过程才有意义,离开了结果性知识的过程性教学是不存在的。更重要的是,结果是应用的起点,学习的目标之一是学生会应用知识去解决问题,而应用知识必须以结果知识为思维的起点,结果知识才是知识迁移的源泉。

因此,教学中不一定每个内容都要体现过程,什么时候该设置情境来体现知识产生的过程,什么时候不一定要体现过程,都要根据教学内容的特殊性、学生情况的具体性以及学校所处的地理和文化背景来定,不能一概而论。比如,勾股定理的教学,就不一定要挖空心思地设计定理的产生过程,而是可以直接展示定理内容,引导学生去探究定理的证明,这种设计反而可以体现教学的特色,提高教育效益。其实,如果对于勾股定理的证明教学设计恰当,反而比要求学生去发现这个定理的过程的教育意义更大,因为,证明定理的过程包含着探究思想,由勾股定理的特性其证明过程还可展示中国古代数学家的智慧,彰显数学的文化元素。

此外,要杜绝一些脱离教学内容、华而不实、喧宾夺主的情境设计;要避免出现与政策法规不相符合的情境;要尽量使设置的情境真实而非所谓虚拟的情境。

> **案例**　金阳广场是一个边长为 400 米的休闲广场,广场的四个角上建有 A、B、C、D 四个小区。小区欲安装煤气管道,但煤气公司只把主管道接到 A 区,另外三个小区的煤气管道由他们自行铺设并与 A 区连通,请设计与 A 区相连的最短煤气管道铺设方案。

这个问题的情境设置是有问题的,违反了煤气管道安装的相关规定,因为煤气管道铺设属于危险施工作业,在小区里面是不允许自行铺设煤气管道的。

三、理论取向与实践取向的结合

教学的理论取向是指在教学中偏重理论知识的传授,教学的应用取向则是指在教学中强调知识的应用,特别是在现实生活中的应用。

把某一学科内部的知识称为学科性知识,与该学科知识相关的其他学科知识或与该学科相关的现实生产生活知识称为实践性知识。知识理解的教学主要是针对学科性知识展开的,很少涉足甚至完全抛弃实践性知识。显然根据逻辑实证主义的观点,学习的内容主要是依据学科体系完整性、逻辑性、实证性来拟定,教学就应当围绕学科知识体系开展,把学科以外的知识排斥在外,显然,这种单纯的学科性知识教学具有片面性。将实践性知识纳入教学,是发展学生学科核心素养的必然诉求。

当下的教学存在一种倾向,即偏重理论知识而忽视实践知识。偏重知识理论价值的教学观,是以逻辑实证主义认识论为基础的,持绝对主义科学观,欧内斯特将它归结为"旧人文主义"[①]。旧人文主义认为纯知识本身就是价值,科学内在价值在于它的严谨性、逻辑证明、结构、抽象性、简洁性和优美性。在教学目标上,强调学科结构、概念层次和严密性,使学生通过学习能领略科学的内在价值。学生接受严格的逻辑思维训练,形成完善的个体认知结构,教师的作用在于有意义地讲授、解释并传递学科结构。这种教学结构把教学内容圈定在学科内部,割断学科知识与其他学科的联系,将理论知识的现实应用排斥在学习之外,理论知识与实践知识成为两个独立的范畴。造成的结果是学科知识过度挖掘,考试题目越编越离奇,学生的实践能力却几近丧失。

指向核心素养发展的教学,就是要走出学科性知识教学的围栏,将实践性知识融入教学的过程之中,学科性知识与实践性知识相互渗透、共同作用。在教学中,教师一方面要揭示知识的现实背景或与该知识相关的其他学科知识的背景,另一方面要强调知识的应用,构建知识应用的真实场景,要建立学习共同体,营造相互合作、交流、协商的学习环境。

(一)让学生多感受理论知识的真实背景

刘儒德等人对小学生解决数学真实性问题作了一项调查研究。[②] 所谓真实性问题是指问题有真实的现实背景,解决这类问题要考虑它的真实背景,如果按照纯粹数学的方法解答出来的结果,在现实中可能是不成立的。他们选用了费尔夏费尔德(L. Verschaffel)等人在 1994 年研究中的 10 道真实性问

---

① ERNEST. 数学教育哲学[M]. 齐建华,张松枝,译. 上海:上海教育出版社,1998:203-217.
② 刘儒德,陈红艳. 小学数学真实性问题解决的调查研究[J]. 心理发展与教育,2002(4):49-54.

题①,在北京市两所普通小学选择四、六年级的 148 名学生作为被试,其中四年级 75 人,六年级 73 人,对这些小学生作了测试。

测试题目如下:

1. 马丽有 5 个朋友,张华有 6 个朋友。他们准备一起举办一个生日聚会。他们都邀请了各自所有的朋友,并且他们的这些朋友都接受邀请来参加了。那么参加宴会的有多少个朋友?(生日聚会)

2. 小军买了 4 根 2.5 米长的木头,如果他用锯子锯,他可以得到多少根 1 米长的木头?(锯木头)

3. 如果你把 1 升 80 度的水和 1 升 40 度的水都倒入一个大容器,那么大容器中水的温度是多少度?(水温)

4. 有 450 名新兵需要用汽车把他们运送到训练场地。每辆汽车只能运送 36 名新兵。请问:需要多少辆汽车?(运送新兵)

5. 小华跑 100 米最好的成绩是 17 秒,他跑 1000 米需要多长时间?(长跑时间)

6. 小花和小亮到同一个学校上学。小花家离学校 17 千米,小亮家离学校 8 千米。请问:小花家和小亮家相距多少千米?(两家相距)

7. 老师给 4 个学生 18 个气球,他们想平分这些气球,每个学生可以得到多少个气球?(分气球)

8. 小华的姐姐生于 1978 年,现在是 2001 年。小华的姐姐多少岁?(姐姐岁数)

9. 王老师想要一根足够长的绳子把两个相距 12 米的杆子拉紧,但是现在只有 1.5 米长的绳子。请问:他需要把多少根绳子系在一起?(系绳子)

10. 一个水龙头正在匀速给一个楔形瓶子注水。如果 10 秒钟后,水面高度为 4 厘米,那么 30 秒钟后,水面的高度为多少厘米?(水面高度)

11. 船上有 48 只绵羊,10 只山羊,请问:那位船长的年龄有多大?(船长年龄)

12. 羊群中有 125 只绵羊,5 只山羊,请问:放羊人多大岁数?(牧者年龄)

测试结果如表 4.4.1。

① VERSCHAFFEL L, DE CORTE E, LASURE S. Realistic considerations in mathematical modeling of school arithmetic word problems[J]. Learning and Instruction, 1994,4(4):273 - 294.

表 4.4.1　两个年级被试在每道问题上作出四类解答的百分比

年级	解答类型			
	真实解答	常规解答	其他解答	无解答
四年级	18.00	49.78	18.78	13.44
六年级	34.25	45.21	7.76	12.78
总计	25.82	48.02	13.13	13.03

从结果可以看到,小学生被试在解答真实性数学问题时,作出真实性解答的人数占总人数的四分之一(25.82%),相反,对这些真实性数学问题作出常规解答的人数占总人数的近一半(48.02%),显著高于作出真实解答的人数。这个结果值得反思,为什么小学生在学习了数学知识之后却严重缺乏解决真实性问题的能力?

首先,学生形成了一些错误的数学观念。学生在课堂上解决问题囿于课本上那些常规数学应用题,总是可以直接根据所给的数字,运用一种或多种数学运算加以解决,认为数学就是数字、公式、法则、计算;数学题一定是有一个解答的;题目中的条件必须全部用完等。

其次,学生形成了一些思维定势。以第 6 题为例,许多学生都是考虑小花和小亮的家与学校位于一条直线上,然而,要在一个班上找到两个同学的家与学校在一条直线上的可能性有多大?几乎为零的事件却左右了学生的思维,一个重要原因就是我们课本上的应用题产生定势效应,课本上的行程问题、相遇问题、追及问题都是在一条直线或环形曲线上设定的,长期的训练使其在学生头脑中根深蒂固,因而对解决真实性问题产生了负迁移作用。

再次,两套语言系统的差异。解决课本上的纯数学问题与解决有现实背景的问题其语言表述方式是有差异的。课堂中的数学应用题剥去了运用日常生活语言所形成的那种熟悉的生活情境,然后在数学语言环境中采用文字表述的方法再赋予它一个情境。经过这样去情境化和再情境化的处理,交流的前提已经转换了,因此学生解决数学应用题时通常关注数学本身的语法,而不是所描述事件的意义、不是所用规则和符号在具体情境中的含义。[①]

要加强理论知识与实践知识的结合,一条途径就是要在教学中尽量多地让学生感受隐藏在数学理论、数学问题背后的真实情境,了解数学知识的现实

---

① WYNDHAMN J, SALJO R. Word problems and mathematical reasoning—a study of children's mastery of reference and meaning in textual realities[J]. Learning and Instruction. 1997,7(4):361 – 382.

原型。目前，数学教材中的题目有两个特征，其一，题目基本上都是验证性，给出的条件是完备的、结论是唯一的，解决问题就是单一地去验证结论；其二，题目脱离生活场景，虽然有大量的应用题，但这些应用问题大多是一种虚拟的、刻板的情境，缺少真实感，缺少故事情节，与实际的生活情境相差太远。因此，教师在作教学设计时就要对一些问题进行改造，从虚拟的情境回到真实的情境。

例如，一个应用题的表述如下：

有 450 名新兵需要用汽车把他们运到训练场地，每辆汽车只能运 45 名新兵。请问：需要多少辆汽车？

这是一个需要用除法而又刚好能整除的问题，但在现实中哪有这样巧的事情？事实上这类问题在现实中大多是不能整除的，要这个问题与现实生活挂钩，可作如下调整：

有 450 名新兵需要用汽车把他们运到训练场地，每辆汽车只能运 36 名新兵（不允许超载）。请问：至少需要多少辆汽车？

题目中加上"至少"两个字，其实是给学生一种暗示，是将一个纯数学问题与现实问题搭建了一个桥梁，使学生会想到现实情境。

对于数学理论的现实背景，往往是在概念、命题引入阶段给予介绍，从多种背景中抽象出数学概念，从多种应用中提炼出数学命题，是丰富学生实践性知识的有效教学手段。

（二）加强理论知识在现实中的应用

数学在现实生活中的应用相当广泛，数学建模就是一种常见的形式。教学设计的一项任务，应当是考虑今天学习的知识与应用有关吗？如果有应用的可能，就应当尽量设计与应用挂钩的任务。

案例　花博园游玩问题。

小明的爸妈趁着假期带着小明和妹妹到花博园游玩。园内人山人海，每个展馆几乎都要排队。大家讨论决定要去参观梦想馆和流行馆。每个展馆的排队方式都是两人并排，地面画有小型圆圈，工作人员会请排队人群站在小型圆点上，以便统计人数。如图 4.4.12：

图 4.4.12　花博园入口

问题1：首先，小明一家人来到梦想馆，小明他们所排位置旁的告示牌写着离入口处大约需要2小时。而工作人员平均每十分钟放30人同时入场，请问：排在小明一家人前面的大约有多少人？

问题2：小明一家人来到流行馆。小明发现排队位置上写的第101排，而工作人员平均约每10分钟开放20人同时入场。请问：小明一家人还要等多久才能够入场？

这个问题涉及到的数学知识就是乘法与除法的运算，但设计的情境与我们的日常生活密切相关，学生把乘法与除法运算规则运用到现实生活中去解决问题，就跳出了解决纯粹的数学计算问题，丰富了学生的实践性知识。

数学核心素养的三个基本要素：必备品格、正确价值观、关键能力，其中关键能力容易把握，如何在教学中培养学生的品格和价值观，却是一个值得深入研究的问题。但有一点必须看到，在关照学生实践性知识发展的过程中，特别是将理论知识用于实践应用的情境设置时，往往可以体现品格和价值观的因素，起到数学教育的德育功能。

案例　一道应用题的改造。

原题：某服装厂原有4条成衣生产线和5条童装生产线，工厂决定生产一批帐篷。若启用1条成衣生产线和2条童装生产线，一天可以生产帐篷105顶；若启用2条成衣生产线和3条童装生产线，一天可以生产帐篷178顶。问：每条成衣生产线和每条童装生产线平均每天生产帐篷各多少顶？

这是一道纯数学问题的应用题，考查目标显得比较单一。可以考虑对问题进行改造，例如，与现实生活结合并加入一些人文因素。

改编后的题目如下：

"5.12"汶川大地震后，灾区急需大量帐篷。某服装厂原有4条成衣生产线和5条童装生产线，工厂决定转产，计划用3天时间赶制1000顶帐篷支援灾区。若启用1条成衣生产线和2条童装生产线，一天可以生产帐篷105顶；若启用2条成衣生产线和3条童装生产线，一天可以生产帐篷178顶。

（1）每条成衣生产线和每条童装生产线平均每天生产帐篷各多少顶？

（2）工厂满负荷全面生产，是否可以如期完成任务？如果你是厂长，你会怎样体现你的社会责任感？

同学们经过充分思考后,给出了不同的解答:

学生 1 的解:设每条成衣生产线每天生产帐篷 x 顶,每条童装生产线每天生产帐篷 y 顶,根据题意,得

$$\begin{cases} x+2y=105, \\ 2x+3y=178。 \end{cases}$$

解得 $x=41$, $y=32$。

因此,每条成衣生产线每天生产帐篷 41 顶,每条童装生产线每天生产帐篷 32 顶。

学生 2 的解:

因为 1 条成衣生产线和 2 条童装生产线,一天可以生产帐篷 105 顶,

所以 2 条成衣生产线和 4 条童装生产线,一天可以生产帐篷 210 顶。

又因为 2 条成衣生产线和 3 条童装生产线,一天可以生产帐篷 178 顶。

所以 1 条童装生产线每天可以生产帐篷 $210-178=32$ 顶,所以 1 条成衣生产线每天可以生产帐篷 $105-2\times32=41$ 顶。

接下来讨论"用 3 天时间赶制 1000 顶帐篷支援灾区"这个任务能够完成吗? 显然,按照上述方案不能完成任务,即使所有生产线都转入生产帐篷,3 天也只能生产帐篷 $3\times(4\times41+5\times32)=972$ 顶。

怎么解决这个问题? 学生展开讨论。

例如,学生可能会提出如下一些方案:

"如果我是厂长,我会动员工人加班生产,给他们多加工资,好早完工,支援灾区人民。"

"如果我是厂长,我会想办法改进技术,提高生产效率。"

"如果我是厂长,我会想办法联系其他厂家支援。"

……

这样的教学设计,一方面将数学知识的应用价值体现出来,反映了数学在现实生活和生产中的应用,彰显了数学的文化元素;另一方面,又培养了学生的社会责任感,体现了培养学生必备品格和正确价值观,发展学生数学核心素养的目的。

四、外显取向与内隐取向的结合

外显取向的教学是指只关注教科书、教辅资料等外显知识的教学;内隐取向的教学指关注隐藏在外显知识深层的内隐知识的教学。

　　内隐性知识指不以文本形式显性表述的,潜藏于显性知识深层的隐性知识。具体地说,包括知识的文化元素、知识的过程元素、知识的逻辑元素、知识的背景元素等,同时还包括对问题的推广与变式、学生的错误认识。教材中的许多例题和习题是可以推广或变式的,这一资源需要教师去开发和挖掘。学生的错误认识指学生对知识的错误理解或者解题中出现的错误,教师通过揭示错误、分析错误产生的原因,让全班同学共同引以为戒,就是这种内隐知识的利用。内隐性知识是一种客观存在的知识,它是被外显知识所包裹的知识内核。要促进学生核心素养的发展,更多的教学元素应当是内隐性课程资源。[①]

　　开发内隐性知识的教学,首先,要揭示知识的学科文化元素。例如,数学文化包括数学知识、数学思想方法、数学精神、数学信念、数学价值观和数学审美。数学知识是人们认识客观世界的物质成果,是科学劳动的果实和产品,负载着数学方法和数学精神,是数学文化的基础。数学思想方法最能体现出数学思维的过程和品质,是数学文化最主要的现实表现。数学精神、数学信念是数学家共同体在追求真理、逼近真理的科学活动中,将数学思想方法内化后所形成的独特的精神气质,是数学文化的核心和精髓。数学价值观是人们对数学本体功能和外在功能的认识,是人们对数学的价值判断。数学审美是一种理性的精神,这种精神促使人们去探求和确立知识深刻、完美的内涵。其次,要揭示渗透在知识中的逻辑和背景知识。形式逻辑往往不是作为一种专门的课程进行讲授,都是在学习知识的过程中潜移默化地习得,学生在学习过程中可能会出现知识容易理解而逻辑难以过关,教师的任务就是要寻找突破逻辑难点的教学策略。另一方面,概念和规则往往都有现实的原型,揭示知识背景,构建帮助学生理解知识的恰当情境是教学中的另一项重要工作。再次,要让学生有过程性体验,包括对知识产生的体验、知识生长的体验、知识结果的体验、知识应用的体验,经历体验方能形成个体的活动经验。此外,教师要有意识地引导学生对一些问题进行推广或变式,对学生产生的错误作深度剖析,让学生共享失败的经验。

(一)深度开发内隐性知识

　　以知识的文化元素、知识的过程元素、知识的逻辑元素、知识的背景元素、对问题的推广与变式、学生的错误认识等内隐性知识为导向,思考蕴含在外显知识点中的内隐元素,应当成为教师作教学设计时的一种自学意识和思维习惯。

　　其实,教师就是要善于反思、勤于反思。对内隐知识的分析是自我提问的

---

① 喻平. 论内隐性数学课程资源[J]. 中国教育学刊,2013(7):59-63.

过程,是拨开表层知识探析深层元素的过程。

> **案例**　对"有理数"教学内容的内隐知识分析。

（1）有理数的背景知识分析。

在阅读教材时,要想到有理数与学生已经学习过的数系有什么关系,一个本质性的变化主要是负数的引入。因此,教师有必要对负数产生的历史有所了解。

中国在《九章算术》的"方程"一章中就引入了负数（negative number）的概念和正负数加减法的运算法则。在某些问题中,以卖出的数目为正（因为是收入）,买入的数目为负（因是付款）;余钱为正,不足钱为负。在关于粮谷计算中,则以加进去的为正,减掉的为负。"正""负"这一对术语从这时起一直沿用到现在。

在《九章算术》一章中,引入的正负数加法法则称为"正负术"。正负数的乘除法则出现得比较晚,在 1299 年朱世杰（1249—1314）编写的《算学启蒙》中讲了正负数加减法法则,一共八条,比《九章算术》更加明确。在"明乘除段"中有"同名相乘为正,异名相乘为负"之句,这样的正负数乘法法则,是中国最早的记载。宋末李冶（1192—1279）还创用在算筹上加斜划表示负数,负数概念的引入是中国古代数学最杰出的创造之一。

印度人最早在中国之后提出负数,公元 628 年左右的婆罗摩笈多（Brahmagupta,598—668）。他提出了负数的运算法则,并用小点或小圈记在数字上表示负数。

在欧洲初步认识提出负数概念,最早要算意大利数学家斐波那契（L. Fibonacci,1175—1250）。他在解决一个盈利问题时说：我将证明这个问题不可能有解,除非承认这个人可以负债。卡当（G. Cardano,1501—1576）给出了方程的负根,但他把它说成是"假数"。韦达（F. Viète,1540—1603）知道负数的存在,但他完全不要负数。笛卡儿部分地接受了负数,他把方程的负根叫假根,因它比"无/零"更小。

哈里奥特（T. Harriot,约 1560—1621）偶然地把负数单独地写在方程的一边,并用"－"表示它们,但他并不接受负数。邦贝利（R. Bombelli,1526—1572）给出了负数的明确定义。史提文（Steven,1548—1620）在方程里用了正、负系数,并接受了负根。基拉德（Gillard,1595—1629）把负数与正数等量齐观、并用减号"－"表示负数。总之,在 16～17 世纪,欧洲人虽然接触了负数,但对负数的接受是缓慢的。

　　负数的历史,表明中国数学家的发现早于国外,这个历史本身就是弘扬中国文化的最好素材,同时也揭示了负数产生的缘由,因此可以把负数产生的历史融入到教学中去。

　　(2) 有理数蕴含的数学思想方法分析。

　　① 有理数定义。

　　正整数、负整数与 0 统称为整数,正分数与负分数统称为分数,整数和分数统称为有理数,即

　　定义体现的是分类思想。分类的要求:不重复、不遗漏。

　　② 数轴的引入。

　　体现了数与点之间的对应,这是对应思想。数与点可以相互转化,体现了化归思想,即数的问题可以化归为点的问题讨论,反之亦然。

　　③ 有理数加法运算律。

　　交换律:$a+b=b+a$;

　　结合律:$(a+b)+c=a+(b+c)$。

　　第一,将一大类问题用统一的公式表达,体现了结构化思想;第二,将数字用字母替代,由特殊过渡到一般,体现了代数思想,一般化思想;第三,两个运算律的推导不是严格的证明,是由具体数字的计算归纳而得,体现了不完全归纳思想。

　　④ 有理数的减法法则。

　　减去一个数,等于加上这个数的相反数,体现了化归思想,将未知问题转化为一个已知问题。

　　⑤ 有理数混合运算顺序。

　　先乘方,再乘除,最后加减。如果有括号,先进行括号内的运算,按照一定规则和程序进行计算,体现的是算法思想。

　　(3) 有理数内容中的逻辑元素分析。

　　① 有理数加法法则。

　　同号两数相加,取相同的符号,并把绝对值相加。

　　异号两数相加,绝对值相等时,和为 0;绝对值不等时,取绝对值较大的加数的符号,并用较大的绝对值减去较小的绝对值。

一个数与 0 相加,仍得这个数。

有了这些法则之后,计算题本质上就是一种逻辑推理。将一个规则应用于解决问题的过程,都是演绎推理,基本上都是三段论推理的应用。

例如,计算：$(-165)+(+25)=-(165-25)=-140$。

这是一个三段论推理：因为……,而……,所以……。

又如,有理数加法运算律。交换律：$a+b=b+a$；结合律：$(a+b)+c=a+(b+c)$。

推理来自于下面过程：

∵ $2+(-3)=-1$, $(-3)+2=-1$, ∴ $2+(-3)=(-3)+2$.

∵ $6+(-2)=+4$, $(-2)+6=+4$, ∴ $6+(-2)=(-2)+6$.

……

∴ $a+b=b+a$。

这是一个不完全归纳推理,属于合情推理范畴。这种推理得到的结论并没有得到证实。

有理数定义：正整数、负整数与零统称为整数,正分数与负分数统称为分数,整数和分数称为有理数。

这个定义并没有揭示概念的内涵,只是从外延作了描述,因此定义属于外延式定义。

解方程的逻辑分析。解方程是在求使这个等式成立的充分条件而不是必要条件,即：要使等式成立,x 应当等于什么值。但是解方程的这个过程本身却是在求等式成立的必要条件。这是一个逻辑问题,必须搞清楚。严格地说,解方程后都必须检验。当然,有了同解定理,可以保证是等价的。

要强调的是,教师分析教材中的逻辑知识,并不是要把这些逻辑作为一种知识专门给学生讲授,而是教师做到心中有数,分析学生学习可能产生的理解困难,事先找到帮助学生翻越逻辑之坎的教学策略。

(二)化内隐性知识为外显性知识

一些内隐知识必须转化为外显性知识,方能显现出这种内隐知识的教育价值。例如,对学生的错误认知,如果不对错误的原因作出分析,不将对错误原因的分析展示出来,那么它的警示作用与告诫功能就不能凸显出来,这种很好的内隐性资源也就烟消云散。

案例 "角的度量"的教学片段。

在教学"角的度量"时,先让学生自主认识量角器的各部分组成,然后组织学生拿出练习纸,尝试测量一个锐角的度数。

之后,在小组内交流。

学生汇报。

学生 1:我是这样量的:先用量角器上 20 度的刻度线与角的一条边对齐,再看角的另一条边对的是 90 度的刻度线,那么这个角就是 90 度。

教师面露难色,迟疑了一下:你们觉得学生 1 的量法可行吗?

学生 2:我认为学生 1 的量法是不对的。因为书上说,用量角器度量角的度数时,应该用零刻度线与角的一条边对齐,学生 1 没有用到零刻度线,所以是不对的。

学生 3:他量出的度数也是不对的。

大部分同学都同意学生 2 与学生 3 的看法。

教师对以上学生的意见采取了默许的态度。但是对学生 1 采用什么态度呢? 实际上,这里出现了一个"生成性问题",由此可能产生一个生成性目标。如何对待这个生成性目标呢,可以一句话否定学生 1 的作法,也可以正确处理这个生成性目标,由学生 1 的思路往下走。

老师提出问题:学生 1 的方法能够测量出角的度数吗?

假如,有一位同学在测量一个 80 度角时,是这样测量的:先用量角器上 10 度的刻度线与角的一条边对齐,再看角的另一条边对的是 90 度的刻度线。你们说这个同学的测量方法能够测量出这个角的度数吗?

学生讨论,最后归纳出 $90-10=80$(度)的计算方法。教师强调:这种方法不是最好的方法,因为还要经过一次运算才能得到角的度数,因此,我们测量角的度数应当采用"对零刻度线"的方法,这是最简单的方法。

目标的生成,往往是在对问题的拓展和延伸中产生的。本例是一个生成性问题,生成性问题可以产生生成性目标,教师采用的处理方式是顺着错误往下分析,解析错误的原因,找到了消解错误的方法,于是就把这种内隐性知识显现出来,使全班同学共享这种资源。如果教师采用的方法是:"某某同学,你的方法是有问题的,请你再认真看看教材,用量角器测量一个角是怎样规定的。"那么教师就把这个生成性问题直接扼杀了,从而浪费了一些可贵的内隐性课程资源。

案例   由一道普通习题设计一堂探究性课。

本节课有两个目标：其一，让学生体验一次研究数学问题的过程；其二，使学生掌握一种用面积证明线段相等问题的方法。

问题研究的起点是课本上的一道习题：如图 4.4.13，求证：等腰三角形底边上的中点到两腰的距离相等。

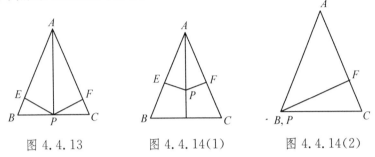

图 4.4.13　　　　图 4.4.14(1)　　　　图 4.4.14(2)

这个题目的证明本身比较简单，只需要证明 $\triangle APE$ 与 $\triangle APF$ 全等，即可得到 $PE = PF$。但是，如果这道题目的解答到此戛然而止，那么内隐性知识就会悄然离去。

可以采用图形变式的方法进行观察，看能否发现一些有意义的结果。

第一步，将底边上的中点 P 在底边上的高线上作上下移动，如图 4.4.14(1)、4.4.14(2)，那么 $PE = PF$ 还成立吗？显然，结论依然成立，证明方法也是相同的。P 点上下移动并没有发现什么结论，但并不放弃，考虑点在底边上左右移动，看能否得到一些结果。

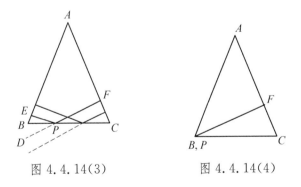

图 4.4.14(3)　　　　图 4.4.14(4)

第二步，将点 P 回到底边，在底边上左右移动，再作 $PF \perp AC$，$PE \perp AB$，如图 4.4.14(3)，显然 $PE \neq PF$。将点 P 多移动几次，并将 FP 延长到 D，使 $PE = PD$，此时能发现什么？可以发现 FD 的长度是不会变的，即 $PE + PF$ 等于定值。那么这个定值等于多少呢？找一个特殊情形，如图

4.4.14(4),即当点 P 与点 B 重合时, $PE + PF$ 恰好等于等腰三角形腰上的高,显然,这是一个定值。于是得到如下猜想。

命题 1 如图 4.4.13,$\triangle ABC$ 中, $AB = AC$, P 是底边上一点, $PF \perp AC$, $PE \perp AB$。 则 $PE + PF =$ 常数。

命题的证明比较简单,联结 AP,只需考虑 $S_{\triangle APB} + S_{\triangle APC} = S_{\triangle ABC}$,立即可以得到结论。

第三步,点 P 继续运动,当它运动在等腰三角形底边所在直线(底边之外)上运动时,其动点到两腰的距离之间有何关系? 此时可以用演绎的方法推出结论,采用面积之间的关系推导。如图 4.4.15,由 $S_{\triangle APB} - S_{\triangle APC} = S_{\triangle ABC}$,可得以下结论。

命题 2 如图 4.4.15,$\triangle ABC$ 中, $AB = AC$, P 是底边的延长线上一点, $PF \perp AC$, $PE \perp AB$。则 $PE - PF =$ 常数。

如果点 P 离开底边,运动到了三角形内部,会有什么结果呢? 考虑一般的锐角三角形,思考下面问题:当动点 P 在三角形内部运动时,动点 P 到三边的距离之间是否有一定的等量关系?

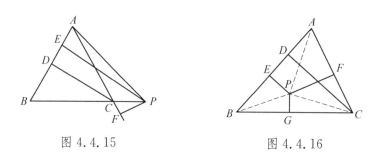

图 4.4.15   图 4.4.16

如图 4.4.16,P 是 $\triangle ABC$ 内任意一点,过 P 作三角形三边的垂线,分别与三边交于点 E、F、G。从图中可以看到,因为 $S_{\triangle ABC} = S_{\triangle PAB} + S_{\triangle PBC} + S_{\triangle PCA}$,所以

$$\frac{1}{2} AB \cdot CD = \frac{1}{2} AB \cdot PE + \frac{1}{2} BC \cdot PG + \frac{1}{2} AC \cdot PF。$$

如果 $\triangle ABC$ 是等边三角形,则可得 $PE + PF + PG = CD$ 为常量。于是得到一个很漂亮的结论。

命题 3 等边三角形内任意一点到三边的距离之和等于定值。

按照这个思路继续探究,可以得到如下结论。

命题 4 $\triangle ABC$ 中,设三边 AB、BC、AC 上的高分别为 h_1、h_2、h_3。P

是形内任一点，P 到三边 AB、BC、AC 的距离分别为 d_1、d_2、d_3，则 $\dfrac{d_1}{h_1} + \dfrac{d_2}{h_2} + \dfrac{d_3}{h_3} = 1$。

还可以继续探究，如果动点在等边三角形外运动时，又能得到什么结论？

这一堂探究课，把内隐性知识完全揭示出来，使内隐知识外显化，充分发挥了内隐资源的功能。

五、演绎取向与归纳取向的结合

在教学设计中，如果采用从一般到特殊的方式展示教学内容，就叫做演绎取向的教学；如果采用从特殊到一般的方式展示教学内容，就叫做归纳取向的教学。

概念教学中，演绎取向的教学对应概念同化方式，归纳取向的教学对应概念形成方式。命题教学中，演绎取向的教学对应下位学习，归纳取向的教学对应上位学习。

从数学理论的产生、生长、发展的全过程来看，演绎与归纳这两个元素是并存的，是相互渗透不可分离的。数学是由问题、语言、方法、命题、信念组成的复合体，数学产生于问题，这些问题可以是现实生活中的问题，可以是数学发展自生的问题，当问题产生后，需要用数学语言去描述它，需要寻找特定的方法去解决它，从而形成一个数学命题，这个过程始终贯穿着数学家求真的信念。在提出问题阶段，归纳的思维方式起着主导作用，归纳与类比、直觉共同形成合力，产生猜想，构建数学模型。在解决问题阶段，演绎思维起着主导作用，其中在解决问题的试误过程中也伴随着归纳成分，但最终形成真命题则完全依赖于严格的逻辑证明。

由此看来，教学中的演绎取向与归纳取向，取决于对数学学科知识本身认识的偏差。如果把数学理解为纯粹的科学知识，教学目标是让学生准确无误地掌握这些知识，教师就会注重数学复合体中的"命题"要素而忽视其他要素，教学的重心就会偏向演绎取向；如果把问题看成是数学的起点和归宿，教学的目标是让学生经历知识的产生过程，教师就会强调数学复合体中的"问题"要素，过度强调"问题"要素而忽略其他要素，就形成了典型的归纳教学取向；如果对数学有全面的认识，形成多维教学目标，教师的教学取向就不会偏向两个极端，而是将两种教学取向有机结合，根据教学的内容选择恰当的教学模式，教学中既会关照知识发生时的归纳取向，也会注意形成知识最终结果的论证、演绎取向。

（一）演绎与归纳的嵌套式组合

演绎与归纳嵌套式组合，是指在演绎体系的大框架中嵌入归纳模式。这种模式主要用于概念的教学，它能体现演绎思维与归纳思维的相互融通，从而发挥演绎思维与归纳思维训练的双重功能。

在数学教材中，知识的编排体系以演绎形式居多，即先给出包摄程度高的概念，再逐步展示一些包摄程度低的概念。例如，以"一般四边形、平行四边形、菱形、正方形"的顺序展开内容，是一个演绎的过程。又如，以"函数、幂函数、指数函数、对数函数、正弦函数、……"有顺序展开内容，也是一种演绎体系。

奥苏伯尔提出的教学原则，其中有一条叫做渐进分化。他指出："当教材的程序是按照渐进分化的原则来编制时，那么首先呈现出来的便是这一学科的最一般和包容范围最广的那些观念。然后这些观念便依照细节和具体项目越来越分化。当人们自发地探究一个完全不熟悉的知识领域，或者探究一种熟悉的知识体系的一个不熟悉的分支时，这种呈现的次序也许与人们获得认知领悟和认知精致化的自然顺序相对应。这种顺序也与假定的表征、组织与贮存知识的方式相对应。换句话说，我们在这里提出了两个假定：（1）人们从先前习得的包容范围广的整体中掌握分化的细节，要比从先前习得的分化部分中形成包容范围广的整体容易一些。（2）一个特定学科的教材内容在人的心中的组织，是由一个层次结构组成的。包容范围最广的那些观念位于这个结构的顶点，它们容纳概括性越来越低和更高度分化的命题、概念和事实材料。"[①]可见奥苏伯尔对"渐进分化"的钟爱，在他看来，从一般到特殊展示内容应当是教材编制的有效方式。也可以说，为什么我们的教材演绎形式居多，在这里也找到了一种理论依据。

然而，我们认为，单纯的一种逻辑体系并不利于对学生思维全面性的培养，久而久之会使学生造成一种思维的定势，逻辑思维单一。因此，教学中应当既有演绎方式又有归纳方式，这样才能发展学生全面的逻辑思维。

案例　指数函数的教学设计。

设计思路：情景设置→归纳共性→形成概念。

---

① 奥苏伯尔，等.教育心理学——认知观点[M].佘星南，宋钧，译.北京：人民教育出版社，1994：226.

例1 细胞分裂时,第一次由 1 个分裂成 2 个,第 2 次由 2 个分裂成 4 个,第 3 次由 4 个分裂成 8 个,……如此下去,如果第 x 次分裂得到 y 个细胞,那么细胞个数 y 与次数 x 的函数关系式是什么?

例2 把一张 1K 纸对折 1 次得到的纸为对 K(即 2K),对折 2 次得到的纸为 4K,对折 3 次得到的纸为 8K,……如此下去,如果第 x 次对折得到的纸的大小为 y,那么 y 与对折次数 x 的函数关系式是什么?(设 1K 纸的大小为 1 个面积单位)

组织学生讨论,观察共性,得到指数函数的定义。

函数内容的大框架是演绎体系,但是在讲授每一个具体的函数时,则可以采用由特殊到一般的形式引入,即用概念形成的方式进行教学,表现出归纳的思维方式,实现了演绎与归纳的嵌套式组合。其实,这个内容中的幂函数、指数函数、对数函数、三角函数等,均可以采用概念形成的方式引入。

(二)归纳与演绎的链接式组合

归纳与演绎的链接式组合是指以归纳的方式发现结论,再以演绎的方式证明结论。这种模式主要用于命题教学,将归纳与演绎链接起来,还原了教学的完整过程,同时也彰显了归纳思维和演绎思维训练的双重功能。

数学教材的基本框架是只展示知识的结果形态,证实是主旋律,对如何产生这个结果的过程不予论及,过分偏重演绎推理,这样,不仅破坏了教学过程的完整样态,更重要的是忽视了对学生归纳思维的训练,而归纳思维又是创造性思维发展的必需基因。

先学习全等三角形内容再学习相似三角形内容,这是教材编制的基本思路,从全等三角形到相似三角形,是从特殊到一般的认识过程,是归纳的逻辑体系,但是在证明相似三角的判定定理时,又必须是一个独立的演绎过程。教学设计应当是先从全等三角形的相关定理出发,归纳出相似三角形对应的定理,然后再对这个定理进行证明。显然,这就是形成了归纳与演绎的链接式组合。

案例 相似三角形判定定理的教学。

首先想到的是,全等三角形有几条判定定理,那么对应到相似三角形也可能有这样几条类似的判定定理,这是从特殊到一般的思维。

从特殊情形入手。如图 4.4.17,在△ABC 中,D、E 分别是 AB、AC 边

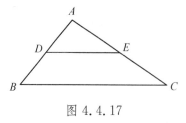

图 4.4.17

上的点,且 $DE \mathbin{\!/\mkern-5mu/\!} BC$。 由平行线等分线段成比例定理,知道 $\triangle ADE$ 和 $\triangle ABC$ 的三边对应成比例。又由 $DE \mathbin{\!/\mkern-5mu/\!} BC$ 可得,$\angle ADE = \angle B$,$\angle AED = \angle C$,$\angle A$ 是公共角,因此 $\triangle ADE \backsim \triangle ABC$。 于是得到下面的定理。

预备定理　平行于三角形一边的直线和其他两边(或两边的延长线)相交,所构成的三角形与原三角形相似。

可以发现,只要 $DE \mathbin{\!/\mkern-5mu/\!} BC$,无论点 D、E 在 AB、AC 边上的什么位置,都有 $\triangle ADE \backsim \triangle ABC$。 由于 $DE \mathbin{\!/\mkern-5mu/\!} BC$,因此在点 D、E 的变化过程中,$\triangle ADE$ 的边长在改变,而角的大小始终不变。这说明,只要两个三角形的三个对应角相等,那么它们就相似。又由于三角形的内角和为 $180°$,所以只要两个三角形中有两个对应角相等,那么第三个对应角一定相等,这样就有"两角对应相等,两三角形相似"。

一般地,我们有

判定定理　如果一个三角形的两个角与另一个三角形的两个角对应相等,那么这两个三角形相似。简述为:两角对应相等,两三角形相似。

已知:如图 4.4.18,在 $\triangle ABC$ 和 $\triangle A_1B_1C_1$ 中,$\angle A = \angle A_1$,$\angle B = \angle B_1$。

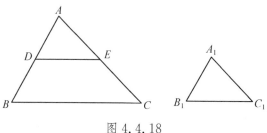

图 4.4.18

求证:$\triangle ABC \backsim \triangle A_1B_1C_1$。

证明:在 $\triangle ABC$ 的边 AB(或 AB 的延长线)上,截取 $AD = A_1B_1$,过点 D 作 $DE \mathbin{\!/\mkern-5mu/\!} BC$,交 AC 于点 E。由预备定理得:$\triangle ADE \backsim \triangle ABC$。

∵ $\angle ADE = \angle B$,$\angle B = \angle B_1$,

∴ $\angle ADE = \angle B_1$。

∵ $\angle A = \angle A_1$,$AD = A_1B_1$,

∴ $\triangle ADE \cong \triangle A_1B_1C_1$。

∴ $\triangle ABC \backsim \triangle A_1B_1C_1$。

这样的教学设计,体现了归纳与演绎的链接式组合。

六、证实取向与证伪取向的结合

在教学设计中,如果采用从证实方式讲授命题,就叫做证实取向的教学;如果从证伪入手再到证实,则可称为证伪取向的教学。

教学应当是一种由知识的不确定性到知识确定性的渐进过程。知识的不确定性阶段是指提出问题和判断问题,证伪在这一阶段扮演着重要角色;知识的确定性阶段是对知识的确认,证实在这一阶段起着重要作用。事实上,由证伪到证实再到求是这种去伪存真的做法本来就是人们认识知识、积累知识的思维模式,教学不应当将这个完整的过程切断,把不确定性知识的判断这个对于人的素质全面发展起着重要作用的元素抛弃。课程与教学应当回归到人类认识世界、尊重世界、改造世界的思维逻辑轨迹上来。

在课程设计和教材选材方面,改革以客观的、普遍的、中立的知识观支配的科学课程,渗透科学哲学、科学史、科学与社会等体现科学人文精神的题材;开发本土课程,选择和传承具有我国本土特色的人文课程体系从而构建本土知识体系的价值观念;改变以确定性知识一统天下局面,适当渗入一些需要学生作出判断的不确定性知识,通过对不确定性知识的辨析去理解和掌握确定性知识。在教学方面,无论是新知识的引入还是利用知识去解决问题,都应当提倡根据不同知识的类型适时采用"证实-求是""证伪-求不是""证伪-证实-求是"等多种模式。

(一)适当采用探究式教学

按照目标的指向分类,探究式教学可以分为目标明确型和目标不明确型两类。目标明确型是指在对问题探究之前,明确告之学生要探索的目标或者存在一个隐含的目标,教师为探索这个目标制定探究环节和教学策略并在教学过程中引导学生去探究。目标明确型与布鲁纳提倡的"发现法"类似,让学生去发现教材中已有的一些确定性结论。目标不明确型指没有给定探究的目标,只是给出一些满足的条件,甚至条件也不充分,让学生自由探索结论,探究的结论往往不是唯一的。显然,目标不明确型呈现的是开放性问题,因而对学生探究结果的评判也是多元的。

> **案例**　小学数学中平行四边形面积公式的教学设计。

在学习平行四边形的面积公式之前,已经学习过的知识是长方形和正方形的面积公式,因而教学应当考虑从这两个知识点出发引入新知识。

1. 引入问题

(1) 同学们已经学习过了长方形、正方形面积公式,请同学们回忆这些公式。

(2) 今天我们学习平行四边形的面积公式。与长方形、正方形面积公式比较,图形类似,那么面积公式是否也类似呢?

长方形、正方形面积都是相邻两边的乘积,平行四边形的面积是否也是两相邻两边的乘积呢? 请同学们计算图中平行四边形的面积。

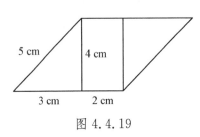

图 4.4.19

猜想 1:平行四边形面积等于边长乘以边长。如图 4.4.19,请你根据猜想 1 计算这个平行四边形的面积。

平行四边形面积 $= 5 \times 5 = 25 (\text{cm}^2)$。

这个结论正确吗? 我们能不能再找另外的方法计算这个图形的面积。

将这个平行四边形分割为三个图形,因此平行四边形面积可以表示成两个三角形面积加上一个长方形面积。可是三角形面积我们不会算!

同学们想想其他办法,能否将右边的三角形与左边的三角形拼成一个大家熟悉的图形?

显然,可以拼成一个长为 4,宽为 3 的长方形。容易计算这个平行四边形的面积等于 $4 \times 3 + 2 \times 4 = 20 (\text{cm}^2)$。

两种计算所得的同一个图形的面积不一样,哪一个面积是正确的呢? 显然应该是第二种方法计算的面积是正确的。因此,说明我们的猜想 1 不正确。

进一步观察,可以发现这个平行四边形的底边是 5,高是 4,底与高的乘积刚好是 20。因此可以想到平行四边形的面积可能等于底乘以高,于是又得到第二个猜想。

猜想 2:平行四边形的面积等于底乘以高。

请同学们用割补的方法证明这个猜想(动手操作,如图 4.4.20)。

图 4.4.20

刚才的图形面积很特殊,现在用一般的平行四边形来探讨。

小组讨论:通过实验,你发现了什么?

展示汇报。鼓励学生上台展示不同的剪拼过程,并说说自己的发现。

这个案例是目标明确型,目标指向平行四边形的面积公式,探究的目的是要找到这个公式。整个过程穿插了提出猜想 1、对猜想 1 的证伪、提出猜想 2、证实猜想 2 的片断,体现了证实与证伪的结合。

对于目标不明确型,如果条件是充分的,那么得到结论的过程主要是逻辑推理。在逻辑推理中,选择的依据不同可能会得到不同的结果,推理的长度不同也会得到不同的结果,显然,这类问题主要是训练学生的逻辑推理。另一方面,如果问题的条件不充分,但结果明确,解答这个问题需要增添条件才能得到这个结果,此时就有证伪的因素介入,增加的条件包含了直觉思维,选择的条件不足以推理已有的结论,这就是一种证伪的逻辑,因为增添条件之后不能使这个命题成立,当然也就说明这个命题是假命题。

(二) 适当增加需要猜想的问题

数学教材中基本上都是条件充分、结论明确的问题,教师的教学工作是引导学生去证实这些结论,让学生接受这些结论;学生的学习任务是理解知识、掌握方法,会利用这些知识去解决问题。显然,这样的内容安排存在一个缺陷,就是没有顾及培养学生的合情推理能力,只是关照演绎推理的训练。

在教学设计中,应当考虑适当增加需要学生进行猜想的内容,将证伪的思维纳入教学程序中,使思维的训练全面、合理,提升学生的数学核心素养。

案例　观察下列等式,能发现什么规律?

$$\frac{5^3+2^3}{5^3+3^3}=\frac{5+2}{5+3},\frac{7^3+3^3}{7^3+4^3}=\frac{7+3}{7+4},\frac{9^3+5^3}{9^3+4^3}=\frac{9+5}{9+4},\cdots$$

初看这些等式,似乎可以把分子和分母上的三次方指数去掉,得到一般的表达式:

$$\frac{A^3+B^3}{A^3+C^3}=\frac{A+B}{A+C}。$$

这个等式成立吗?首先思考能否找到一个反例,证伪这个结论。事实上,下面的式子就不成立,即

$$\frac{5^3+2^3}{5^3+4^3}\neq\frac{5+2}{5+4}。$$

进一步观察上面的一组等式,可以看到 $5-3=2$, $7-4=3$, $9-4=5$, ……于是得到一个猜想: A, B 是正整数, $A \geqslant B$,则 $\dfrac{A^3+B^3}{A^3+(A-B)^3}=\dfrac{A+B}{A+(A-B)}$。

证明这个猜想。

$$
\begin{aligned}
\frac{A^3+B^3}{A^3+(A-B)^3} &= \frac{(A+B)(A^2-AB+B^2)}{[A+(A-B)][A^2-A(A-B)+(A-B)^2]} \\
&= \frac{(A+B)(A^2-AB+B^2)}{[A+(A-B)](AB+A^2-2AB+B^2)} \\
&= \frac{A+B}{A+(A-B)}。
\end{aligned}
$$

猜想成立。

(三) 适当引入错误性问题

为什么教材中总是证实性问题? 似乎数学教材就不能出现任何错误。其实,有意识地安排一些错误的问题,可以让学生通过找到错误、纠正错误,经历从证伪到证实的过程,其教育意义更加丰满。

案例　求证: $\sin^2\alpha + \sin^2\beta - \cos^2\alpha\sin^2\beta + \cos^2\alpha\cos^2\beta = 1$。

这道题目本身是错误的,但作为教学材料却有自身的价值。首先是证伪,证明这个结论不成立,然后是改错,将这个等式进行改造,得到正确的恒等式。

首先,判断错误。判断结论不成立的方法较多。

(1) 特殊值验证法。

取一些特殊值代入式子,通过计算验证等式不能成立。例如,可以取 $\alpha = \beta = \dfrac{\pi}{2}$,则左边 $=2 \neq 1$。再如令 $\alpha = \dfrac{\pi}{6}$, $\beta = \dfrac{\pi}{3}$,则左边 $= \dfrac{5}{8} \neq 1$。

(2) 顺向推理验证。

$$
\begin{aligned}
左边 &= \sin^2\alpha + \sin^2\beta(1-\cos^2\alpha) + \cos^2\alpha\cos^2\beta \\
&= \sin^2\alpha + \sin^2\beta\sin^2\alpha + \cos^2\alpha\cos^2\beta \\
&= 1 - \cos^2\alpha + \sin^2\beta\sin^2\alpha + \cos^2\alpha\cos^2\beta \\
&= 1 + \sin^2\beta\sin^2\alpha - \cos^2\alpha\sin^2\beta \\
&= 1 + \sin^2\beta(\sin^2\alpha - \cos^2\alpha)。
\end{aligned}
$$

当且仅当 $\sin^2\beta = 0$ 或 $\sin^2\alpha = \cos^2\alpha$ 时等式成立。

(3) 逆向反证。

若上式成立,即 $\sin^2\alpha + \sin^2\beta - \cos^2\alpha\sin^2\beta + \cos^2\alpha\cos^2\beta = 1$,从而有

$$1 - \sin^2\alpha - \cos^2\alpha\cos^2\beta = \sin^2\beta - \cos^2\alpha\sin^2\beta。$$

因此，$\cos^2\alpha\sin^2\beta = \sin^2\alpha\sin^2\beta$，即 $\sin^2\beta = 0$ 或 $\sin^2\alpha = \cos^2\alpha$。

此结论仅当 $\beta = k\pi$ 或 $\alpha = k\pi + \dfrac{\pi}{4}(k \in \mathbf{Z})$ 时成立。

其次，改正错误。

（1）从数学美角度考虑。

由于原来的题目中有 $\cos^2\alpha\sin^2\beta$ 和 $\cos^2\alpha\cos^2\beta$ 两者形式不对称，所以变化其中一个，而将前项 $\cos^2\alpha$ 变为 $\sin^2\alpha$，原题变为求证：

$$\sin^2\alpha + \sin^2\beta - \sin^2\alpha\sin^2\beta + \cos^2\alpha\cos^2\beta = 1。$$

通过证明，该式成立。

（2）推导改题。

$$\begin{aligned}
\text{原题左边} &= \sin^2\alpha + \sin^2\beta - \cos^2\alpha\sin^2\beta + \cos^2\alpha\cos^2\beta \\
&= \sin^2\alpha + \sin^2\beta - \cos^2\alpha\sin^2\beta + (1 - \sin^2\alpha)(1 - \sin^2\beta) \\
&= \sin^2\alpha + \sin^2\beta - \cos^2\alpha\sin^2\beta + 1 - \sin^2\alpha - \sin^2\beta + \sin^2\alpha\sin^2\beta \\
&= -\cos^2\alpha\sin^2\beta + 1 + \sin^2\alpha\sin^2\beta。
\end{aligned}$$

因此，要使等式成立，必须有 $-\cos^2\alpha\sin^2\beta + \sin^2\alpha\sin^2\beta = 0$。显然，可以将 $\cos^2\alpha$ 换成 $\sin^2\alpha$。

（3）用构造法改题。

$\because \sin^2\beta + \cos^2\beta = 1$，

$\therefore \cos^2\alpha(\sin^2\beta + \cos^2\beta) = \cos^2\alpha = 1 - \sin^2\alpha$，

$\therefore \sin^2\alpha + \sin^2\beta(1 - \sin^2\alpha) + \cos^2\alpha\cos^2\beta = 1$，

$\therefore \sin^2\alpha + \sin^2\beta - \sin^2\alpha\sin^2\beta + \cos^2\alpha\cos^2\beta = 1。$

也可以将原题改为：$\cos^2\alpha + \sin^2\beta - \cos^2\alpha\sin^2\beta + \sin^2\alpha\cos^2\beta = 1。$

观察原题第 3 项 $-\cos^2\alpha\sin^2\beta$ 是正弦与余弦之积，第四项也化成正弦加余弦之积，原题左边变成

$$\begin{aligned}
&\sin^2\alpha + \sin^2\beta - \cos^2\alpha\sin^2\beta + \sin^2\alpha\cos^2\beta \\
={}& \sin^2\alpha + \sin^2\beta(1 - \cos^2\alpha) + \sin^2\alpha\cos^2\beta \\
={}& \sin^2\alpha + \sin^2\beta\sin^2\alpha + \sin^2\alpha\cos^2\beta \\
={}& \sin^2\alpha + \sin^2\alpha(\sin^2\beta + \cos^2\beta) \\
={}& \sin^2\alpha + \sin^2\alpha。
\end{aligned}$$

只须将第一项 $\sin^2\alpha$ 改为 $\cos^2\alpha$ 即可。

同样方法，可将原题改为：

$$\sin^2\alpha + \cos^2\beta + \cos^2\alpha\sin^2\beta - \sin^2\alpha\cos^2\beta = 1，$$

$$\sin^2\alpha + \cos^2\alpha\sin^2\beta + \cos^2\alpha\cos^2\beta = 1。$$

（4）添加条件。

在原题中增加条件 $\alpha = k\pi + \dfrac{\pi}{4}(k \in \mathbf{Z})$，则原题成立。

可见，对一个错误问题的恰当处理，充分展示了数学探究的魅力，可以达到训练学生数学抽象、逻辑推理和直观想象等数学关键能力的目的。

第五章　发展学生数学核心素养的教学实施

本章讨论发展学生数学核心素养教学实施的问题。从内容上分,数学教学主要包括概念教学、命题教学和解题教学三类,因此下面从这三个方面分别展开论述。要说明的是,概念、命题、解题教学中都可能会涉及到 6 个数学核心素养,但是,三个内容的特殊性决定了它们的主要指向,即不同内容的教学可能会有主要指向的核心素养要素。下面的论述主要针对概念教学、命题教学和解题教学各自主要涉及的核心素养,不讨论三类教学中所涉及到的次要核心素养。

第一节　在概念教学中培养学生的核心素养

依据教育心理学关于概念学习的理论,概念教学指向的核心素养主要是数学抽象和演绎推理。

一、概念教学的基本形态

概念是对事物本质的反映,是对一类事物的概括和表征。从知识角度看,概念是知识组成的基本单元,因此,概念学习就是知识学习的逻辑起点。

数学概念学习的基本形态主要是 4 种:概念形成、概念同化、概念抽象、问题引申。教学是建立在学习理论之上的,因而概念教学应当从概念学习谈起。

(一)概念学习的形式

1. 概念形成

在第四章第三节讨论"归纳形成教学模式时,给出了概念形成的定义以及概念形成的教学策略,这里不再作详细阐述。简单地说,在概念学习中,概念形成是指人们对同类事物中若干不同例子进行感知、分析、比较和抽象,以归纳方式概括出这类事物的本质属性从而获得概念的方式。简单地说,概念形成是从特殊到一般获得概念的方式。

从概念形成的心理过程来看,学习新概念必须依赖原有的知识与经验,没有原来的知识和经验作为基础,就难以概括出这些例子的本质属性。

2. 概念同化

学生在学习概念时,以原有的数学认知结构为依据,将新概念进行加工,如果新知识与原有认知结构中适当的观念相联系,那么通过新旧概念之间的相互作用,新概念就会被纳入原有认知结构中,使原有认知结构得到改组或扩大,这一过程称为同化。在教学中,教师利用学生已有的知识经验,以定义的方式直接提出概念,并揭示其本质属性,由学生主动地与原有认知结构中的有关概念相联系去学习和掌握概念的方式,叫做概念同化。从教学操作看,概念同化是先给出概念的定义,然后再用例子去解读定义,因此,概念同化是从一般到特殊获得概念的过程。

概念同化的心理过程包括以下几个阶段:(1)辨认。辨认包含了对已有知识的回忆和重现,辨认新概念中要用到哪些已有的概念? 新旧概念之间是什么关系? 例如,在学习"菱形"概念时,在给出菱形的定义之后,学生必须对"四边形"和"平行四边形"等相关概念进行回忆和辨认。(2)同化。建立新概念与原有概念之间的联系,把新概念纳入原有认知结构中,同时对原有认知结构进行改组,构建一种新的认知结构。例如,上述关于菱形概念的学习,学习者须找出菱形与平行四边形的联系和差异,探讨除与平行四边形具有的共同性质之外,菱形所独有的性质,从而将菱形概念纳入认知结构,扩大原有认知结构,形成一种新的认知结构。(3)强化。通过给出一些新概念的正例和反例,让学生通过进一步的辨认去实现对新概念的理解。

概念同化的本质是利用已经掌握的概念获取新概念,因此概念同化学习方式必须具备一定的条件。从客观方面看,学习材料必须有逻辑意义;从主观方面看,学习者应当具备同化新知识所需的知识经验,而且还应有积极学习的心向。

概念同化以学生的间接经验为基础,以数学语言为工具,依靠新旧概念的相互作用去理解概念,因而在教学方法上多是直接呈现定义,与奥苏伯尔提倡的"有意义接受学习"的思想是一致的。由于数学概念具有多级抽象的特点,学生学习新概念在很大程度上依托原有认知结构,因此概念同化方式是概念教学中经常使用的方式,而且这种方式更有利于高年级学生的学习。

3. 概念抽象

在第二章第三节中,我们讨论了数学抽象的两种形式。从抽象的来源分析,数学抽象的来源主要是两条途径。第Ⅰ类抽象:对现实事物的抽象。这种抽象主要是抽象出数学概念、规则、模型。第Ⅱ类抽象,对数学对象的抽象,即在已有数学概念、命题基础上抽象出新的概念、命题、模型,也可以抽象出数学思想方法和数学结构体系。对于第Ⅱ类抽象又包括弱抽象、强抽象和广义抽象三种类型。

所谓概念抽象,是指在原有概念基础上,满足下面 3 个条件之一从而获得新概念的学习方式。

(1) 削弱条件:指减少条件个数或者缩小概念内涵;

(2) 加强条件:指增加条件个数或者扩大概念内涵;

(3) 替换条件:指用新的条件替换原来的条件。

显然,缩小概念内涵的本质是弱抽象,而扩大概念内涵的本质是强抽象。

概念抽象学习方式,是由一个概念去获得另一个概念的过程,因而可理解为是从特殊到特殊获得概念的方式。当然,削弱条件中的弱抽象形式又可理解为从特殊到一般的过程;加强条件中的强抽象形式又可理解为从一般到特殊的过程。

例如,等差数列的定义,定义 1:数列 $\{a_n\}$ 若能满足 $a_n=a_{n-1}+d$,其中 $n \geqslant 2, n \in \mathbf{N}$,则称数列 $\{a_n\}$ 是等差数列。如果我们给出更一般的差比数列定义,定义 2:数列 $\{a_n\}$ 若能满足 $a_n=Aa_{n-1}+B$,其中 $n \geqslant 2, n \in \mathbf{N}, A, B$ 是实数,则称数列 $\{a_n\}$ 是差比数列。如果先学习定义 1 再学习定义 2,那么这是一个弱抽象过程,从逻辑学上看,是缩小了概念的内涵,从而增大了概念的外延。事实上,限制一个条件,即 $A=1$ 时,就是等差数列的定义。反之,如果先学习定义 2 再学习定义 1,就是一个强抽象过程,此时加大了概念的内涵,从而缩小了概念的外延,包含的对象范围变小了。总之,主述两种学习形式就是满足了概念抽象定义中的第(1)或第(2)条:削减条件或加强条件。

又如,一个数列中,如果后项与前项之差等于常数,那么这个数列称为等差数列。现要把条件改为:一个数列中,如果后项与前项之比等于常数,那么它又是一个什么数列呢? 于是产生了等比数列的概念。我们还可以思考,一个数列中,如果后项与前项之和等于常数,那么它叫做什么数列? 一个数列中,如果后项与前项之积等于常数,那么它又是一个什么数列? 等等,这种学习方式就是满足概念抽象中的第(3)条:条件替换,从而产生了一个新的概念。

4. 问题引申

有些数学概念的产生,是源于由于解决问题的需要,在解决问题中自然生成或必须定义的概念。这里的问题包括现实生产生活中的问题,更多的是数学内部自己的问题。所谓问题引申,是指通过问题解决的过程去生成概念的学习方式。

例如,求正方形的面积 $S=a^2$,求圆的面积 $S=\pi r^2$,等等,在解决一大类问题时都出现了自变量的次数为 2 的函数,而不是一种偶然的或独特的现象,因而有必要研究这类函数的性质,故将其取名为二次函数。

（二）概念教学的基本模式

1. 概念形成模式

在第四章我们已经讨论了概念形成教学模式（见图 4.3.12），这里对模式中的"概念应用"作一解释。

概念用于解决问题分为两种水平：第一,概念在知觉水平上应用,指学生获得同类事物的概念以后,当遇到这类事物的特例时,就能立即把它看作是这类事物中的具体例子,将其归入一定的知觉类型。例如,学生在学习了等比数列的概念后,能正确判断一个特殊的数列是否为等比数列,那么就达到了概念的知觉应用水平。知觉水平的应用也是有差别的,低层次水平是指只能判断个别的、典型的特例是否属于概念的外延;高层次水平是指可以对概念的所有特例作出判断。第二,概念在思维水平上应用有两层涵义,一是指学生学习的新概念被类属于包摄水平较高的原有概念中,因而新概念的应用必须对原有概念进行重新组织和加工,以满足解决当前问题的需要;二是指应用中要涉及多个概念,而不仅仅是用到当前学习的概念,显然,这是指概念的综合运用。例如,学生在学习了等比数列的概念后,在解答有关等比数列的综合问题时,等比数列的"典型定义"可能很难奏效,而需要用到等比数列的另一些等价定义去解答,或者可能多个概念去解决问题,因此要对概念系统进行重新组织和加工方能解决问题。

应用概念建立命题是学习概念最主要的目的。概念是构成命题的基本成分,学习者能否理解命题或应用命题在很大程度上依托于对概念的理解程度。更重要的是,建构一个命题可能不只是用到一个概念,往往会用到多个概念,如果学习者能深刻理解命题并能熟练应用命题,学习者就可以认为达到了对组成命题的诸多概念在思维水平上的应用。

2. 概念同化模式

概念同化的教学模式如图 5.1.1。

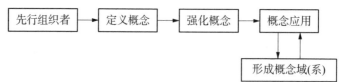

图 5.1.1　概念同化教学模式

操作程序：

（1）教师呈现"先行组织者",为新概念的引入作铺垫。先行组织者与所要学习的概念之间可以是上位、下位或并列关系,它们是学生已经习得的观念。

（2）教师给出概念的定义。

（3）教师引导学生仔细辨认概念与已经学习过的有关概念之间的异同,剖析概念的结构,揭示概念内涵,明辨概念外延,充分利用已有观念同化新概念。

（4）采用由学生举出更多概念的正例,教师举出反例让学生识别和判断的方法,强化学生对概念的理解。

（5）概念应用。包括概念的直接应用和讨论概念的性质,而讨论概念的性质就转入命题学习阶段。

（6）逐步形成概念域和概念系,这一阶段往往要经历概念的多次应用（在思维水平上的应用）后方能实现,它不仅与已学过的概念相关,而且还与以后要学习的概念相关,因此,概念表征是一个不断深化、精制的过程。

事实上,概念形成与概念同化不是相互独立的,概念形成包含着同化的因素,要用具体的、直接的感性材料去同化新概念。同样,概念同化也不能脱离分析、抽象和概括,因而含有概念形成因素。在教学中,不宜单纯地使用一种学习方式去进行概念教学,概念形成的教学形式比较耗费教学时间,但有利于培养学生观察和发现问题的能力;概念同化的教学形式可以节约教学时间,利于培养学生的逻辑思维能力。因此在概念教学中,应当把两种方式结合起来,根据不同的教学内容选用不同的教学形式,这样才能达到培养学生综合素质的目的。

3. 概念抽象模式

概念抽象的教学模式如图 5.1.2。

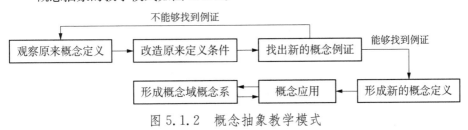

图 5.1.2　概念抽象教学模式

操作程序:

（1）观察辨析。学习者对已学概念的定义进行观察,辨析各条件的特征。

（2）提出猜想。试图改变条件,可采用增加条件或者减少条件,也可以采用扩大原概念内涵或者减小原概念内涵的方式,还可以采用条件替换方式,提出一个新概念的猜想。

（3）检验猜想。找到新概念的例证，即找到能够满足新概念定义的例子，例子宜多不宜少。

（4）修正完善。如果找不到新概念的例证，那么可能要推翻自己的猜想，再观察原定义提出新的设想；如果能找到多个例子，那么可以考虑保留和完善这个定义，形成一个新的概念。

（5）在概念应用中形成概念域和概念系。

4. 问题引申模式

问题引申教学模式见图5.1.3。

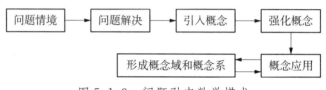

图5.1.3   问题引申数学模式

操作程序：

（1）教师创设一个问题情境，把待学习的概念设置于一个问题之中。

（2）教师引导学生解决问题。

（3）在解决问题的过程中引入概念。

（4）使用正例和反例对概念进行强化，加深对概念的理解。

（5）解决与概念相关的问题。

（6）在概念应用中形成概念域和概念系。

其实，数学的产生和发展多是源于问题，从这个意义上说，问题引申就应当是概念教学中应当多使用的一种方式。

数学概念的特殊性决定了概念教学有自己的规律，针对6种数学核心素养，必然有与概念教学密切相关的某些要素，更具体地说，上述概念教学的4种基本形态可能与某些核心素养有更加密切的内在联系，通过概念教学的不同形式，可以更加有效地实现培养某种数学核心素养的目标。下面对这个问题进行专门论述。

二、指向核心素养的概念教学

一方面，概念本身就具有概括性，而概括需要一个抽象的过程，因而概念形成与数学抽象之间就有了紧密的关联；另一方面，从原有概念去学习新的概念本身又是一个抽象过程，可能是强抽象也可能是弱抽象，因而概念抽象与数学抽象也密切相关。

（一）在概念形成教学中培养数学抽象能力

　　数学抽象是指通过对数量关系和空间形式的抽象,得到数学研究对象,包括从数量与数量关系、图形与图形关系中抽象出数学概念及概念之间的关系,从事物的具体背景中抽象出一般规律和结构,并且用数学语言予以表征。

　　考察这个定义,就概念学习而言,可以看到抽象源有两条,一是从数学概念到数学概念的抽象,一是从事物的具体背景中抽象出数学概念,而这两条抽象源恰好与概念形成的学习过程殊途同归。概念形成开始提供的例子或者是数学例子或者是有共同属性的现实生活例子,形成过程就是抽象过程,因此,概念形成是培养学生数学抽象能力的一条有效途径。

　　一般说来,最开始的概念学习往往采用从事物的具体背景中抽象出数学定义,随着学习的深入,学生头脑中已经贮存了大量的概念,此时的概念学习主要是从概念到概念的抽象。

　　让学生经历概念形成的过程是整个教学的核心,只有经历了,才会有感悟、体会和心得。数学活动经验从何而来? 显然来自数学活动,数学活动不仅仅是身体的参与,更重要的是智力的参与。在概念形成教学中,教师不是直接把概念的定义抛给学生,而是要学生建构概念,要从一组实例中概括出它们的本质属性。整个活动中,学生的经历非常重要,要有独立思考,也可以小组合作,在协商、互动中形成概念。经过长期的训练,学生会形成对事物的概括意识,提升概括能力,发展数学抽象。

案例　小学生学习梯形概念的形成方式。

　　首先,教师给出一组图形(如图 5.1.4)让学生观察,要他们找出这组图形的共同属性。

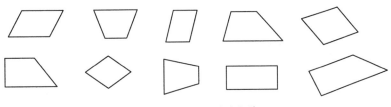

图 5.1.4　一组图形

　　学生可以发现,它们都是四边形。哪些是平行四边形呢? 将平行四边形去除,余下的是下面 5 个图形(如图 5.1.5)。

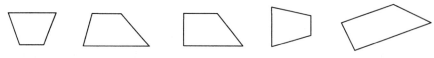

图 5.1.5   去除平行四边形之后余下的图形

让学生观察,这组图形有什么共同的特点? 独立思考,小组合作,全班交流。

老师告诉学生,图 5.1.5 中的图形叫做梯形。然后让学生试着给出梯形的定义,学生可能会得到如下一些定义:

(1)有一组对边平行,另一组对边不平行的四边形叫做梯形。

(2)有一组对边平行,另一组对边延长后相交的四边形叫做梯形。

(3)有一组对边平行,平行的这组对边长度不相等的四边形叫做梯形。

(4)只有一组对边平行的四边形叫做梯形。

教师小结,给出梯形的简单表述定义。

显然,这是对空间形式的抽象,得到数学概念的过程。它是从"平行"概念出发,并与平行四边形区别开来所得到的一个新的概念,这本身就是一个数学抽象的过程。

(二)在概念抽象教学中培养数学抽象能力

随着年级的增高,学生数学概念的积累越来越多,因而概念学习更多的是概念抽象形式。概念形成是一种通过实例去概括它们共同本质属性的过程,主要的认知因素是观察、归纳和概括。与概念形成不同,概念抽象则是一种探究过程,主要认知因素是直觉、猜想和推理。无论是在原概念的基础增加或减少条件去得到一个新概念,还是要通过缩小或扩大原来概念的内涵得到一个新概念,都不是一件简单的事情,学习者必须借助于自己已有的知识基础和数学活动经验,具备观察、归纳、概括、推理能力,同时还得具备一定的合情推理能力。其实,这些能力也就是一个人要完成数学抽象所应具备的基本能力,没有这些能力作为基奠,发展数学抽象就只能是建造空中楼阁。

案例   任意角的正弦、余弦、正切、余切。

第一步,从锐角的正弦、余弦、正切、余切引入。如图 5.1.6,在直角三角形 ABC 中,$\angle C = 90°$,$\angle A$、$\angle B$、$\angle C$ 的对边边长分别记为 a、b、c,称 a 与 c 的比值为锐角 A 的正弦,记为 $\sin A = \dfrac{a}{c}$。 同样有定义 $\cos A = \dfrac{b}{c}$,

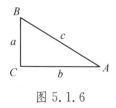

图 5.1.6

$\tan A = \dfrac{a}{b}$，$\cot A = \dfrac{b}{a}$。

第二步，如图 5.1.7，将直角三角形 ABC 置于平面直角系中，点 A 与坐标原点 O 重合，则 $A(0, 0)$。设 $C(x, 0)$，$B(x, y)$，那么点 B 与原点的距离 $r = \sqrt{x^2 + y^2} > 0$。根据锐角的正弦、余弦、正切、余切的定义，有

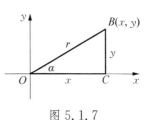

图 5.1.7

$$\sin\alpha = \frac{|CB|}{|OB|} = \frac{y}{r}，\quad \cos\alpha = \frac{|OC|}{|OB|} = \frac{x}{r}，$$

$$\tan\alpha = \frac{|CB|}{|OC|} = \frac{y}{x}，\quad \cot\alpha = \frac{|OC|}{|CB|} = \frac{x}{y}，$$

分别称为角 α 的正弦、余弦、正切、余切。应当注意的是，当 $\alpha = k\pi + \dfrac{\pi}{2}(k \in \mathbf{Z})$，即角 α 的终边位于 y 轴上时，$\tan\alpha = \dfrac{y}{x}$ 无意义；当 $\alpha = k\pi(k \in \mathbf{Z})$，即角 α 的终边位于 x 轴上时，$\cot\alpha = \dfrac{x}{y}$ 无意义。

这个教学过程，就是采用缩小概念内涵的弱抽象方式引入任意角的正弦、余弦、正切、余切概念，应当是一种有效的教学方式。

（三）在概念同化教学中培养演绎推理能力

概念同化教学方式是将定义先展示出来，学生利用先前知识与新知识的相互作用理解新知识，然后用例子来说明概念进而加深对概念的理解，由包摄程度高的观念去理解具体的观念，这个过程是一种演绎逻辑。

例如，在学习函数的一般概念时，要研究函数的单调性、奇偶性等一类函数的性质，接下来研究具体的幂函数、指数函数、对数函数时，就要讨论它们的单调性、奇偶性等性质。因为有了一般函数 $y = f(x)$ 关于单调性、奇偶性的定义作为基础，再研究具体的函数的相关性质就成为演绎推理。

在奥苏伯尔看来，将最一般的概念作为起始内容，再学习更加具体的概念，这样的教学内容安排更利于知识的同化。其实，分析这个论断，它是有一定合理性的。相对于需要一定发散思维介入的归纳方式而言，演绎是一种聚合、收敛的思维形式，思维的指向更加明确，因而思维会更流畅。奥苏伯尔将概念同化称为归属学习，这种学习的特点是：①它们同以后的课题有着最特殊的和直接的关系；②它们具有充分的解释力，使不那么任意的事实细节成为有潜化意义的；③它们具有充分内在的稳定性从而为新习得的详细意义提供

典型的最坚实的固着点；④它们根据一个共同的主题把有关的新事实组织起来，因此，它们既把新知识的各种组成要素相互加以整合，又把这些要素同现有知识加以整合。[①] 奥苏伯尔的这一段论述，充分说明了概念同化这种学习方式特有的价值。

（四）在问题引申教学中培养演绎推理能力

问题引申教学是指通过解决问题而自然滋生数学概念。问题主要分为两种类型，第一类是现实生活中的问题，解决这类问题的方法主要是数学建模，数学建模的过程涉及的能力是数学抽象与演绎推理，但产生新概念的情形不多。第二类是数学领域本身的问题，解决这类问题就可能产生新的概念或方法。

因为在明确问题之后，解决问题的过程主要是演绎推理，所以采用问题引申教学就能直接指向对学生演绎推理能力的培养。

案例　合并同类项的教学。

1. 设置问题情境

问题 1：求多项式 $-4x^2y + 2x^2y - 7x^2y$ 的值，其中 $x = \dfrac{1}{3}, y = -2$。

学生在直接代入求值的解法中，发现要多次计算 $x^2y = \left(\dfrac{1}{3}\right)^2 \cdot (-2)$。

教师提出问题：能不能使解题过程简捷些？

学生讨论后得到思路：把 x^2y 看成整体，即先计算 x^2y 的值再代入。

教师再问：能不能使上面的解题过程再简化呢？

学生发现：$-4x^2y, 2x^2y, -7x^2y$ 中的字母部分完全相同，不论 x, y 取什么样的值，不同项中的 x, y 都表示同一个数，于是用□表示 x^2y，那么原式即为：$-4□+2□-7□$。

根据乘法对于加法的分配律，可以化简为：$(-4+2-7)□=-9x^2y$。然后再代入计算，即先合并，再计算。（至此，学生已发现了合并同类项法则）

2. 揭示同类项概念的内涵

问题 2：当 $x = -\dfrac{1}{2}$ 时，计算 $3x^3 - 5x + 9x^3 - 4x^3 + 1$ 的值。

围绕以下问题讨论本题的解法：怎样才能得到简捷的解法？（使用"先合

---

① 奥苏伯尔，等.教育心理学——认知观点[M].余星南，宋钧，译.北京：人民教育出版社，1994：66.

并,再代入"的方法)

教师提问:为什么能把 $3x^3$,$9x^3$,$-4x^3$ 合并处理呢? 为什么不能把 x 与 x^3 合并处理呢? 那么什么样的项才能合并呢?(字母部分完全相同)

教师追问:什么叫做"字母部分完全相同"? 为什么要求字母部分完全相同?(因为只有这样,才能保证字母部分表示同一个数)

3. 课堂练习

把下列式中可以合并的项尽可能地合并起来,并对解题过程进行讨论(哪些项可以合并? 判别标准是什么? 怎样合并? 合并的根据是什么?)(题目略)

4. 概括并给出同类项的定义和合并同类项的法则

练习(略)。

这个教案的鲜明特征是它颠覆了传统教学中先讲"同类项"概念,然后再讲"合并同类项"法则的模式,这样的顺序其实并不是知识发生的顺序,而是知识表述的逻辑顺序。这种表述方式掩盖了概念产生的问题背景,使学生难以投入到学习活动中去,在很多时候学生只能通过死背和大量的练习来代替理解。

上面教案的成功之处就在于通过设计一个初始问题,让学生在解决这个问题的过程中,进行思考、创造,在得到"先合并,再代入"的方法后,在解决的过程中抽象出"同类项"的概念。同类项概念产生,是在为了简化解决问题的方案中产生的,并不是先定义了同类项概念,再研究怎样合并同类项,从而使学生明白了"概念是为了解决问题而定义的"道理。同时,解决问题就是让学生经历了一系列的演绎推理过程,使逻辑推理得到充分的训练,实现在问题引申中培养演绎推理。

第二节　在命题教学中培养学生的核心素养

将数学中的公理、定理、公式、法则、性质等的学习统称为命题学习(规则学习)。由于数学命题是由概念组合而成(当然,概念的定义形式也是命题),反映了数学概念之间的联系,因此就复杂程度而言,命题学习应高于概念学习,主要体现在命题的应用方面。

一、命题教学的基本形态

相对于概念而言,数学命题显得更加重要,因为概念的建立主要是为命题建构起奠基作用的。换一个角度看,概念的定义本质又是满足充要条件的命题,因此概念定义就是一个知识体系中的基本命题,或者说是推导其他命题的起始命题。

(一)命题学习的基本形式

奥苏伯尔将有意义学习分为五类:表征学习、概念学习、命题学习、解决问题的学习与创造学习。[1] 奥苏伯尔又将命题学习单独列为一类学习,而且又根据原有观念(命题)与新观念的关系,将命题学习的形式分为三类,即下位学习、上位学习和并列学习。作为数学学习的特殊性,我们增加一种命题的学习形式——同位学习。

1. 上位学习

当学习者认知结构中已经形成了一些观念,在这些观念基础上学习一个包摄程度更高的观念称为上位学习。对于命题来说,就是在原来命题基础上学习一个更加一般化的命题,使原来命题成为新学习命题的特例。其实,这时两个命题之间可视为是一种弱抽象关系。

例如,下面由命题1到命题2的学习就是上位学习。

命题1:设 a,b 是正实数,则 $a+b \geqslant 2\sqrt{ab}$,当且仅当 $a=b$ 时取等号。

命题2:设 $a_i(i=1, 2, \cdots\cdots n)$ 是正实数,则 $\sum_{i=1}^{n} a_i \geqslant n\sqrt[n]{\prod_{i=1}^{n} a_i}$。

又如,命题1:三边对应相等的两个三角形全等。命题2:三边对应成比例的两个三角形相似。前者是后者相似比等于1的特殊情形,因此从命题1到命题2的学习是上位学习。

2. 下位学习

当原认知结构中的有关观念在其包摄和概括水平上高于新学习的观念,称这种学习为下位学习。在命题学习中,下位学习指新学习的命题是原来命题的特例。下位学习与上位学习是两种相反的学习方式,也是数学命题学习中常见的形式。满足下位学习的两个命题之间可视为强抽象关系。

其实,学习了某一条定理之后,要去解决利用这个定理直接解决的问题,都可视为下位学习。例如,学习了正弦定理,要去解决满足正弦定理条件的一个具体问题,就是典型的下位学习。

3. 并列学习

如果新命题与已学过命题之间既非上位关系,也非下位关系,但在学习新命题时要用到原来学习过的命题,或者两者之间存在一种潜在的、内隐的关系,则称这种新命题的学习方式为并列学习。

---

① 邵瑞珍. 教育心理学(修订本)[M]. 上海:上海教育出版社,1997:42-69.

在平面几何体系中,后面定理的证明一般都要用到前面的某些定理,多是并列学习形式。还有一种情况,就是定理之间存在内隐性联系。例如,梯形的面积公式 $S=\frac{1}{2}(a+b)h$ 与等差数列的求和公式 $S_n=\frac{1}{2}(a_1+a_n)n$ 之间就有一种内在的联系,教师在讲解等差数列的求和公式时,如果是从梯形的面积公式入手,引导学生去探究等差数列的求和公式,那么这样的学习也是并列学习。

4. 同位学习

所谓同位学习,是指对等价命题或同构命题网络的学习。等价命题是指两个命题在逻辑意义上的等价,即它们之间能够相互推出。同构命题网络是指两组命题分别位于两个不同的结构体系中,在每个体系中的命题是相互等价的,两个体系中的命题是一一对应关系。同位学习是并列学习的特殊形式,推导命题 B 时要用到命题 A,从这个意义上说,先学 A 再学 B 就是并列学习。但是,命题 A 与命题 B 的地位是相同的,因为 B 同样可以推出 A。

同位学习是数学命题学习特有的形式,它是由数学命题可能具有的等价形式决定的。例如,在学习了命题"同位角相等,两直线平行"之后,再学习命题"内错角相等,两直线平行"就是同位学习,因为两个命题是等价的。事实上,这两个命题可以用任何一个命题作为先学材料,另一个作为后学材料,逻辑上都是顺理的。

对上面命题学习的 4 种形式,我们要作一些说明。

第一,概念之间的强抽象与弱抽象关系与命题学习中的上位与下位之间是有差异的。譬如,如果概念 A 与概念 B 是强抽象关系,并不意味着概念 B 的性质就一定是概念 A 性质的特例。也就是说,B 是 A 的特例,但并不是说 B 的性质就是 A 的特例。例如,长方形是平行四边形的特例,但是长方形的一些性质(相邻两边的夹角是直角,对角线的长相等)是平行四边形不具有的。

第二,将奥苏伯尔提出的命题学习三种形式与命题域、命题系进行对照,可以发现,命题系的形成是通过上位学习和下位学习实现的。并列学习是指新、旧概念之间没有从属关系,与此对应,广义命题系的形成就是通过并列学习构建的。那么,命题域和广义命题域的形成应当对应哪种学习形式呢? 显然,奥苏伯尔没有考虑到这类命题的学习形式,为此,我们引入同位学习的概念。于是,命题域的形成是通过同位学习实现的。这样,也就得到命题学习的如下关系[1]:

---

[1] 喻平. 论数学命题学习[J]. 数学教育学报,1999,8(4): 2-6,19.

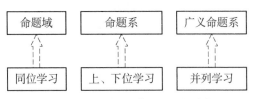

图 5.2.1　命题学习三种形式

(二) 命题教学的基本模式

命题教学主要是两种方式,一种是设置恰当情境,引导学生归纳出命题;另一种是直接展示命题。这两种命题教学方式的培养目标指向是不同的,归纳命题方式关注的是培养学生分析、概括、归纳能力,目标指向数学抽象、合情推理、直观想象和数学建模等数学核心素养。直接展示命题方式以培养推理能力、应用能力为主,目标指向演绎推理、直观想象。

我们将归纳方式、展示方式分别命名为归纳衍生教学模式和结果呈现教学模式。

1. 归纳衍生教学模式

归纳衍生教学模式的论述见第四章第三节,这里再作两点说明。

第一,设置情境的常用方式:(1)问题开放化。将命题设计成一个开放性问题,对开放性问题的探究归纳出命题。(2)问题特殊化。从命题的特殊形态开始探究,逐步推广到一般情形得到命题。(3)问题变式化。可以通过图形、公式、规则的变式形态,归纳出命题。(4)问题现实化。是将命题变成一个现实生活中的问题,或由解决现实问题从而归纳出命题的方式。

第二,对于可以采用多种证明方法的命题,应当进行多种证明,开拓学生的思路,同时可以掌握每个方法中蕴涵的思想方法。

2. 结果呈现教学模式

结果呈现模式是指由教师直接展示命题去学习命题的教学方式,其程序见图 5.2.2。

图 5.2.2　结果呈现教学模式

结果型模式是广大教师经常使用的命题教学模式,应当强调的是,整个教学必须要有学生的积极参与,通过启发、协商和交流去构建知识,使学生的学习真正成为有意义的接受学习,不是机械学习。

二、指向核心素养的命题教学

应当说,学习数学命题的主要目的是为了理解数学理论,领略数学思想方法,能运用这些理论去解决问题,发展数学运算、数学推理、直观想象、数学建模、数据分析等核心素养。同时,命题学习还有另一层涵义,就是发现命题而不仅仅是掌握命题,因为这对于培养学生的合情推理能力显得十分重要。

（一）在归纳衍生教学中培养合情推理能力

使用归纳衍生命题教学模式,设置情境的途径之一是将问题特殊化。特殊化是一种重要的数学思想方法,不仅在命题教学中可以有效运用,就是在日常教学中也应当经常采用。

特殊与一般是相辅相成的。定理的一般形式,大多是从一些初等的简单事实经过抽象、概括、归纳后形成一般形式的。反过来,在求解一般性的题目时,常常从一些简单的特例开始,在解决特例的过程中找出解决一般问题的方法。

案例　证明：如果 a_1, a_2, $\cdots$, a_n 是小于 1 的正数,而 b_1, b_2, $\cdots$, b_n 是这些数的某一种排列,那么所有的数 $(1-a_1)b_1$, $(1-a_2)b_2$, $\cdots$, $(1-a_n)b_n$ 不可能都大于 $\dfrac{1}{4}$。

分析　取 $n=1$ 的情形,此时必有 $a_1=b_1$,所以

$$(1-a_1)a_1 = -\left(\frac{1}{2}-a_1\right)^2 + \frac{1}{4} \leqslant \frac{1}{4}。$$

当 $n=2$ 时,可以排序,使得

$$(1-a_1)a_1 \cdot (1-a_2)a_2 \leqslant \frac{1}{4} \cdot \frac{1}{4} = \left(\frac{1}{4}\right)^2。$$

所以不可能有两个因子都大于 $\dfrac{1}{4}$。

对于一般的 n,将 b_1, b_2, $\cdots$, b_n 作调整,可使

$$(1-a_1)b_1 \cdot (1-a_2)b_2 \cdot \cdots \cdot (1-a_n)b_n = (1-a_1)a_1 \cdot (1-a_2)a_2 \cdot \cdots \cdot$$

$(1-a_n)a_n \leqslant (\frac{1}{4})^n$。

所以不可能 n 个因子都大于 $\dfrac{1}{4}$。

在命题教学中,可以利于这种思想来设计教学。

> **案例**　正弦定理的教学设计一。

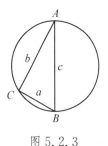

图 5.2.3

第一步。考虑特殊情形。在一个圆内构造一个直角三角形,如图 5.2.3,$\triangle ABC$ 是直角三角形,$\angle C$ 是直角,$\angle A$、$\angle B$、$\angle C$ 对应的三边长分别为 a、b、c。探讨这个三角形有什么性质。

设圆的半径为 R,则 $c = 2R$。 由图中可以看到

$$\sin A = \frac{a}{c}, \ \sin B = \frac{b}{c}。$$

因此可得 $2R = c = \dfrac{a}{\sin A} = \dfrac{b}{\sin B}$。

这是一个很漂亮的结果。根据它的对称性,可以猜想对于圆内任意的内接三角形,可能会有同样的结果,即

$$2R = \frac{a}{\sin A} = \frac{b}{\sin B} = \frac{c}{\sin C}。$$

第二步,探究一般情形。如图 5.2.4,经过 A 点作圆的直径,与圆相交于点 D,联结 CD、BD。所以 $\angle ACB = \angle ADB$,$\angle ABC = \angle ADC$。 于是可以得到:

$$\sin\angle ACB = \sin\angle ADB = \frac{c}{2R},$$

$$\sin\angle ABC = \sin\angle ADC = \frac{b}{2R}。$$

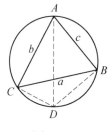

图 5.2.4

所以 $\dfrac{c}{\sin C} = \dfrac{b}{\sin B} = 2R$。

同理,如果过 B 点作圆的直径,可以得到 $\dfrac{a}{\sin A} = \dfrac{b}{\sin B} = 2R$。

因此,得到 $\dfrac{a}{\sin A} = \dfrac{b}{\sin B} = \dfrac{c}{\sin C} = 2R$。 这就是正弦定理。

这个设计将教学作为一个探究过程,以从特殊到一般的数学思想方法作为主线,合情推理融入其中,体现了核心素养培养的教学目标。

(二)在归纳衍生教学中培养数学建模能力

使用归纳衍生命题教学模式,设置情境的途径之二是将问题现实化。通过解决现实生活中的问题,建立数学模型来抽象出数学命题。

案例 **正弦定理的教学设计二。**

第一步,设置现实情境。为了观察海面上船只的航行情况,在海岸上设计了两个观察塔 A 和 B。某日两个观察塔同时观测到海上有一只船发出了求救信号,这只船在 C 处抛锚。在 A 处观测到抛锚船在北偏西 $45°$ 方向,B 处观测到抛锚船在北偏西 $60°$ 方向。已知 B 在 A 的正东方向 10 千米处(图 5.2.5),现在要确定抛锚船与两个观察塔的距离分别是多少。

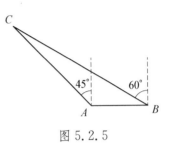

图 5.2.5

第二步,将具体问题抽象为数学问题。这是一个满足某些条件要求三角形的其他要素的问题。

在 $\triangle ABC$ 中,$\angle A = 135°$,$\angle B = 30°$,$\angle C = 180° - \angle A - \angle B = 180° - 135° - 30° = 15°$。$AB = 10$ 千米。求 AC 与 BC 的长。

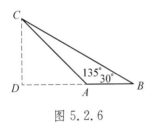

图 5.2.6

第三步,解决这个数学问题。如图 5.2.6,过 C 作 AB 的垂线与 BA 的延长线相交于 D 点。则 $\triangle ABC$ 的面积为

$$S_{\triangle ABC} = \frac{1}{2} AB \cdot CD = \frac{1}{2} AB \cdot AC \sin A。 \qquad ①$$

同理可得 $S_{\triangle ABC} = \frac{1}{2} AC \cdot BC \sin C。 \qquad ②$

①÷②得 $AB \sin A = BC \sin C$。

这个式子中,AB、$\sin A$、$\sin C$ 都是已知,因而可以求出 BC 的长。同理可以求得 AC 的长。

第四步,将具体问题推广到一般情形。上面这个问题解决了,那么它是否有一般性呢? 下面对一般性问题进行探究。

如图 5.2.7,以 $\triangle ABC$ 的顶点 A 为坐标原点,边 AB 所在直线为 x 轴,建立平面直角坐标系。将角 A、B 及 C 所对边的边长分别记为 a、b 及 c,则点 B、C 的坐标分别为 $(c, 0)$ 及 $(b \cos A, b \sin A)$。 于是 $\triangle ABC$ 的面积 $S_{\triangle ABC} = \frac{1}{2} AB \cdot h = \frac{1}{2} bc \sin A$。

同理可得 $S_{\triangle ABC} = \frac{1}{2} ac \sin B$,$S_{\triangle ABC} = \frac{1}{2} ab \sin C$。 因此得到三角形面积

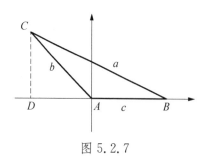

图 5.2.7

公式的另一个表达式：

$$S_{\triangle ABC} = \frac{1}{2}ab\sin C = \frac{1}{2}ac\sin B = \frac{1}{2}bc\sin A。$$

将上式同时除以 $\frac{1}{2}abc$，就得到

$$\frac{\sin A}{a} = \frac{\sin B}{b} = \frac{\sin C}{c}，即 \frac{a}{\sin A} = \frac{b}{\sin B} = \frac{c}{\sin C}。$$

于是就得到正弦定理。

上面的教学设计，是从一个具体的现实问题开始，逐步找到解决斜三角形的数学模型——正弦定理，体现了数学建模的一种思路，教学目标主要是培养学生的数学建模能力，同时又有数学抽象、逻辑推理等数学核心素养穿插其中。

（三）在归纳衍生教学中培养直观想象能力

使用归纳衍生命题教学模式，设置情境的途径还有问题开放化和问题变式化。在几何教学中，这两种方式往往相互渗透、相得益彰。

案例 如图 5.2.8，AB、AC 是圆的切线，ADE 是圆的割线，联结 CD、BD、BE、CE。

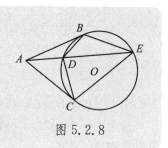

图 5.2.8

问题 1 由上述条件能推出哪些结论？

探究 1：由已知条件可知 $\angle ACD = \angle CED$，

而 $\angle CAD = \angle EAC$，

所以 $\triangle ADC \backsim \triangle ACE$。 ①

因此 $\dfrac{CD}{CE} = \dfrac{AC}{AE}$，

所以 $CD \cdot AE = AC \cdot CE$。 ②

同理可证 $BD \cdot AE = AB \cdot BE$。 ③

因为 $AC = AB$，所以由②、③可得

$$BE \cdot CD = BD \cdot CE \qquad \text{④}$$

思考：还能推出其他结论吗？

问题 2　将图 5.2.8 中的线段 AC 以 A 为中心顺时针旋转一定的角度，使 AC 不再是 $\odot O$ 的切线，得到图 5.2.9，此时能推出哪些结论？

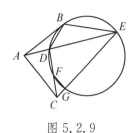

图 5.2.9

探究 2：由于点 C 在圆外，联结 CE，与圆相交于点 G，联结 CD 与圆相交于点 F，联结 FG。与探究 1 所得到的结论相比较，可以猜想 $\triangle ADC \backsim \triangle ACE$。

因为 $AB^2 = AD \cdot AE$，而 $AB = AC$，所以 $AC^2 = AD \cdot AE$，即 $\dfrac{AC}{AE} = \dfrac{AD}{AC}$。

又因为 $\angle CAD = \angle EAC$，所以

$$\triangle ADC \backsim \triangle ACE。\qquad \text{⑤}$$

同探究 1 的思路，可得到结论②、③、④。

另一方面，由于 F、G、E、D 四点共圆，所以 $\angle CFG = \angle DEG$。

又因为 $\angle ACF = \angle AEC$，所以 $\angle CFG = \angle ACF$，所以

$$FG \ /\!/ \ AC。\qquad \text{⑥}$$

思考：还能推出其他结论吗？

问题 3　将 AC 继续以 A 为中心顺时针旋转，使图 5.2.9 中的割线 CFD 变成切线 CD，得到图 5.2.10，此时又能推出什么结论？

探究 3：可以推出①～⑥的所有结论。

此外，由于 $AC \ /\!/ \ DG$，所以 $\dfrac{AD}{CG} = \dfrac{AE}{CE}$。由此推得：

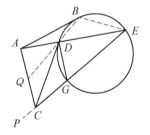

$$AD \cdot CE = AE \cdot CG。\qquad \text{⑦}$$

又因为 $\triangle ACD \backsim \triangle AEC$，所以 $\dfrac{CD}{CE} = \dfrac{AD}{AC}$。由此推得：

图 5.2.10

$$AC \cdot CD = AD \cdot CE。\qquad \text{⑧}$$

由⑦、⑧式可得：

$$AC \cdot CD = AE \cdot CG。\qquad \text{⑨}$$

联结 BD、BE，延长 GC 到 P，延长 BD 交 AC 于 Q，则 $\angle PCQ = \angle PGD = \angle DBE$，所以

$$C、E、B、Q \text{ 四点共圆。} \qquad\qquad ⑩$$

思考：还能推出其他结论吗？

这个教学设计，首先给出问题 1，问题 1 是一个开放题，由给定的条件可以推出若干结论。其次，通过图形变式，得到问题 2，问题 2 同样是开放题，在探究出一些结论之后，再次作图形变式，又得到新的开放题即问题 3，又得到一些结论。整个教学在一系列探究活动中演绎出若干有意义的命题，充分体现了培养学生直观想象能力和探究问题的能力的教育功能。

（四）在结果呈现教学中培养演绎推理能力

命题直接呈现，教学的主要工作是命题的证明和命题的应用。命题应用属于解题教学范畴，我们将在后面讨论，这里主要强调命题的证明。

命题证明的主要目标是训练学生的演绎推理，因为证明涉及判断、推理、命题演算等多种逻辑知识，这些知识只有结合具体的数学命题、解决问题方能牢固掌握和娴熟运用。因此，教师在教学中，第一，要揭示新命题与原来学习过的命题之间的关系，是上位、下位、同位还是并列关系，尽可能在原有命题基础上引入新命题。第二，分析命题证明的思路，做到逻辑清晰、线条分明。第三，注意揭示隐含在逻辑推理中的数学思想方法。第四，如果命题可用多种方法证明，就要尽量采用多种证明，开拓学生视野。第五，在命题应用过程中，要指出命题之间的关系，逐步形成命题域和命题系。

案例 "等比数列求和公式"的多种证明。

证明 1：设 $S_n = a_1 + a_1 q + \cdots + a_1 q^{n-2} + a_1 q^{n-1}$。

两边同时乘以 q，得 $q S_n = a_1 q + a_1 q^2 + \cdots + a_1 q^{n-1} + a_1 q^n$。

两式相减，得 $(1-q)S_n = a_1 - a_1 q^n$。当 $q \neq 1$ 时，得 $S_n = \dfrac{a_1(1-q^n)}{1-q}$。

（体现了"错位相减法"，这是求数列之和的一种有用方法。）

证明 2：由乘法公式 $(1-q)(1+q+q^2+\cdots+q^{n-1})=1-q^n$，当 $q \neq 1$ 时得

$$S_n = a_1(1+q+\cdots\cdots+q^{n-1}) = \frac{a_1(1-q^n)}{1-q}。$$

（沟通了多项式乘法公式与等比数列求和公式之间的关系。）

证明 3：因为 $a_2 = a_1q$，$a_3 = a_2q$，$\cdots\cdots$，$a_n = a_{n-1}q$，将这些等式相加，得到

$$a_2 + a_3 + \cdots + a_n = (a_1 + a_2 + \cdots + a_{n-1})q。$$

又因为 $a_2 + a_3 + \cdots + a_n = S_n - a_1$，$a_1 + a_2 \cdots + a_{n-1} = S_n - a_n$，所以 $S_n - a_1 = (S_n - a_n)q$。所以 $S_n = \dfrac{a_1(1-q^n)}{1-q}(q \neq 1)$。

证明 4：因为 $\dfrac{a_2}{a_1} = \dfrac{a_3}{a_2} = \cdots = \dfrac{a_n}{a_{n-1}} = q$，由等比定理，可得

$$\frac{a_2 + a_3 + \cdots + a_n}{a_1 + a_2 + \cdots + a_{n-1}} = q。$$

即 $\dfrac{S_n - a_1}{S_n - a_n} = q$，故 $S_n = \dfrac{a_1(1-q^n)}{1-q}(q \neq 1)$。

（证明 3 和证明 4 的本质是相同的，巧妙地运用了关系式 $S_n = a_1 + a_2 + \cdots + a_n$ 的变形，将公式的证明与等比定理联系起来。可以让学生思考，等比定理的条件是什么？ 如果 $a_1 + a_2 + \cdots + a_{n-1} = 0$ 时，还能用这个方法吗？ 为什么？）

证明 5：由 $1 = \dfrac{a}{a}$ 产生联想。

$$S_n = \frac{1}{1-q}\left[(1-q)(a_1 + a_2 + \cdots + a_n)\right]$$

$$= \frac{1}{1-q}\left[(a_1 + a_2 + \cdots + a_n) - q(a_1 + a_2 + \cdots + a_n)\right]$$

$$= \frac{1}{1-q}\left[a_1 + q(a_1 + a_2 + \cdots + a_{n-1}) - q(a_1 + a_2 + \cdots + a_n)\right]$$

$$= \frac{a_1 - a_n q}{1-q}。$$

（妙用 $1 = \dfrac{a}{a}$，提升了解决问题的技巧性。）

证明 6：因为 $S_n - S_{n-1} = a_n = a_1q^{n-1} \dfrac{1-q}{1-q} = \dfrac{a_1q^{n-1}}{1-q} - \dfrac{a_1q^n}{1-q}$，所以

$$S_n + \frac{a_1q^n}{1-q} = S_{n-1} + \frac{a_1q^{n-1}}{1-q}。$$

令 $b_n = S_n + \dfrac{a_1q^n}{1-q}$，则 $b_n = b_{n-1}$，即 $\{b_n\}$ 是常数列。

由 $b_n = b_1$，得 $S_n + \dfrac{a_1q^n}{1-q} = S_1 + \dfrac{a_1q}{1-q} = a_1 + \dfrac{a_1q}{1-q}$。 故 $S_n = $

$$\frac{a_1(1-q^n)}{1-q}(q \neq 1)。$$

（这种方法看似复杂，但它体现了构造方法，即通过构造一个新的数列去解决问题，而这种构造方法具有较强的普适性。）

证明 7：$S_n = a_1 + a_2 + \cdots a_n$

$$= a_1 + q(a_1 + a_1 q + \cdots + a_1 q^{n-2})$$

$$= a_1 + q S_{n-1}。$$

而 $S_{n-1} = S_n - a_n = S_n - a_1 q^{n-1}$，代入上式，得 $S_n = \dfrac{a_1(1-q^n)}{1-q}(q \neq 1)。$

证明 8：用数学归纳法证明（略）。

第三节　在问题解决中培养学生的核心素养

问题解决是在概念、命题学习基础上，应用概念、命题去解决问题的学习形式。解决问题，是数学知识应用的综合体现，其中蕴涵了数学抽象、逻辑推理、数学建模、数学运算、直观想象、数据分析等 6 个数学核心素养，是学生掌握数学知识、形成基本技能、发展核心素养的关键教学环节。

一、解题教学的基本形态

问题解决的研究一直是心理学关注的问题，提出了诸多理论。[①] 数学问题解决方面，包括波利亚在内的一大批数学家和数学教育家开展过一系列的研究，得到了一些有价值的成果。解题教学应当在解决问题理论的基础上展开，否则会成为无本之木。

（一）数学问题解决的几种理论

波利亚围绕"怎样解题"这一中心来开展数学启发法研究。他把数学解题过程归结为 4 个阶段，即弄清问题、拟定计划、实现计划、回顾。他认为，求解一个问题的关键是构想出一个解题计划的思路，这个思路可能是逐渐形成的，或者是在明显失败的尝试和一度犹豫不决之后，突然闪出的好念头。回顾阶段是波利亚解题模式的特色，回顾包括对解决问题结果的回顾和对解题方法的回顾。海斯(J. Hayes)于 1981 年对波利亚的模式进行了修改，将其分为 6 个阶段：发现问题、表征问题、计划解决、实施计划、评定解决、巩固收获。海

---

① 喻平. 数学教学心理学[M]. 北京：北京师范大学出版社，2010：281－284.

斯提出的解题模式,把"发现问题"纳入解题模式,显然是对传统意义上的解决问题作了拓展,数学问题解决不仅仅是解决问题,还应当有提出问题环节。数学教育家舍恩费尔德(A. H. Schoenfeld,1947—)将数学问题解决的过程分为四个阶段:问题分析和理解、解法的设计、对困难问题解法的探索、对解进行检验。舍费尔德这个解题模式与波利亚的基本相同,但第三个环节有差异,专门提出"对困难问题解法的探索",说明舍费尔德的模式并不只是指解决一些简单的问题。

从认知心理学角度分析,数学问题的解答,是在问题空间中寻求一条由问题初始状态到目标状态的通路。即一个数学问题由初始状态 A,目标状态 B 和解题规则组成。解决数学问题,就是从初始状态出发,按照某些规则,经过一系列的转化,最后达到目标状态的过程,即 $A \rightarrow A_1 \rightarrow A_2 \rightarrow \cdots\cdots A_n \rightarrow B$,其中 A_1,A_2,……,A_n 称为中间状态,"→"表示依据法则所进行的操作(称为算子)。由于从 A 出发,依据某些法则进行的操作所得到的中间状态可能不仅为 A_1,还可能得到其他中间状态 A_{11},A_{12} 等,同样,由这些状态又可能推出若干中间状态,因而就会形成一种复杂的网络体系。认知心理学把在解决一个问题过程中所达到的全部中间状态以及全部算子统称为问题空间或状态空间。问题解决就是对问题空间的搜索,以找到一条从问题初始状态到达目标状态的通路。

基于这种认识,我们提出解题的一种认知模式。[①] 解决数学问题分为四个阶段:理解问题、选择算子、应用算子、结果评价。与此对应,其认知过程分别为:问题表征、模式识别、知识迁移、思维监控(图 5.3.1)。

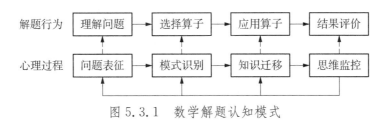

图 5.3.1　数学解题认知模式

在理解问题阶段,解题者要将外部信息转化为内部信息,从表层和深层去理解题意,用自己的内部语言陈述问题的初始状态和目标状态,区分问题中的有关信息和无关信息,并初步识别问题的类型。在这一阶段,需要知识基础作为支持,同时受到元认知监控的作用。在选择算子阶段,解题者在解题监控作用下,拟定解题方案,将外部信息与长时记忆中的模式作比较,进行对外部模

① 喻平.数学教学心理学[M].北京:北京师范大学出版社,2010:289 - 291.

式的识别和外部与内部模式的匹配,此时,解题者需要知识基础与解题策略作为支持。在应用算子阶段,解题者需要调动与外部信息相匹配的模式,这是一个模式的迁移过程。为了解决当前问题,有时可能会用到多种模式,或是多种模式的组合,甚至还可能改造原来的模式以适应解题的需要。显然,在这一阶段,认知过程受到知识基础、解题策略和解题监控的交互作用。在结果评价阶段,解题者要对解题结果进行评判和检验,同时反思解题过程,对解题的思路、方法和效果进行评判,此时主要受解题监控的作用。

(二) 解题教学的基本模式

广大教师在教学中已经总结出来许多解题教学模式,下面给出几种基本模式。

1. 技能训练模式

技能训练解题教学模式,是以通过解题活动使学生理解知识为主要目的,以学生练习为主要形式的教学模式。

在数学问题解决中,有大量的问题是直接利用规则,按照一定的步骤和程序去完成解答的,也就是将陈述性知识逐步转化成程序性知识,这类问题必须要经过一定次数的训练方能使技能形成进而达到自动化水平。譬如,整式运算、有理数运算、解方程(组)、解不等式(组)、求导数等均属于这种类型问题。

技能训练模式的教学程序如图 5.3.2。

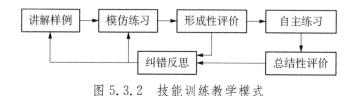

图 5.3.2　技能训练教学模式

教学步骤:

(1) 教师精选样例,分析解题步骤,给出规范的解答过程。

(2) 教师精选题组,让学生由浅入深地模仿样例解题。

(3) 教师对学生的练习作形成性评价,及时纠正练习中出现的错误,引导学生进行反思。

(4) 教师选编题组,让学生继续练习,逐步达到技能自动化。

2. 变式探究模式

变式探究模式是指在解答问题之后,引导学生对问题进行变式得到新问题,再探讨解答这个新问题的教学方式。

变式探究解题教学模式的程序如图 5.3.3。

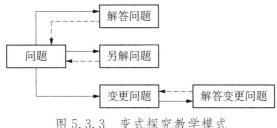

图 5.3.3　变式探究教学模式

教学步骤：

（1）教师提出问题，然后引导学生分析问题寻求解答策略，师生共同讨论完成问题的解答。

（2）回到问题，教师启发学生积极思考，寻求另外的解题途径。这个过程可由学生相互合作讨论去进行，另寻得的解题方案可以是多种的。

（3）回到问题，对原问题进行变更。变更的途径有两种：一是将原问题进行等价变化，包括条件等价变化、结论等价变化、问题等价变化、图形等价变化等方法；二是对原问题进行半等价变化，譬如加强或减弱原问题的条件，可得到原命题的强抽象或弱抽象命题，这就是一种半等价变化。

（4）解答变更之后的问题，解答结束后，再回到"变更问题"考虑是否有另外的变式，然后再解答，此过程是循环过程。

运用变式探究模式进行解题教学，应注意三点。其一，所选的问题应是具有典型性的，即这一问题能采用多种方法解决，而且能作多方位拓广，这样才可能达到教学目标。其二，教师的作用在于诱导，学生才是解决问题和推广问题的主体，因而教学操作应体现学生的主体性。其三，教学形式可多样化，教学手段也可多样化，如采用合作学习形式，而对于图形变式，则可利用计算机辅助教学。

3. 模型建构模式

模型建构解题教学模式，是指通过建构数学模型活动使学生获得策略性知识、培养学生应用数学知识去分析和解决问题的教学模式。如果说变式探究模式主要是对问题解决后的反思探究，那么模型建构模式则是对问题产生的探究，这是探究学习在解决问题不同阶段的两种表现形式。

模型建构解题教学模式的教学程序如图 5.3.4。

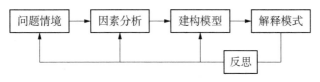

图 5.3.4　模型建构教学模式

教学步骤：

（1）教师创设情境。问题可以是现实生活中的问题，也可以将一个数学问题还原为一个与现实生活相关或以现实生活中某种现象为原型的问题。问题情境的创设，在于激发学生的学习动机。

（2）教师引导学生对问题中的各项因素进行分析，找出各因素之间的关系和制约各因素的条件，用数学语言进行描述和解释。

（3）采用恰当的数学工具去建立问题的数学模型。

（4）解答这个数学模型，再与模型的原型对照检验，并对问题给出具有现实意义的解释。

（5）对问题及解答进行反思。

模型建构模式的核心是揭示知识的发生过程，要体现这一思想，首先要创设恰当的问题情境，合理揭示问题产生的原因。其次，要鼓励学生自己建构模型，使学生在实践中去体味知识的发展过程。

4. 问题开放模式

问题开放解题教学模式，是以开放性问题为材料，以通过解题活动使学生巩固陈述性知识、发展策略性知识为目的，以师生共同探究为主要形式的教学模式。所谓开放性问题，指条件不充分或条件冗余，或没有给出结论，或结论不唯一的问题。

问题开放解题教学模式的教学程序如图 5.3.5。

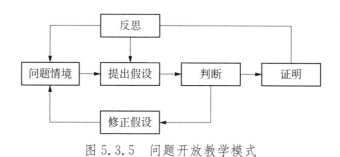

图 5.3.5　问题开放教学模式

（1）教师创设问题情境。

（2）教师引导学生对问题提出种种假想，如果是条件开放题，那么或者引导学生逆推使结论成立的条件，需要提出若干假设，或者改变问题条件得到新的问题；如果是结论开放题，则要推出可以成立的结论。对于综合开放题，则需进行全方位分析后再提出假设。在这个过程中，直觉因素起着非常重要的作用。

（3）对提出的假设作判断。可采用反驳的方法，即通过举反例去判断假设,也可以用特殊化方法去判断假设。

（4）若发现提出的假设有误,则修正假设,回到问题,重新提出假设。

（5）若不能反驳假设,则证明假设。

（6）完成证明后,对问题及解答进行反思。由于开放题的答案往往是多维的,因而对问题反思后,一方面可以寻求新的答案,另一方面也可以对原问题进行变式、引申和推广。

开放题的学习很大程度上与数学研究过程相似,通过开放题的教学,可以培养学生探究问题、解决问题的综合能力,发展学生的直觉思维能力,因而在教学中应充分发挥学生的主动探求的热情,在活动中达到知识建构的目的。

二、指向核心素养的解题教学

上面给出了解题教学的 4 种模式,这些模式在培养学生数学核心素养目标方面是存在一定差异的,在发展学生某些关键能力方面有各自的优势。

（一）在技能训练教学中培养数学运算和演绎推理能力

掌握基础知识、形成基本技能,"双基"的发展离不开技能的训练,因为对数学知识的理解以及数学技能的形成,只能通过解决问题的过程去体验和积累。解答数学问题往往从模仿开始,逐步到独立解题;需要从解决简单问题起步,过渡到解决复杂问题;需要从解决单一命题的应用问题,进阶到解决需用多个命题的综合运用问题。要使学生实现这些转变和提升,技能训练教学模式扮演着重要角色。

解决所有的数学问题,都涉及逻辑推理,如果是解决给定的问题,那么演绎推理是主角。除了纯粹的几何论证,几乎所有的数学问题解决都离不开运算。因此,逻辑推理和数学运算与解决数学问题如影随形。使用技能训练模式教学,其教学目标的定位主要就是培养学生的这两种关键能力。

运用技能训练模式进行解题教学应注意几点:

其一,教师讲解例题要求准确、规范。学生特别是小学生在学习解题时,都是从模仿老师的解题开始,老师讲的逻辑思路、课堂语言、板书格式都会对学生的行为习惯产生极大的影响。需要特别强调的是,一些教师在黑板上作图时喜欢随手画图,似乎随手能画出一个圆就表明自己的教学基本功扎实。其实这是一个误区,数学教师讲课要求用尺规作图,这是体现数学的严谨、思维的慎密。教师的随意画图学生是会学的,他们也会在作业本上随意画图,养成学习数学的不良行为。

其二,例题呈现形式多样化。心理学对样例的研究有许多成果,可以把这些成果用于教学中。比如,样例的渐减式呈现就是一种行之有效的方法。渐减式样例属于不完整样例,它是指先呈现完整样例,接着呈现缺少一个步骤的样例(由学习者补充空缺部分),再逐步缺少一个步骤,如此下去最后只剩下问题本身。样例的空缺促进学习者进行积极的推理和自我解释,也就不断完善了自我建构的过程。自我解释引起学习者去发现和填充缺乏的领域知识,如果学习者不去自我解释样例,他们就不会发现自己在这些知识上的缺乏,就不会去填充,而是继续维持缺乏,从而导致错误的产生。通过自我解释的推理填补空缺,它能够促使学生从单纯模仿过渡到真正理解问题本质,从而解决问题。渐减式样例对不同程度迁移题的作用也不同,提高了问题解决效率。[①]

案例 如图 5.3.6,在△ABC 中, $AB = AC$, $AD \perp BC$, $CE \perp AB$, $AE = CE$,求证: $AF = 2CD$。

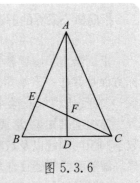

图 5.3.6

证明 ∵ $AD \perp BC$, $CE \perp AB$,

∴ $\angle ADC = \angle AEC = \angle BEC = 90°$。　　　　　①

∵ 在△AEF 和△CDF 中, $\angle CFD = \angle AFE$,

∴ $\angle EAF = \angle FCD$。　　　　　②

∵ 在△AEF 和△CEB 中,

$\angle AEC = \angle BEC = 90°$, $\angle EAF = \angle ECB$, $AE = CE$,

∴ △AEF ≌ △CEB,　　　　　③

∴ $AF = CB$。　　　　　④

∵ △ABC 中, $AB = AC$, $AD \perp BC$,

∴ D 是 BC 的中点,即 $CB = 2CD$,　　　　　⑤

∴ $AF = CB = 2CD$。

在教学设计中,可以在上面完整的解答中空出步骤①,要求学生补全;然

① 倪霞美,喻平. 样例学习的心理研究及其对中学数学教学的启示[J]. 教育研究与评论,2019(6):8 - 13.

后再去掉步骤①②,让学生补全;接着去掉步骤①②③,要求学生补全;再去掉步骤①②③④,依次下去,最后只剩下题目,要求学生给出全部解答过程。

其三,练习题目有一定的质量。从练习题目的"质"上看,练习题目要设计恰当,要体现以训练数学运算和逻辑推理为目标导向。数学运算是规则的应用,单一规则应用的题目其目的是为了让学生通过练习掌握这个规则,这类题目是必需的,但过多重复性的题目训练则是没有必要的。在单一规则应用题目练习的基础上,需要加入多种规则应用的题目,进行综合训练。一个题目的解答需要多个规则的运用,就要求学习者能够正确判断和灵活选用规则,这是数学运算必不可少的技能。从练习题目的"量"上看,一定的题目训练量是必须的。行为主义认为刺激越多,反应才可能多,刺激与反应才可能产生紧密的联结。但是要强调两点,首先,题目量与学习的内容是直接相关的,有的学习内容不需要太多的习题数量,有的学习内容则可能需要较多的习题数量,因为学习内容的难度和规则本身的复杂度是不相同的。例如,多项式的乘法运算,规则本身很简单,因而不需要太多的题目训练就能掌握这个规则,但是,作为多项式的反向运算,因式分解则需要比较多的练习,因为因式分解的规则较多,方法不唯一,难度大于多项式的乘法运算。其次,正确把握练习题目数量的度,过少的题目不足以使学生理解知识和形成技能,过多的题目并不能起到学习效果越来越好的效果,反而会使学生产生厌恶感,重复性的大量练习对数学运算能力提升并无太大作用,这就是所谓技能训练的高原现象。

其四,要揭示问题解决中蕴涵的数学思想方法。数学思想方法始终贯穿于知识之中,在学习新知识和应用知识阶段都有体现。教师要注意揭示,学生要增强体悟,如果说,知识的运用是数学核心素养的外推动力,那么数学思想方法的习得就是数学核心素养发展的内在动力。

> **案例** 把 186 拆分成两个自然数的和,怎样拆分才能使拆分后的两个自然数的乘积最大?

分析 此题中的数比较大,如果用枚举法一个一个地猜测验证,比较繁琐。如果从比较小的数开始枚举,利用不完全归纳法,看看能否找到解决方法。

如从 10 开始,10 可以分成:$1+9$,$2+8$,$3+7$,$4+6$,$5+5$。它们的积分别是:9,16,21,24,25。于是可以猜想:拆分成相等的两个数的乘积最大。

再举一个例子看看。

$12=1+11=2+10=3+9=4+8=5+7=6+6$,

$1×11=11$,$2×10=20$,$3×9=27$,$4×8=32$,$5×7=35$,$6×6=36$。

猜想还是成立。

于是可以推断：把 186 拆分成 93 和 93，93 和 93 的乘积最大，乘积为 8649。适当地加以检验，如 92 和 94 的乘积为 8648，90 和 96 的乘积为 8640，都比 8649 小。

这个问题的解决体现的是特殊化方法，把问题变为一个更容易处理的特殊情形，然后再推广到较为一般的情形，使问题得到解决。同时，这个方法也是一种化归的思想，把复杂的问题化归为简单的问题，找到方法之后再回头解决原来的问题。

其五，对学生的练习效果应及时评价。技能训练教学模式(图 5.3.2)中的"形成性评价"环节，实质上是一种即时性评价。所谓即时性评价，是指在特定的教学情景中，教师对于学生的行为表现给予即时反馈并作出评判的活动。即时性评价本质上是一种即时的教学反馈和反馈方式。教学反馈主要是指教师针对学生学习表现与教学目标之间的差异给出有效信息，学生利用这些信息去修正甚至重构自己的知识。数学课堂教学即时性评价的特点在于[①]：教师不只是对逻辑终点的评价，而更多的是对思维链中某些环节的评价。(1)由于对数学知识的理解不深入或者对逻辑知识的把握不透，学生在数学推理过程中的某些环节经常会出现障碍，无法再往下面推理，此时需要教师对学生的推理行为进行评价并穿插点拨，使他们的推理能持续下去；(2)逻辑起点到达逻辑终点的路径可能会在中间一些环节出现"分岔点"，这时需要学生选择路径，选择错误就会导致推理出现偏差从而背离正确的推理路径使其不能走向终点，这种情形的出现需要教师的即时反馈，修正思维路径；(3)逻辑起点到达逻辑终点的路径往往不是唯一的，即可以用多种方法解决同一个问题，因而从起点出发可能会有多条路径到达终点。当学生发现了一条更好的路径时，教师必须对信息进行即时反馈，这既利于鼓励回答问题的学生又利于将新的发现提供给全班同学共享。

(二)在模型建构教学中培养数学建模和数据分析能力

数学建模是对现实问题进行数学抽象，用数学语言表达问题、用数学方法构建模型解决问题的素养。数学建模过程主要包括：在实际情境中从数学的视角发现问题、提出问题，分析问题、建立模型，确定参数、计算求解，检验结果、改进模型，最终解决实际问题。[②] 这个定义事实上给出了建模的过程和程序。《数学课程标准》对数据分析的定义是：数据分析过程主要包括：收集数

[①] 喻平.基于学生数学学习心理的课堂教学即时性评价[J].江苏教育(中学教学),2014(1)：19 - 21.

[②] 中华人民共和国教育部.普通高中数学课程标准(2017 年版)[S].北京：人民教育出版社,2018：5.

据,整理数据,提取信息,构建模型,进行推断,获得结论。可见,数据分析是通过数据收集建立模型来解决问题的过程。显然,模型建构解题教学模式与数学建模和数据分析是对应的,即通过这种教学模式来实现对学生数学建模和数据分析核心素养的培养。

在模型建构解题教学时,要注意两点。

第一,可以让学生经历收集数据的过程。对于需要收集数据建立模型的问题,可以让学生经历收集数据的活动,从而体会完整的问题解决过程。

案例　完成一份本校高中二年级学生的体质健康调查报告。

1. 调查任务

以《国家学生体质健康标准》为依据,完成本校高中二年级学生的体质健康调查报告。

2. 调查设计

(1)访问互联网,查找最新版本的《国家学生体质健康标准》。

(2)从《国家学生体质健康标准》查出高中生体质标准,包括身高、体重、肺活量、50 米跑、坐位体前屈、引体向上(女生:仰卧起坐)、立定跳远、男生1000 米跑(女生 800 米跑)等各项指标,评分标准,每项指标所占权重,等级划分标准。

(3)确定调查对象。

(4)本班同学分组,对所选对象展开调查。

(5)收集数据。

(6)数据整理与分析。

3. 实施方案

(1)按照调查设计方案的步骤实施,完成下面各项表的数据整理与分析。

表 5.3.1　高二年级学生体质健康数据收集表

编号	性别	身高	体重	肺活量	50 米跑	坐位体前屈	引体向上/仰卧起坐	立定跳远	1000 米跑/800 米跑
1									
2									
...									
N									

表 5.3.2　高二年级体重指数(BMA)单项评分表

等级	单项得分	男生	女生
正常	100		
体重偏低	80		
超重	80		
肥胖	60		

表 5.3.3　高二年级学生体质健康单项评分细则

等级	单项得分	男生肺	女生肺	男生50米	女生50米	男坐位体	女坐位体	男生立定	女生立定	男生引体	女生仰卧	男生1000	女生800
优秀	100												
优秀	95												
优秀	90												
良好	85												
良好	80												
及格	78												
及格	76												
及格	74												
及格	72												
及格	70												
及格	68												
及格	66												
及格	64												
及格	62												
及格	60												
不及格	50												
不及格	40												
不及格	30												
不及格	20												
不及格	10												

表5.3.4　国家学生体质健康标准单项指标与权重

测试对象	单项指标	权重(%)
小学一年级至大学四年级	体重指数(BMI)	15
	肺活量	15
初中、高中、大学各年级	50米跑	20
	坐位体前屈	10
	立定跳远	10
	引体向上(男)/1分钟仰卧起坐(女)	10
	1000米跑(男)/800米跑(女)	20

（2）数据分析

①各项指标的频率分布直方图；②各项指标的集中趋势和离散程度；③相关指标的散点图；④根据样本数据和指标权重计算样本学生的体质健康综合指标，并计算样本学生的优秀率、良好率和及格率。

4. 得到结论

依据数据分析，讨论本校高二年级学生的体质健康达标情况，指出存在的问题并提出改进的建议。

第二，教师要精心设计子目标，由解决各子目标来实现解决总目标。数学建模是将数学知识用于解决现实问题，属于知识迁移，它不同于新知识的学习过程而是应用知识解决问题，对学生来说难度比较大。在教学中，教师要引导学生去找到解决问题的方案，就要把问题分解成若干子目标，各子目标的难度相对较小，层层递进向总目标靠近，最后解决问题。

案例　易拉罐的设计。

1. 提出问题

［教师提出问题］　用于包装饮料的易拉罐在我们日常生活中是常见的，它一般是圆柱形状。请同学们想想，作为饮料厂家，对易拉罐的设计应该要考虑哪些问题？

［学生讨论］　学生讨论交流之后，提出了一些问题：（1）在满足容积要求的情况下，厂家希望包装材料的成本最低，也就是易拉罐本身的质量最小。（2）在满足容积要求的情况下，易拉罐的使用材料最少。（3）相同的材料，怎样设计可以使它的容积最大。（4）如何设计易拉罐的外表图案，使它最能吸引消费者。……

［教师小结］ 问题(1)、(2)、(3)的本质是相同的,都是考虑厂家和成本问题,问题(4)不是一个数学问题,因此不予考虑。然后提出要解决的问题(总目标):在满足容积要求的情况下,厂家希望包装材料的成本最低,也就是易拉罐本身的质量最小。

［教师提出子目标1］ 要解决这个问题,需要考虑什么前提,即应该提出什么限定?

［学生讨论］ ……

［教师总结］ 然后提出问题解决的前提:(1)容积是一个常数;(2)易拉罐是一个圆柱体;(3)易拉罐的上下底和罐体的厚度和材料都相同。

如图 5.3.7,设底部的内半径为 r,净高度为 h,材料的厚度为 d,材料密度为 ρ。设易拉罐的容积为 V。

图 5.3.7

［教师提问］ 要求易拉罐的质量,首先得求什么?

［教师提出子目标2］ 如何求两底的质量? 如何求罐体的质量?

［师生共同探究］ 首先可以得到 $V = \pi r^2 h$。

罐顶和罐底都是圆柱体,质量均为 $\rho \pi r^2 d$。

罐体展开后近似地为一个长方体,棱长分别为 $2\pi r$、h、d。其质量为 $2\rho \pi r h d$。因此,易拉罐的总质量为 $\rho d (2\pi r h + 2\pi r^2)$。因此,当 $2\pi r h + 2\pi r^2$ 取最小值时,易拉罐的质量最小。

于是得到一个数学模型:已知常数 V,求变量 r、h 的值,使得在满足条件

$$\pi r^2 h = V \tag{①}$$

的前提下,

$$S = 2\pi r h + 2\pi r^2 \tag{②}$$

达到最小值。

［教师提出子目标3］ 如何求一个函数的最值? 这是一个二次函数吗?不是二次函数该怎么求最值?

［师生共同探究］ 将①变形,得 $\pi r h = \dfrac{V}{r}$,代入②,得 $S = 2\pi r^2 + \dfrac{2V}{r}$,

求导数,得 $S' = 4\pi r - \dfrac{2V}{r^2}$。

令 $S' = 0$, 得

$$r = \sqrt[3]{\dfrac{V}{2\pi}}。 \tag{③}$$

因为 $(S')' = 4\pi + \dfrac{4V}{r^3} > 0$, 所以函数 S' 是严格增函数。它只有一个零点,当

$r=\sqrt[3]{\dfrac{V}{2\pi}}$ 时，S 取得最小值，即 $S=2\pi\sqrt[3]{\dfrac{V^2}{4\pi^2}}+\dfrac{2V}{\sqrt[3]{\dfrac{V}{2\pi}}}=3\sqrt[3]{2\pi V^2}$。

将③代入①，得

$$h=\dfrac{V}{\pi r^2}=\dfrac{V}{\pi\sqrt[3]{\dfrac{V^2}{4\pi^2}}}=\sqrt[3]{\dfrac{4V}{\pi}}。 \qquad\qquad ④$$

由③与④，得 $h=2r$。

　　[教师提问]　问题解决了，结论是当罐体的高度与罐底直径相等时，易拉罐的质量最小。请同学们思考，这个结论有什么问题？

　　[学生讨论]　发现这个结果与我们现实生活中的实际情况不吻合，我们常见的易拉罐高度都比两底的直径要大。

　　[教师提出子目标4]　因此我们要对模型进行改进。应当如何改进模型？应当从哪些因素来考虑呢？

　　[学生讨论]　……

　　[教师小结]　由于罐顶有一个拉环，它的受力比罐体和底部要大，因此材料的厚度应当不同。假设罐顶的厚度是罐体和罐底厚度 d 的 k 倍。这个问题如何解决？

　　[师生共同探究]　如果罐顶的厚度是罐体和罐底厚度 d 的 k 倍，那么易拉罐的质量为

$$\rho(k\pi r^2 d+\pi r^2 d+2\pi r h d)=\rho d(\pi k r^2+\pi r^2+2\pi r h)。$$

　　于是得到一个新的数学模型：已知 k 与 V 是常数，r、h 是变量，在条件 $\pi r^2 h=V$ 下，求 $S=\pi k r^2+\pi r^2+2\pi r h$ 的最小值。

　　计算可得，当 $r=\sqrt[3]{\dfrac{V}{(1+k)\pi}}$，$h=\sqrt[3]{\dfrac{V(1+k)^2}{\pi}}$ 时，S 的最小值为 $3\sqrt[3]{(1+k)\pi V^2}$。因此，当罐体高度 h 为罐顶半径 r 的 $(1+k)$ 倍时，易拉罐的质量最小。

（三）在变式探究教学中培养数学抽象和合情推理能力

　　变式探究教学模式的核心是一题多变，"变"需要对问题进行数学抽象，"变"需要对变化的问题作出判断，考察条件变化之后是否能够得到一些结论，这需要合情推理。

案例　如图 5.3.8，证明：四边形 $ABCD$ 各边中点的连线组成的四边形 $EFGH$ 是平行四边形。

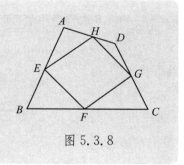

图 5.3.8

这个问题本身的证明是简单的，在解答结束后，教师要引导学生思考一些问题。

反思 1：如果这个命题的条件不改变，那么还可以推出哪些结论呢？

（数学抽象：线段相等问题能否抽象到面积问题？合情推理：小四边形的面积可能是大四边形面积的一半。）

教师引导学生推出如下结果：

命题 1：若四边形 $ABCD$ 各边的中点依次为 E、F、G、H，则 $S_{\square EFGH} = \frac{1}{2}S_{\text{四边形}ABCD}$。

反思 2：把四边形 $ABCD$ 依次改为特殊的四边形：矩形、菱形、正方形或等腰梯形，其他条件不变，那么各边中点连线组成的四边形又是什么样的四边形呢？

（数学抽象：强抽象，即把四边形特殊化。合情推理：把四边形 $ABCD$ 改为特殊的四边形：矩形、菱形、正方形或等腰梯形之后，可能会得到一些特殊的结果。）

师生共同探讨，得到如下结果：

命题 2：矩形各边中点依次连线组成的四边形是菱形。

命题 3：菱形各边中点依次连线组成的四边形是矩形。

命题 4：正方形各边中点依次连线组成的四边形是正方形。

命题 5：等腰梯形各边中点依次连线组成的四边形是菱形。

反思 3：如果把结论中的平行四边形 $EFGH$ 依次改为矩形、菱形、正方形，那么原四边形 $ABCD$ 应具备什么条件呢？

（数学抽象：逆向思维，改变结论考察条件的变化。合情推理：把结论中的平行四边形 $EFGH$ 依次改为矩形、菱形、正方形，那么原四边形 $ABCD$ 可能是一些特殊的图形。）

师生共同探究,得到如下结论:

命题 6:如果四边形 $ABCD$ 的对角线 $AC \perp BD$,那么该四边形各边中点依次连线组成的四边形是矩形。

命题 7:如果四边形 $ABCD$ 的对角线相等,那么该四边形各边中点依次连线组成的四边形是菱形。

命题 8:如果四边形 $ABCD$ 的对角线相互垂直而且相等,即 $AC \perp BD$, $AC = BD$,那么该四边形各边中点依次连线组成的四边形是正方形。

反思 4:如果把条件中的中点改为定比分点,那么四边形 $EFGH$ 是怎样的四边形?

(数学抽象:弱抽象,使问题变得更加一般化。合情推理:把条件中的中点改为定比分点,四边形 $EFGH$ 可能还是平行四边形。)

师生共同探讨,得到如下结论:

命题 9:如图 5.3.9,点 E、F、G、H 分别在四边形 $ABCD$ 的四条边上,满足:$\dfrac{AE}{EB} = \dfrac{AH}{HD} = \dfrac{CF}{FB} = \dfrac{CG}{GD}$,则四边形 $EFGH$ 是平行四边形。

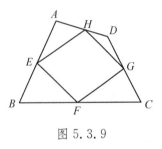

图 5.3.9

反思 5:如果把条件中一组对边的中点改为两条对角线的中点,其他条件不变,那么四边形 $EFGH$ 是怎样的四边形呢?

(数学抽象:图形与图形关系中抽象出数学命题之间的关系。合情推理:前面问题的证明都与三角形中位线有关,因此,如果把条件中一组对边的中点改为两条对角线的中点,其他条件不变,那么四边形 $EFGH$ 可能还是平行四边形。)

师生共同探究,得到下面结论:

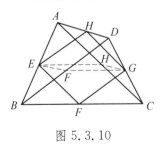

图 5.3.10

命题 10:如图 5.3.10,在四边形 $ABCD$ 中,E、F、G、H 分别为 AB、DB、CD、AC 的中点,则四边形 $FEGH$ 是平行四边形。

上面的问题解答过程,每一次反思都包含着数学抽象和合情推理要素,通过这种模式的教学,可以有效提升学生的数学抽象能力和合情推理能力。

(四)在问题开放教学中培养直观想象和逻辑推理能力

问题开放教学的核心是要培养学生提出问题的能力。其实,变式探究教学也有问题开放的特性,比如,不囿于原题的结论去探讨新的结论,这是结论的开放;将问题的条件改变去研究新的结论,这是条件开放。但是变式探究教学与问题开放教学还是有差异的,前者是对一个结构良好问题的解答并作改造,导向性较强;后者是将一个结构不良问题改造为结构良好问题,导向性较弱。正因为如此,问题开放教学就更需在调动学生的直观想象,采用发散性思维来提出问题,再用收敛思维论证问题。当然,这里面也涉及数学抽象,脱离数学抽象去提出数学问题显然是无源之水。

案例　如果我们把三组对边分别平行的六边形定义为平行六边形(如图5.3.11),那么平行六边形会有哪些性质呢?

图 5.3.11　平行六边形

这是一个结论完全开放的问题,解决这个问题与数学家研究数学的逻辑基本是相同的。需要解题者充分发挥直观想象,用类比、联想、合情推理、演绎推理等多种思维方式介入,探究出尽量多的结果。

第一步,可以引导学生将平行六边形与平行四边形类比,提出如下猜想:

平行六边形的对边相等。

平行六边形的对角相等。

平行六边形的三条对角线交于一点。

平行六边形三组对角线互相平分。

平行六边形的面积等于底乘以高。

……

第二步,判断这些猜想是否成立,首先采用证伪的方法,可以发现有的是不成立的。如果不能证伪,转入证实。

第三步,探究平行六边形独有的性质。

第四步,将概念作强抽象,即对六边形作一些限定,得到一些特殊的平行六边形,然后探讨这些六边形的性质。例如:

对边相等的平行六边形具有的性质。

对角相等的平行六边形具有的性质。

六条边相等的平行六边形具有的性质。

有且仅有两组对边相等的平行六边形具有的性质。

……

第五步,将概念作弱抽象,探讨平行八边形、平行十边形、甚至平行 $2n$ 边形的性质。

这种教学方法完全是在训练学生的思维,而不是在给学生灌输知识,因为这个知识点在教材中并没有出现,是不作要求必须学的内容。通过这种教学,数学抽象、直观想象、逻辑推理等数学核心素养都得到了充分的体现,教学目标直接指向发展学生的数学核心素养。

案例　"复式折线统计图"课堂教学设计。[①]

1. 呈现问题情境,感悟数据的重要性

教师给出问题:同学们喜爱足球运动吗? 足球运动中有一项重要的技术叫发点球。五(1)班和五(2)班就有一个发点球的比赛,看看哪个班的同学发点球水平高。五(1)班准备从甲、乙、丙三人中推荐一个作为代表跟五(2)班比赛,你准备推荐谁参赛?

他们在第一周训练中进行点球比赛,每人每次发 10 个点球,表 5.3.5 是进球的数据记录。先独立思考,然后小组讨论。

表 5.3.5　甲、乙、丙第一周进点球数据

	星期一	星期二	星期三	星期四	星期五
甲	2	6	1	4	7
乙	4	5	4	5	5
丙	2	3	4	5	5

2. 根据数据绘制复式折线统计图,为决策作准备

学生回答:有的从进球总数考虑,有的从进球平均数考虑。

教师提示:能否把这些数据用统计图表示呢? 出示学习单,是一个半成品的统计图(如图 5.3.12)。

学生完成统计图,经历作图过程。

---

① 吴正宪,鲁静华,张秋爽,等. 会说话的数据,让决策有依据——"复式折线统计图"课堂教学实录
〔J〕.小学教学(数学版),2019(11):14-18.

展示部分学生的作品(如图 5.3.13),逐个分析。

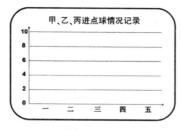

图 5.3.12

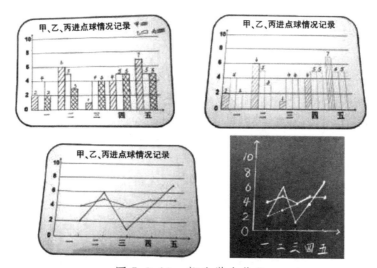

图 5.3.13 部分学生作品

师生对话,讨论(略)。

分析各图,教师讲解图例、标题的作用。

3. 发现趋势,并根据趋势作新决策

教师引导:接下来咱们继续认真观察图形,从另一个角度来分析。刚才大家根据总数的平均数一致选择了乙。此时此刻你们能否从另外的角度来观察、分析和决策?

学生活动。小组讨论,提出自己的观点。

学生发现丙的成绩一直持续上升,甲的成绩波动较大。

教师小结:复式折线统计图把一个个零散的数据点用一条折线连起来,让我们看到一组数据发展变化趋势,使零散的数据有了连续性,这正是复式折线图独有的特点。

学生讨论。提出数据更多一些就好决策了。

教师讲解：需要更多的数据来支持判断。刚才你们选择甲、乙、丙都有自己的理由。看来这些数据还不能满足你们的需求,你们想要更多的数据。我又给你们带来了第二周三人进球的数据(表 5.3.6)。

表 5.3.6　甲、乙、丙第二周进点球数据

	星期一	星期二	星期三	星期四	星期五
甲	3	8	3	10	7
乙	4	5	6	7	6
丙	6	5	8	7	8

教师给出折线图(图 5.3.14)。

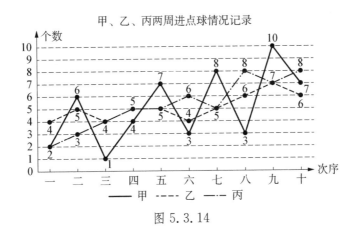

图 5.3.14

学生根据这个图继续分析讨论,提出了不同的观点:

选乙,因为乙稳定。

选甲,因为甲有进 10 个球的记录。

选丙,因为丙的成绩有持续上升。

4．教师小结

师:同学们,就要下课了,我们五(1)班到最后都没有能够得到一个统一的意见,你们每个人都选出自己认为合适的人了吗?

生:(齐)选出来了。

师:你们是依据什么选出来的?

生:数据,复式折线图。

师：我们虽然没能统一意见，但我相信你们经历了这样的统计过程一定会有收获。谈谈你们的收获吧。

生：没有数据，拍脑门式的分析不靠谱；有数据，有时也会让我们很纠结。

生：数据虽然让我们在做决策时举棋不定，但数据能说话，数据中蕴涵着趋势。

生：利用数据进行判断和决策更科学、更合理。

生：通过调查研究，数据越多，决策越准确；数据种类越多，分析越全面。

这堂课特色很鲜明，采用的是问题开放教学模式。问题提出之后，没有给出答案，让学生自由发挥自己的想象，借助于直观想象和逻辑推理提出自己的观点，提出自己解决问题的方法。甚至到课结束之后，教师也没有给出一个标准的答案，课堂教学目标指向发展学生的思维，特别是直观想象、数据分析和逻辑推理，打破了解决数学问题一定要得到最终答案的固定思维逻辑，留下给学生发散思维的空间。

第六章　基于数学核心素养的学习评价

　　教育评价主要包括课程评价、教学评价和学习评价，即对学习内容、教师"教"的效果、学生"学"的效果三个方面的评价。本章研究的是学习评价问题，更具体地说是指向学生数学核心素养发展的学习评价，不讨论课程评价与教学评价。

　　数学学习评价与教育评价观念、学习评价理论密切相关，更具体地说，作为教育评价和学习评价的下位概念，数学教育评价观念与数学学习评价理论是必须要讨论的问题。因此，本章首先对数学教育评价观念的演变和数学学习评价理论的相关研究作简要介绍和分析，再聚焦到数学核心素养学习评价的讨论。

第一节　数学教育评价观的演变

　　教育评价是现代教育科学研究的一个重要内容。从历史上看，教育评价的产生与发展可上溯到古代，但科学的教育评价理论却产生于1930年代。

　　对教育评价的界定，存在着诸家不同的观点：（1）教育评价是教育成绩的一种新的考查方法；（2）教育评价是利用所有可行的评价技术评量教育所期的一切效果；（3）教育评价是人们按照一定社会的教育性质、教育方针和教育政策所确立的教育目标，对所实施的各种教育活动的效果及学生学习质量和发展水平进行科学的判定；（4）评价是指由教育所引起的学生行为变化的总和，同依据一定教育目标所产生的价值基准作比较，从而确定其价值，并作出相应的判断；（5）评价意指判断一些事物的价值，而这种价值的判断又是建立在某些准则或价值标准之上的；等等。[1]　随着研究的不断深入，人们逐渐认识到教学评价的本质是一种价值判断活动，这种活动表现出几个特征：其一，教学评价总是由一定的主体来实施的，而评价对象也是作为客体存在的主体，这样，教学评价就是师生互动的动态过程。其二，由于教学评价是双主体活动，教学评价主体与客体都有鲜明的主体性，因此，它是具有强烈主观性的活动，具有

---

[1]　刘本固.教育评价学概论[M].长春：东北师范大学出版社，1988.

浓烈的价值特征。其三,由于价值观受历史发展的制约,不同的时代有不同的价值追求,因而,教育评价就是一个不断发展变化,以求善求美为旨趣的活动。

一、数学教育评价的传统观念

如前所述,人们对教育价值认识的不同取向,导致了对评价目标的不同理解,从而也就形成了不同的数学教育评价观。

(一)以知识本位为核心的教育评价观

出于对历史文化遗产的推崇,教学围绕着对历史文化遗产的传承而展开,由此产生了以知识本位为核心理念的教学评价观。

以知识本位为核心的数学教育评价观,是以绝对主义数学观作为哲学基础的。传统上,数学知识一直被视为真理,自欧几里得(Euclid,前325—前265)在2300年前建立了以《几何原本》为典范的数学逻辑结构体系以后,直到19世纪末此结构都作为真理和可靠性建立的范式。由于长期的积淀,形成了绝对主义的数学观,即认为数学由确定无误的真理构成,代表着可靠知识的绝对真理,由此出发,就将数学理论作为知识的汇集和结论的堆砌,从而数学真理就是静态的、不变的。这种静态的数学观反映到教学上,就是一种"结果的授受"范型。数学教学的目标,就是使学生接受现成的数学知识,教师的任务就是传承数学真理,于是,对教学的评价就只注重教学的结果,以知识掌握的数量作为学生学习效果的评价指标。

另一方面,行为主义的发展又为知识本位评价观奠定了心理学基础。行为主义心理学认为客观世界是独立于个体之外的客观实体,人们对这些客观实体的认识是感觉器官对客体的写照、拷贝和复本。人的学习只能在外部的刺激下方能达到,学习过程是刺激-反应的联结。因而,行为主义关注的是学生习得了哪些知识,同时又是通过哪些行为变化来反映学习后的结果,评价围绕知识本位展开的,将学习中人的能动性以及由这种能动性导致学习者个人能力和素质的发展排斥在外。

以知识本位为核心的教学评价观在历史上曾有较大影响,并且开辟了自身的生存和发展空间。欧内斯特把历史上有影响的数学教育观念分为五种:严格训导派、技术实用主义、旧人文主义、进步教育派、和大众教育派。[1] 其中前三种观念基本上是以知识本位看待教育评价。严格训导派将数学教育的目的解释为:"保证儿童离校时能够读写、计算并具有适当的科学知识,我们不能

---

① ERNEST. 数学教育哲学[M]. 齐建华,张松枝,译. 上海:上海教育出版社,1998:170-256.

超出这三个核心课程范围,也不能提高为基础知识和技能设立的最低目标。"技术实用主义带有功利主义色彩,强调数学知识的应用性,应用是建立在数学基础知识之上的,教学目的体现为使学生具有就业需要的数学知识和技能。旧人文主义派认为纯知识本身就是价值,数学有内在价值,这些价值体现在它的严密性、逻辑证明、结构、抽象性和简洁性等方面,因此,旧人文主义的数学教育目的定位是:重视数学知识、文化和价值传播。通过强调数学结构、概念层次的严密性,达到传播数学的内在纯内容的目的。基于上述教育目的,严格训导派、技术实用主义以及旧人文主义派就主张以知识本位为核心理念的文化价值观作为教学评价的指导思想,只关注数学知识的传承一面,忽视了数学教育的其他功能。

从我国的数学教育发展来看,也存在类似情形。建国以来,我国已经颁布了多个数学教学大纲,在早期的大纲中,教学目的主要是定位在数学知识的理解和掌握方面,譬如,于 1952 年颁发的我国解放后第一个《中国数学教学大纲(草案)》,其教学目的是:"教给学生数学的基础知识,并培养他们应用这些知识来解决各种实际问题所必须的技能和熟练技巧。"在后来于 1954 年以及 1956 年修订的两份大纲中,其提法没有作实质性的改动。知识本位一度成为数学教育的目标和追求,成为数学教育评价的依据和准绳。

李定仁和徐继存指出,以知识本位为核心理念的文化价值观下生成的教学评价,存在着明显的缺陷。[①] (1)教学评价关注的是作为客体的知识而不是教学主体本身,知识成为衡量教学的主要尺度,也成为进行教学评价的主要依据。尽管有诸如"循循善诱""愤启悱发""熟读精思"等今天看来仍是有价值的思想,但它的第一着眼点是知识的传承,对教学主体的关注则是有条件的,当与知识的传承(如知识的价值、传承的方式等)相左时,教学评价就会成为一种制裁、惩戒的手段。因此,以知识本位为核心理念的文化价值观下的教学评价是与教学的本质特征相矛盾的,漠视教学主体在其中的主导地位和能动作用,无法有效地促进人的发展。(2)教学评价未能看到教学活动是双主体活动,割裂了教与学的完整统一性,使教师与学生成为两种对立的力量。教师与学生在教学评价过程中的被动地位和消极作用使教学评价似乎不具有教育功能,而仅仅是一种"管"的力量。

(二) 以能力本位为核心的教学评价观

随着时代的进步,科学技术日新月异地发展,知识的增长量以前所未有的速度递进,此时,人们逐渐认识到要将这些知识全部教给学生是不可能的,更

---

① 李定仁,徐继存. 教学论研究二十年[M]. 北京:人民教育出版社,2001:383-384.

多的知识依托于学习者在社会的实践中去自我习得,而知识的自我习得又依赖于个人的能力,于是,能力在学校教育中的地位作用凸显出来。学校教育的目标转向以培养学生的能力的视角,从而也就形成了以能力本位为核心理念的文化价值观下的教学评价思想。

以能力本位为核心的数学教育评价观,其哲学基础是可误主义数学观。20世纪初,数学基础理论中产生了诸多悖论,使得无法对数学基础作出解释,从而对绝对主义数学观产生了强大的冲击,特别是集合论和函数论中出现的矛盾,对绝对主义观产生了致命的威胁。尽管后来相继出现了逻辑主义、形式主义和构造主义等数学哲学流派,企图维系绝对主义数学哲学的地位,但这些学派均未能证实数学知识的可靠性。于是,人们从问题的反面去思索,逐步形成可误主义数学观。即认为数学知识不是绝对真理,它没有绝对有效性,数学真理是可误的且可纠正的,真理是相对的。数学知识是由问题、命题、语言、方法、观念等组成的一个多元复合体。① 数学产生于问题,要用语言去描述问题,寻求恰当的方法去解决问题,在证明与反驳的辩证循环中去形成理论,理论又在自身的不断修正中去发展,因此,数学知识中蕴含了"数学活动"成分,数学理论是动态的。这种动态观反映在教学上,就会以数学活动为中介去达到教学目标。具体地说,由于不把知识理解为"结果",而作为"过程"看待,因此教学过程中就会充分展示知识的发生和发展状态。以问题为起点,通过发现问题、解决问题的过程去获取知识,将问题、语言、命题、方法及观念融为一体,形成一种"过程型"教学范式,在过程中达到思维训练和能力培养的目的。

要以能力作为教学的评价标准,当然就要研究学生数学能力形成的过程,这涉及数学能力的成分与结构;数学能力形成的内部心理机制;数学能力的发展阶段;数学能力与数学知识之间的关系;数学能力与数学学习中的非智力因素之间的关系;数学能力的培养途径等等。也就是说,要研究人的学习心理,而且是内部认知过程。这样,认知心理学的发展就为此起了拉动作用,其理论又为以能力为本位的教育评价观铺垫了基础。

布鲁纳的认知结构学习论,其本质是要使学生通过"自我发现"去认识和掌握学科结构,在发现的过程中去形成、发展和完善个体的认知结构,显然,培养学生发现问题和解决问题就成为一个主要的教学目标。波利亚的数学启发法,核心是为了培养学生解决数学问题的能力。弗赖登塔尔提倡"再创造"和"数学化",要学生通过再创造去学习数学,他认为:"学生应当学习数学化,学习将非数学的(或是不完全数学的)内容数学化,也就是学习将非数学的内容

---

① 郑毓信.数学教育哲学[M].成都:四川教育出版社,1995:15-33.

组织成一个合乎数学的精确性要求的结构……如果将数学解释为一种活动的话，那就必须通过数学化来教数学、学数学，通过公理化来教与学公理系统，通过形式化来教与学形式体系。"[①]这种"再创造"与"数学化"，其目的是增强学生对数学的理解，训练学生的思维能力。

以能力本位的教学目标在 1980 年代一度成为数学教育的主流，这可以从各国的数学教学大纲中反映出来。法国于 1989 年公布了新的中学数学教学大纲，提出数学教育的主要目标：发展推理能力，包括观察、分析和演绎思想；激发想象能力；培养良好的表达习惯，包括书写和口头表达；培养有条不紊和精细谨慎的行为品质。[②] 日本于 1989 年颁发了《算术·数学学习指导要领》，即新的中小学数学教学大纲，其基本方针是：为了适应信息社会的变化，着重发展儿童的逻辑思维能力与直觉能力。在研究各种自然现象和社会现象的过程中培养学生的技能与数学化意向，在教学中运用新的技术方法，培养学生应用数学解决问题的能力。我国于 1978 年颁布的《中学数学教学大纲（试行草案）》，在强调使学生切实学好必需的数学基础知识之外，把"具有正确迅速的运算能力、一定的逻辑思维能力和一定的空间想象能力，从而逐步培养学生分析问题和解决问题的能力"作为数学教育的主要目标，凸显了能力培养在数学教育中的地位。此外，俄罗斯、荷兰等国的数学教学大纲，也不同程度地渗透了能力本位为核心的数学教育理念。

以能力本位为核心理念的教学评价观超越了知识本位的围栏，在一定意义上更贴近了人的发展和教育的本质属性，然而，它也潜藏着明显的不足。其一，脱离知识而论及能力的发展会造成无本之木的局面。数学能力不能游离于数学知识而独立存在，两者相辅相承，互为条件。其二，它未能从人的完整统一性来看待教学的完整统一性，有把教学活动的整体性化为局部性的倾向。人的发展应当是多方位的，除了能力这种认知要素之外，人的非认知因素、人格的和谐发展等也应在数学教育评价中得以体现。

二、数学教育评价的现代理念

走出知识本位和能力本位的一元化樊篱，数学教育评价观融入了多元化思想，表现为评价视角的多维化，包括对品格的评价。

---

① 弗赖登塔尔. 作为教育任务的数学［M］.陈昌平，唐瑞芬，等编译.上海：上海教育出版社，1995：123 - 124.

② 丁尔陞. 现代数学课程论［M］.南京：江苏教育出版社，1997：297.

（一）评价视角多维化

所谓评价视角多维，是指评价不限于对认知的评价，学生的发展是全方位的，情感态度、价值观都属于评价范畴。

布卢姆等人在1956年提出的教育目标分类学，就是教育评价多元化的先驱。布卢姆将教学活动的目标分为三个方面：知识及知识运用的认知领域；对学习的情绪反应和价值倾向的情意领域；由心智活动控制肌体活动的动作技能领域。布卢姆等人于1956年完成了认知领域的教育目标分类，他又与克拉斯沃尔等人于1964年给出了情感领域的教育目标分类。之后，1970年由基布勒（Kebuler）等人完成了动作技能领域的4级目标。布卢姆的教育目标分类从认知、情意、动作技能等三个维度作为教学评价尺度，无疑是对一元化教育评价的扬弃，在为确定完善、科学、合理的教学目标体系方面作了开拓性的工作。

多视角的数学教育评价在内容上体现为：（1）基础知识和基本技能的习得。对基础知识和基本技能的评价应结合实际背景和解决问题的过程，更多地关注对知识本身意义的理解和在理解基础上的应用。（2）数学能力的发展。对数学能力有了更宽泛的界定，包括运算能力、空间观念、逻辑思维能力、直觉思维能力、数学交流能力、估算能力、模式探索能力、问题解决能力等。（3）数学思想方法的渗透。量化思想（数感、符号感、数学建模等）、问题意识、数学抽象、映射与化归思想、公理化思想、统计思想等。（4）情感体验。包括合作精神、学习兴趣、意志品格、学习态度和对数学的体验等。

多视角的数学教育评价在方法上体现为：（1）形成性评价与终结性评价相结合。（2）过程经历的评价与知识获得的评价相结合。所谓过程经历，就是指学生应当经历特定的数学活动，通过观察、实验、推理等活动去发现对象的某些特征或与其他对象的区别和联系。（3）学生的自我评价、相互评价与教师评价、家长评价、社会有关人员的评价相结合。评价方式多样化，既可采用书面考试、作业分析，也可采用课堂观察、课后访谈等方式。（4）定量评价与定性评价相结合。

（二）人格和谐发展

人们早已认识作为科学的数学，而对于数学文化价值的认识却相对滞后。事实上，正是人们对数学科学性的推崇，才形成了以数学知识传承为本位的数学教育理念。也正是这种认识论的偏颇，使数学教育丧失了本应展示的人文价值功能。

数学文化的价值表现在几个方面：（1）数学的哲学思维。包括抽象思维、逻辑思维、形象思维、直觉思维，由此导致出一系列的辩证思维：宏观与微观、抽象与具体、约束与非约束、量变与质变、有限与无限、必然性与偶然性等。(2)数学文化的社会化功能。数学语言、符号作为数学抽象物的表现形式,具有数学交流的功能;数学模型作为对一类事物的本质描述,具有量化功能;数学作为一切科学的基础,因而是推动社会发展的先进生产力。(3)数学文化的美学观。数学创造有一种对美的追求因素,而数学的理论,本身又浓缩成美的结晶。(4)数学文化的创新观。数学自身在不断创新,同时又支撑着其他学科的发展。(5)数学文化的方法论。数学理论的发展产生了一系列具有普适性的认识自然的方法。[①]

　　克莱因(M. Kline,1908—1992)认为:"在最广泛的意义上说,数学是一种精神,一种理性的精神。正是这种精神,使得人类的思维得以运用到最完善的程度,亦正是这种精神,试图决定性地影响人类的物质、道德和社会生活;试图回答有关人类自身存在提出的问题,努力去理解和控制自然;尽力去探求和确立已经获得知识的最深刻的和最完美的内涵。"[②]

　　显然,如果数学教育的目标不只是定位在知识的传承或理性能力的培养上,而将数学的文化价值融入教育目标之中,那么学生就会对数学有新的认识,数学不仅具有科学的价值,而且具有人文价值。人类价值的追求离不开对人文精神的向往,而人文精神是对人的全部特征及其活动领域有广泛而深刻影响的"实践哲学"。人文精神是通过长期的文化实践活动的积淀和升华而形成的、反映人的文化观念及主体性的社会意识。它一经形成,就成为对主体的实践活动具有导向作用的思维模式,以人类的生活和活动为目标、导向和动力,使主体具有强烈的自我否定和批判精神。因此,学生的人格可以在科学精神与人文精神的交融中得到和谐的发展,数学教育应以促进人的全面发展为宗旨,数学教育评价也就要以这一目标为尺度,为促进学生的发展服务。

　　从1990年代以后世界各国的数学课程标准来看,都不同程度地体现了对学生人格和谐发展的关注。例如,美国国家数学教师协会(NCTM)于1989年、1991年和1995年制定了三个标准,合起来成为《美国全国数学课程标准》。在这个标准中,把数学教育目的定位在4个方面:第一,把学生培养成为具有数学素养的劳动者;第二,使学生具有终身学习的能力;第三,需要所有的学生都有学习数学的机会;第四,使学生具有处理信息的能力。具体提出5项目标:(1)懂得数学的价值,即懂得数学在文化中的地位和社会生活中的作用;(2)对自己的数学能力有自信心;(3)有解决现实数学问题的能力;(4)学会数

① 方延明. 数学文化导论[M]. 南京:南京大学出版社,1999.
② 邓东皋,孙小礼,张祖贵. 数学与文化[M]. 北京:北京大学出版社,1990:45.

学交流,会读数学、写数学和讨论数学;(5)学会数学的思想方法。

我国于 2001 年颁发的《全日制义务教育数学课程标准(实验稿)》,把课程目标定位在知识与技能、数学思考、解决问题、情感与态度等四个方面,评价应注重知识技能目标和过程性目标两个方面。明确提出评价的主要目的是为了全面了解学生的数学学习历程,激励学生的学习和改进教师的教学;应建立评价目标多元、评价方法多样的评价体系。对数学学习的评价要关注学生学习的结果,更要关注他们学习的过程;要关注学生数学学习的水平,更要关注他们在数学活动中所表现出来的情感与态度,帮助学生认识自我,建立信心。

2018 年初,教育部颁布了《普通高中课程方案(2017 年版)》,把具有理想信念和社会责任感、具有科学文化素养和终身学习能力、具有自主发展能力和沟通合作能力作为课程目标,提出要完善综合评价制度,评价要利于学科核心素养的发展,对核心素养的内涵作了进一步刻画,指出各学科的核心素养包括三个要素:正确价值观、必备品格和关键能力。[①] 将正确价值观从必备品格中剥离出来,就是对价值观的强调,在核心素养体系中,它是与必备品格同等重要的要素。显然,教育评价理念已经发生了实质性转变。

确立以人格和谐发展为核心理念,数学教育评价的主旨必然从游离于人的发展之外回归到对人的关怀,其手段作用必将随之淡化,而评价的目的意义将获得提升。

第二节　学习评价理论

学习评价必须以目标作为参照,比较学生学习的实际效果、人格发展与目标之间的一致性程度。因此,研究者就要首先讨论目标的分类,由此来编拟评价指标体系。

一、几种学习评价理论

这一领域的研究,影响比较大的有布卢姆目标分类学,威尔逊(J. W. Wilson)的数学学习目标分类、安德森的认知领域目标分类、SOLO 理论、PISA 评价体系等。

(一)布卢姆的目标分类学

分类学是探索一组事物分类的一种体系,通常从简单到复杂,从低层次到

---

① 中华人民共和国教育部. 普通高中课程方案(2017 年版)[S]. 北京:人民教育出版社,2018:4.

高层次排列。它根据一定的准则建立,被用于许多学科领域中。布卢姆将其方法应用于教学,他认为,整体的教育目标一定体现在教学活动中,并且把各种教学活动的目标分为三个方面:认知领域、情意领域和动作技能领域。布卢姆根据学习的心理活动过程,认为这三个领域都可以有层次地再进行分解,由此组成一个从简单到复杂的体系,它表明,较高水平的技能需要建立在较低水平的学习基础之上。因此,教师在制定教学计划时,可参照此分类确定教学内容包含了哪些教学目标,进而就可以为达到这些目标设计规划特殊的教学活动。

布卢姆的分类是学习目标的分类,它明确了学习行为的各级目标,可以帮助教师和其他有关人员按各级目标制定出不同的测验,从而对教学作出更有效的评价。

下面简介布卢姆在认知领域与情意领域的目标分类[①]。

1. 认知领域

布卢姆将学生的认知发展分为六个等级:知识、领会、应用、分析、综合、评价。其认知的复杂性依次递增。每个目标因素又分为若干子目标,形成认知领域的目标体系。

A 知识。指对特定要素的回忆和识别。

A_1 具体的知识。指对具体的、独立的信息的回忆。

A_2 处理具体事物的方法的知识。有关组织、研究、判断和批评的方式方法的知识。

A_3 学科领域中的普遍原理和抽象概念的知识。有关把各种现象和观念组织起来的主要体系和模式的知识。

B 领会。初步理解材料的意义。

B_1 转化。改变语言表达或交流形式,但保留交流内容的严谨性和准确性。

B_2 解释。对交流内容的说明或总结。对材料的重新整理排列,或提出新观点。

B_3 推断。根据交流中描述的条件,在超出既定资料之外的情况下延伸各种趋向或趋势。

C 应用。将抽象概念应用于特殊或一般的情境。

D 分析。将交流内容分解成各种组成要素或部分,以使有关概念层次清楚,或使概念间的联系表达清楚。

D_1 要素分析。识别交流中包含的各种要素。

D_2 关系分析。分析交流内容中各种要素与组成部分的内在联系与相互关系。

---

① 布卢姆,等.教育目标分类学[M].罗黎辉,等译.上海:华东师范大学出版社,1987.

D_3 组织原理的分析。分析将交流内容组合起来的系统和整体结构。

E 综合。把各种要素和组成部分组合成一个整体。

E_1 进行独特的交流。提供交流条件，以便把观念、感情或经验传递给别人。

E_2 制定计划或操作步骤。指制定一项工作计划或提出一项操作计划。

E_3 推导出一套抽象关系。确定一套抽象关系，用以对特定的资料或现象进行分类或解释，或者从一套基本命题或符号表达式中演绎出各种命题和关系。

F 评价。为了特定目的对材料和方法的价值作出判断。

F_1 依据内在证据来判断。依据诸如逻辑上的准确性、一致性来判断交流内容的准确性。

F_2 依据外部准则来判断。根据挑选出来的或回忆出来的准则来评价材料。

2. 情意领域

A 接受（注意）。

A_1 觉察。

A_2 愿意接受。

A_3 有控制的或有选择的注意。

B 反应。

B_1 默认的反应。

B_2 愿意的反应。

B_3 满意的反应。

C 价值评价。

C_1 价值的接受。

C_2 对某一价值的偏好。

C_3 信奉。

D 组织。

D_1 价值的概念化。

D_2 价值体系的组织。

E 由价值或价值复合体形成的性格化。

E_1 泛化心向。

E_2 性格化。

（二）威尔逊关于数学学习目标的分类

威尔逊根据布卢姆的理论结合对数学学科的深入分析，建立了数学学习的目标分类。这一模型在认知和情感领域对数学学习行为作了分类[1]。

---

[1] 威尔逊. 中学数学学习评价[M]. 杨晓青，译. 上海：华东师范大学出版社，1989.

1. 认知领域

A 计算。要求能回忆基本事实的知识、术语，能进行简单、常规的运算。

A_1 具体事实的知识。学生以与课程学习中出现的材料几乎相同的方式复述或辨别材料。

A_2 术语的知识。理解术语的涵义。

A_3 实施运算的能力。根据所学的规则去进行运算。

B 领会。领会水平既与回忆概念和通则有关，又与把问题中的元素从一种形式转化为另一种形式有关，重点是反映对概念和概念体系的理解程度。

B_1 概念的知识。由一系列相互联系的具体事实的结合体。

B_2 原理与规则的知识。知道概念之间和规则之间的关系。

B_3 数学结构和知识。统摄性较高的数学概念、性质或原理，如数系的性质、代数结构的性质等。

B_4 把问题中的要素从一种形式向另一种形式转化的能力。如从语言描述向图形表示的转化；从语言表达向符号形式转化等等。但是，转化能力并不包括在转化之后实施运算的能力。

B_5 延续推理思路的能力。指推理的持续性和深刻性。

B_6 阅读和解释问题的能力。在阅读数学材料和问题的过程中，需要一些特殊的技能和能力，它们属于正常的语言技能和一般阅读能力范畴之外。阅读和解释是问题表征的重要环节，因而是解决问题能力和一个关键因素。

C 运用。根据概念法则，能发现新的事实，能在未实践过的情境中，使用和组织已有的概念和运算。

C_1 解决常规问题的能力。常规问题是指那些与课堂学习材料相类似的问题。

C_2 作出比较和决策的能力。对问题的性质、解决方法作出比较分析，进而作出决策。

C_3 分析已知条件的能力。通过阅读和理解，能将一个问题提供的信息分解，鉴别有关信息，解释并利用这些信息，为选择解决问题的策略提供基础。

C_4 发现隐蔽条件的能力。对问题作深入分析，发现隐含在问题中的条件。

D 分析。能非常规地运用概念，能发现新的关系或事实，能在新情境中使用和组织已有的概念和运算。

D_1 解决非常规问题的能力。非常规问题指没有现成的算法，需要把已学过的知识内化、迁移到新的问题情境中去，探索新的解决问题的方法。

D_2 发现关系的能力。能用某种方式重新组织问题元素，以发现一种新关系(不是在已知条件中辨别出一个熟悉的关系)。

D₃ 构造证明的能力。能构造一种不同于模仿性证明的新的证明方法。

D₄ 批判证明的能力。能发现隐藏在证明中出现的错误的能力。

D₅ 形成和证实通则的能力。能发现一个问题并能证明或解决这个问题。

2. 情感领域

E 兴趣和态度

E₁ 态度。对待学习数学的态度,包括对数学学科重要性的认识。

E₂ 兴趣。对待数学学习的情感指向与热衷的态度。

E₃ 动机。对待数学学习的个体的内驱力。

E₄ 自我概念。学习者对待与数学学习活动相关方面的想法。

在情感领域,根据评价目标进行测试是比较困难的,通常采用对学生的数学学习活动进行观察,或通过交谈和问卷调查并将其量化来获取数据。

（三）安德森的认知领域目标分类

安德森对布卢姆的认知领域目标分类作了改造,把布卢姆体系中的"知识"作为一个独立的维度,分为四个亚类:事实性知识（Factual Knowledge）、概念性知识（Conceptual Knowledge）、程序性知识（Procedural Knowledge）、元认知知识（Metacognitive Knowledge）。然后用"记忆/回忆"替代布卢姆体系中的"知识",将"领会"换为"理解",将"综合"改为"创造"并放到"评价"之后（见图 6.2.1）。由于把知识作为一个独立的维度,就必须构建一个二维评价体系来表示知识维度与认知过程维度的关系,因此,他们建立了一个二维结构表（表 6.2.1）。①

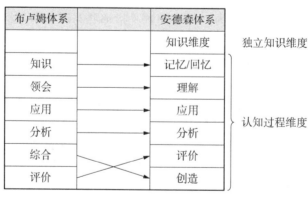

图 6.2.1　两个体系比较

① 安德森,克拉思沃尔,等.布卢姆教育目标分类学:分类学视野下的学与教及其测评[M].修订版.蒋小平,张琴美,罗晶晶,译.北京:外语教学与研究出版社,2009:21.

表 6.2.1 安德森认知领域分类表

知识维度	认知过程维度					
	记忆/回忆	理解	应用	分析	评价	创造
事实性知识						
概念性知识						
程序性知识						
元认知知识						

表 6.2.1 中对 4 类知识的解释见表 6.2.2。①

表 6.2.2 知识的主要类别及其亚类

	主要类别及亚类	例子
A	事实性知识——学生通晓一门学科或解决其中的问题所必须了解的基本要素	
A₁	术语的知识	技术词汇、音乐符号
A₂	具体细节和要素的知识	重要的自然资源、可靠的信息源
B	概念性知识——在一个更大体系内共同产生作用的基本要素之间的关系	
B₁	分类和类别的知识	地质时期、企业产权形式
B₂	原理和通则的知识	勾股定理、供求规律
B₃	理论、模型和结构的知识	进化论、美国国会的组织构架
C	程序性知识——做某事的方法、探究的方法，以及使用技能、算法、技术和方法的准则	
C₁	具体学科的技能和算法的知识	水彩绘图的技能、整数除法的算法
C₂	具体学科的技术和方法的知识	访谈技巧、科学方法
C₃	确定何时使用适当程序的准则知识	确定何时运用牛顿第二定律的准则；判断使用某一方法估计企业成本是否可行的准则
D	元认知知识——关于一般认知的知识以及关于自我认知的意识和知识	
D₁	策略性知识	知道概述是获得教材适应知识结构的方法；使用启发法的知识
D₂	关于认知任务的知识包括适当的情境性知识和条件性知识	知道某一教师实施的测验类型；知道不同任务的认知要求
D₃	关于自我的知识	知道对文章进行评论是自己的长处而写作是自己的短处；知道自己的知识水平

---

① 安德森，克拉思沃尔，等.布卢姆教育目标分类学：分类学视野下的学与教及其测评[M].修订版.蒋小平，张琴美，罗晶晶，译.北京：外语教学与研究出版社，2009：22.

认知过程维度的具体解释见表 6.2.3[①]。

表 6.2.3　认知过程的 6 个类别及相关认知过程

过程类别	同义词	定义及例子
1. 记忆/回忆	从长时记忆中提取相关的知识	
1.1　识别	辨认	从长时记忆中查找与呈现材料相吻合的知识(例如,识别美国历史上重要事件的日期)
1.2　回忆	提取	从长时记忆中提取相关知识(例如,回忆美国历史上重要事件的日期)
2. 理解	从口头、书面和图像等交流形式的教学信息中构建意义	
2.1　解释	澄清、释义、描述、转化	将信息从一种表示形式(如数字的)转变为另一种表示形式(如文字的)(例如,阐释重要讲演和文献的意义)
2.2　举例	示例、实例化	找到概念和原理的具体例子或例证(例如,列举各种绘画艺术风格的例子)
2.3　分类	归类、归入	确定某物某事属于一个类别(如概念或类别)(例如,将观察到的和描述过的精神疾病案例分类)
2.4　总结	概括、归纳	概括主题或要点(例如,书写录像带所反映的事件的简介)
2.5　推断	断定、外推、内推、预测	从呈现的信息中推断出合乎逻辑的结论(例如,学习外语时从例子中推断语法规则)
2.6　比较	对比、对应、配对	发现两种观点、两个对象等之间的对应关系(例如,将历史事件与当代的情形进行比较)
2.7　说明	建模	建构一个系统的因果关系(例如,说明法国 18 世纪重要事件的原因)
3. 应用	在给定的情境中执行或使用程序	
3.1　执行	实行	将程序应用于熟悉的任务(例如,两个多位数的整数相除)
3.2　实施	使用、运用	将程序应用于不熟悉的任务(例如,在牛顿第二定律适用的问题情境中运用该定律)
4. 分析	将材料分解为它的组成部分,确定部分之间的相互关系,各部分与总体结构之间的关系	
4.1　区别	辨别、区分、聚焦、选择	区分呈现材料的相关与无关部分或重要与次要部分(例如,区分一道数学文字题中的相关数字与无关数字)

---

① 安德森,克拉思沃尔,等. 布卢姆教育目标分类学:分类学视野下的学与教及其测评[M]. 修订版. 蒋小平,张琴美,罗晶晶,译. 北京:外语教学与研究出版社,2009:51-52.

续 表

过程类别	同义词	定义及例子
4.2 组织	发现连贯性、整合、概述、分解、构成	确定要素在一个结构中的合适位置或作用(例如,将历史描述组织起来,形成赞同或否定某一历史解释的证据)
4.3 归因	解构	确定呈现材料背后有观点、倾向、价值或意图(例如,依据政治观来确定该作者文章的立场)
5. 评价	基于准则和标准作出判断	
5.1 检查	协调、查明、监控、检验	发现一个过程或产品内部的矛盾或谬误;确定一个过程或产品是否具有内部一致性;查明程序实施的有效性(例如,确定科学家的结论是否与观察数据相吻合)
5.2 评论	判断	发现一个产品与外部准则之间的矛盾;确定一个产品是否具有外部一致性;查明程序对一个给定问题的恰当性(例如,判断解决某个问题的两种方法中哪一种更好)
6. 创造	将要素组成内在一致的整体或功能性整体;将要素重新组织成新的模型或结构	
6.1 产生	假设	基于准则提出相异假设(例如,提出解释观察的现象的假设)
6.2 计划	设计	为完成某一任务设计程序(例如,计划关于特定历史主题的研究报告)
6.3 生成	建构	生产一个产品(例如,有目的地建立某些物种的栖息地)

安德森等人给出了大量的教学案例,以说明分类表的应用。应当说,安德森对布卢姆分类体系的改进,最大的变化是加入了一个变量——知识,这个知识是名词,与布卢姆体系中的"知识"不同,布卢姆将"知识"作为动词理解。这一改动,事实上就能更加细致地描述认知过程。知识分为事实性知识、概念性知识、程序性知识和元认知知识,一是将布卢姆之后心理学研究的最新成果纳入分类体系中;二是可以考察不同类型知识的认知水平,体现了对学生学习更加准确的评价,而且更具教学实践层面的可操作性。

（四）SOLO 模型

SOLO(Structure of the Observed Learning Outcome)分类理论是由澳大利亚教育心理学家比格斯在 1982 年首创的一种学生学业水平分类方法。SOLO 原意为可观察的学习结果的结构。SOLO 分类理论是基于学生对某一具体问题反应的分析,对学生解决问题时所达到的思维水平进行由低到高的 5 个基本结构层次的等级划分。该理论认为学生的认知不仅在总体上具有阶段性的特点,而且在对具体知识的认知过程中,也具有阶段性的特征。

SOLO 描述了一个结构等级,每个较低层次的结构成为另一个更高层次结构建立的基础。这 5 种水平层次结构的复杂性依序递增，主要特征见表 6.2.4。①

表 6.2.4 SOLO 层次水平特征

层次	水 平 特 征
前结构 (Prestructural)	(1) 不明白题目所指；(2)学生没有任何的理解，但可能将无关信息或者非重要信息堆集在一起；(3)可能已获得零散的信息碎片，但它们是无组织无结构的，且与实际内容没有必然联系，或者与所指主题或问题无关。
单点结构 (Unistructural)	(1) 能够使用一个相关的或一个可用的信息；(2)能够概括一个信息的一个方面；(3)没有使用所有可用的数据而提前结束解答。
多点结构 (Multistructural)	(1) 能同时处理几个方面的信息，但这些信息是相互独立且互不联系；(2)能够依据各个方面进行独立的总结；(3)能够注意到一致性，但是对不同方面也会得到不一致的答案；(4)能够在实验设计中明白其一，而不能指出其二。
关联结构 (Relational)	(1) 能够理解几方面信息之间的关系以及这些零散的信息如何组织形成一个整体，能够把数据作为一个整体来考虑其连贯结构和意义；(2)能够使用所有可用的信息并将其联系起来；(3)能够通过总结文中可用的数据推断出一般的结论；(4)能够得出数据的一致性，但并不能超越这些数据，在此之外提取结论；(5)能够利用简单的定量算法。
扩展抽象结构 (Extended Abstract)	(1) 能够利用所有可用的数据，并能够将其联系起来，而且将其用来测试由数据得来的合理的抽象结构；(2)可以超越所给信息，推断结构，能够进行从具体到一般的逻辑推理；(3)能够归纳作出假设；(4)能够利用各种方法在开放的结论中使用组合的推理结果；(5)能够采用新的和更抽象的功能来拓展知识结构；(6)寻求一些控制可能变化的方法，以及这些变化之间的相互作用；(7)可以注意到来自不同观念的结构，把观念迁移到新领域。

　　SOLO 分类评价理论的基础可以追溯到皮亚杰的认知发展阶段学说，皮亚杰认为思维或者智慧的发展是心理发展的核心，其发展阶段的最主要特点是阶段出现的先后顺序固定不变，每一阶段都具有独特的结构。因此，SOLO 分类法与其他分类法相比较，更加直接地立足于学习理论。SOLO 分类法的特点在于它能够考查学生的能力水平，为命题与评分提供有用的分析框架和反馈信息。同时，它不仅能评价学生的能力，更重要的是它能评价学生的思维能力所处的层次和阶段。

（五）PISA 数学素养测试框架

　　PISA(Programme for International Students Assessment)是 OECD 策划

---

① BIGGS J B, COLLIS K F. Evaluating the quality of learning：the SOLO taxonomy [M]. New York：Academic Press，1982.

并组织的评价临近义务教育末期(15 周岁)学生的阅读素养、数学素养、科学素养的国际性学生评价项目,是一项集体协作研究计划。通过统筹及各国政府的支持,参与 OECD 研究的学者共同协作,集思广益,构思了这个国际性评价学生的方法及程序。它主要评价学生是否具备了未来生活所需的知识与技能,以及在现实生活中运用这些知识和技能解决问题的能力。

开始,PISA 对数学素养的界定,指识别并理解数学在社会中所起的作用,作出有根据的数学判断,能够有效地运用数学,以及作为一个有创新精神、关心他人和有思维能力的公民,在当前及未来生活中运用数学的能力。

2012 年,PISA 对数学素养的定义如下:个体能够在不同情境中形成、运用、解释数学的能力,包括数学地推理、运用数学概念、程序、事实和工具来描述、解释、预测,帮助个体理解数学在社会生活中的作用,并且能够作出好的决策和判断,成为一个具有建设性、参与性、反思能力的公民。在此基础上,OECD 给出的数学素养模型包括三维度架构:一是情境维度即问题情境,指15 岁学生可能面临的各种问题,具体包括个人生活的、职业的、社会性的、科学性的 4 种情境;二是内容维度即数学内容知识,包括变化和关系、空间和图形、数量、不确定性 4 大领域内容;三是过程维度即三种数学过程和七种数学基本能力,见表 6.2.5。[①]

表 6.2.5 PISA2012 数学素养测试分析框架

数学基本能力	数 学 过 程		
	表述:数学化地表示情境	运用:调用数学概念、事实、程序和原理	评估:解释、应用和评价数学结果
交流	阅读、编码、理解文字表述、问题、任务、目标、图片或基于计算机测试的动画	清晰地表达问题解决方案,包括方案的设计、概括、数学结果的陈述	构思、交流基于情境中问题的解释和论证
数学化	基于生活中的真实问题,确定相应的数学变量和结构,形成假设	通过理解情境实现引导或促进数学过程的发生	理解数学问题解决方案的应用程度和局限性,是应用数学建模的结果
表述	对生活中真实问题信息进行数学化表述	在解决问题过程中理解、运用多样化的表述	用多种方式解释与情境相关的数学结果,比较或评估两种或两种以上的情境表述方式

---

① 綦春霞,周慧. 基于 PISA2012 数学素养测试分析框架的例题分析与思考[J]. 教育科学研究,2015 (10):46-51.

数学基本能力	数 学 过 程		
	表述：数学化地表示情境	运用：调用数学概念、事实、程序和原理	评估：解释、应用和评价数学结果
推理与论证	对确定的或设计的生活中真实问题情境的表述进行解释、辨认或判断	解释、辨认或论证基于影响数学结果或方案的过程、运算，联系题目提供的信息推断数学结论，概括或进行多步骤的推理论证	反馈数学结果，进行解释和合理论证，支持、驳斥或限定基于情境产生的数学结果的作用
设计问题解决策略	选择或设计一个策略，数学化地重构情境中的问题	经过多步骤推理论证，得到数学结论、方案和推论，形成有效持续的解决策略机制	设计和使用策略，以确保解释、评估和证实基于问题情境的数学结果的有效
运用符号的、正式的、技术的语言和运算	使用合适的变量、符号、图像和标准化建模，用符号化/形式化语言再现真实问题情境	基于概念、规则、形式系统和运算法则，理解、使用有条理的构造	理解问题情境和数学结果表达之间的关系，运用该理解帮助解释该结果对于问题情境的可行性、局限性
使用数学工具	使用数学工具，识别数学结构或陈述数学关系	知道且能够恰当使用各种不同的工具，在数学问题解决过程中提供帮助和支持	使用数学工具确定基于问题情境的数学结果的合理性和局限性，促进数学结果的交流

　　PISA 主要测试的是学生的能力，不是重点考查学生知识掌握的情况，因此对能力水平作了划分。例如，表 6.2.6 是 PISA 2012 关于"数量"量表上六个能力水平的描述。[①]

表 6.2.6　PISA 2012 关于"数量"量表上六个能力水平

	各水平学生应有的一般能力	学生应能完成的具体任务
水平 1	解决最基本的问题，这种问题的相关信息都明确地给出，有明白的情景，有限的范围，简单的计算，基本的数学任务。	简单的运算、把各栏数字加起来并比较结果，阅读和解读简单的数字表格；提取数据并进行简单计算；使用计算器进行相关运算；对计算结果进行推断，用一个简单的线性模型进行推理和计算。
水平 2	解读简单表格来识别和提取相关信息，解释简单的数量模型（例如比例关系），并将其用于基本的算术运算；把文本信息和表格数据结合起来；解释和处理简单的数量关系。	确定要解决一个直接问题所需的简单计算；进行基本的算术计算；对两位和三位的整数，以及小数点后有一位或两位的小数进行排序；百分比的计算。

① OECD. PISA2012 assessment and analytical framework：mathematics，reading，science，problem solving and financial literacy[M]. Paris：OECD Publishing，2013.

续　表

	各水平学生应有的一般能力	学生应能完成的具体任务
水平 3	使用基本问题解决规则,包括提出简单策略,寻找关系,理解和处理限定条件,采用试误法,在熟悉的情景中进行简单推理;解释对顺序处理过程的文字描述,并正确执行这一过程;识别和提取不熟悉的数据的文本解释中直接呈现的数据;解释描述简单模式的文字和图示。	进行包括较大数值的计算、关于速度和时间的计算、单位转换问题(比如,从年利率转化为日利率);理解混合了 2 个和 3 个十进制值,包括处理价格问题;对几个十进制数进行排序;计算三位数的百分数;应用自然语言描述给定的计算规则。
水平 4	解释复杂的结构和形式;把文字信息和图形表征结合起来;从多种信息源识别和使用信息;从不熟悉的表示中推断出系统规则;提出简单的数学模型;建立比较模型并解释其结果;进行精确的、复杂的、重复的计算。	利用行程问题中已知路程和速度,计算时间;准确运用已知的数学运算法则,包括多步骤的运算;在复杂情景的简单模型中,进行涉及比例推理,整除性或百分比的计算。
水平 5	建立比较模型,并比较结果做出最好的选择;解释现实情景的复杂信息(包括图表、图形和表格,例如使用不同比例尺的两幅图);确定两个变量的值,并推导出他们之间的相对关系;将问题和定理进行转化。	认识到数字的意义进而得出结论;表述推理和论证过程;利用日常生活知识进行估算;计算相对的和绝对的变化;计算平均值;计算相对的和绝对的差额,包括百分比,已知的未经处理的差额;进行单位换算(例如计算不同单位的面积)。
水平 6	处理复杂的数学过程及关系模型并将它们概念化;提出解决问题的策略;阐述结论、论证过程和精确解释;解释和理解复杂的信息,连接多种复杂信息源;解释图示信息,推理应用于数学模型;处理形式和符号的表达式。	在复杂且不熟悉的上下文背景中,进行连续运算,其中包括计算较大的数字;精确进行分数运算;能对比例、数量的几何表征、组合数学和整数关系使用高级的推理技能;能够解释和理解数字关系的形式化数学表达式,包括科学情境中的数学关系。

2013 年作了一些调整,从内容、过程、情境 3 个维度建立框架。内容维度分为空间与图形、变化与关联、不确定性;过程维度分为三个水平:再现、关联、反思;情境维度分为个人的、教育的与职业的、局部或更广阔社会的、科学的。基本框架见表 6.2.7。

表 6.2.7　PISA2003 数学素养评价框架

内容维度	过程维度	情境维度
主要是相关的数学领域群或概念丛: ＊数量 ＊空间与形状 ＊变化与关联 ＊不确定性 其次是相关的课程线索(如算术、代数、几何)	用"能力丛"定义数学所需技能: ＊再现(简单的数学运算) ＊关联(解决简单问题) ＊反思(更深、更广泛地进行数学思考) 这些过程与任务难度递增有关,但每个能力丛的评分有重叠部分。	数学情境:(按与个人生活密切度排序) ＊个人的 ＊教育的与职业的 ＊局部或更广阔的社会的 ＊科学的

（1）评价的维度

第一维度数学内容。从大范围的内容中选取数学内容，并在成员都认可的数学成绩国际比较的基础上，围绕下面四个内容领域来建构数学素养的评价：空间和形状（这个内容和几何学相关，它要求在分析形状的组成部分时找出相同点和不同点，认出以不同形式、不同角度呈现的形状）；变化和关系（这个内容领域与代数关系最密切，经常体现为等式或不等式）；数量（包括处理和了解以各种形式呈现的数字以及运用数字呈现现实世界物体的数量，也包括计数、算术和测量等）；不确定性（包括概率和统计）。这四个内容领域包括了15 岁学生为其生活和进一步扩展数学视野打好基础所需要的所有数学范围，都能与算术、代数、几何等传统内容主线相联系。

第二维度解题过程。要求学生面对现实生活中的数学问题时，首先把它们转换成数学形式，然后进行数学运算，再把结果运用到原来的问题并写出答案。这样学生就要完成一个多步骤的"数学化"过程。这个过程包括提出假设，概括和整合信息，运用有效的方法呈现问题，理解问题表述语言，找出规律，并把问题和已知问题或者其他熟悉的数学公式联系起来，确定或提出一个适当的数学模型。

第三维度问题情境。数学问题设置在个人的、教育或职业的、公共的和科学的情境中。个人情境与学生个人的日常活动直接相关。教育或职业的情境出现在学生的学校生活或工作环境中。公共情境要求学生观察更广泛周边环境的某些方面。科学情境更加抽象，可能会涉及了解一个技术过程、理论情境或明确的数学问题。

（2）评价的标准

按学生的数学成绩被分成 6 个等级水平，这个 6 水平代表了任务的难易程度。

6 级水平：学生能进行复杂的数学思考和推理，能够洞察和理解，提出新的解题方法和策略。这个水平的学生能有条理和准确地交流他们的做法以及对发现、解释、论证作出反思。

5 级水平：这个水平的学生能够有策略地处理问题，具有娴熟的思考和推理能力，能深入洞察问题情境，能反思他们的行为，并形成和交流他们的解释和推理。

4 级水平：这个水平的学生具有一定的洞察力，能运用娴熟的技能和灵活的推理，能够形成和交流自己的解释和推理。

3 级水平：这个水平的学生能够根据不同的信息进行直接推理和解释，他们能进行简短的交流，报告他们的解释、结果和推理。

2级水平：这个水平的学生能运用基本算法公式、步骤和方法，能够进行直接推理和解释结果。

1级水平：学生能回答熟悉的背景中的信息且界定明确的问题，能够根据具体情境的直接指示找到信息并按常规程序进行操作。

二、对几种学习评价理论的简评

1. 目标分类学说

布卢姆的目标分类学说在教育领域的意义是重大的。首先，目标分类学的独到之处是对学生认知、情感准备状态、教学质量这三个变量的分析。这样就修正了以往的教学只注重认知因素和教学质量关系的二维度分析，而且，通过对若干项学习任务的认知和情感的发展，又能促进学生对整个学习的认知和情感的发展。第二，依据目标分类进行教学评价，可以对学生的学习水平、情感状态作出比较准确和客观的了解，避免了教师带主观意向对学生作评价的弊端。第三，依据目标分类进行教学评价，可测性强，易于教师操作。第四，教学目标分类学是一种工具，是为教师进行教学和科研服务的。所以，目标分类本身并不是目的，而是为评价教学结果提供测量的手段，同时有助于对教学过程和学生的变化作出各种假设，激发教师对教育问题的思考。此外，它还有助于教师恰当安排各类教学内容，为教学设计提供指导。

然而，目标分类存在历史的缺陷，自身的不足也随着教育的发展凸现出来，因而，多元化的评价将成为历史的必然。

第一，行为主义的理念是目标分类学的先天缺陷。布卢姆在编制教育目标分类时，基本上是站在行为主义立场的，尽管他强调各种理智能力或理智技能，以及认知与情感的不可分割的关系，但他不仅主张用外显行为方式来陈述目标，而且认为复杂行为是由简单行为构成的，因而可以设计一个从简单到复杂按层级排列的目标体系，这与行为主义的原子论和还原论是一脉相承的。

事实上，布卢姆认为，教育目标具有连续性、累积性。对于关系的分析要以要素分析为基础，同时又成为组织原理分析的基础。学生首先需接受或了解各种价值观，然后才可能形成某种价值观。因此，复杂行为是由简单行为组合而成的，行为目标是由简单到复杂递增的，各目标互不孤立，后一类目标建立在已达到的前一类目标的基础之上。显然，依赖于外显行为的测量去评价学生，往往就忽略了学生对知识学习的过程性体验，而且，将目标化整为零，也就忽视了对教学整体效益的评价。

第二，目标分类评价难以囊括数学教育功能的全野。弗赖登塔尔曾对布卢姆的理论作过评论。他认为：（1）目标分类是为考试服务的，因而存在着一种危险性，即教学内容可能受制于教育目标分类模式，教师会认为只有符合考试的评定目标才是可教的东西，那么实际上就会将教育引入一个死胡同。（2）对科学教育而言，目标分类说没有涉及诸如观察、实验、猜想等最基本的认知目标，而这些目标是人类认知发展的重要因素。（3）数学知识有自身的特殊性，许多知识难以按目标分类说去对号入座。例如，对于应用题，不管是简单的代入数值，还是需要复杂分析的问题，都一律归入"应用"，但谁都知道，其中涉及的智力活动与认知水平是何等悬殊！又如，发现一个数列的规律是"分析"，而按照已知规律构造一个数列却是"综合"，但一般来说，后者比前者容易得多。①

　　总之，弗赖登塔尔认为，至少从数学教育的角度而言，布卢姆的教育目标分类学是难以操作的。数学教师应当根据自身教学实践的体会来决定问题的难易程度，选择问题的归属，以决定对学生学习的评价，而不是根据肤浅的分类学理论。因为真正的分类，究竟是"知识"还是"领会"，或是其他什么，并不单纯地依赖于数学内容，更重要的是决定于学习过程中的地位，至少与教学环境有关。

　　数学观由绝对主义向可误主义嬗变，导致动态数学观逐步替代静态数学观，将数学理解为由问题、命题、语言、方法及观念等要素组成的一个多元复合体，从而使传统的"知识结果"数学教学目标向"知识结果"与"知识过程"整合的数学教学目标位移。即数学教育的目标不仅要使学生掌握基础知识、形成基本技能、发展数学能力，而且还应使学生对数学有深刻体验，体验数学知识的发生与发展过程、领会数学的应用价值（从而发展应用数学的能力）、感悟数学的人文精神等。因此，数学教学评价也相应地发生着变革，评价应是全方位、多层面的，包括知识、技能、能力、情感、经历、体验、探索等要素，而布卢姆以及威尔逊的评价模式就显露了明显的遗漏：（1）只有知识技能目标，没有过程性目标。（2）在情感领域中，缺乏"对数学的体验"等要素。（3）对数学能力的评价不全面，如缺乏对非逻辑思维能力、探究数学问题能力、应用数学能力的评价目标体系。

　　第三，忽视"目标游离"评价。建构主义认为，学习者只能在他们自己经历的背景中解释信息，这种解释存在个别差异。建构主义的学习并不是支持学习者像镜子一样反映现实，而是支持对富有意义的解释进行建构。因此，建构主义学习环境中的评价应该基于动态的过程，较少使用强化和行为控制工具，

①　唐瑞芬.关于布鲁姆教育目标分类学的思考[J].数学教育学报,1993,2(2)：10-14.

而较多地使用自我分析和元认知工具。

基于建构主义学习的假设,那么对学习评价的目标就存在一定的自由度。在乔纳森(D. H. Jonassen,1947—2012)看来,目标自由评价建构的目的在于克服根据特殊设计的目标进行评价时所产生的偏见。如果不根据预先确定的目标向评价人员提供信息,那么评价就会比较客观。因此,评价不能只依据评价目标,还应对学习活动中学生的实际学习效果作出评判。因为在学习过程中,学生根据自我的知识建构去形成自我的学习目标,这种目标是内部生成的,它可能与教师制定的外部学习目标存在一定的差距,产生一种"目标游离"现象。如果忽视对这种内部生成目标的评价,那么就会使教学评价带有教师的主观意向,难以揭示学生的知识建构过程,甚至扼杀学生的创新意识从而阻碍学生的个性发展。因此,数学学习评价应整合目标评价与目标生成评价,这样才能使评价充分展示数学教育的功能。

2. PISA 测评理论

PISA 测评模型的特点表现为:

其一,以考查学生的基本素养为指向。PISA 所测评的"素养"并不局限于学校常规课程,而是取自更广泛的知识和技能领域。换言之,PISA 不是一种以知识为取向的评价,而是以素养为取向的评价,这种评价理念与当前课程改革的基调是一致。一直以来,学校的评价都是以学生的学业成绩作为目标和教学成效的依据,而学业成绩是以学生掌握知识的数量的考试来确定。于是,对知识记忆和模仿题目的解答成为学生练习的主流,长期以来没有关注对学生数学素养的测评。应当说,PISA 在对学生素养的测量方面作了很好的尝试,是值得我们对数学核心素养的测评参考的。

其二,注重问题情境。从 PISA 测试题目设置的情境看,个人情境与学生个人的日常活动直接相关;教育或职业的情境出现在学生的学校生活或工作环境中;社会情境要求学生更广泛地观察周边环境的某些方面;科学情境更加抽象,可能会涉及了解一个技术过程、理论情境或明确的数学问题。事实上,这就突破了学科性知识单一充斥学校课程的围栏。在数学教材中,理论性知识与实践性知识的比例是失调的,忽视数学理论知识在现实生活中的应用,从数学概念到数学概念,从数学命题到数学命题,从数学问题到数学问题,很难让学生体会到数学的应用价值,同时会造成他们数学应用的意识和能力的缺失,不利于学生数学素养的全面发展。应当说,PISA 模型将学生的素养作为评价内容,把知识与现实密切结合,它的评价重点不在于检验学生是否很好地掌握了学校课程,而是评价学生是否做好了应对未来挑战的准备,体现出这一评价模式的特色和功能。

另一方面,应该看到,PISA 测试与学校课程学习评价之间是有一定区别的,要把 PISA 的整套模式搬到学校的学业成绩考试中来是不完全行得通的。

首先,PISA 测试中对数学知识的涉及面比较窄化,深度也不够,这与数学课程目标和内容的深度要求差异较大。在第二章我们已经论述了,学科核心素养生成的本源是数学知识,离开知识的学习就不可能滋生数学素养,而且,数学素养的产生往往与数学知识学习的深度有关。试想一下,如果都是训练学生解决只有两步推理就能推出结论的问题,那么谈何逻辑推理的发展? 如果学生不经历相对抽象度较大的概念抽象过程,不能理解这些概念之间的关系,又怎么可能发展学生的数学抽象能力。因此 PISA 测试模式是不适合用于学业质量测试的。

其次,PISA 测试过分追求问题的情境化,也会存在偏激的一面。比如,就数学素养来说,并不是能够解决一些现实问题就意味具备了数学素养,数学中更多的内容是没有现实背景的,并且洞察数学学科内部规律的意识和能力,用数学思维方法去处理事物的能力,这些数学核心素养在 PISA 中是难以测量的。事实上,数学抽象、逻辑推理、数学建模、数学运算、直观想象、数据分析这 6 个数学核心素养的高级水平(三级水平),单纯的解决情境问题是测量不到的,而要依托于解决数学问题本身。

3. SOLO 模型

SOLO 主要用于学生解决具体问题的评价,而且以知识的考查为评价重点,用知识点的组合运用水平界定评价水平,不是对学生能力进行全方位的测量。

分析 SOLO 对各等级的描述,可以看到它的特点。①

处于单点结构层的学生,他们回答问题的知识点各自独立存在,基本不会存在某种关联,学生无法阐述不同知识点之间的联系,也不会利用上下文内容来探究问题的答案。

处于多点结构层的学生,他们既能够理解单个知识点,也能够理解存在一定关联的知识点。他们能够发现知识点之间的简单联系,但却不能发现隐藏于知识点背后的复杂联系,而对于知识点的重要性也没能形成正确的理解。

处于关联结构层的学生有能力完成知识点的整合,发现不同知识点的联系,并建立起更大的知识结构。不仅如此,处于这个阶段的学生能够从整体的角度来思考知识,发现知识点之间的内在关联性,从而认识到知识点的重要性。

---

① 付亦宁.深度学习的教学范式[J].全球教育展望,2017(7):47-56.

　　进入抽象扩展层的学生能够组织、归纳、整合知识,同时还能够利用知识解决真实的问题。学生可以发现不同学科知识之间的联系,也可以发现某一学科知识与其他事物之间的联系。不仅如此,他们还能够利用这些联系来帮助理解知识。学生能够搭建知识结构,提炼隐藏于知识点之后的基本原则,能够分析假设条件,还能够将各种知识信息与自己的生活实际相结合。处于这个层次的学生有着较高的元认知能力,对完成任务的过程能够及时监控与自我调整,在解决问题时能准确选用最高效的策略。

　　显然,SOLO 模式主要是从知识结构来考查解决问题的水平,即通过知识的关联程度作为水平划分的一个依据。从这一点上说,它存在一定的片面性,学生是否建立了良好的认知结构,这只是衡量他们学习效果的一个方面,而问题解决涉及的认知因素很多,更深层的数学核心素养不是 SOLO 模型能够完全测量得到的。

第三节　基于数学核心素养的学习评价模型建构

　　随着高中课程标准的颁布,一个迫切需要研究的问题显现出来,就是如何在操作层面对学生的学习质量进行监测? 通过考试选拔的评价标准如何制定? 与之前的课程标准相比较,新的课程标准在指导思想、课程理念、教学评价等方面发生了变革,要使新的课程改革真正落实,评价的研究必须先行。

　　事实上,基于对课程改革历史的反思,教育部在推行以发展学生核心素养为主线的新一轮课程改革之前,在课程标准的编制过程中就将评价纳入研究范畴,关于评价,在《数学课程标准》有了详细的阐述。同时,一大批学者出于理论意识的自觉,开展了一系列有意义的研究,有的介绍国外关于核心素养评价的做法,有的根据我国的具体情况作核心素养评价的探索,也有研究学者对数学核心素养的测评作了研究。本节对基于核心素养的学习评价相关研究作一简单综述,然后建构基于数学核心素养的学习评价框架。

一、核心素养评价的一些研究

　　核心素养的评价研究是当下国内外研究的热点问题。

　　1. 国外的研究

　　将核心素养转化为具体的学习结果,并在此基础上开发出相应的测量工具,是国外开展核心素养评价的一种基本思路,欧盟国家、美国等开展了此类探索。例如,立陶宛在对学会学习素养进行评价时,将其分解为学习态度与意愿、确定目标与计划活动、有组织和有针对性的活动、反思学习的活动和结果，开展自我评估 4 个构成要素，并围绕这 4 个要素开发了 5～6 年级学会学习素养评价工具，7～8 年级评价工具则进一步细化了第一和第三要素，更强调了素养的技能和态度层面。上述所有要素在 5～6 年级和 7～8 年级都分为 4 个水平，分别被界定为：起步、按照正确的方向前进、接近目标、能力达成。每个级别的描述都附在学生任务手册中，用于指导学生自评，使其更好地理解素养的不同方面，确定学习目标，计划有助于实现目标的学习活动，观察和评价自己的进步。任务手册中包括多种学习情境，其目的是使水平描述有较好的迁移性，适用于各个学科。①

　　核心素养有别于传统的学习结果，因此，在确定评价方法时，国外研究与实践关注的焦点是，如何重塑现有的评价方法，使其能更好地评价并促进学生核心素养的发展，主要涉及标准化测试、问卷、观察、表现性评价等。例如，新西兰为了保证核心素养的落实，将核心素养的评价融入到每年一次的学业成就国家检测中，在明确各学科每种素养的具体表现的基础上，通过各学科的不同题型加以考查。② 有些跨学科素养，如学会学习、自我调控、学习态度、性向等无法通过标准化测试进行充分的评价，这就需要探索标准化测试之外的评价方法，而问卷即是国外普遍采用的方法之一。例如，欧盟学会学习素养的评价框架包括情感、认知和元认知三个维度，该框架采用测试来评价认知维度，采用问卷评价情感和元认知维度。

　　评价的形式多样，包括档案袋、学生展示、实验、小组合作、项目、课程作业、日记、采访活动、角色扮演等，其中档案袋的使用越来越广泛。③ 表现性评价传统上主要用于形成性评价，但基于核心素养的课程改革中，也有一些国家将其用于总结性评价中。例如，为了加强对学生跨学科素养的考查，奥地利增加了高考考核方式，改革后的评价方式包括三个方面：学生研究课题的论文、高中最后一年结束时的书面考试、针对学生研究课题的口试。研究课题具有跨学科性，口试中学生要呈现其课题内容，并进行答辩。④

---

① 郭宝仙. 核心素养评价：国际经验与启示[J]. 教育发展研究，2017(4)：48－55.

② 刘晟，魏锐，周平艳，等. 21 世纪核心素养教育的课程、教学与评价[J]. 华东师范大学学报(教育科学版)，2016(3)：38－45.

③ LOONEY J W. Assessment and innovation in education [R]. OECD Education Working Papers，2009(24).

④ EUROPEAN COMMISSION. Education and training 2020 work programme: thematic working group 'Assessment of Key Competences' literature review, glossary and examples [EB/OL]. [2016－05－26]. http://ec. europa. eu/education/policy/school/doc/keyreview_en. pdf.

　　法国于 2006 年颁布了《知识和能力的共同基础》(简称《共同基础》),提出 7 类核心素养,作为新世纪 1～9 年级义务教育的法定目标。这 7 类核心素养分别是:掌握法语、能运用一门外语、具有数学和科学技术的基本能力、掌握通用的信息与通信技术、人文文化、社会能力及公民素养、自主能力和主动性。7 类核心素养中都包含了基础知识、能力运用,以及与终身成长所不可或缺的态度。2015 年又颁布了新版的《共同基础》,名为《知识、能力和文化的共同基础》,从 5 大领域来界定义务教育目标:用于思考和交流的语言、学习方法与工具、个体和公民教育、自然和技术的相关体系、表征世界和人类活动。①

　　《共同基础》的评价在三个年级段进行,一个是在小学二年级期末时,考查法语、数学、社会及公民素养;一个是在小学五年级期末考查 7 大素养;一个是在初中毕业时考查 7 大素养。考查合格是学生取得初中毕业证书的必要条件。为此制定了一个从抽象到具体的三级测评指南,名为《个人能力手册》,告知教师如何有效测量《共同基础》中各核心素养的应知内容和应会技能。在一般知识内容领域采取纸笔测评方式,小学阶段多为选择题,初中阶段增加了主观题。2015 年开始还采用了基于计算机的测评方式,而技能部分一般采取表现性测评,比如科学素养的测评就会要求学生动手做实验或解决科技问题。《个人能力手册》设计了三级测评指南,例如,初中生核心素养中的"掌握常见的信息与交流技术"这一核心素养下设五个测评维度,分别是:(1)为自己创设计算机化的学习环境;(2)养成负责的态度;(3)创造、生产、加工和使用数据;(4)查找信息和文献;(5)沟通和交流。然后,在各维度再下设测评指标。

　　核心素养的评价要落实到各学科,学科核心素养的评价是关键。在科学教育领域,1998 年,沙维尔森(R. J. Shavelson)等研究者首次提出科学表现性评价(Science Performance Assessment,简称 SPA)的概念,在科学教育中应用表现性评价即给学生提供"做科学"的机会。② 评价本身是在实验室进行的探究活动,学生要应用科学思维和推理解决基于真实情境、结构不良的科学问题。很快 SPA 被广泛应用于大型学生测评项 PISA、TIMSS 等。2009 年起科学论证能力开始在 SPA 中的评估项目中逐渐显现。研究者认为解释和论证作为科学探究的核心实践活动,承担了不同的功能且是互补的,解释是对科学事实进行意义阐释,科学家要使同行确信自己的解释就需要依据证据进行论

① 提于斯,林静.法国中小学生核心素养要求及评价——夏尔·提于斯与林静的对话[J].华东师范大学学报(教育科学版),2018(1):149-154.

② SHAVELSON R J, SOLANO-FLORES G, RUIZ-PRIMO M A. Toward a science performance assessment technology[J]. Evaluation and program planning, 1998,21(2):171-184.

证。除了能力要素,每一要素的水平划分也是评估目标的重要方面。制定表现性评价的能力水平对于后续的任务设计和评分准则开发具有重要的指导意义,是较为关键的环节。学界主要依据学习进阶理论划分每一要素由低到高的能力水平和相应的表现期望。如卢(Y. P. Lou)等研究者提出了地球科学领域探究技能的测评框架,共包含提出科学问题,设计、实施探究方案,分析和解读证据,生成及建构解释,基于证据论证等六个能力要素,每一能力要素划分成二至六个不等的水平。[①] 比如生成和建构解释的学习进阶假设如图 6.3.1所示。[②]

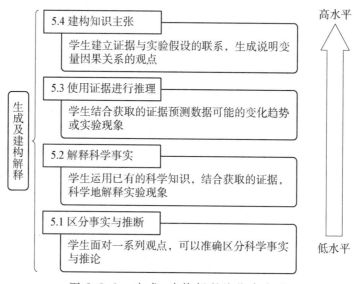

图 6.3.1　生成、建构解释的能力水平

2. 国内的研究

关于核心素养评价的研究,国内学者主要是三种思路,一是对国外核心素养评价的介绍;二是对核心素养评价的一些理论思考;三是具体构建学科核心素养评价的结构与体系。下面简单介绍几项研究。

有学者介绍了美国新罕布什尔州指向核心素养的表现性评价的研究。[③]首先,建立一个指向核心素养的表现性评价体系。其次,具体化核心素养,

① LOU Y P, BLANCHARD P, KENNEDY E. Development and validation of a science inquiry skills assessment [J]. Journal of geoscience education, 2015, 63(1): 73 - 85.

② 宋歌. 国外科学教育中的表现性评价述评[J]. 外国中小学教育, 2017(6): 17 - 25.

③ 周文叶, 陈铭洲. 指向核心素养的表现性评价[J]. 课程·教材·教法, 2017, 37(9): 36 - 43.

设计聚焦核心概念的表现性任务,并创建表现性任务库。再次,通过专业的程序和机制确保表现性评价实施的质量。作者认为,新罕布什尔州的做法为我们提供了一个很好的案例,从中得到启示:构建更平衡、更综合的评价体系;建立专业共同体和专业的评价机制;统整课程、教学与表现性评价。

索桂芳提出了核心素养评价面临的 4 个问题:如何处理核心素养评价与现有评价的关系?如何制定核心素养评价标准?采用什么样的方法对核心素养进行评价?评价结果如何呈现和使用?作者经过分析和思辨,提出了解决这些问题的若干策略。在处理核心素养评价与现有评价的关系上,要以核心素养为统领,整合、改造、优化现有评价。在评价标准的确定方面,应基于核心素养设置教育质量评价的标准,将核心素养指标各评价维度进一步细化。在评价方法方面要把多种方法结合起来。在核心素养评价结果的呈现和使用方面,要处理好个体与总体的关系、单项和整体的关系;呈现方式要直观明了,易于理解;要注重运用现代化的信息技术手段,提高效率,方便使用;要科学合理地使用评价结果,充分发挥评价的诊断和改进功能;评价结果要与招生考试挂钩[1]。

在各学科核心素养的评价研究方面,许多学者都在试图构建评价框架和评价指标体系。

张莹等人借鉴已有思路,运用德尔菲法,通过调查和专家访谈,从学生个体需要和社会需求角度出发,构建了具有一定操作性的基于核心素养框架测评教育质量的综合指标体系(见表 6.3.1)。[2]

表 6.3.1　核心素养的评价指标体系

领域	一级指标	二级指标
学科素养	学业成绩	1. 课堂表现评价 2. 作业表现评价 3. 测验
	知识应用	1. 实际问题解决能力 2. 创新思维能力 3. 知识建构能力

---

① 索桂芳.核心素养评价若干问题的探讨[J].课程·教材·教法,2017,37(1):22-27.
② 张莹,冯虹.基于核心素养的教育质量评价指标体系的构建与应用[J].教育探索,2016(7):60-64.

续　表

领域	一级指标	二级指标
生存素养	工具使用	1. 信息获取能力 2. 新技术习得与应用能力 3. 语言与符号能力
	人际社交	1. 良好关系建立能力 2. 团队意识与国际视野 3. 情绪管理与冲突解决
精神素养	健康审美情趣	1. 审美意识 2. 自然审美能力 3. 多元审美能力
	情感态度与价值观	1. 认识自我、感受安全 2. 热爱生活、社会认同 3. 情绪稳定、反应适度 4. 人际和谐、接纳他人 5. 适应环境、应对挫折

　　魏雄鹰等对高中信息技术学科核心素养的测评方式作了探究。[①] 评价框架分为情境、知识、核心素养3个维度。情境维度可分为4类：个人情境(与个人生活、学习相关的情境),公共情境(与社区、服务相关),学科情境(涉及计算机、信息技术、自然科学等方面的议题),人文情境(人文、艺术的情境)。知识维度包括4个模块：数据(数据、信息、知识的概念、数据获取、编码),计算(算法、程序设计、数据结构、数据统计与分析),信息系统(信息系统的概念、网络、软硬件系统),信息社会(数据加密、网络安全、网络道德)。高中信息技术有4个核心素养：信息意识、计算思维、数字化学习与创新、信息社会责任,每个素养都分成三个水平层级。具体编制题目时,设计一个表(见表6.3.2),每道题涉及哪一个指标,可以在相应位置打上钩,从而分析试题编制的合理性。

---

① 魏雄鹰,肖广德,李伟.面向学科核心素养的高中信息技术测评方式探析[J].中国电化教育,2017(5)：15-18.

表 6.3.2　信息技术试题设计表

		第 1 题	第 2 题	……	第 n 题	整套题目
核心素养	信息意识					
	计算思维					
	数字化学习与创新					
	信息社会责任					
知识维度	数据					
	计算					
	信息系统					
	信息社会					
情境维度	个人情境					
	公共情境					
	学科情境					
	人文情境					
难度预估						
学生答题时间预估						

　　这项研究把核心素养、知识、情境并列,可以考查每道题目涉及的因素,但没有体现核心素养的三级水平如何考查。

　　刘存芳等人构建了高中化学核心素养评价指标体系[1],一级指标 4 个:化学技能、化学思维、化学品质、化学应用。化学技能的二级指标:辨识分类、化学语言、化学学习;化学思维的二级指标:分析假设、推理论证、探究创新;化学品质的二级指标:化学意识、化学精神、社会责任;化学应用的二级指标:化学与学科、化学与环境、化学与社会。该评价指标有层级性,各一级指标具有层层递进的关系,二级指标间也具有层层递进的关系。该评价指标还有相对独立性,各指标间不存在相互重叠、并列等关系,因此,建立的指标具备一定的可借鉴性。

　　这项研究的特点,第一,没有把化学学科的 5 个核心素养"宏观辨识与微观探析、变化观念与平衡思想、证据推理与模型认知、科学探究与创新意识、科学态度与社会责任"作为评价的一级指标,而是将其分解到 4 个指标"化学技

---

① 刘存芳,杨凤阳,刘民利,等.高中化学核心素养评价指标体系的建构[J].化学教与学,2019(7):2 - 5.

能、化学思维、化学品质、化学应用"中。第二,化学技能、化学思维、化学品质、化学应用这 4 个指标,依据从基本能力到思维层面再到精神层面最后回归到现实层面的顺序建立,是一种递进关系,同时,二级指标间也具有层层递进的关系。该评价指标相对独立,各指标间不存在相互重叠、并列关系。该指标体系的建立,是在评价学生核心素养发展方面的一个有益尝试。

刘桂侠等人构建了地理学科核心素养评价指标体系。[①] 他们将 2017 版课程标准界定的地理学科核心素养(人地协调观、区域认知、综合思维、地理实践力)作为评价体系的一级指标,从人地关系理论、区域属性、地理环境的整体性原理以及地理学研究方法论等视角凝练出地理学科核心素养二级指标要素(见表 6.3.3),并通过大范围的问卷调查,得到各级指标在教学环节中的权重。

表 6.3.3　地理学科核心素养评价指标要素的构建

一级指标	构建依据	二级指标	构建依据
人地协调观	地理学研究对象	(1) 地对人(地理环境对人类活动的影响);(2)人对地(人类活动对地理环境施加的影响);(3)人地协调(人类活动与地理环境相互协调)	人地关系理论
区域认知	地理学基本特点	(1) 区域位置;(2)区域划分;(3)区域联系;(4)区域差异	区域基本属性
综合思维	地理学基本特点	(1) 要素间的综合;(2)区域间的综合	地理环境整体性原理
地理实践力	地理学方法论和实用价值	(1) 地理实践经历;(2)地理实践兴趣;(3)地理实践能力(自我认识);(4)地理实践能力(实际表现);(5)地理实践意识	地理研究方法论

这个研究的特点是,第一,以地理学科核心素养作为一级指标,再将每一个一级指标的二级指标凝练出来,因此,指标的建立是有依据的。第二,从教学角度考察指标的权重,从而说明在课堂教学实践过程中,地理学科核心素养在不同教学环节中的实施重点不同,这对教师在课堂教学实践中有效实施地理学科核心素养具有重要的指导价值。

物理学科核心素养为物理观念、科学思维、实验探究、科学态度与责任。刘洋等人以布卢姆教育目标分类学为基础,构建了高中物理核心素养评价的一个体系,并将物理核心素养细化为 9 个层次的教学目标和内容(见图

---

① 刘桂侠,王牧华,陈萍,等.地理学科核心素养评价指标体系的构建与量化研究[J].地理教学,2019
(19): 15 - 20.

6.3.2),可以形成明确且具有可行性的评价方式。①

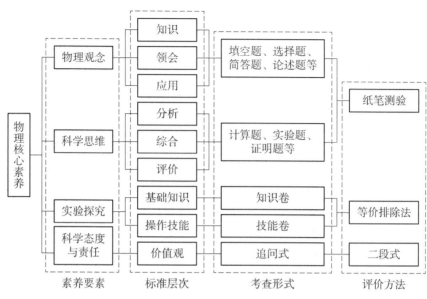

图 6.3.2　物理核心素养评价体系

　　这项研究的特点,第一,把物理核心素养中的"物理观念"和"科学思维"分为两种水平,物理观念对应知识、领会、应用,属于布卢姆目标分类中的较低的三个层次;科学思维对应分析、综合、评价,属于布卢姆目标分类中的较高的三个层次,这样的划分利于教学实践中的操作。第二,根据物理学科的特点,将核心素养中的"科学探究"单独作为一个维度,同时考查知识和技能,采用的方法是等价排除法。等价排除法的基本思路是:首先以技能评测为单一目的,命制出技能评测卷,根据技能卷涉及物理知识的范围、内容、程度,再命制出与技能卷中所涉及知识等价的知识卷。技能卷主要呈现的是逐条列举的实验操作步骤(可以采取客观题的设计形式),另外还可包括实验反思、收获等(可以采取主观题的设计形式);而知识卷的考查内容是与技能卷实验等价的基础知识,内容包括实验涉及的物理原理、实验设计、实验准备、操作注意事项等。这样就找到了评价实验技能的一个抓手,操作技能的评价便可以实现。第三,核心素养中的"科学态度与责任"属于价值观范畴,不好作定量评价,因而采用了二段式方法。二段式包括两部分,第一段是常规物理问题的解答;第二段是针

① 刘洋,李贵安,王力,等.基于教育目标分类的高中物理核心素养评价[J].教育测量与评价,2017
　　(10):35-40.

对第一段问题中涉及的物理学家、物理学发展史或者有关的自然现象,请学生提出观点,并对当前存在的不足提出解决之道。二段式评价方式是一种追问,通过进一步追问促进学生思考,通过追问考查学生的态度。显然,这一个评价框架值得其他学科借鉴。

任子朝等人从高考角度对核心素养的评价作了研究,提出高考中数学核心素养的评价策略。[①] (1)研究确定核心素养的考核目标,实现从能力立意到核心素养立意的转变。根据高考是基于课程标准的统一考试的性质和核心素养综合性的特点,在进行考试设计时要建立整体性的设计观,对考查的知识内容,能力目标,认知技能以及试题的分值、题型、题量、评分等进行统筹考虑,实现多方位、多层次目标的综合考查效应。(2)以数学知识为基础,在知识的学习和运用中考查素养的发展水平。数学科目考试在考查数学核心素养时要求有一定的数学知识基础,要以学科知识为思维材料和操作对象,考查考生对材料的组织、存储、提取的能力,对知识的抽象、记忆、理解、运用、分析与综合的能力,考查一般性的、可在不同学科领域、不同的生活和工作领域中进行迁移的核心素养。(3)以数学思想方法为引领,在思想方法的灵活应用中体现个体差异性。数学思想方法体现了数学思维的特点,在考查过程中要从学科的整体意义、思想含义上设计问题,从知识网络的交会点上设计题目。在数学思想方法的应用过程中,反映数学抽象性、结论确定性和应用广泛性等特点,在数学素养的组合、融合中考查核心素养的本质。(4)以数学情境为载体,整体实现核心素养综合性的要求。对核心素养的考查要以知识为基础、以情境为载体。情境是多样的、多层次的,可以包括现实情境、数学情境、科学情境,要根据考核的数学核心素养选择不同的情境。

这个研究主要讨论的是在高考中如何考查学生的核心素养,更具体地说是如何在高考命题中设计考查数学核心素养的题目,是从考试的角度切入如何考量学生的必备品格与价值观的发展。

这些研究从不同视角研究了核心素养的评价问题,其观点、结论、做法对于我们建构数学核心素养的学习评价体系有很好的参考意义和借鉴价值。

二、建构数学核心素养评价框架的前提思考

(一)构建评价框架的前提性反思

构建数学核心素养的评价体系之前,有一些问题必须厘清,这些问题是构

① 任子朝,陈昂,赵轩.数学核心素养评价研究[J].课程·教材·教法,2018(5):116-121.

建评价体系的前提性问题。

1. 从知识导向到能力为重的评价转型①

长期以来,对学生学业质量的评估遵循的是"教知识考知识"的逻辑,这种逻辑以知识的教学作为起点和归宿,其实是有一定问题的。设想一下,学生从小学一年级入学到高中三年级毕业,他们要学多少学科?每个学科有多少知识点?与每个知识点相关的问题解决涉及多少技能技巧?为了应付考试,学生不得不记忆大量的知识和技能,通过数量庞大的练习使习得的基础知识和基本技能巩固下来,使做题变成主要的学习方式、"题海"训练是常规的局面。更重要的是,这种学习方式培养出来的人,在学习结果上偏重模仿、记忆和机械练习,缺乏理解、思考和知识建构,在认识信念上遵从接受而排斥辩解,相信结论的证实性而无视结论的证伪性,以"旁观者"的姿态介入学习,个人的观点和见解被长期囚禁而日益消解,日积月累,学生的创造性意识和创新能力被磨灭得无影无踪。

《普通高中课程方案(2017年版)》在培养目标中明确指出,学生要具有科学文化素养和终身学习能力,"掌握适应时代发展需要的基础知识和基本技能,丰富人文积淀,发展理性思维,不断提升人文素养和科学素养。敢于批判质疑,探索解决问题,勤于动手,善于反思,具有一定的创新精神和实践能力"②。培养目标是学业评价的依据也是学业评价的归宿,显然,《课程方案》培养目标的描述突破了"教知识考知识"的逻辑,学习评价不能只是对知识理解情况的考查,还应当考查学生的能力,这种能力主要是指蕴含在学科核心素养中的关键能力。

从知识导向到能力为重的评价转型,可以淡化学生对知识点的死记硬背,强化对知识的综合运用;可以减少学生大量的机械练习,着重提升反思意识和创新能力。这种学业评价的转型,也可在一定程度消除当下"题海战术"盛行的教育局面。

2. 对数学关键能力的认识

在《课程方案》中,明确界定了核心素养的三个基本要素:学生应当具备的正确的价值观、必备品格和关键能力,因此,评价必须围绕这三个方面展开,需要建立一个完整的评价体系。要考虑的问题是将品格、价值观、关键能力三个要素融为一体来设计评价体系,还是把关键能力作为一个维度,品格和价值观作为另一个维度来设计评价体系?这涉及到要讨论数学核心素养与数学关

---

① 喻平. 数学关键能力测验试题编制:理论与方法[J]. 数学通报,2019(12):1-7.
② 中华人民共和国教育部. 普通高中课程方案(2017年版)[S]. 北京:人民教育出版社,2018:3.

键能力之间到底是什么关系的问题。

事实上,各学科提出的学科核心素养不尽相同。例如,语文学科提出 4 种核心素养:语言建构与应用、思维发展与提升、审美鉴赏与创造、文化传承与理解;英语学科提出 4 种核心素养:语言能力、文化意识、思维品质、学习能力;物理学科提出 4 种核心素养:物理观念、科学思维、科学探究、科学态度与责任;化学学科提出 5 种核心素养:宏观辨识与微观探析、变化观念与平衡思想、证据推理与模型认知、科学探究与创新意识、科学态度与社会责任;等等。数学学科提出的是 6 个核心素养:数学抽象、逻辑推理、数学建模、数学运算、直观想象、数据分析。下面将数学学科与其他学科关于核心素养提法作比较。

按照《课程方案》对核心素养的界定,学科核心素养应当涵盖正确价值观、必备品格和关键能力这三个要素。分析语文学科,在"审美鉴赏与创造""文化传承与理解"这两个核心素养中,包含了必备品格与正确的价值观两个因素;英语学科的"文化意识",包含了必备品格和正确价值观;物理学科的"科学态度与责任"、化学学科的"科学态度与社会责任",包含了必备品格和正确价值观。换言之,这些学科提出的核心素养,包含了核心素养的三个要素,其中的"关键能力"要素,需要在核心素养中进一步析取。

《数学课程标准》提出了 6 个数学核心素养,并没有对关键能力作出具体描述。在对数学核心素养的定义中,既把这 6 个核心素养作为名词来描述,又将其作为动词来描述。例如,"数学抽象是指通过对数量关系与空间形式的抽象,得到数学研究对象的素养",数学抽象是素养,显然是名词。但另一方面,"数学抽象表现为:获得数学概念和规则,提出数学命题和模型,形成数学思想方法,认识数学结构与体系",这种描述显然又将数学抽象看成是一个过程,即数学的抽象过程,因而又把数学抽象用动词来描述。既然是过程就必须有活动,就有活动效率的高低(对核心素养的三级水平划分就是活动效率高低的表现形式),因而数学抽象就表现出了能力的特质,换句话说,数学抽象就是一种能力。对其他 5 个数学核心素养可以作同样的分析,可以看出,6 个数学核心素养本质上就是 6 种关键能力。事实上,逻辑推理、数学运算和直观想象就是传统意义上的逻辑思维能力、数学运算能力和空间想象能力,另外再加上三种素养也都是能力要素。

由此看到,数学核心素养并没有把"必备品格"与"价值观"包含其中。因此,在构建数学核心素养的评价体系中,要把关键能力作为一个维度,品格和价值观作为另一个维度来设计。

3. 数学关键能力的测试不能脱离数学教学内容

学科关键能力的生成源于知识[①]，数学关键能力的生成源于数学知识，脱离知识谈关键能力是空中楼阁。在 6 个数学关键能力中，除逻辑推理和直观想象具有一般思维能力的特征外，其余的关键能力完全不能脱离数学知识。另一方面，数学关键能力的测验是对学业成绩的测验。与一般的智力测验不同，数学关键能力的测验用于日常教学评价和升学考试评价，是一种学业质量检测而不是纯粹的智商测验。因此，数学关键能力测验与教学内容密切相关，形式上与以前的考试大同小异，内容上却是淡化单纯对知识点理解和掌握情况的考查而应增加对能力因素的考量。要改变单纯在数学内部情境命题的思路，削弱模式化的收敛性题型，将情境性、开放性、发散性问题渗入测验中；要弱化题目过度追求技能技巧的倾向，增强考查思维深刻性和独创性的元素。

(二) 对《数学课程标准》评价框架的解析

《数学课程标准》将评价分为三个维度：

第一个维度是反映数学学科核心素养的 4 个方面，它们分别为(1)情境与问题。情境主要是指现实情境、数学情境、科学情境，问题指在情境中提出数学问题。(2)知识与技能。主要是指能够帮助学生形成相应数学学科核心素养的知识与技能。(3)思维与表达。主要是指数学活动过程中反映的思维品质、表达的严谨性和准确性。(4)交流与反思。主要是指能够用数学语言直观地解释和交流数学的概念、结论、应用和思想方法，并能够进行评价、总结和拓展。[②]

第二个维度是 4 条内容主线，它们分别为函数、几何与代数、概率与统计、数学建模活动与数学探究活动。

第三个维度是数学学科核心素养的 3 个水平。水平一是高中毕业生应当达到的要求，也是高中毕业的数学学业水平考试的命题依据。水平二是高考的要求，也是数学高考的命题依据。水平三是基于必修、选择性必修和选修课程的某些内容对数学学科核心素养的达成提出的要求，可以作为大学自主招生的参考。对三个水平的操作性定义，《数学课程标准》作了详细的描述。[③]

于是，对学生学业考试评价的框架就是表 6.3.4 所示的结构。

---

① 喻平. 学科关键能力的生成与评价[J]. 教育学报，2018(2)：34 - 40.
② 中华人民共和国教育部. 普通高中数学课程标准(2017 年版)[S]. 北京：人民教育出版社，2018：75.
③ 同②100 - 106.

表 6.3.4 《数学课程标准》考试评价框架

核心素养	核心素养的四个方面	水平一	水平二	水平三	函数	几何与代数	概率与统计	建模与探究
数学抽象	情境与问题							
	知识与技能							
	思维与表达							
	交流与反思							
……	……							

　　《数学课程标准》对三个水平作了详细的描述,其基本思路是,对每一个核心素养的三种水平,都分别从情境与问题、知识与技能、思维与表达、交流与反思四个方面进行描述,从而得到操作性定义。以数学抽象为例,见表 6.3.5。

表 6.3.5 数学抽象的三级水平描述

		水平一	水平二	水平三
数学抽象	情境与问题	能够在熟悉的情境中直接抽象出数学概念和规则,能够在特例的基础上归纳并形成简单的数学命题,能够模仿学过的数学方法解决简单问题。	能够在关联的情境中抽象出一般的数学概念和规则,能够将已知数学命题推广到更一般的情形,能够在新的情境中选择和运用数学方法解决问题。	能够在综合的情境中抽象出数学问题,并用恰当的数学语言予以表达;能够在得到的数学结论基础上形成新命题;能够针对具体问题运用或创造数学方法解决问题。
	知识与技能	能够解释数学概念和规则的含义,了解数学命题的条件与结论,能够在熟悉的情境中抽象出数学问题。	能够用恰当的例子解释抽象的数学概念和规则;理解数学命题的条件与结论;能够理解和建构相关数学知识之间的联系。	能够通过数学对象、运算或关系理解数学的抽象结构,能够理解数学结论的一般性,能够感悟高度概括、有序多级的数学知识体系。
	思维与表达	能够了解数学语言表达的推理和论证;能够在解决相似的问题中感悟数学的通性法则,体会其中的数学思想。	能够理解用数学语言表达的概念、规则、推理和论证;能够提炼出解决一类问题的数学方法,理解其中的数学思想。	在现实生活中,能够把握研究对象的数学特征,并用准确的数学语言予以表达;能够感悟通性通法的数学原理和其中蕴含的数学思想。
	交流与反思	在交流的过程中,能够结合实际情境解释相关的抽象概念。	在交流的过程中,能够用一般的概念解释具体的现象。	在交流的过程中,能够用数学原理解释自然现象和社会现象。

　　这一评价框架,无疑是对传统评价模式的一种突破,它突出了对学生的能力而非单纯对知识的理解与记忆的考查。但是,我们从学理和操作层面作分

析,会看到这个评价框架存在的一些问题。

第一,这个评价框架是将核心素养的水平又作了类别划分,造成实践层面的操作困难。把每一种核心素养分为情境与问题、知识与技能、思维与表达、交流与反思四个方面,然后每一个方面又分别分为三种水平,这样的做法其依据是什么? 事实上,它存在的问题是,四个方面不完全是四个平行的维度,其中含有不同的水平的蕴意。例如,"知识与技能"是学生在数学学习中应当具备的基本水平,只有具备了一定的知识和技能,才可能进入"情境与问题"阶段。《数学课程标准》把"情境与问题"界定为:情境主要是指现实情境、数学情境、科学情境,问题是指在情境中提出的问题。"知识与技能"指能够帮助学生形成相应数学学科核心素养的知识与技能。显然,后者是基础,前者是发展。也就是说,"知识与技能"与"情境与问题"本身就应当是数学学科核心素养的两种水平,对水平再分水平,就会出现学理上的混乱或者是概念的边界不清。例如,对于数学抽象这个核心素养,在"情境与问题"这一维度上三级水平划分,其三个水平的描述几乎相同,差异主要在"熟悉的情境""关联的情境"和"综合的情境"上,一方面,这三种情境并没有清晰的界定,给实践层面带来了困难;另一方面,这三种情境并不能完全反映问题的难度,在熟悉的情境中解决或提出问题就一定比在关联的情境中解决或提出问题容易吗? 在关联的情境中解决或提出问题就一定比在综合情境中解决或提出问题容易吗? 显然不一定,前者的难度比后者的难度更大的例子比比皆是。对于"思维与表达"显然比前面两个方面又有了更高的要求,属于更高一级水平。而"交流与反思",可以作为平时教学评价的一个指标,但在考试命题中是无法实施的,因而在试题命题中可以不考虑这个因素。

第二,三个水平分别对应高中毕业、高考、高校自主招生的要求,会造成教学目标设定的困难。从评价本身来看,三个水平分别对应高中毕业、高考、高校自主招生的要求,这似乎没有什么问题,但是平时的教学目标应当制定在哪个水平上? 因为评价的依据是教学目标,是对教学目标是否达成的评判,没有脱离教学目标的评价;反过来,教学评价又对教学目标的制定起着规约甚至是导向作用。根据《数学课程标准》规定的这种对应关系,在教学中应当如何操作呢? 如果教学目标定位在水平一上,那么不能适合要参加高考的学生需求;如果教学目标定位在水平二上,那么对于不参加高考的学生其要求又太高;如果教学目标定位在水平三上,那么对于不参加高考以及参加高考的学生,其要求都太高。因此,将三个水平分别对应高中毕业、高考、高校自主招生的要求,会使教学目标设置的无所适从,造成教学方案设计的困难。

第三,考试命题难以界定核心素养的水平。例如,假定某一道题目考查的是数学抽象,题目在"情境与问题"因素是水平三,在"知识与技能"因素是水平二,在"思维与表达"因素是水平一,在"交流与反思"因素是水平一,那么,这道题目应当算考查了数学抽象这个核心素养的第几水平? 一套试题应当全面反映考查 6 个数学学科核心素养,同时考查三种水平的试题要有合理分布,如果不能准确分析试题考查水平的分布,就难以对试题的合理性作出评判。

鉴于这种反思,我们对数学核心素养或者更准确地说是对数学关键能力的水平作出一种新的划分,并由此建立一个数学核心素养的评价框架。

三、数学核心素养的评价指标体系

依据《课程方案》中的界定,核心素养包括正确价值观、必备品格和关键能力。落实到数学核心素养的评价领域,评价指标可以分为两个一级指标:(1)关键能力;(2)必备品格和正确价值观。前面我们已经讨论了,数学学科 6 个核心素养本质是 6 个关键能力,因此,关键能力的二级指标为数学抽象、逻辑推理、数学建模、直观想象、数学运算、数据分析。下面讨论品格与价值观的二级指标应当如何确定。

(一)对数学核心素养中品格与价值观的要素分析

品格即品行,指有关道德的行为。《数学课程标准》指出:"数学学科核心素养是数学课程目标的集中体现,是具有数学基本特征的思维品质、关键能力以及情感、态度与价值观的综合体现。"这个定义把思维品质放到其中,似乎替代核心素养定义中的"必备品格"要素。如果是这样,那么就窄化了品格的内涵。另一方面,作为数学学科核心素养,应当体现数学学科特性,我们认为思维品质可以作为品格的一部分。在数学教学中,发展学生的思维品质更加直接,道德层面的因素涉及不多。

价值是一个含义十分复杂的范畴,在不同的语境中具有不同的含义。在哲学中,价值的一般本质在于,它是现实的人的需要与事物属性之间的一种关系。某种事物或现象具有价值,就是该事物或现象能满足人们某种需要,成为人们的兴趣、目的所追求的对象。价值观是人们关于什么是价值、怎样评判价值、如何创造价值等问题的根本观点。价值观的内容,一方面表现为价值取向、价值追求,凝结为一定的价值目标;另一方面表现为价值尺度和准则,成为人们判断事物有无价值及价值大小、是光荣还是可耻的评价标准。思考价值问题并形成一定的价值观,是人们使自己的认识和实践活动达到自觉的重要标志。

任何一个社会在一定的历史发展阶段上,都会形成与其根本制度和要求相适应的、主导全社会思想和行为的价值体系,即社会核心价值体系。社会核心价值体系是社会基本制度在价值层面的本质规定,体现着社会意识的性质和方向,不仅作用于经济、政治、文化和社会生活的各个方面,而且对每个社会成员价值观的形成都具有深刻的影响。

价值观具有几个特性:(1)主观性。指用以区分好与坏的标准,是根据个人内心的尺度进行衡量和评价的,带有主观特征。(2)社会性。在不同时代、不同社会生活环境中形成的价值观是不同的。一个人的价值观是从出生开始,在家庭和社会的影响下逐步形成。一个人所处的社会生产方式及其所处的经济地位,对其价值观的形成有决定性的影响。(3)稳定性。价值观具有相对的稳定性和持久性。在特定的时间、地点、条件下,人们的价值观总是相对稳定和持久的。

那么,数学核心素养中的品格与价值观包括哪些要素呢? 首先看看学界对这个问题的相关研究。

以林崇德教授为首的中国学生核心素养课题研究团队,提出了中国学生核心素养的一个框架(见图 6.3.3)。

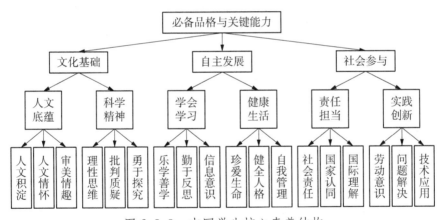

图 6.3.3　中国学生核心素养结构

这个框架中,3 个一级指标,6 个二级指标,18 个三级指标。可以看到,必备品格与正确价值观被分解到了各个维度中,6 个二级指标都涉及品格与价值观。在 18 个三级指标中,涉及品格与价值观的要素有人文情怀、审美情趣、理性思维、批判质疑、勇于探究、乐学善学、勤于反思、珍爱生命、健全人格、社会责任、国家认同、国际理解、劳动意识等,具体到学科教学来看,这些素养与各学科教学内容的联系紧密程度是不一样的,各学科应当厘清与本学科教学最为相关的素养,将其作为评价学科核心素养的指标依据。

林崇德先生对这 18 个素养的内涵及主要表现作了描述,下面我们选择与数学核心素养联系比较紧密的要素看看其中的描述。[①]

审美情趣:具有艺术知识、技能与方法的积累;能理解和尊重文化艺术的多样性,具有发现、感知、欣赏、评价美的意识和基本能力;具有健康的审美价值取向;具有艺术表达和创意表现的兴趣和意识,能在生活中拓展和升华美等。

理性思维:崇尚真知,能理解和掌握基本的科学原理和方法;尊重事实和证据,有实证意识和严谨的求知态度;逻辑清晰,能运用科学的思维方式认识事物、解决问题、指导行为等。

批判质疑:具有问题意识;能独立思考、独立判断;思维缜密,能多角度、辩证地分析问题,做出选择和决定等。

勇于探究:具有好奇心和想象力;能不畏困难,有坚持不懈的探索精神;能大胆尝试,积极寻求有效的问题解决方法等。

乐学善学:能正确认识和理解学习的价值,具有积极的学习态度和浓厚的学习兴趣;能养成良好的学习习惯,掌握适合自身的学习方法;能自主学习,具有终身学习的意识和能力等。

勤于反思:具有对自己的学习状态进行审视的意识和习惯,善于总结经验;能够根据不同情境和自身实际,选择或调整学习策略和方法等。

健全人格:具有积极的心理品质,自信自爱,坚韧乐观;有自制力,能调节和管理自己的情绪,具有抗挫折能力等。

以上这些素养,是我们设计数学核心素养评价中涉及品格和价值观二级指标的依据。

再看布卢姆和威尔逊目标分类中在情意部分的指标。

在布卢姆体系中,A_2 愿意接受;B_2 愿意的反应;C_1 价值的接受;C_2 对某一价值的偏好;C_3 信奉;D_2 价值体系的组织。这些要素与品格、价值观都有关系。

在威尔逊体系中,在 E 兴趣和态度下面的三级指标就是品格与价值观的内容:

E_1 态度。对待学习数学的态度,包括对数学学科重要性的认识。

E_2 兴趣。对待数学学习的情感指向与热衷的态度。

E_3 动机。对待数学学习的个体的内驱力。

E_4 自我概念。学习者自称对待与数学学习活动关系方面的想法。

布卢姆和威尔逊目标分类中的这些因素,可作为我们设计数学核心素养

---

① 林崇德. 中国学生核心素养研究[J]. 心理与行为研究,2017(2):145 - 154.

评价中涉及品格和价值观二级指标的参照。

《数学课程标准》对评价的建议部分,在评价原则中专门列了一条"关注学生的学习态度",并对此作了细致的解释。① 良好的学习态度是学生形成和发展数学学科核心素养的必要条件,也是最终形成科学精神的必要条件。在日常评价中应把学生的学习态度作为教学评价的重要目标。在对学生学习态度的评价中,应关注主动学习、认真思考、善于交流、集中精力、坚毅执着、严谨求实等。与其他目标不同,学习态度中随时表现出来的,与心理因素有关的,又是日积月累的、可以变化的。在日常教学活动中,教师要关心每一个学生的学习态度,对于特殊的学生给予重点关注。可以记录学生学习态度的变化与成长过程,从中分析问题,寻求解决问题的办法。

因此,学习态度应当作为数学核心素养评价中的一个指标,属于品格与价值观范畴。

基于以上的分析,我们认为数学核心素养评价体系中二级指标"品格与价值观"包含的因素如表 6.3.6。

表 6.3.6　数学核心素养中品格与价值观指标体系

一级指标	二级指标	基本要点
品 格 与 价 值观	数学学习态度	(1) 乐于学习:能正确认识和理解数学学习的价值,有浓厚的学习兴趣。 (2) 主动学习:在数学学习中,主动意识强,有主动学习行为。 (3) 坚毅执着:具有坚持不懈学习数学的毅力,克服学习困难的勇气。
	数学思维品格	(1) 理性思维:崇尚真理,有求实精神和严谨的思维品质。 (2) 批判质疑:能独立思考、独立判断,辩证地分析问题,做出选择和决定。 (3) 勇于探究:具有好奇心和想象力,能不畏困难,有坚持不懈的探索精神。
	学会数学学习	(1) 勤于学习:能养成良好的学习习惯,掌握适合自身的学习方法。 (2) 善于学习:具有反思习惯,善于总结经验,选择或调整学习策略和方法。
	数学价值观念	(1) 文化价值:理解数学与人类文明的有机联系,能理解数学文化的多样性。 (2) 审美价值:具有数学审美意识和能力,能用数学眼光审视生活中的美。 (3) 应用价值:能理解数学在现实生活中的广泛应用,具有数学应用意识。

① 中华人民共和国教育部.普通高中课程方案(2017 年版)[S].北京:人民教育出版社,2018:86.

　　数学学习态度有三个要点：乐于学习、主动学习和坚毅执着，参考了《数学课程标准》的提法，作了一些调整，主要考虑首先是喜欢学习，才可能产生主动学习，进而才可能做到坚持不懈地学习，三个环节是递进关系。数学思维品格包括理性思维、批判质疑和勇于探究，参考了林崇德先生关于"科学精神"三个要点的提法。这里要说明的是，没有用思维品质一词，因为在心理学领域，思维品质是一个专有词汇，思维品质的表现形式是思维的敏捷性、思维的灵活性、思维的深刻性、思维的批判性、思维的独创性。因此，我们采用思维品格以示区别。学会学习的两个要点：善于学习、勤于学习，反映的是有无良好的学习习惯和会不会找到学习的方法。数学价值观包括文化价值、审美价值和应用价值，反映学生对数学本质的认识而形成的价值观念。

(二) 数学核心素养的评价指标体系建构

　　这里讨论的评价指标体系是针对学生学习的评价，不是对教师"教"的评价。根据上面的讨论，我们提出由两个一级指标和若干二级指标来构建评价体系。

　　第一个一级指标——关键能力，评价方法是定量评价，评价类型是终结性评价，评价形式是通过纸笔测试，即传统的考试形式。因此，要对关键能力进行水平划分，《数学课程标准》已有三级水平划分的详细方案。

　　第二个一级指标——品格与价值观，评价方法是定性评价，评价类型是形成性评价，评价形式可以多样化，比如课堂观察、活动表现、成长记录、作品分析等。对于品格与价值观的评价，可以对其作等级划分，分为不及格、及格、良好、优秀四个等级，也可以不分等级纯粹作描述性的定性分析。

　　下面将两个一级指标合在一起，构架一个评价指标体系(见表 6.3.7)。

表 6.3.7　数学核心素养学习评价指标体系

一级指标	二级指标	核心素养的水平及等级划分			测量方式	评价方式
关键能力		关键能力的三级水平			纸笔测试	水平评价 定量评价
		水平一	水平二	水平三		
	数学抽象					
	逻辑推理					
	数学建模					
	直观想象					
	数学运算					
	数据分析					

续　表

一级指标	二级指标	核心素养的水平及等级划分				测量方式	评价方式
品格与价值观		品格与价值观的四个等级				课堂观察 活动表现 成长记录 作品分析	等级评价 定性评价
		不及格	及格	良好	优秀		
	学习态度						
	思维品格						
	学会学习						
	价值观念						

　　这个评价指标体系,要解决的两个主要技术问题是:(1)关键能力的水平应该如何划分才利于教学中的操作;(2)考查数学关键能力的测试题目该如何编制,题目考查的是关键能力而非单纯地考查知识的掌握程度。下面试图提出解决这两个问题的方案或思路。

四、数学关键能力的一种水平划分

　　在第二章第二节,我们讨论知识是学科核心素养生成的本源,当然,数学核心素养生成的本源就是数学知识。上面的讨论,主要是针对关键能力进行定量评价,因此下面的讨论都是针对数学关键能力,即对关键能力进行水平划分。

　　我们认为,既然数学关键能力产生于知识,那么评价的水平划分就应当从知识的角度切入,参照布卢姆模型、PISA 模型和 SOLO 模型,提出如下一种数学关键能力划分的理论构想:将知识学习分为三种形态,由此产生的三种能力水平即为关键能力的三种水平。知识学习的三种形态依次为知识理解、知识迁移和知识创新,这三种形态本质上也反映了数学知识学习的三种水平。于是,构建出了一个数学关键能力的理论框架(如图 6.3.4)[①],以反映数学关键能力生成来源、生成机制和生成结果。

　　图 6.3.4 有三层含义。第一,学习者对客观知识的学习分为三个形态,由低到高依次是知识理解、知识迁移、知识创新,前一形态是后一形态形成的基础,每一种学习形态分别对应生成数学关键能力的一级水平、二级水平、三级水平。第二,三种学习形态不是完全独立的,两个相邻的学习形态之间有公共

---

① 喻平.学科关键能力的生成与评价[J].教育学报,2018(2):34-40.

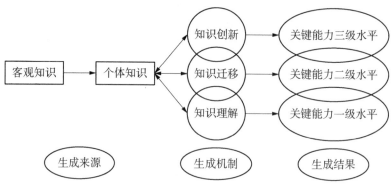

图 6.3.4   数学关键能力的生成过程

成分,对应地,数学关键能力的三级水平每相邻两级水平之间有交集。第三,每一种学习形态都与个体知识相互作用,例如,通过知识理解,形成新的认知结构和经验系统,这些经验又会对知识理解产生反作用,促进知识理解水平的实现。

下面分别对知识理解、知识迁移、知识创新的含义作出解读。[①]

（一）知识理解

知识理解的第一层含义,是指学习者对知识的本质、类属以及与其他知识之间的种种联系的理解。知识的理解既是一个过程,即学习者利用已有经验和已学过的知识去同化或顺应新知识的过程;又是一种结果,即对新知识的把握和领悟。理解包括一个对象"是什么"和"为什么"两个层面,前者是基本层面,后者是深化层面。基本层面指对知识意义的理解,能从不同角度去认识知识的性质、知识的类属以及知识的背景;深化层面是对知识之间逻辑关系的理解,即理解知识与其他知识的联系、知识之间的因果关系。

知识理解的第二层含义,是指基本技能的形成和发展。一方面,知识的理解不能脱离知识的应用,应用是理解的必要环节。从知识的认知到知识的应用再到知识的认知,只有通过不断循环的过程,才能达到对知识的真正理解。知识应用的本质,是解释与知识相关的现象,解决与知识相关的问题,个体的学科基本技能就是在知识应用过程中生成和发展的。另一方面,无论是陈述性知识还是程序性知识,知识本身就蕴含了方法。作为陈述性知识呈现的数学概念,具有"过程"与"对象"二重性。所谓过程,就是具备了可操作性的法则、原理和程序,而对象是指概念的结构和结果。显然,"过程"蕴含了方法。

---

① 喻平. 数学核心素养评价的一个框架[J]. 数学教育学报,2017,26(2): 19 - 23.

对于程序性知识来说,它本身就是一种操作程序的规定,这种操作程序由若干条产生式叠加而成,本质就是方法。技能是指掌握和应用专门技术的能力,数学技能就是掌握和应用数学知识的基本能力。应用与方法密不可分,因而,知识理解的本意涵盖了基本技能的形成和发展。

将知识理解作为学习者数学关键能力的一级水平,具体表现为:

(1)了解知识产生的缘由。知道知识从何而来,明白知识产生的理由;有基本的演绎和归纳推理能力;有对知识产生和发展的经历,形成了一定的活动经验。

(2)理解知识形成的结果。能够把握数学知识的过程与对象二重性,掌握基本的事实和结论;明确概念的内涵、外延,形成概念体系;理解规则与法则的结构、使用的条件,形成命题体系;掌握蕴含在知识中的数学基本方法。

(3)解决数学的基本问题。能够辨析概念,在知觉水平和思维水平上应用知识;能使用简单知识、基本规则和基本方法解决简单的数学问题。

(二)知识迁移

知识迁移是指学习者把理解的知识、形成的基本技能迁移到不同的情境中去,促进新知识的学习或解决不同情境中的问题。情境主要指现实生活情境、其他学科情境、数学学科内部情境等三类。

第一,知识迁移是知识在新情境中的应用。所谓新情境是指不同于学习这个知识时的情境,因此,知识迁移不是知识的简单应用,不是知识的模仿应用。能否辨认当前情境中问题的类属而对原有知识进行准确地激活?能否判断知识迁移的有效性?当发现所选的知识或方法不能解决当前问题时能否灵活转向激活其他知识?这些因素本身就反映了学习者的能力,是个人数学核心素养的一种体现。

第二,知识迁移是知识的综合应用。解决一个数学问题时,用到的知识或方法可能不是单一的,往往涉及多个知识或多种方法,这就需要学习者有丰富的知识资源,并能选择有用的资源在新的情境中进行组合,因此,知识迁移是多个知识或多种方法向一个目标的迁移,是多个旧情境中的知识向同一个新情境迁移的过程。知识迁移要求学习者具有识别、判断、筛选、决策等多种能力。

将知识迁移作为学习者数学关键能力的二级水平,具体表现为:

(1)有基本的类比推理能力,能够将知识迁移到不同情境中去,解决与数学知识相关的现实情境问题、数学内部不同情境问题、不同学科情境问题。

(2)能够理解知识之间的逻辑关系,掌握知识结构,掌握与知识相关的数学思想方法,能够判断知识迁移的准确性和有效性。

　　(3) 能够解决需要多种知识介入、多种方法运用的常规性复杂问题。

(三) 知识创新

　　知识创新的一层含义是指学习者能够解决一些非常规的开放性问题;或者生成超越教材规定内容的数学知识;或者对问题进行推广与变式得到一个新的问题。知识创新的另一层含义是指学生能够用数学思维去看待和处理一些现实生活中的问题。"创新"是相对学习者而言的,对于他们来说是新知识、新方法。以自我的"发现"得到的知识,就是知识创新。

　　首先,知识创新是学习者对教学内容的拓展与延伸。知识之间会存在依存关系或逻辑关系,新知识的产生总是与某些旧知识有内在的联系,因此,一个知识总会有自身生长与发展的空间。对于学生而言去探究知识的拓展过程和获得的结果都是知识的创新。其次,知识创新是学习者对问题的推广与变式。创新元素往往隐藏在问题解决之后,因为问题被解决并不意味着对问题探究的结束。许多数学问题都有可能通过变式、改变条件、类比推理等手段而产生出新的问题,当把变式推广的问题解决之后,就能得到一个新的知识。此外,知识创新的另一种表现是学习者在解决问题过程中实现了方法的突破,能够解决一些非常规的开放性问题,在解决问题中突破常规的方法就是知识创新。

　　更重要的是,知识创新表明学习者形成了学科思维。学科思维"表现为学科特有的理解问题和分析问题的思维方式,这是学习者能够像学科专家一样深入思考问题时所需要的一种能力"[1]。学习者形成学科思维,表明他们能够领悟学科思想方法,体会学科价值观,有批判和反思的意识,并用学科思维方式看待和处理学科及非学科的问题。形成学科思维应当是学习者学科核心素养发展的最高表现。

　　将知识创新作为学习者数学关键能力的三级水平,具体表现为:

　　(1) 具备解决复杂数学问题的能力,能够灵活运用知识和方法解决非常规性问题。

　　(2) 具有探究问题的意识,能够灵活运用知识和方法解决探究性、开放性等非常规性问题。

　　(3) 能够生成超越教材规定内容的学科知识,对问题进行变式、拓展和推广,提出富有见解的猜想,并能证伪和证实猜想。

　　(4) 能够用数学思维对事物进行判断和分析,形成用数学思维认识世界

---

[1] SFARD A. On the dual nature of mathematical conceptions: Reflections on processes and objects as different sides of the same coin [J]. Educational studies in mathematics, 1991,22(1): 1-36.

和改造世界的世界观和方法论。

五、数学关键能力的具体评价框架

(一)数学关键能力各水平的操作性定义

上面讨论了数学关键能力的生成源于知识,而知识理解、知识迁移和知识创新既反映了学习的三种水平,又蕴含由学习转化而来的数学关键能力形成的三种水平,这样,就为学生数学关键能力的评价提供了一个理论框架(见表6.3.8)[①]。

表 6.3.8　学科核心素养评价框架

	知识理解 (关键能力一级水平)	知识迁移 (关键能力二级水平)	知识创新 (关键能力三级水平)
数学抽象			
逻辑思维			
数学建模			
数学运算			
直观想象			
数据分析			

与 PISA(2012)的框架对比。PISA 模型中是 7 种数学基本能力:交流,数学化,表述,推理和论证,设计问题解决策略,运用符号的、正式的、技术的语言和运算,使用数学工具,而表 6.3.8 依据的是我国目前提出的 6 种数学核心素养。PISA 模型中的过程维度:表述、运用、评估,是解决问题过程中某种能力的表现形式,可以视为一种水平划分,但是这种划分是针对解决问题来说的,不能涵盖在学习过程中对数学核心素养的评价。而表 6.3.8 给出的框架,可以用于在学习过程中对数学关键能力形成的评价,也可用于综合测试中对数学关键能力的评价。当然,在平时学习中,对数学关键能力的评价必须与学生学习的具体内容结合,在综合测评中,考察的是知识的综合应用。

表 6.3.8 的框架与布卢姆关于认知领域的评价是相通的,都是通过知识的学习来对能力进行评价,不同的是布卢姆模型的水平划分过细,水平之间的边界不是十分清晰,并且布卢姆模型没有明确指出高水平阶段就是评价学生

---

① 喻平. 数学核心素养评价的一个框架[J]. 数学教育学报,2017,26(2):19-23.

的能力水平。表 6.3.8 的框架分为三个水平,边界比较清楚,能较好地反映各种数学关键能力的发展特质。

李艺等提出了一个三层架构,第一层是"双基",以基础知识和基本技能为核心;第二层是"问题解决",以解决问题过程中所获得的基本方法为核心;第三层是"学科思维",指在系统的学科学习中通过体验、认识及内化等过程逐步形成的相对稳定的思考问题、解决问题的思维方法和价值观,实质上是初步得到学科特定的认识世界和改造世界的世界观和方法论。[①] 我们提出的数学关键能力三个水平与李艺提出的三层架构总体观点是一致的。

6 个关键能力在知识理解、知识迁移、知识创新上的具体表现,表 6.3.9 给出了操作性定义,可以把这个表作为命题的依据,以此分析题目中每种能力的具体表现。

表 6.3.9　数学关键能力三个水平的操作性定义

	知识理解 (一级水平)	知识迁移 (二级水平)	知识创新 (三级水平)
数学抽象	理解基本概念、命题、规则,在情境中抽象出简单的数学问题。	在情境中抽象出比较复杂的数学问题。	在情境中抽象出新概念、命题、方法,提出有一定价值的猜想。
逻辑推理	掌握推理的基本规则和方法,能进行简单推理。	能解决需用多种规则推理的问题,能发现简单数学结论。	能证伪和证实猜想,解决一些复杂推理问题。
数学建模	掌握常规的数学模型和数学建模的基本方法。	在情境中建立比较简单的数学模型。	用多种知识和方法对比较复杂的问题建立数学模型。
数学运算	理解基本的运算规则与方法,能作简单运算。	能解决需用多个规则综合运算的问题。	设计运算程序、解决复杂问题。
直观想象	理解基本图形的性质,能解决简单的图形问题。	利用图形探索数学问题,能解决多种图形组合问题。	构建数学问题的直观模型,能用图形变式探究问题。
数据处理	掌握基本的数据处理工具和方法解决简单问题。	用常规方法分析情境中的数据。	选用恰当方法构建统计模型并进行数据处理。

(二) 两个案例分析

下面以"集合"内容(《数学课程标准》的内容)为例,给出具体操作说明。

并不是每一个知识的学习都能全部体现 6 种数学关键能力,例如表

6.3.10 中,"集合"内容在数学建模和数据分析方面很难体现的。一般说来,数学抽象、逻辑思维、数学运算、直观想象的共性大,而数学建模、数据分析共性较小。

表 6.3.10　"集合"内容对关键能力的评价

关键能力	集合		
	水平一:知识理解	水平二:知识迁移	水平三:知识创新
数学抽象	经历集合产生的过程;能从实例中抽象出集合概念;理解集合之间的包含与相等关系;理解全集、空集、交集、并集、补集的含义。	能够用自然语言、图形语言、集合语言描述不同的具体问题;能够在数学情境中用集合语言表示数学对象;能够在现实情境中用集合语言表示现实对象。	能探索集合运算的性质:交换律、结合律、分配律、对偶律等;能探索有限集合的计数问题;能用集合观点解释事物的现象或特征。
逻辑推理	理解集合各种符号的意义;理解交集、并集的逻辑意义;理解 $A \subseteq B \Leftrightarrow \forall x(x \in A \Rightarrow x \in B)$。	能证明自反性:对任何集合 A,有 $A \subseteq A$;能证明传递性:对任何集合 A、B、C,若 $A \subseteq B$ 且 $B \subseteq C$,则 $A \subseteq C$。	能探索证明反对称性:对任何集合 A、B,若 $A \subseteq B$ 且 $B \subseteq A$,则 $A = B$;能够探索证明交换律、结合律、分配律、对偶律等集合的性质。
数学运算	会求两个集合的交集与并集;会求给定子集的补集。	能够解决在不同情境中用集合语言描述的数学问题。	能够解决一些与集合概念相关的综合性和开放性问题。
直观想象	使用维恩图(Venn diagron)表达集合的关系及运算。	能够用数形结合解决一些集合问题。	

下面我们选取一个与 PISA 相关的测试题目,利用表 6.3.10 的框架进行分析。

试题:农场与牛。

如图 6.3.5,农夫在一片长满草的大草原农场中央建了一间边长为 5 米的牛棚(假设牛棚部分没有草),农夫在一个墙角拴了一头牛,如果绳子长 12 米,若绳子可自由弯曲,请问:牛共可吃多少面积的草?

问题 1:请问:图 6.3.6 中哪一个图是正确的?

问题 2:请问:牛吃了多少面积的草地?

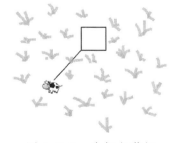

图 6.3.5　牛棚与草场

A. 约 452 平方米;　　　　　B. 约 427 平方米;

C. 约 416 平方米;　　　　　D. 少于 413 平方米。

(选自林福来主编的台湾 2011 数学素养评量样本试题)

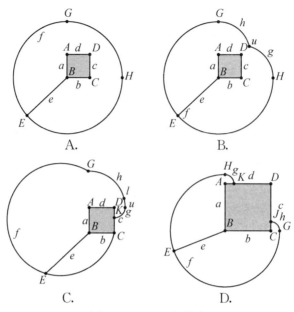

图 6.3.6   四个答案

应当说,这是一个能比较好地考查关键能力的题目,要用数学知识并根据学生的生活经验去解决现实生活中的问题。但是,考查知识的创新方面显得不足。下面我们对此题以知识理解、知识迁移、知识创新为目标进行改造,并分析所考查的数学关键能力水平。

首先,该题的知识理解部分比较简单,只需学生掌握圆面积公式,会运用这个公式解决问题。题目中的问题 1 和问题 2 属于同一个层面,即知识的迁移,增加一个问题 3,可以考查学生的知识创新。

问题 3:在解决了这个问题之后,你能否把得到的结论作一般化处理;或者由这个问题提出一些新的问题,并解决你提出的一个问题。

要对问题作一般化处理,需要把具体数字用字母替代,得到解决这个问题的一般化结论。要提出新的问题,可以从牛棚的形状的变化来考虑,譬如改为长方形、菱形、圆等;可以从绳子的长变化来考虑;从草地上可能存在障碍物来考虑等。

经过改造,由于所需要的知识很简单,因此知识理解水平可以忽略,主要考查知识迁移和知识创新两种水平。考查的数学关键能力主要包括:(1)数学抽象:把一个现实问题抽象为一个数学问题;把问题推广引申。(2)数学运算:将圆面积公式用于解决现实问题;公式的灵活运用。(3)直观想象:通过观察图形,结合生活经验抽象出问题的数量关系;能够进行图形变式。

第四节　数学关键能力测验试题编制

一、命题框架设计

　　按照第三节建立的评价模型,将数学的6个关键能力均按知识理解、知识迁移、知识创新三个水平划分,以知识理解、知识迁移、知识创新为"经",以数学抽象、逻辑推理、数学建模、数学运算、直观想象、数据分析为"纬",建立一个二维评价结构,在经纬交汇处给出具体的内涵描述,即为某种关键能力在某个水平上的具体表现(表6.3.9),这就是考试命题的依据。

　　数学关键能力评价模型由三个维度组成,能力维度(6个关键能力)、水平维度(3级水平)、内容维度(函数、几何与代数、概率与统计、建模与探究)。

　　考查数学关键能力的命题框架见表6.4.1。[①]

表6.4.1　考查数学关键能力的命题双向细目表

题目编号	数学关键能力考查维度							知识内容考查维度			
	数学抽象			……	数据分析			函数	几何与代数	概率与统计	建模与探究
	水平1	水平2	水平3	……	水平1	水平2	水平3				
第1题											
第2题											
……											
第n题											
次数											
分值											
总分											

　　几点说明:

　　(1)利用这个表,可以分析某道题目考查的是哪些关键能力,分别是什么水平,在相应的关键能力下面的三级水平适当位置画一个勾,同时在考查内容的对应位置画一个钩。最后统计出每个关键能力、各个水平以及考查内容的各自次数,从而可以精准地分析题目分布的合理性。

[①] 喻平.数学关键能力测验试题编制:理论与方法[J].数学通报,2019(12):1-7.

（2）每一道题目不一定只测量某一种能力，而往往是测量多种能力。例如，数学问题的解决总是存在逻辑推理和数学运算，因此这两种能力几乎渗透到所有的问题解决中。但是，每一道题应当有一种作为主要考查的关键能力。

（3）关于每道题目的分值确定。可以采用如下方案：由各水平的分值确定题目的总分值。将题目中 1 级、2 级、3 级水平分别计 x 分、$x+1$ 分、$x+2$ 分，x 可以取一个恰当的值从而确定各水平的分值。例如，假如有两道题目分别考查了数学抽象、逻辑推理、数学运算、直观想象，其分布如表 6.4.2。

表 6.4.2　两道题目考查的关键能力及水平分布示例

水平	数学抽象			逻辑推理			数学运算			直观想象			分值
	1	2	3	1	2	3	1	2	3	1	2	3	
题1	√				√		√						7
题2		√		√			√					√	11
次数	1	1		1	1		2					1	
分值	2	3		2	3		4					4	18

从表 6.4.2 可以看到，知识理解水平考查了 4 次，知识迁移水平考查了 2 次，知识创新水平考查了 1 次。取 $x=2$，则知识理解水平分数 8 分，知识迁移水平分数 6 分，知识创新水平分数 4 分，分布是基本合理的。由此可以确定题 1 的总分是 $2+3+2=7$ 分，题 2 的总分是 $3+2+2+4=11$ 分。

《数学课程标准》指出，对于开放性问题和探究性问题的评分应遵循满意原则和加分原则，达到测试的基本要求视为满意，有所拓展和创新可以根据实际情况加分。[①] 在我们建构的这个框架中，应当遵循这个原则。但是有所改动，我们不把达到测试的基本要求视为满意，而是把得到一个开放题的几个答案中最好的一个答案视为满意。将满意答案定出一个分数，然后其余答案酌情加分。具体地说，在一个开放题的解答中，如果一个考生得到了了 n 个答案，那么选择这 n 个答案中质量最高的一个答案。所谓质量最高，是指与其他答案相比，该答案涉及的关键能力水平数之和是最高的。例如，有一道开放题，涉及的关键能力有数学抽象、逻辑推理、直观想象、数学运算。一个考生得出了一个答案，数学抽象是 3 级水平，逻辑推理是 3 级水平，直观想象是 2 级水平，数学运算是 1 级水平，则该答案的水平数之和就是 8，而其余答案涉及的关键能力水平数都不大于 8，那么这个答案就是满意结果，分值为 $(x+3)+(x+3)+(x+2)+x=4x+8$，其他答案适当加分。

案例　《数学课程标准》案例 30：影子问题。[①]

如图 6.4.1，广场上有一盏路灯挂在高 10 m 的电线杆顶上，记电线杆底部为 A。把路灯看作一个点光源，身高 1.5 m 的女孩站在离 A 点 5 m 的点 B 处。回答下面问题：

图 6.4.1　路灯下的女孩

（1）如果女孩以 5 m 为半径绕着电线杆走一个圆圈，人影扫过的是什么图形？求这个图形的面积。

（2）若女孩向点 A 前行 4m 到达点 D，然后从 D 出发，沿着以 BD 为对角线的正方形走一圈，画出女孩走一圈时头顶影子的轨迹，说明轨迹的形状。

《数学课程标准》对题目的解读是，如果学生能够在问题（1）中回答出人影扫过的图形是环形，或者在问题（2）的解答中提到了棱锥，可以认为达到直观想象素养 2 级水平的要求。如果学生能够准确地解答这两个问题，可以认为达到直观想象 3 级水平的要求。

其实，这个问题不仅仅是考查了直观想象，也涉及数学运算和逻辑推理。要计算圆环的面积，需要用到相似三角形的性质和圆面积公式，数学运算应当达到 2 级水平。同时回答这两个问题的过程都伴随着简单的逻辑推理（1 级水平）。

取 $x=2$，第（1）题分数为 8 分，第（2）题分数为 6 分，本题共 14 分。涉及三种关键能力，分别考查了三种水平（表 6.4.3）。

表 6.4.3　影子问题考查的关键能力及水平分布

水平	直观想象			逻辑推理			数学运算			分值
	1	2	3	1	2	3	1	2	3	
题（1）		√		√				√		8
题（2）			√	√						6
次数		1	1	2				1		
分值		3	4	4				3		14

---

① 中华人民共和国教育部. 普通高中数学课程标准（2017 年版）[S]. 北京：人民教育出版社，2018：161.

案例　2018 年普通高等学校招生全国统一考试江苏卷第 17 题(14 分)。

某农场有一块农田,如图 6.4.2 所示,它的边界由圆 O 的一段圆弧 MPN(P 为此圆弧的中点)和线段 MN 构成。已知圆 O 的半径为 40 米,点 P 到 MN 的距离为 50 米。现规划在此农田上修建两个温室大棚,大棚 I 内的地块形状为矩形 $ABCD$,大棚 II 内的地块形状为 $\triangle CDP$,要求 A,B 均在线段 MN 上,C,D 均在圆弧上。设 OC 与 MN 所成的角为 θ。

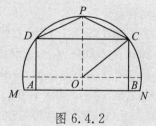

图 6.4.2

(1) 用 θ 分别表示矩形 $ABCD$ 和 $\triangle CDP$ 的面积,并确定 $\sin\theta$ 的取值范围;

(2) 若大棚 I 内种植甲种蔬菜,大棚 II 内种植乙种蔬菜,且甲、乙两种蔬菜的单位面积年产值之比为 4:3。求当 θ 为何值时,能使甲、乙两种蔬菜的年总产值最大。

分析　(1) 联结 PO 并延长交 MN 于点 H,则 $PH \perp MN$,所以 $OH = 10$。过 O 作 $OE \perp BC$ 于点 E,则 $OE \parallel MN$,所以 $\angle COE = \theta$。

故 $OE = 40\cos\theta$,$EC = 40\sin\theta$,则

矩形 $ABCD$ 的面积为 $2 \times 40\cos\theta(40\sin\theta + 10) = 800(4\sin\theta\cos\theta + \cos\theta)$,

$\triangle CDP$ 的面积为 $\dfrac{1}{2} \times 2 \times 40\cos\theta(40 - 40\sin\theta) = 1600(\cos\theta - \sin\theta\cos\theta)$。

如图 6.4.3,过点 N 作 MN 的垂线,分别交圆弧和 OE 的延长线于点 G 和 K,则 $GK = KN = 10$。

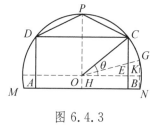

图 6.4.3

令 $\angle GOK = \theta_0$,则 $\sin\theta_0 = \dfrac{1}{4}$,$\theta_0 \in \left(0, \dfrac{\pi}{6}\right)$。

当 $\theta \in \left[\theta_0, \dfrac{\pi}{2}\right)$ 时，才能作出满足条件的矩形 $ABCD$，所以 $\sin\theta$ 的取值范围是 $\left[\dfrac{1}{4}, 1\right)$。所以

矩形 $ABCD$ 的面积为 $800(4\sin\theta\cos\theta + \cos\theta)$ 平方米，$\triangle CDP$ 的面积为 $1600(\cos\theta - \sin\theta\cos\theta)$，$\sin\theta$ 的取值范围是 $\left[\dfrac{1}{4}, 1\right)$。

（2）因为甲、乙两种蔬菜的单位面积年产值之比为 $4:3$，设甲的单位面积的年产值为 $4k$，乙的单位面积的年产值为 $3k(k>0)$，则

年总产值 $= 4k \times 800(4\sin\theta\cos\theta + \cos\theta) + 3k \times 1600(\cos\theta - \sin\theta\cos\theta)$

$$= 8000k(\sin\theta\cos\theta + \cos\theta), \theta \in \left[\theta_0, \dfrac{\pi}{2}\right)。$$

设 $f(\theta) = \sin\theta\cos\theta + \cos\theta, \theta \in \left[\theta_0, \dfrac{\pi}{2}\right)$，则

$f'(\theta) = \cos^2\theta - \sin^2\theta - \sin\theta = -(2\sin^2\theta + \sin\theta - 1) = -(2\sin\theta - 1)(\sin\theta + 1)$。

令 $f'(\theta) = 0$，得 $\theta = \dfrac{\pi}{6}$。

当 $\theta \in \left(\theta_0, \dfrac{\pi}{6}\right)$ 时，$f'(\theta) > 0$，所以 $f(\theta)$ 为增函数；

当 $\theta \in \left(\dfrac{\pi}{6}, \dfrac{\pi}{2}\right)$ 时，$f'(\theta) < 0$，所以 $f(\theta)$ 为减函数。

因此，当 $\theta = \dfrac{\pi}{6}$ 时，$f(\theta)$ 取到最大值。即当 $\theta = \dfrac{\pi}{6}$ 时，能使甲、乙两种蔬菜的年总产值最大。

第（1）题需要作辅助线，特别是求定义域时要过 N 作 MN 的垂线，分别交圆弧和 OE 的延长线于点 G 和点 K，这需要比较高的直观想象水平，是直观想象 2 级水平；计算比较简单，是 1 级水平；要经过多步推理得到结果，逻辑推理属于 2 级水平；用 θ 分别表示矩形 $ABCD$ 和 $\triangle CDP$ 的面积，直接用的面积公式，因此数学建模水平为 1 级。

第（2）题要建立年总产值的数学模型，属于数学建模 2 级水平；此题不需要太高的直观想象，属于 1 级水平；判断函数增减性要用到导数性质，作求导运算，推理步骤比较多，逻辑推理属于 2 级水平；数学运算 2 级水平。因此得到表 6.4.4。

表 6.4.4　2018 年高考江苏卷第 17 题考查的关键能力水平分布及公值(取 $x=1$)

水平	逻辑推理			数学建模			直观想象			数学运算			分值
	1	2	3	1	2	3	1	2	3	1	2	3	
题(1)		√		√				√		√			6
题(2)		√			√		√				√		7
次数		2		1	1		1	1		1	1		
分值		4		1	2			2		1	2		13

二、关键能力测验题目编制方法

《普通高中课程方案》指出命题的原则:"考查内容应围绕数学内容主线,聚焦学生对重要数学概念、定理、方法、思想的理解和应用,强调基础性、综合性;注重数学本质、通性通法,淡化解题技巧;融入数学文化。"[1]因此,考试命题应当以此为准则,真正把命题指向学生核心素养的达成而非单纯对知识理解的考查。

传统的考试,题目基本上以验证、证实为主要题型,答案是唯一的,解决问题的过程就是利用相关概念、规则去寻求这一答案。显然,这样的题目主要依托解题者对知识的理解和对各种解题技能技巧的熟练掌握,以考量知识与技能的掌握为主要目的。要改变这种考查模式,以考查关键能力的发展为目标,就应当把探究型问题适当放入考题中,探索答案而不只是验证答案。

(一) 设计开放性问题

开放题是指问题的答案不是唯一的,或者问题的条件是不充分的,或者问题的条件是冗余的(即有的条件是多余的)。开放性问题也包括只给出条件不给出结论的问题,可以让解题者自由探究结论,不同的解题者得到的结论可能是不一样的。开放题也包括由学生根据情境自己提出问题,考查学生提出问题的能力。

解决开放性问题,首先,需要解题者有扎实的基础知识和基本技能,这是前提,没有知识基础,没有知识储备,就缺少可用于解决开放性问题的资源。其次,需要解题者有发散性的思维,单一的收敛性思维不足以应对解决开放性

① 中华人民共和国教育部.普通高中课程方案(2017 年版)[S].北京:人民教育出版社,2018:3.

问题。譬如,问题的答案不唯一,就需要解题者从多维视角、多个层面去思索,收敛性思维的方向一般是确定的,解题者会受到一种思想的束缚,因而难以提出更多的问题。再次,需要学生有丰富的联想,数的联想、形的联想、数与形结合的联想、知识的联想、数学思想方法的联想等等,解题者由联想才可能将自己认知结构中已有资源进行有效整合,才可能应对开放性问题的解决。显然,发散性思维、联想能力都与数学关键能力存在高相关,通过开放性问题解决的考查,可以在一定程度上测量出学生的各种数学关键能力。

案例 1　如图 6.4.4,以 Rt△ABC 的三边为边长的三个正方形的面积之间有关系:两个小正方形面积之和等于大正方形的面积。

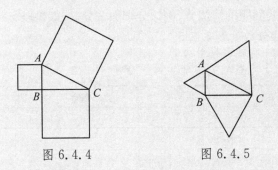

图 6.4.4　　　　　　图 6.4.5

请你回答下面的问题:

(1) 如图 6.4.5,以 Rt△ABC 的三边为边长的三个等边三角形的面积之间有什么关系? 请给出证明。

(2) 根据上面两个问题的启示,你还能发现哪些结论? 请你写出发现的一个结论,并给出证明。

第(1)题将问题作了变式,是一种新的情境(数学内部情境),但是问题已经明确给出,不需要介入数学抽象,只涉及逻辑推理、直观想象、数学运算,三个因素都是 1 级水平。第(2)题是开放性问题,考查学生推广命题的能力,涉及数学抽象、逻辑推理、直观想象、数学运算。例如,考生可能得到如下一些命题:

① 在 Rt△ABC 三条边上分别放以三边长为直径的三个半圆,会有什么结论?

② 在 Rt△ABC 三条边上分别放三个平行四边形,满足以 AC、BC、AB 为底的平行四边形的高相等,会有什么结论?

③ 在 Rt△ABC 三条边上分别放三个正六边形,三个正六边形的边长分别为该直角三角形的三边长,会有什么结论?

④ 在 Rt△ABC 三条边上分别放以三边长为斜边的直角三角形,会有什么结论?

……

假如一个考生提出了上面①、②、③三个问题并给出了正确的结果,这三个问题都涉及数学抽象(2级水平),直观想象(1级水平),差别体现在逻辑推理和数学运算的水平上,③的逻辑推理是 2 级水平、数学运算是 2 级水平,而①与②的逻辑推理都是 1 级水平,数学运算都是 1 级水平。因此,这个学生在第(2)题的满意分应当是按问题③计算,即 $(x+1)+1+(x+1)+(x+1)=3x+4$,①、②两问题酌情加分(例如分别加 2 分)。如果取 $x=1$,本题的关键能力水平分布和分数见表 6.4.5。

表 6.4.5　案例 1 考查的关键能力水平分布与分值

水平	数学抽象			逻辑推理			直观想象			数学运算			分值
	1	2	3	1	2	3	1	2	3	1	2	3	
题(1)				√			√			√			3
题(2)		√			√		√				√		7+2
分值		2		1	2		2			1	2		10+2

案例 2　蔡老师上班的概况如下(如图 6.4.6):家里大门口出发到第一个红绿灯下约 2 km,再开到第二个红绿灯下约 3 km,第二个红绿灯后即上高速公路,路程约 15 km,下高速公路后,会遇到第三个红绿灯,再开到上班的办公大楼约 20 km,这之间还有一个红绿灯。蔡老师遵守交通规则,平常开车习惯是:一般限速 70 km/时的道路,蔡老师会开 60 km/时,高速公路限速 110 km/时,蔡老师会开 100 km/时。每个道路红绿灯需要等 2 分钟。

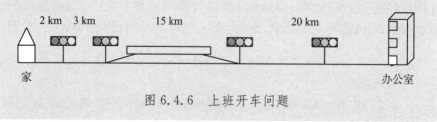

图 6.4.6　上班开车问题

请根据以上信息,自己设计一个情境,可以增加条件,提出一个数学问题并解答。

这个题目要学生自己提出问题,例如,学生可能提出如下问题:

① 蔡老师按照平常开车习惯,在非常幸运时(几乎从未遇到红灯),上班最少要多久?

② 如果蔡老师去学校的路上每次遇到的都是红灯,那么按照他往常的速度,他到办公室要多久?

史宁中教授指出:"考查一个学生的思维能力可以跳出知识点的束缚,主要考查学生的思维过程是否有逻辑,这样的考查可以通过开放题实现。……当然,这样的试题也给教师的评卷增加了一定的难度,但是为了培养学生的思维能力,为了发展学生的核心素养,应当设计这样的开放题。"①史先生指出了开放题进行考试的重要性和必要性。

(二)设计推广性问题

推广性问题指在解决的基础上可以把这个问题进行推广,将特殊情形推广为一般情形。

案例3 两个厚度相同的圆饼,一个半径为 10 cm,售价为 3 元,另一个半径为 15 cm,售价为 4 元,买哪一种饼更划算?

这是一个现实生活中的问题,考查学生能否将圆面积公式迁移到现实情境中去解决问题。本题所用到的知识点很少,是考查学生数学关键能力 2 级水平的题目。将这个题目进行改造,可以体现考查核心素养的三种水平。

1. 在学习了圆的面积公式 $S = \pi r^2$ 之后,要学生求一个给出已知半径的圆的面积或已知面积求圆的半径。

2. 上面的案例 3。

3. 请你将第 2 题作一般化处理,得到一般结论。

第 1 题是知识理解水平的问题,是教材中常见的题型,主要目的是通过这

---

① 史宁中,林玉慈,陶剑,等.关于高中数学教育中的数学核心素养——史宁中教授访谈之七[J].课程·教材·教法,2017,37(4):8-14.

类题目的解答,学生可以加深对圆面积公式的理解,形成用公式解决问题的基本技能。第 2 题是知识迁移层面的题目。第 3 题是推广性问题,即将这个问题进行一般化处理,提出问题:两个厚度相同的圆饼,第一种饼的半径为 R 厘米,售价为 x 元,第二种饼半径为 r 厘米,售价为 y 元,在什么条件下买第一种饼划算,什么条件下买第二种饼划算?

   对题目考查学生关键能力作分析。第 1 题是公式的直接运用,涉及数学运算和逻辑推理。解答题目的前提是理解这个公式,掌握简单的三段论推理规则,因此,体现的是两种关键能力的 1 级水平。第 2 题把一个现实问题抽象为一个数学问题,涉及数学抽象、数学运算、逻辑推理,数学抽象是 2 级水平,数学运算和逻辑推理是 1 级水平。第 3 题是把问题推广引申,考查学生联想、类比、归纳等合情推理进而提出问题的能力,涉及数学抽象、逻辑推理、数学运算,其中数学抽象是 3 级水平,逻辑推理是 2 级水平,数学运算是 1 级水平。表 6.4.6 表达了这道题目的考查意图。

表 6.4.6　案例 3 考查的关键能力与水平分布

关键能力	数学抽象			逻辑推理			数学运算		
水平	1	2	3	1	2	3	1	2	3
题目 1				√			√		
题目 2		√		√			√		
题目 3			√		√		√		

案例 4　2016 年普通高等学校招生全国统一考试江苏卷第 17 题。

   现需要设计一个仓库,它由上下两部分组成,上部的形状是正四棱锥 $P-A_1B_1C_1D_1$,下部的形状是正四棱柱 $ABCD-A_1B_1C_1D_1$(如图 6.4.7 所示),并要求正四棱柱的高 OO_1 是正四棱锥的高 PO_1 的 4 倍。

   (1) 若 $AB=6\,\mathrm{m}$,$PO_1=2\,\mathrm{m}$,则仓库的容积是多少?

   (2) 若正四棱锥的侧棱长为 6 m,当 PO 为多少时,仓库的容积最大?

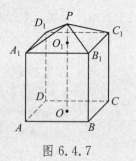

图 6.4.7

   本题考查的数学关键能力:直观想象,第(1)题是 1 级水平;第(2)题需要引入辅助线,是 1 级水平。数学运算,第(1)题用单一规则计算,属于 1 级水平;第(2)题用多种规则计算,属于 2 级水平。逻辑推理,第(1)题用到简单推理,是 1 级水平;第(2)题进行多步推理,是 2 级水平。

从考查关键能力角度看,这道题目涉及的能力水平偏低。如果增加一个问题,考查的关键能力会更加全面,水平分布更加合理。

增加问题:(3) 由这个问题,你能构造一个类似的问题并解决它吗?

或者问题:(4) 你能否把这个问题作一般化处理? 请给出解答。

问题(3)是开放性问题,例如,学生可能会想到把求体积问题变化为求表面积问题;可能会把正四棱柱、正四棱锥改为圆台、圆锥等。问题(4)是推广性问题,可以设正四棱柱的高 O_1O 与正四棱锥的高 PO_1 之比为 a,设正四棱锥的侧棱长为 b m,从而将问题一般化。

增加的问题考查的关键能力为:数学抽象,从特殊到一般的抽象或类比得到新的结论,是 3 级水平。逻辑推理,推理过程类似第(2)题,属 2 级水平。数学运算,属 2 级水平。直观想象,类比得到新的结论,需要重新作图,引辅助线,是 3 级水平。

本题通过三道小题的设计,使考查的能力比较全面,三个水平的分布比较合理。

(三) 设计猜想性问题

猜想性问题是解题者需根据一定的信息去猜想出一个数学命题,然后再证明这个命题的问题。猜想一般采用归纳方法或类比方法,由特殊经过归纳猜想出一般性结论,或者由特殊到特殊的类比猜想出结果,都是一种合情推理表现形式。

猜想往往伴随着证伪的思想方法,遵循先证伪再证实的研究问题思路,对于发展学生的数学抽象、逻辑推理、直观想象和数学建模等关键能力都有积极的促进作用。

案例 5　解答下列问题:

(1) 已知点 M 与两个定点 $O(0,0)$,$A(3,0)$ 的距离之比为 $\frac{1}{2}$,那么点 M 的坐标满足什么关系? 画出满足条件的点 M 所形成的图形。

(2) 已知点 M 与椭圆 $\frac{x^2}{169}+\frac{y^2}{144}=1$ 的左、右两个焦点的距离之比为 $\frac{2}{3}$,求点 M 的轨迹方程。

(3) 在解答问题(1)的基础上,请你提出一般化的问题,并尝试解决问题。

(4) 将上述问题情境与椭圆、双曲线定义联系对比,你还能提出怎样的问题? 并解决你提出的问题。

解析 (3) 提出推广性问题:平面内到两个定点 F_1、F_2 的距离之比为常数 $\lambda(\lambda \neq 1)$ 的点 M 的轨迹。

设 $F_1 F_2 = 2a$,以线段 $F_1 F_2$ 所在直线为 x 轴,它的中垂线为 y 轴建立直角坐标系,由题意得 $MF_1 = \lambda MF_2$,即 $\sqrt{(x+a)^2 + y^2} = \lambda \sqrt{(x-a)^2 + y^2}$,整理得 $(\lambda^2 - 1)x^2 + (\lambda^2 - 1)y^2 - (2a\lambda^2 + 2a)x + (\lambda^2 - 1)a^2 = 0(\lambda \neq 1)$,它表示一个圆,这个圆也叫作阿波罗尼斯圆。

(4) 把这两个习题和椭圆、双曲线的定义作比对,它们分别探究的是平面内到两个定点 F_1、F_2 的距离之比、之和、之差的绝对值为定值的点的轨迹问题,从四则运算的角度来看,求距离之积为定值的点的轨迹问题就自然浮出水面了。由此类比,猜想可以研究平面内到两个定点 F_1、F_2 的距离之积的问题,可能会得到一些有意义的结果。先取一个定值为常数的情形进行探讨。

探究:平面内到两个定点 F_1、F_2 的距离之积等于 14 的动点 M 的轨迹方程。

设 $F_1 F_2 = 2a$,以线段 $F_1 F_2$ 所在直线为 x 轴,它的中垂线为 y 轴建立直角坐标系,由题意得 $MF_1 \cdot MF_2 = 14$,即

$$\sqrt{(x+a)^2 + y^2} \cdot \sqrt{(x-a)^2 + y^2} = 14,$$

整理得 $(x^2 + y^2 + a^2)^2 - 4a^2 x^2 = 196.$

再推广到一般情形:求平面内到两个定点 F_1、F_2 的距离之积等于 14 的动点 M 的轨迹方程。

(四)设计变式性问题

变式性问题指改变问题的条件或者对图形进行运动变化而产生新的结论。

案例 6 对于正数 x,规定:$f(x) = \dfrac{x}{1+x}$。

(1) 计算 $f(\sqrt{2}) + f(\sqrt{3}) + f(\sqrt{4}) + f\left(\dfrac{1}{\sqrt{2}}\right) + f\left(\dfrac{1}{\sqrt{3}}\right) + f\left(\dfrac{1}{\sqrt{4}}\right)$。

（2）通过上面的计算，你能得到一个什么一般性结论？证明你的结论。

（3）对于任意的正数 x，请你给出一个 $f(x)$，使得 $f(x)=1-f\left(\dfrac{1}{x}\right)$。

第（1）题是依据定义直接计算，运用分式和根式运算规则，属于数学运算 1 级水平。第（2）题由特殊到一般归纳出结论，是逻辑推理 2 级水平，数学运算 1 级水平。第（3）题需要改变原来的定义，产生了变式，学生要通过自己探索新的定义，采用证伪和证实的方法得到结果，属于逻辑推理 3 级水平，数学运算 2 级水平。

案例 7　在图 6.4.8 中，$\triangle ABC$ 是等边三角形，P 是底边上的中点，设点 P 到 $\triangle ABC$ 两边 AB、AC 的距离分别为 h_1、h_2，$\triangle ABC$ 的高为 $PA=h$。

由 $S_{\triangle ABP}+S_{\triangle ACP}=S_{\triangle ABC}$，得 $\dfrac{1}{2}AB\cdot h_1+\dfrac{1}{2}AC\cdot h_2=\dfrac{1}{2}BC\cdot h$，可得 $h_1+h_2=h$。

（1）在图 6.4.9 中，M 是底边上的中点，P 是底边上任意一点，请联结 AP，参照上面的方法，你能得到什么结论？请证明。

（2）在图 6.4.10 中，P 是等边三角形内任意一点，P 到三边的距离分别为 h_1、h_2、h_3，参照上面的方法，你能得到什么结论？请证明。

（3）将上面的命题推广到正方形，你能得到一个什么结论？请证明。

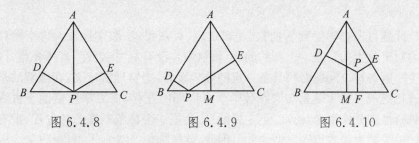

图 6.4.8　　　　图 6.4.9　　　　图 6.4.10

第（1）题是直接模仿，逻辑推理 1 级水平，直观想象 1 级水平。第（2）题需要作三条辅助线，方法相同，逻辑推理 2 级水平，直观想象 1 级水平。第（3）题对问题的条件作了改变，需要解题者作探究，逻辑推理 3 级水平，直观想象 2

级水平。

（五）设计自定义概念问题

所谓自定义概念问题，是指题目中的概念是教材中没有学过的，是根据教材中的知识新定义的一个概念，问题围绕这个概念展开。事实上，自定义概念问题就是属于知识创新范畴，学生要能够理解新概念，必须具备扎实的基础知识，有较高的数学抽象、逻辑推理、直观想象和数学建模能力，有较高的数学核心素养水平。这也就是为什么这类题目能够测量学生数学关键能力的理由所在。

案例 8 大家都知道菱形、矩形与正方形的形状有差异，我们将菱形、矩形与正方形的接近程度称为"接近度"。在研究"接近度"时，应保证相似图形的"接近度"相等。

1. 已知菱形相邻两个内角的度数，我们定义菱形的"接近度"为这两个内角度数差的绝对值，于是，这个绝对值越小，菱形越接近正方形。

请回答下列问题：

（1）若菱形的一个内角为 70 度，则该菱形的"接近度"等于_____；

（2）当菱形的"接近度"等于_____时，菱形是正方形。

2. 已知矩形相邻两条边长，将矩形的"接近度"定义为相邻两条边长差的绝对值，于是，这个绝对值越小，矩形越接近于正方形。

请回答下列问题：

（1）你认为这种说法是否合理？为什么？

（2）如果你认为不合理，请你给出矩形的"接近度"一个合理定义。

此题目考查学生数学抽象、逻辑推理、直观想象、数学运算。这个题目的内容对于学生而言是一个新的问题，教材中并没有对"接近度"有所介绍，因此学生要解答这个问题必须具备一定的数学素养，能够理解定义，在理解的基础上进行推理。第 1 题是知识在数学学科内部的迁移，需要学生借助于直观想象进行推理并作简单计算。更主要的是，这是一个抽象新概念的过程，没有一定的抽象能力是难以理解概念的。因此，数学抽象 2 级水平，直观想象 2 级水平，逻辑推理和数学运算都是 1 级水平。第 2 题是在证伪的基础上提出问题，抽象出一个新的概念，同时要论证这个概念的合理性。涉及的关键能力数学抽象 3 级水平，逻辑推理 3 级水平，直观想象 2 级水平，数学运算 1 级水平。关键能力的考查分布见表 6.4.7。

表 6.4.7 案例 8 考查关键能力与水平分布情况

关键能力	数学抽象			逻辑推理			直观想象			数学运算		
水平	1	2	3	1	2	3	1	2	3	1	2	3
题目 1		√		√				√		√		
题目 2			√			√		√		√		

案例 9 现在我们定义两种运算"$*$"和"$\otimes$",对于任意两个整数 a，b，有 $a*b=a^2+b^2$，$a \otimes b=2ab$。

(1) 因式分解：$(a*b)-(a \otimes b)$；

(2) 验证这两种运算满足交换律，即 $a*b=b*a$，$a \otimes b=b \otimes a$；

(3) 如果要使结合律成立，即 $(a*b) \otimes c=a*(b \otimes c)$，那么 a，b，c 之间要满足什么条件?

(4) 请你自己用代数式定义这两种运算，使得结合律恒成立。

这道题目的情境是数学内部情境，它打破了传统命题思维的束缚。不是在学生已经学习过的概念基础上解决问题，而是利用所学习过的知识去理解一个新的概念，本质上是要求学生抽象出一个新的概念，这是数学抽象过程，同时考查了逻辑推理和数学运算。本题的情境设置较好，体现了数学情境的探究性。

在本题中。第(1)、(2)题都是逻辑推理 1 级水平，第(3)题逻辑推理 2 级水平，第(4)题逻辑推理 3 级水平，数学抽象 2 级水平。

（六）设计情境性问题

问题情境包括现实生活情境、其他学科情境和数学内部情境。设计情境性问题，要求现实生活情境要体现真实性，其他学科情境要满足科学性，数学内部情境要突出探究性。PISA 关于数学素养的测试题目，几乎都有真实的现实情境或科学情境，值得在编制考查数学关键能力试题时借鉴。

案例 10 图 6.4.11、图 6.4.12 分别描绘的是江苏省南京市和海南省三亚市 2018 年 11 月份某一周的天气情况。

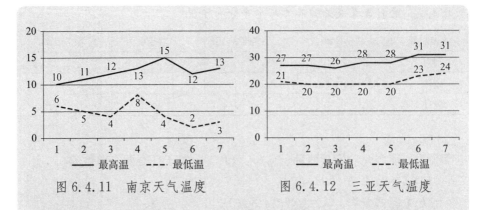

图 6.4.11   南京天气温度   图 6.4.12   三亚天气温度

问题 1：一天的温差等于这天的最高气温减去这天最低气温，那么请问，南京市哪一天的温差最大？

问题 2：假如你的妈妈在这周要从南京去三亚出差，你会怎么描述这两个城市的温度，有什么穿衣建议呢？

（七）设计作文性问题

给出一个题目，围绕这个题目写一篇小作文。

案例 11   请你就对"函数"概念的理解，写一篇不超过 500 字的作文。

学生可以就对函数知识本身的理解、函数在知识体系中的作用、函数在现实中的应用、函数的历史发展、函数的类型及特征、函数的美学特征等等方面选取题材进行描写，从而考查学生的核心素养。

三、关键能力测试题目编制的基本原则

数学学业水平考试，升学考试都涉及命题编制，命题是教师日常教学的一项重要工作。对于关键能力测试题目的编制，要遵循以下原则。

（一）能力目标导向原则

能力目标导向原则指命题的目标必须要指向考查学生的关键能力。这并不是说要弱化基础知识和基本技能，事实上，关键能力的三级水平划分中，涵义非常清楚，知识理解层面就是考查学生的基础知识和基本技能掌握情况；知识迁移考查学生灵活运用知识解决问题的能力；知识创新考查学生能否生成

新知识、形成数学思维、解决新问题。

以往的考试过分强调知识的记忆和模型的套用,一套试题注重知识点的覆盖面要广,以考查学生掌握知识的数量为一个重要指标。综观当下高考数学试题,题目的数量太多,如果要设计一些探究性问题,可以想象学生没有足够的时间去思考的。因此,高考命题应当适当转变思路,减少题目数量,增加探究性问题,这应当是一个方向。其实这两年的一些高考或中考题目的设计,已经在悄然地发生改变,试题中出现了一些探究性问题,题目的质量也比较高。

> **案例**　2019 年全国高考北京理科卷第 20 题。
>
> 　　已知数列 $\{a_n\}$,从中选取第 i_1 项、第 i_2 项、……、第 i_m 项 ($i_1 < i_2 < \cdots < i_m$),若 $a_{i_1} < a_{i_2} < \cdots < a_{i_m}$,则称数列 a_{i_1},a_{i_2},$\cdots$,a_{i_m} 为 $\{a_n\}$ 的长度为 m 的递增子列。规定数列 $\{a_n\}$ 的任一项都是 $\{a_n\}$ 的长度为 1 的递增子列。
>
> 　　(1) 写出 1,8,3,7,5,6,9 的一个长度为 4 的递增子列。
>
> 　　(2) 已知数列 $\{a_n\}$ 的长度为 p 的递增子列的末项的最小值为 a_{m_0},长度为 q 的递增子列的末项的最小值为 a_{n_0}。若 $p < q$,求证:$a_{m_0} < a_{n_0}$。
>
> 　　(3) 设无穷数列 $\{a_n\}$ 各项均为正整数,且任意两项均不相等,若 $\{a_n\}$ 的长度为 s 的递增子列末项的最小值为 $2s-1$,且长度为 s 末项为 $2s-1$ 的递增子列恰有 2^{s-1} 个 ($s = 1, 2, \cdots$)。求数列 $\{a_n\}$ 的通项公式。

这道题目为自定义概念题,关键能力的目标导向很明确。学生只要读懂了这个概念,那么第(1)题就能够直接写出答案(答案不唯一),属于知识理解水平,即逻辑推理 1 级水平。第(2)(3)题分别是逻辑推理 2 级和 3 级水平。但是该题考查的关键能力太单调,只有逻辑推理,而且主要是逻辑推理中的演绎推理,演绎推理在第(3)题中要求太高,一般的学生很难达到这个高度。

(二)淡化解题技巧原则

淡化解题技巧原则指命题不能过分注重解题的技能技巧,应当重视通性通法。其实,《数学课程标准》就有明确的要求:“考查内容应围绕数学内容主线,聚焦学生对重要数学概念、定理、方法、思想的理解和应用,强调基础性、综合性;注重数学本质、通性通法,淡化解题技巧;融入数学文化。”[1]

---

[1] 中华人民共和国教育部. 普通高中数学课程标准(2017 年版)[S]. 北京:人民教育出版社,2018:88.

数学竞赛的题目为什么难,其实就是解题技巧要求太高,但是有的技巧不具有共性,只是针对这个题目是有用的,不适合推广到其他问题的解决。通性通法就是提倡多法一用、多题一解,因为数学思想方法有统领作用,它可能贯通不同问题之间联系的路径,取得举一反三之功效。波利亚一贯主张问题解决的通性通法,他提出的笛卡儿模式、双轨迹模式、叠加模式、递归模式,就是通性通法的高度体现。这些模式给我们有启示:(1)模式的产生往往源于对某个具体问题的解答,解答这个具体问题的方法具有一种相对的普遍意义,它可以用于解答一类问题。(2)模式中蕴含着某种数学思想,它对解题者的思维起着导向作用。正因为以思想统摄模式,使模式的功能进一步扩大,而不囿于这种模式的原来场景。例如,双轨迹模式不仅仅是只能用于解决几何作图的问题,解方程的本质就是双轨迹模式的推广。更一般地,凡是符合下面模型的问题解决过程,均属于利用了双轨迹模式的解题操作。(3)模式是用某种思想方法沟通了知识之间的联系,此时所形成的 CPFS 结构以方法为灵魂。[①]

(三)结构布局合理原则

结构布局合理原则指试卷在考虑关键能力的分布、关键能力水平的分布、试题覆盖的知识内容分布时都应当要合理。

其一,一套试卷要考虑对 6 个关键能力的综合考查。如果是升学考试,特别是高考和中考试卷,题目就应当覆盖 6 种关键能力。如果是平时测验、期中考试或期末考试,由于学习内容可能不涉及数学建模或数据分析,因此关键能力的考查可以不是全面的。另一方面,试卷中 6 种关键能力的考查比重应当事先有界定,一般说来,数学抽象、逻辑推理、数学运算的比重会比较大,因为这三种关键能力涉及的数学内容会更多。

其二,一套试卷要考虑三级水平的合理分布。体现 1 级、2 级、3 级水平的题目都应当出现。根据不同的考试目的,三级水平的题目分值比例可以不同。例如,平时测验试题中 1 级、2 级、3 级水平的分值比例可为 5∶4∶1,选拔性考试的比例可以为 4∶4∶2,等等。

其三,试题的内容覆盖要广。同样,平时测验的试卷不要求内容覆盖面大,但选拔性考试就一定要求考试内容应当全面,涉及函数、几何与代数、概率与统计、数学建模活动与数学探究活动。

按照《数学课程标准》要求,考题中应当减少选择题和填空题,因为这样的题目难以考查高水平的关键能力。

---

① 喻平.数学教学心理学[M].2 版.北京:北京师范大学出版社,2018:305 - 306.

第七章 中小学生数学核心素养的几项研究

本章介绍几项我们关于中小学生数学核心素养的实证研究,这些研究得到国家社会科学基金教育学一般课题"中学生学科核心素养评价研究"(批准号 BHA170150)立项资助。

第一节 初中学生逻辑推理能力结构研究

逻辑推理是一种具有共性的核心素养,几乎所有的数学知识学习、数学问题解决都与逻辑推理相关,因此有必要对其进行专门研究。

课题组开展几次讨论,在参阅大量国内外文献的基础上,对研究问题的概念进行准确界定,设计测试题目编制框架,分工编制测试题。然后对题目进行多次讨论修订,结合预测和大样本测试,最终得到研究结果《初中生逻辑推理的测验研究》。[①] 下面的内容出自该文。

课题组主要成员:喻平,严卿,黄友初,罗玉华,陈昊。

一、问题的提出

前面我们讨论了 6 个数学核心素养就是 6 种数学能力或者说关键能力,因而需按照能力研究的思路和方法对其评价进行探究。本文探讨 6 个关键能力中的逻辑推理。

《数学课程标准》中对逻辑推理的定义为:"逻辑推理是指从一些事实和命题出发,依据规则推出其他命题的素养。主要包括两类:一类是从特殊到一般的推理,推理形式主要有归纳、类比;一类是从一般到特殊的推理,推理形式主要有演绎。"[②]对于逻辑推理的概念,存在着不同看法。在逻辑学中,推理是"由一个或一组命题(前提)推出另一个命题(结论)的思维形式",逻辑推理是保持真值的推理[③],即认为逻辑推理特指演绎推理。实际上,《数学课程标准》

---

① 严卿,黄友初,罗玉华,等.初中生逻辑推理的测验研究[J].数学教育学报,2018(5):25-32.

② 中华人民共和国教育部.普通高中数学课程标准(2017 年版)[M].北京:人民教育出版社,2018:5.

③ 彭漪涟,马钦荣.逻辑学大辞典[M].上海:上海辞书出版社,2010.

中的"逻辑"一词强调的是在推理过程中"关系"和"性质"的传递①,而非"正确性"和"有效性"。这样的定义虽然不同于传统的理解,但是深化了对归纳、类比推理中所蕴含规则的认识,抓住了其与演绎推理的共性。此外,虽然逻辑学和数学中都会用到逻辑推理一词,但形式逻辑中关心的是"推理形式是否合乎逻辑规则",而在数学背景下讨论逻辑推理,则需要兼顾两方面:内容上的数学命题,形式上的逻辑规则。

推理能力一直是心理学关注的问题,研究集中在三段论、假言推理、选言推理等演绎推理上②,研究方法主要采用测量,量表的内容是针对一般的推理而很少涉及数学知识。演绎推理的进一步研究涉及心理模型理论和脑机制研究。③

综观数学教育领域中推理的评价研究,简单而言可以分为两类:一类研究将推理能力发展水平作为基本框架,为此设计出复杂程度不同的测试题用于评价,区分复杂程度的标准往往是解决问题时需要用到的推理的次数;另一类研究则首先依据推理类型进行分类,进而设计不同类型的问题。虽然有的研究兼具这两个方面,但往往对其中之一更加侧重。实际上,这反映了评价推理能力的两种倾向——前者侧重于运用推理解决问题的能力,使用的问题更接近于通常意义上的数学题(典型的例如证明题),往往需要运用多次推理,但并不关注推理的具体逻辑形式;后者对推理能力的考查更直接、具体,关注推理的不同逻辑形式间的差异,或学生对某一具体逻辑形式的理解,类似于心理学的研究模式。这一区分在演绎、归纳、类比推理的评价研究中都有所体现。

在演绎推理能力的研究中,克鲁捷茨基使用了"证明题""要求理解和逻辑推理的题目"等题型④;申克(S. L. Senk)研究了美国中学生在几何证明中的演绎推理能力⑤;佩雷西尼(D. Peressini)等建立了一个四步骤框架,用来评价学生在解答熟悉的现实背景问题时表现出来的数学推理能力。⑥ 另一方面,霍伊

---

① 史宁中. 试论数学推理过程的逻辑性——兼论什么是有逻辑的推理[J]. 数学教育学报,2016,25(4): 1 - 16.

② 胡竹菁.演绎推理的心理学研究[M].北京:人民教育出版社,2000.

③ 毕鸿燕,方格,王桂琴,等.演绎推理中的心理模型理论及相关研究[J].心理科学,2001,24(5): 595 - 596.

④ 克鲁捷茨基.中小学数学能力心理学[M].李伯黍,洪宝林,艾国英,等译校.上海:上海教育出版社, 1983.

⑤ SENK S L. How well do students write geometry proofs? [J]. Mathematics teacher, 1985,78(6): 448 - 456.

⑥ PERESSINI D, WEBB N. Analyzing mathematical reasoning in students' responses across multiple performance assessment tasks[C]//STIFF L V, CURCIO F R. Developing mathematical reasoning in grade K - 12 [M]. Reston VA, 1999: 156 - 174.

尔斯(C. Hoyles)等考查了学生对假言命题的认识、对假言推理的直接运用以及对假言命题的证明(证伪)[①];美国全国教育进展评估项目(NAEP)中,包括了选择给定命题的反例、对于公理和定理的理解、现实背景的逻辑问题等[②];詹森(L. C. Jansson)研究了初中生在假言命题,选言命题,联言命题,否命题等不同逻辑形式的任务上发展的先后层级。[③]

　　对于归纳推理,林崇德将小学运算中归纳推理能力区分为直接归纳和间接归纳推理[④];类似的,田中等将归纳推理划分为一步推理和二步推理。[⑤] 显然,这些都并未深入考查归纳推理的具体形式,而更看重在解决不同复杂程度问题时运用归纳推理的能力。另一些研究则对归纳推理的形式进行了细致的划分,例如,赫里斯图(C. Christou)等把归纳推理区分为两种类型:属性归纳和关系归纳,以及三种过程:识别相似性,识别差异性以及综合性[⑥];雷德福(L. Radford)指出应当区分尝试错误型的归纳和发现规律的归纳。[⑦] 此外,有的研究采取了纵向的划分。斯蒂里亚尼迪斯(G. J. Stylianides)把归纳推理的过程区分为了两个阶段:识别模式和提出猜想,前者只需符合所给的有限信息,是绝对正确的;后者则超越了给定信息,是一种推测,有待验证。[⑧] 武锡环、李祥兆按照归纳推理的认知过程划分为信息表征、归纳识别、形成猜想、假设检验四个阶段,并以此为框架编制测验。[⑨]

　　对于类比推理的评价,常用的问题形式有两种:问题解决中的类比、经典

① HOYLES C, KUCHEMANN D. Students' understandings of logical implication [J]. Educational studies in mathematics,2002,51(3):193-223.

② HAREL G, SOWDER L. Toward comprehensive perspectives on the learning and teaching of proof [M]. // LESTER F K. Second handbook of research on mathematics teaching and learning. Greenwich, CT: Information Age Publishing, 2013:24.

③ JANSSON L C. Logical reasoning hierarchies in mathematics [J]. Journal for research in mathematics education,1986,17(1):3-20.

④ 林崇德. 学习与发展:中小学生心理能力发展与培养[M].北京:北京师范大学出版社,1999:303.

⑤ 田中,徐龙炳,张奠宙. 数学基础知识、基本技能教学研究探索[M].上海:华东师范大学出版社,2003:98.

⑥ CHRISTOU C., PAPAGEORGIOU E. A framework of mathematics inductive reasoning [J]. Learning and instruction,2007(17):55-66.

⑦ RADFORD L. Algebraic thinking and the generalization of patterns:A semiotic perspective[M]// S. ALATORRE S, CORTINA J L, SAIZ M, et al. Proceedings of the 28th conference of the international group for the psychology of mathematics education, North American Chapter (Vol. 1, pp. 2-21). Mérida, Mexico, 2006.

⑧ STYLIANIDES G J. An analytic framework of reasoning-and-proving [J]. For the learning of mathematics,2008,28(1):9-16.

⑨ 武锡环,李祥兆. 中学生数学归纳推理的发展研究[J].数学教育学报,2004,13(3):88-90.

类比问题。前者需要被试在原问题和靶问题的结构间建立一种联系,利用对原问题的理解来解决靶问题,后者指形如 A∶B∷C∶D(例如:树∶树枝∷身体∶胳膊)的问题。显然,这一区分同演绎推理、归纳推理中的区分十分相近。亚历山大(Alexander)等使用经典类比问题构造了类比推理测验,并用于研究类比推理和数学推理间的关系。①

　　总结已有研究,可以发现几个问题:第一,心理学的研究比较成熟,研究方法规范,但是研究范围主要是一般的推理而不太关注数学中的逻辑推理。第二,数学教育领域对逻辑推理的评价研究中,很少看到测量工具的详细制作过程,而且许多研究的样本数量偏小。第三,许多智力测验量表都是把逻辑推理作为子量表的,例如韦克斯勒量表、斯坦福-比纳量表等,缺少专门针对初中生逻辑推理的测验量表。

　　循着推理评价研究的两种基本倾向,我们的研究思路是:第一,编制一套测量初中三个年级逻辑推理的工具,这个工具偏重测量学生的形式逻辑思维,涉及的数学知识不超出初一教材水平,记为测验 A。这个测验可用于初中生(数学背景中)逻辑推理的发展研究。第二,编制初中每个年级的数学推理测验 B1、B2、B3,这三套测验题的编制分别以本年级的数学知识为基础,偏重于考查逻辑推理在数学问题解决中的运用,故使用"数学推理"以示区别。分为知识理解、知识迁移、知识创新三级水平②,在关键能力层面考查每个年级学生的数学推理水平。第三,考查测验 A 与测验 B1、B2、B3 之间的关系,即学生的逻辑推理与数学推理的关系。

　　本文的工作是研究测验 A。

二、测题编制

(一)因素初步拟定

　　首先,根据《数学课程标准》的定义,可以将逻辑推理分为从一般到特殊的演绎推理,以及从特殊到一般的归纳、类比推理,即合情推理。这也符合传统上的分类。

　　进一步的,演绎推理可以区分为两个层面——命题与推理。推理由命题组成,能够推理的前提是理解命题,命题的不同也决定了推理类型的不同。命

① ENGLISH L D. Mathematical and analogical reasoning of young learners [M]. Mahwah, NJ: Lawrence Erlbaum Associates, 2004.
② 喻平. 数学核心素养评价的一个框架[J]. 数学教育学报,2017,26(2):19-23.

题在数学学习中广泛存在,概念、定理是命题,证明题即是解释一个命题何以为真。结合形式逻辑中对命题的分类,这里把命题层面分为简单命题与复合命题,前者主要是性质命题,后者包括合取式(联言命题)、析取式(选言命题)、蕴含式(充分条件假言命题)、等值式(充分必要条件假言命题)、否命题(包括简单命题与复合命题的否定)五种命题演算。

推理层面维度的选取和命题层面保持一定的对应关系。由简单命题构成的推理是三段论,复合命题中的析取式构成选言推理、蕴含式构成假言推理,这三种推理组成了推理层面的基本分类。这几类推理在中学数学中十分常见,同时在心理学关于推理的研究中也占据了重要的位置。进一步分析,对简单命题的考查不可避免涉及性质命题的直接推理,这与三段论同样都是基于性质命题的推理,因此将它们纳入同一个维度也是合理的,称为简单推理。至于合取式构成的联言推理,其推理形式和对应的命题演算形式差别极小,因此不再另作考虑。

对于归纳推理,借鉴赫里斯图等的框架,包括属性归纳和关系归纳两类。[①]对于类比推理,采用评价类比推理的两种常用问题模式:经典类比问题和类比问题解决。

基于以上分析,逻辑推理测验由演绎推理和合情推理两个分测验组成,其中演绎推理分为简单推理、命题演算、选言推理、假言推理等四个子测验,合情推理分为归纳推理、类比推理两个子测验。以上分析的过程本身也显示出推理形式间复杂的关系,这一框架是否合适还依赖于因素分析的检验。

(二)编制题项

设计题项的内容,要考虑问题的知识背景。在心理学关于逻辑推理的研究中,问题背景始终是一个重点变量,这反映在很多研究中,这些背景涉及熟悉与不熟悉[②]、具体与抽象、几何与算数、与常识冲突的背景、假想背景等。[③]为了使测验能适用于初中三个年级,本研究中涉及的数学知识不超出初一年级教材的水平。为了探索学生在解答数学背景推理问题时是否存在某种特殊性,作为对照,也考虑设置现实背景和不具有意义的符号背景问题。

根据初步拟定的初中生逻辑推理能力评价框架,在每个维度编制题项。题项的编制参考国内外文献及其中的量表、相关领域书籍中的典型例题、近年

① CHRISTOU C, PAPAGEORGIOU E. A framework of mathematics inductive reasoning [J]. Learning and instruction, 2007(17): 55-66.

② 李丹,张福娟,金瑜. 儿童演绎推理特点再探——假言推理[J]. 心理科学,1985(1): 6-12.

③ GOSWAMI U. The Wiley-Blackwell handbook of childhood cognitive development [M]. 2nd ed. Malden, MA: Wiley-Blackwell, 2011: 399-419.

来的中考题等,全部采用选择题的形式。邀请数学教育专业教授、研究生分别对每个维度的题项进行讨论、筛选,获得 27 道题的初始测验。初拟的 6 个维度题项数量分别为:简单推理 6 道,命题演算 6 道,选言推理 4 道,假言推理 3 道,归纳推理 4 道,类比推理 4 道。其中数学背景题 15 道,现实背景 9 道,符号背景 3 道。该测验记为测验 1,结构见表 7.1.1。下面以一道题为例,对所编制的题项进行介绍。

表 7.1.1   测验 1 结构与题项分配

测题的维度		题号	计分
演绎推理	简单推理(简单命题与三段论)	1, 2, 3, 4, 5, 9	12
	假言推理	8, 10, 11	6
	选言推理	6, 12, 13, 14	8
	命题演算	7, 15, 16, 17, 18, 19	12
合情推理	归纳推理	20, 24, 25, 27	8
	类比推理	21, 22, 23, 26	8

例   如果两个长方形的长与宽分别相等,那么它们的面积相等;现在长方形 X 与长方形 Y 的面积相等,则一定有(   )。
(A) 它们的长与宽一定分别相等
(B) 它们的长与宽可能都不相等
(C) 它们的长一定相等
(D) 它们的宽一定相等

该题在形式上属于假言推理,内容上涉及长方形面积。正确的(充分条件)假言推理形式有两种:如果肯定前件就肯定后件,如果否定后件就否定前件,而否定前件或肯定后件都无法做出确定的推理。初中生并没有接受过形式逻辑的训练,不可能自觉运用逻辑规则得到结果,因此做出选择需要依靠数学知识,测验中的大多数数学背景问题都具有这一特点。与此同时,逻辑因素也在发挥着作用。首先,虽然不同于标准的形式逻辑,但初中生拥有一套经验的法则,这套法则会影响到他们的判断,具体到该题中,一些学生可能会倾向于认为“如果肯定后件,就肯定前件”。其次,题干的表述采取的是假言命题的形式,理解假言命题是做出正确选择的必要条件。从而,测验题考查的既非纯粹形式逻辑,也非纯粹数学知识,而是数学知识与逻辑的综合运用,体现了数学中推理的特点,又由于测验中涉及到的数学知识比较简单,更多是反映出学生形式逻辑方面存在的问题。

评分标准:每题有两个答案或者每题有两个括号的,每个答案计1分。每题只有一个答案的计2分。

三、测题修订

(一)样本选择

研究先后调查了2组样本。第1次测试:选择样本1为预测样本,在江苏、浙江省的两所初中发放测试卷222份,删除空白或有较多题项未作答、回答呈现规律性的试卷后,回收有效试卷211份。其中初一79份,初二95份,初三37份;样本中男生110人,女生101人。第2次测试:选择样本2为再测样本,主要来自江西、江苏两省中有代表性的三所初中,以及一部分通过网络测试形式收集的南京地区样本。由于样本2的施测时间正值9月初,考虑到初一学生刚升学不久,因此仅在初二、初三年级发放试卷。回收有效试卷503份,其中初二236份,初三267份;样本中男生246人,女生257人。

(二)数据处理

使用SPSS19软件进行数据管理及项目分析、探索性因素分析和信度检验。

(三)预测与修订原始测验

第一,采用测验1对样本1进行测试,对测试数据依次进行项目分析与探索性因素分析,删除10道题后,得到一个5因素的结构。虽然该结果与理论框架较为一致,但存在一些缺陷。首先,部分因素题项较少。探索性因素分析的结果一般要求单个因素的题项数目至少为3,而结果中的假言推理、归纳推理维度都仅有2道题。其次,删除题项数量偏多,剩余的题项作为一个测验数量稍显不足。

由于因素分析的过程主要依靠数据驱动,我们决定对所删除的题项重新进行审视,判断这些题项究竟是否存在问题。因此,邀请数学教育专业教授、初中数学教师围绕题项内容再次进行讨论,综合考虑内容的全面性、表述的适切性等因素,在所删除的10道题中,对4道题进行了修改,并重新编制了1道题替换原题项,剩余5道仍然保留。以t8为例,原题干为"如果生物体有生命活动,那么生物体必然有呼吸运动;乳酸菌是一种生物,适合在无氧条件下生存。据此可以推断( )"。该题考查假言推理,但涉及的知识点学生比较陌生,语言表述脱离日常习惯,实际上考查的可能并非推理能力,因此将题干简化为"如果生物要生存,就需要进行呼吸运动;乳酸菌是一种生物,可以在无氧条件下生存。根据以上描述,可以推断(　　)"。又如,原 t20 为"观察下列算式: $2^1=2$, $2^2=4$, $2^3=8$, $2^4=16$, $2^5=32$, …。根据上述算式的规律,请你猜想 2^{10} 的末位数字"。该题考查学生的归纳推理,但即便不使用归纳推理,直接计算也能得出答案,因此将" 2^{10} "修改为" 2^{2017} "。修订后的测验依然有 27 道题,记作测验 2。

第二,采用测验 2 对样本 2 进行测试。

(四)项目分析

对测试 2 的数据进行项目分析。首先,作鉴别度分析。依据总分高低把样本分为三组,每组各占总人数的三分之一。运用独立样本 t 检验求出高分组和低分组样本在每道题得分的均值差异,规定显著性水平为 0.01,结果表明所有题项的差异均达到显著水平。其次,作同质性检验。分别计算每道题与总测验得分、所属分测验得分的积差相关系数,结果表明所有题项与总测验及所属分测验得分都在 0.01 的显著水平上相关,从而保留全部题项。

(五)效度分析

1. 结构效度

结构效度指能够测量出理论的特质的程度。对测验进行探索性因素分析,可以抽取测验的共同因素,通过与理论建构的维度比较,达到检验测验结构效度的目的。由于演绎推理与合情推理的划分在理论上已十分明确,因此分别对这两个分测验实施探索性因素分析。

(1)演绎推理分测验的探索性因素分析

首先,通过计算发现取样适当性 KMO 指标为 0.926,Bartlett 球形度检验统计量为 $\chi^2=2810.696$, $p=0.000$,数据非常适合进行因素分析。其次,采用主成分分析法提取因素,考虑到预设的维度之间具有相关性,选择斜交旋转法对因子进行旋转。若规定基于特征值提取因素,按照特征值大于 1 的标准,只能提取 3 个因子,解释变异量 46.092%。另一方面,因素数量的选择也要考虑到解释变异量的百分比以及自身的理论建构。[①] 结合理论建构与预测的结果,固定提取 4 个因子,再次进行探索性因素分析。删除在两个及以上因素都有较高负荷的题项,删除共同度低于 0.3 的题项,因此逐个删除 t4, t7, t8, t9 等 4 题。最终保留 15 题,解释变异量达到 58.6%,题项的因素负荷全部大于 0.5,共同度基本都大于 0.4。详细结果见表 7.1.2。

---

① 吴明隆.问卷统计分析实务——SPSS 操作与应用[M].重庆:重庆大学出版社,2010:208.

表 7.1.2　演绎推理分测验的探索性因素分析（N＝503）

序号	因素 1	因素 2	因素 3	因素 4	共同度
t6	0.771				0.658
t12	0.778				0.656
t13	0.800				0.649
t14	0.830				0.709
t15		0.694			0.563
t16		0.817			0.709
t17		0.702			0.560
t18		0.724			0.612
t1			0.710		0.511
t2			0.768		0.661
t3			0.577		0.388
t5			0.592		0.455
t10				0.689	0.501
t11				0.642	0.514
t19				0.775	0.646
特征值	4.490	3.633	2.797	3.298	

对因素进行命名。因素 1 的题项来自选言推理维度，因素 2 的题项来自命题演算维度，这两个因素直接沿用维度名称。因素 3 中，t1、t2 考查的是简单命题，t3、t5 属于三段论推理，故该因素命名还是用简单推理。因素 4 中，t10、t11 都来自假言推理维度，t19 虽然来自命题演算维度，但考查的是假言命题的否定，归入假言推理维度中也是合理的。总体而言，探索性因素分析的结果和预先建构的结构基本一致，说明演绎推理分测验具有较好的结构效度。

（2）合情推理分测验的探索性因素分析

取样适当性 KMO 指标为 0.851，Bartlett 球形度检验统计量为 $\chi^2 = 644.779$，$p = 0.000$，数据适合进行因素分析。采用主成分分析法提取因素，考虑到预设的维度之间具有相关性，选择斜交旋转法对因子进行旋转。若规定基于特征值提取因素，按照特征值大于 1 的标准，提取 1 个因子，解释变异量 36.776％。根据理论框架，合情推理应当包括归纳和类比推理两个维度。因此，在固定因子数量为 2 的情况下再次尝试探索性因素分析。结果显示在两个因素中都混合有归纳和类比推理的题项。从而,不再区分合情推理的两个维度,并删除因子载荷及共同度最低的t22,再次进行探索性因素分析,解释变异量提升为39.684%。保留剩余的7道题作为合情推理维度,7道题的因子载荷都接近或大于0.6,表示抽取出的共同因素可以有效反映7个指标变量。详细结果见表7.1.3。

表7.1.3   合情推理分测验的探索性因素分析(N＝503)

序号	因素1	共同度	序号	因素1	共同度
t20	0.705	0.497	t25	0.639	0.408
t21	0.577	0.333	t26	0.603	0.364
t23	0.578	0.334	t27	0.703	0.494
t24	0.590	0.348			

(3) 总测验的结构效度分析

以上分别检验了演绎推理与合情推理这两个分测验的结构效度,接下来运用相关系数法对二者合并而成的总测验的结构效度进行分析。将演绎推理的4个子测验得分相加,得到演绎推理维度分数,并考察各子测验、分测验、总测验之间的相关系数,详细结果见表7.1.4。可以看出,演绎推理内部四个维度间的相关系数小于各自与演绎推理间的相关系数;演绎推理内部四个维度与演绎推理间的相关系数,除命题演算略小外,大于各自与总测验的相关系数;演绎推理与合情推理间的相关系数小于各自与总测验的相关系数。从而,总测验具有较好的结构效度。

表7.1.4   各分测验及总测验的相关系数矩阵

	简单推理	选言推理	命题演算	假言推理	演绎推理	合情推理	总测验
简单推理	1						
选言推理	0.422**	1					
命题演算	0.360**	0.666**	1				
假言推理	0.449**	0.543**	0.542**	1			
演绎推理	0.639**	0.862**	0.858**	0.779**	1		
合情推理	0.406**	0.617**	0.735**	0.532**	0.745**	1	
总测验	0.590**	0.822**	0.866**	0.733**	0.966**	0.893**	1

注:＊＊表示在0.01的显著性水平上具有显著相关性

　　由于对测验作探索性因素分析得到的结果与事先设计的理论框架高度吻合，因此不再对其作验证性因素分析。

　　2. 内容效度

　　内容效度指测验题目的适切性与代表性，即测验内容能否反映所要测量的心理特质，以题目分布的合理性来判断。本研究主要从两个方面来确保测验的内容效度。一方面，测验题具有较好的代表性。本研究基于逻辑学、心理学的研究成果提出了一个评价初中生逻辑推理的框架，在此基础上编制题项，不仅全面地考查到了各种推理形式，而且也兼顾了不同类型的问题背景，因此能够全面反映出学生的逻辑推理能力。另一方面，在测验的编制、修订过程中邀请专家参与研讨。参与者包括数学教育专业教授、研究生、以及一线初中教师等，分别从不同角度对题项的取舍提出了意见，例如部分题项背景对学生来说存在理解困难，不一定能考查到所设想的推理要素，表述较为繁琐，等等。测验2正是在测验1预测的基础上，基于专家的意见修订形成。

（六）信度分析

　　信度是对测量一致性程度的估计。对各子测验、分测验及总测验分别计算克伦巴赫 α 系数，结果见表7.1.5。演绎推理与其各子测验的内部一致性 α 系数在 $0.549 \sim 0.868$ 之间，除了简单推理略低外，其余维度内部题项都有较高的同质性程度；合情推理的内部一致性 α 系数为 0.737；总测验的内部一致性 α 系数为 0.898。总体而言，编制的逻辑推理测验具有较高的信度。

表7.1.5　逻辑推理测验各维度信度

维度	内部一致性系数 α	维度	内部一致性系数 α
简单推理	0.549	演绎推理	0.868
选言推理	0.822	合情推理	0.737
命题演算	0.753	总测验	0.898
假言推理	0.604		

　　最终版的逻辑推理测验题包含5个维度，总计22道题。题项分布见表7.1.6。测题见附录（总分44分）。

表 7.1.6　初中生逻辑推理能力测验题结构及题项分布

分测验	维度	题号
演绎推理	简单推理	1, 2, 3, 4
	选言推理	5, 8, 9, 10
	命题演算	11, 12, 13, 14
	假言推理	6, 7, 15
合情推理	合情推理	16, 17, 18, 19, 20, 21, 22

四、讨论与结论

(一)测验框架的构建

在 6 个数学核心素养中,逻辑推理、数学运算、直观想象这三种能力具有一般性,事实上,这是传统意义上的数学三大能力,它们的一般性表现在几乎贯穿于整个学习活动之中。其中逻辑推理和直观想象更具共性,它们可以脱离数学材料而独立地表现出来,自然科学和人文社会学科都需要这两种思维。因此,研究逻辑推理和直观想象,可以从两个层面切入,先探讨共性再研究特性。本研究所编制的测验偏重对逻辑推理共性层面的考查,亦即关注推理的逻辑形式,在内容上则以较简单的数学知识为主。

当前的许多研究都是就某一种逻辑形式开展的。李丹等人研究了小学生关于三段论推理的发展情况,采用的方法是由主试把三段论的两个前提念给被试听,然后要求被试说出结论,主要是考查被试的反应类型。胡竹菁等人对中学生三段论推理的现状作了调查,问卷由 20 道第一格至第四格的范畴三段论题目组成,主要考查从初一到高三年级学生三段论推理水平的发展以及性别差异。李丹等人研究了小学三年级到初中三年级学生的假言推理发展水平;吴荣先对小学三年级到初中三年级学生作了选言推理的研究。[①] 与这些研究不同,我们将各种逻辑形式作为一个整体设计,基于数据得到了一个包含简单推理、选言推理、假言推理、命题演算、合情推理的初中生逻辑推理框架。这不仅可以对学生的逻辑推理进行全面考查,同时可以比较学生在逻辑推理不同维度上的发展差异。

---

① 胡竹菁.演绎推理的心理学研究[M].北京:人民教育出版社,2000.

（二）测验的信效度

　　探索性因素分析的结果与理论框架基本一致,表明测验具有较好的结构效度,证明了基于推理形式的框架这样一种心理特质的存在。对于归纳推理与类比推理,分别都进一步分为两类来编制题项,这种过细的划分或许就导致了二者难以形成两个独立的维度,另一方面,也反映出合情推理的这两个类型间确实存在着紧密的联系。信度方面,简单推理维度的内部一致性系数略低,这反映出简单命题与三段论作为同一个维度虽然是合理的,但依然存在着某些差异。其余维度及总测验都有较高的信度。总体而言,测验结构基本合理,并具有较好的内部一致性,可作为初中生逻辑推理能力评价的工具。

（三）研究的局限性

　　本研究存在的问题,第一,简单推理的两道三段论都属于三段论的第一格,相对于第二格或第三格,在推理方面较为简单。一般说来,三段论的第二格与第三格应当在测验中有体现,这个问题需要在进一步的修订测验中加以解决。第二,表4中演绎推理与命题演算的相关略小于命题演算与总测验的相关,这是一个缺陷,但对整个测验没有产生太大的损害。第三,王光明教授等在数学学习策略问卷编制中[①],对量表作了验证性因素分析,这是一种更严谨的做法。本文没有做这个工作,是由于探索性因素分析得到的数据与事前的理论建构高度一致,故省略了验证性因素分析。

附录　初中生逻辑推理测验（最终版）

　　　同学们好! 下面是一些有趣的问题,请你完成解答。注意：除了1、2题可以多选外,其余各题的每个括号都是单项选择。

　　　学校_____　　　年级_____　　　性别_____

　　　1. 下列说法正确的是(　　　)。（可多选）

　　　(A) 所有的等边三角形都是等腰三角形

　　　(B) 所有的等边三角形都不是等腰三角形

　　　(C) 有些等边三角形是等腰三角形

　　　(D) 有些等边三角形不是等腰三角形

　　　2. 初一(3)班有50名同学,其中有10名共青团员。下列说法正确的是(　　　)。（可多选）

---

① 王光明,廖晶,黄倩,等.高中生数学学习策略调查问卷的编制[J].数学教育学报,2015,24(5)：25 -
36.

(A) 初一(3)班所有的同学都是共青团员

(B) 初一(3)班有些同学是共青团员

(C) 初一(3)班所有的同学都不是共青团员

(D) 初一(3)班有些同学不是共青团员

3. 犯罪行为不是合法行为,故意杀人罪是犯罪行为。由此可以推出( )。

(A) 故意杀人罪不是合法行为　　(B) 不合法行为是犯罪行为

(C) 不是犯罪行为一定合法　　　　(D) 有的犯罪行为是合法行为

4. 无理数是无限不循环小数,无限不循环小数是无限小数。故此我们可以推出( )。

(A) 无理数不是无限小数　　　　(B) 无限小数是无理数

(C) 无理数是无限小数　　　　　(D) 无限小数不是无理数

5. 一件事的情况或者是 p,或者是 q,也有可能既是 p 又是 q。

(1) 如果事情的情况是 p,那么事情的情况也是 q 吗( )。

(2) 如果事情的情况不是 p,那么事情的情况是 q 吗( )。

(A) 肯定是 q　　　　　　　　　　(B) 肯定不是 q

(C) 不确定是不是 q　　　　　　　(D) 不会做

6. 如果 $a=b$,则 $a^2=b^2$。下列选项正确的是( )。

(A) 如果 $a \neq b$,则 $a^2=b^2$　　(B) 如果 $a \neq b$,则 $a^2 \neq b^2$

(C) 如果 $a^2 \neq b^2$,则 $a \neq b$　　(D) 如果 $a^2 \neq b^2$,则 $a=b$

7. 如果两个长方形的长与宽分别相等,那么它们的面积相等;现在长方形 X 与长方形 Y 的面积相等,则一定有( )。

(A) 它们的长与宽一定分别相等

(B) 它们的长与宽可能都不相等

(C) 它们的长一定相等

(D) 它们的宽一定相等

8. 五一长假期间学校组织去爬山,或者去爬泰山,或者去爬黄山,也可以两座山都爬。

(1) 如果五一期间同学们爬了泰山,那么爬黄山了吗? ( )

(2) 如果五一期间同学们没有爬泰山,那么爬黄山了吗? ( )

(A) 肯定爬了　　　　　　　　　　(B) 肯定没有爬

(C) 不能确定有没有爬　　　　　　(D) 不会做

9. 现有一个四边形,已知它要么是梯形,要么是平行四边形。

(1) 若有两组对边相等,这个四边形( )。

(2) 若至少有一组对边不相等,这个四边形(　　)。

(A) 肯定是梯形,不是平行四边形

(B) 肯定是平行四边形,不是梯形

(C) 有可能是梯形,也有可能是平行四边形

(D) 不会做

10. 一件事的情况要么是 p,要么是 q,不可能既是 p 又是 q。

(1) 如果事情的情况是 p,那么事情的情况也是 q 吗(　　)。

(2) 如果事情的情况不是 p,那么事情的情况是 q 吗(　　)。

(A) 肯定是 q　　　　　　　　　(B) 肯定不是 q

(C) 不确定是不是 q　　　　　　(D) 不会做

11. 如果两个自然数的乘积是奇数,那么他们的和是偶数。以下情况错误的是(　　)。

(A) 两个自然数的乘积是奇数,他们的和是偶数

(B) 两个自然数的乘积是奇数,他们的和是奇数

(C) 两个自然数的乘积是偶数,他们的和有可能是偶数

(D) 两个自然数的乘积是偶数,他们的和有可能是奇数

12. 姚明不但参加过亚运会,而且参加过奥运会。这表明(　　)。

(A) 姚明参加过亚运会,可能参加了奥运会,也可能没参加

(B) 姚明参加了奥运会,可能参加了亚运会,也可能没参加

(C) 姚明参加过亚运会或奥运会

(D) 姚明两个都参加了

13. 已知:一个四边形是矩形当且仅当四个角都是直角,那么以下情况正确的是(　　)。

(A) 一个四边形是矩形,它的四个角并非都是直角

(B) 一个四边形不是矩形,它的四个角都是直角

(C) 一个四边形不是矩形,它的四个角有可能都是直角

(D) 一个四边形不是矩形,它的四个角并非都是直角

14. 公园里,小明指着湖面上的一群天鹅,说:“那些天鹅全部都是白色的”。小张仔细看了看,反对道:“不对,角落里有一只天鹅是黑色的”。以下说法正确的是(　　)。

(A) 只有一只黑天鹅,是个别情况,小明说的没错

(B) 有一只黑天鹅,说明小明的说法是错误的

(C) 黑天鹅只有一只,不能断定小明错了,除非能发现2、3只

(D) 黑天鹅只有一只,不能断定小明错了,除非一眼望去黑天鹅不比

白天鹅少

15. 小明说:"一个四边形,如果至少有两个角为 $90°$,则它至少有一组对边平行"。为了证明小明的说法是错误的,需要找到一个四边形,满足(   )。

(A) 只有一个角为 $90°$,且有一组对边平行

(B) 没有 $90°$ 的角,且有一组对边平行

(C) 有两个角为 $90°$,两组对边都不平行

(D) 只有一个角为 $90°$,两组对边都不平行

16. 观察下列算式:$2^1=2$, $2^2=4$, $2^3=8$, $2^4=16$, $2^5=32$,……。根据上述算式的规律,请你猜想 2^{2017} 的末位数字是(   )。

(A) 2 　　　　　　　　　　(B) 4

(C) 6 　　　　　　　　　　(D) 8

17. 我们知道,三角形是平面图形中边数最少的多边形。而在空间中,四面体(如图 7.1.1 所示)是面数最少的多面体。这两者的性质之间有一些共通之处。根据三角形中任意两边之和大于第三边这一性质,可以推断在四面体中(   )。

图 7.1.1

(A) 任意两个面的面积之和大于第三个面的面积

(B) 任意三个面的面积之和大于第四个面的面积

(C) 三个面的面积之和有可能等于第四个面的面积

(D) 三个面的面积之和有可能小于第四个面的面积

18. 如果"杀人"对应"犯罪",那么以下哪一组词的对应关系与此类似(   )。

(A) 书法:艺术 　　　　　　(B) 美丽:漂亮

(C) 鲁迅:周树人 　　　　　(D) 历史:通史

19. 如图 7.1.2 所示,按一定规律用火柴棍摆放图案:一层的图案用火柴棍 2 支,二层的图案用火柴棍 7 支,三层的图案用火柴棍 15 支,……,二十层的图案用火柴棍(   )支。

图 7.1.2

(A) 590 　　　　　　　　　(B) 600

(C) 610 　　　　　　　　　(D) 620

20. 根据以下图 7.1.3 中的凸多面体的面数 F、顶点数 V 和棱数 E,以下结论中哪个是正确的(   )。

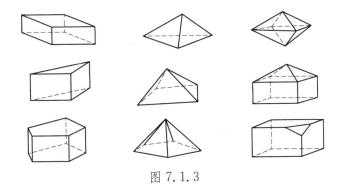

图 7.1.3

　　(A) 可以猜测 $E+F-V=10$　　(B) 可以猜测 $V+F-E=2$

　　(C) 可以猜测 $E+V-F=6$　　(D) 无法判断

　　21. 如果有一组词是"寺庙：佛像：游客"，那么以下最为贴切的对应是(　　)。

　　(A) 商场：商品：营业员　　　　(B) 画廊：展品：参观者

　　(C) 公园：城市：市民　　　　　(D) 学校：教室：考生

　　22. 把 1，3，6，10，15，21，…这些数叫做三角形数，这是因为这些数目的点在等距离的排列下可以排成一个正三角形，那么第七个三角形数是(　　)。

　　(A) 25　　　　(B) 26　　　　(C) 27　　　　(D) 28

第二节　初中学生逻辑推理能力的调查研究

　　利用了上一节制作的测量工具，对 4 个省初中学生作了抽样调查，得到结果《初中学生逻辑推理能力的现状调查》①，本节内容来自该文。

一、问题的提出

　　长久以来，"逻辑推理能力"就居于我国数学教育目标之列，这一能力的重要意义可以从两方面来认识。其一，是理解数学概念、命题、证明，形成知识体系的前提。"全部数学都可以化归为逻辑"，逻辑主义学派的这一基本主张虽未能实现，但也清楚表明了逻辑之于数学的价值。其二，日常生活中，我们的

————————

① 严卿，喻平. 初中生逻辑推理能力的现状调查[J]. 数学教育学报，2021(1)：49－53，78.

语言、行为也离不开逻辑的指导,借助逻辑推理,我们可以对未见之事物进行判断、预测或还原。在《数学课程标准》中,逻辑推理作为 6 个核心素养之一而提出,既是对这一能力重要价值的重申,又赋予了其"价值观"与"品格"上新的意蕴。与此同时,价值观与品格又不应看作与能力同属一个层面上的目标,而是在掌握能力的基础上,经过长期实践与反思而逐渐升华形成,因此,"能力"对于教学实践而言,仍是更为直接的指向。而了解学生逻辑推理能力的现状,无疑能够让能力的培养有的放矢。

依据所使用理论框架与测量工具的不同,一些研究从不同角度对我国学生的逻辑推理能力进行了揭示。周雪兵对学业质量监测测试中与逻辑推理相关的题目进行分析后指出,江苏省初二年级学生的逻辑推理能力不存在性别上的显著差异,演绎推理水平优于合情推理等。[1] 程靖等从三个维度(推理类型、内容分支、高低水平)出发构建了数学推理论证能力测评框架,并基于此编制测试题,研究发现,我国八年级学生合情推理整体上处于中等水平,论证推理能力处于初级水平,学生的数学推理论证能力不存在显著的性别差异[2]。綦春霞等从比较的视角出发,采用 PISA 的框架与测试题,对中、英两国八年级学生推理能力的调查发现,英国学生在代数推理和概率推理方面的得分高于中国学生,中国学生的几何推理得分高于英国学生。[3] 武锡环等将信息表征、归纳识别、形成猜想、假设检验确定为影响归纳推理的四个重要因素,并据此编制测试题。在初中三个年级施测的结果显示,初二年级是数学归纳推理发展的关键期。学生在归纳推理中缺乏对得到的结论进行检验的习惯,反映出自我监控、自我反思能力的低下。[4]

由于逻辑推理具有一般性的特点,不仅是数学中的思维工具,也存在于日常的语言与实践中,这种日常语言内容或纯粹符号下的逻辑推理能力是心理学工作者所关注的。这一类研究由于不存在数学知识的限制,往往涉及了不同年龄的样本,表现为对能力发展规律的揭示。另一个特点在于,通常针对的是某一种推理形式,求"专"而不求"全"。例如,李丹等人的研究指出,假言推理能力在小学三年级开始就有初步表现,初一达到掌握水平,在小学六年级到

---

[1] 周雪兵. 基于质量监测的初中学生逻辑推理发展状况的调查研究[J]. 数学教育学报,2017,26(1):16－18.

[2] 程靖,孙婷,鲍建生. 我国八年级学生数学推理论证能力的调查研究[J]. 课程・教材・教法,2016(4):17－22.

[3] 綦春霞,王瑞霖. 中英学生数学推理能力的差异分析——八年级学生的比较研究[J]. 上海教育科研,2012(6):93－96.

[4] 武锡环,李祥兆. 中学生数学归纳推理的发展研究[J]. 数学教育学报,2004,13(3):88－90.

初中一年级这个阶段出现发展的加速现象,也随命题的具体内容,教学条件的变化有所不同。[1] 胡竹菁等调查发现,范畴三段论推理能力在初中阶段发展较快,由初中升高中时有一个较大的飞跃。另外,理科生表现优于文科生,表明推理能力受到不同学科课程训练的影响[2] 黄煜烽等研究显示,初二年级是归纳推理能力迅速发展的时期,初一学生的归纳推理还依赖于具体经验的支持、往往体现为枚举而非得到新的涵义。[3]

应该说,心理学领域中的研究带来的启发是多方面的。由于其不涉及数学知识,考查的是对纯粹逻辑形式的认识,对于判断学生逻辑推理上的缺陷是来自于逻辑、抑或是数学知识是有帮助的。更重要的是研究方法上的思考,例如,在评价逻辑推理能力时,是否应更多考虑对逻辑形式认识情况的考查?在数学知识背景下,能否考查不同年龄学生能力的发展变化?本研究将在这两个方面尝试突破,揭示我国初中生逻辑推理能力的现状。具体研究问题如下:我国初中生逻辑推理能力处于何种水平?该能力在不同年级、学校、性别群体间存在怎样的差异?

二、研究方法

(一)研究对象

研究样本来自江苏、江西、广东、山东 4 地。其中,江苏省的一所学校为重点中学,其余样本都来自普通中学,能够较好代表所在地区的平均水平。有效样本来源及分布情况见表 7.2.1(部分学生未填写性别)。

表 7.2.1 样本分布情况

省份	总人数	七年级	八年级	九年级	男	女
江苏省(重)	912	458	—	454	447	462
江苏省(普)	2010	574	853	583	961	1048
江西省	352	106	115	131	202	150
广东省	105	39	36	30	—	—
山东省	217	59	76	82	118	95
合计	3596	1236	1080	1280	1728	1755

---

① 李丹,张福娟,金瑜. 儿童演绎推理特点再探——假言推理[J]. 心理科学,1985(1):6 - 12.

② 胡竹菁. 演绎推理的心理学研究[M]. 北京:人民教育出版社,2000:219 - 222.

③ 黄煜烽,杨宗义,刘重庆,等. 我国在校青少年逻辑推理能力发展的研究[J]. 心理科学,1985(6):28 - 35.

测验于学年的上学期实施。删除较多题项未作答或答案呈规律性的试卷后,回收试卷 3596 份,回收率为 90.08%。其中普通中学 2684 人,这部分样本用于研究初中生逻辑推理能力的现状、年级及性别差异。重点中学 912 人,用于研究逻辑推理能力在两类学校学生间的差异。

(二)研究工具

调查采用严卿等编制的《初中生逻辑推理测验》。[①] 该测验的编制与修订过程简述如下。(1)确立评价框架。基于逻辑学对于推理的分类以及心理学关于推理能力的研究成果,把逻辑推理划分为演绎推理与合情推理两个分测验,前者包括简单推理、假言推理、选言推理、命题演算等子测验,后者包括归纳推理与类比推理,这样一来,实现了把具体推理形式作为考查的对象。(2)编制题项。对于题项的内容背景,以数学知识为主,辅以现实背景问题和符号问题,且涉及的数学知识不超出七年级上学期教材的水平,能够适用于初中三个年级。从而,该测验兼顾了逻辑推理的形式与内容两方面,又由于题目中数学内容比较简单,因而更加侧重于形式逻辑能力的考查。(3)通过先后两轮预测与修订,检验信、效度。第二轮预测后得到的结果如下:对分测验分别进行探索性因素分析的结果显示,演绎推理分测验解释变异量达到 58.6%,题项的因素负荷在 0.577 至 0.830 间;合情推理分测验解释变异量为 39.7%,题项的因素负荷在 0.577 至 0.705 间。除了归纳推理与类比推理的题项合并为了同一个因素,其余题项基于数据抽取的共同因素与理论框架基本一致。计算测验间的相关系数,演绎推理内部四个子测验间的相关系数小于各自与演绎推理间的相关系数;演绎推理内部四个子测验与演绎推理间的相关系数,除命题演算略小外,大于各自与总测验的相关系数;演绎推理与合情推理间的相关系数小于各自与总测验的相关系数。基于以上结果,测验具有较好的结构效度。总测验的克伦巴赫 α 系数为 0.898,各子测验与分测验的 α 系数在 0.549 至 0.868 之间,表明测验具有较好的信度。最终版测验总计 22 道题,全部为选择题,其分布为:简单推理 4 题,假言推理 3 题,选言推理 4 题,命题演算 4 题,合情推理 7 题。内容上,数学背景 13 题,现实背景 7 题,符号背景 2 题。每道题计 2 分,满分 44 分。

(三)数据处理

使用 SPSS19.0 软件进行数据管理及统计处理。由于调查样本较大,有可能会出现存在统计显著性而缺乏实际效果的问题,故同时也参考效应量指标来检验数据差异的实际意义。对两组数据均值差异进行显著性检验时用

---

① 严卿,黄友初,罗玉华,等.初中生逻辑推理的测验研究[J].数学教育学报,2018(5):25-32.

Cohen's d 作为效应量,0.2、0.5 和 0.8 分别对应了小、中、大的效应。方差分析的效应存在多种估计指标,包括 η^2、ω^2、f 等,此处选择较为常用的 η^2 作为效应量,它的大小反映了自变量对因变量变异的解释程度,$\eta^2 = 0.01$ 时属于小的效应,$\eta^2 = 0.06$ 时属于中等效应,$\eta^2 = 0.14$ 时属于大的效应。[1][2]

三、研究结果

(一)初中生逻辑推理能力总体现状

计算总测验与各分测验、子测验的均值、标准差、得分率等,结果见表 7.2.2。初中生逻辑推理能力总分均值为 30.76,其中最低分 4 分,最高分 44 分。各子测验得分率在 63.0% 到 82.0% 之间。

取总测验满分的中位数 22 作为参照,考察其与总分均值之间的差异,单样本 t 检验的统计量为 54.34, p<0.001, Cohen's d=1.05,说明样本不是来自均值为 22 的总体。类似的,分别取各子测验、分测验满分的中位数作为参照,与测验均值做单样本 t 检验,差异均达到显著水平(见表 7.2.2)。这表明,无论是在总测验还是各个子测验、分测验上,初中生都能够正确回答一半以上的问题。

表 7.2.2　初中生逻辑推理得分的总体情况

维度	均值(满分)	标准差	得分率	t	显著性	Cohen's d
简单推理	6.56(8.00)	1.63	82.0%	81.50	0.000	1.57
选言推理	5.58(8.00)	2.05	69.8%	40.11	0.000	0.77
假言推理	3.78(6.00)	1.93	63.0%	20.95	0.000	0.40
命题演算	5.68(8.00)	2.31	71.0%	37.63	0.000	0.73
演绎推理	21.60(30.00)	5.84	72.0%	58.54	0.000	1.13
合情推理	9.16(14.00)	3.40	65.4%	32.88	0.000	0.64
总分	30.76(44.00)	8.35	69.9%	54.34	0.000	1.05

(二)逻辑推理能力的年级差异

以年级为自变量,逻辑推理总分及各分测验、子测验得分为因变量,进行

---

[1] 郑昊敏,温忠麟,吴艳. 心理学常用效应量的选用与分析[J]. 心理科学进展,2011,19(12):1868-1878.

[2] 胡竹菁,戴海琦. 方差分析的统计检验力和效果大小的常用方法比较[J]. 心理学探新,2011(3):254-259.

单因素方差分析,描述性统计结果见表 7.2.3。图 7.2.1 反映了各子测验及合情推理分测验得分随年级增长的变化趋势。

表 7.2.3 初中三个年级学生逻辑推理得分的描述性统计

	七年级 M(SD)	八年级 M(SD)	九年级 M(SD)
简单推理	6.20(1.72)	6.58(1.64)	6.88(1.44)
假言推理	2.93(1.75)	3.86(1.80)	4.48(1.81)
选言推理	5.59(2.01)	5.51(2.11)	5.68(1.99)
命题演算	5.22(2.25)	5.55(2.38)	6.27(2.15)
演绎推理	19.94(5.30)	21.49(6.07)	23.31(5.55)
合情推理	8.14(3.20)	9.16(3.40)	10.12(3.31)
总分	28.08(7.47)	30.65(8.66)	33.43(7.90)

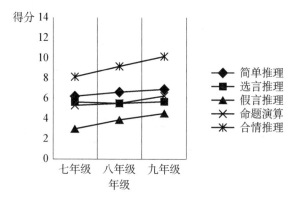

图 7.2.1 逻辑推理得分的年级分布

对总分的方差分析结果显示,年级差异达到显著水平,$F_{(2, 2681)}=87.69$,$p<0.001$,偏 $\eta^2=0.06$。方差齐性检验统计量 $F=13.10$,$p<0.001$,说明各组方差存在显著差异。选择 Tamhane's 方法进行事后多重检验,八年级得分高于七年级($p<0.001$,Cohen's $d=0.31$);九年级得分高于八年级($p<0.001$,Cohen's $d=0.33$);九年级得分高于七年级($p<0.001$,Cohen's $d=0.70$)。整体上看,初中生逻辑推理能力在七至八年级、八至九年级间保持着稳定的提升。

对子测验与分测验得分的方差分析结果如下。在简单推理上,年级差异达到显著水平,$F_{(2, 2681)}=36.02$,$p<0.001$,偏 $\eta^2=0.03$;八年级得分高于七年级($p<0.001$,Cohen's $d=0.23$),九年级得分高于八年级($p<0.001$,

Cohen's d=0.19),九年级得分高于七年级(p<0.001,Cohen's d=0.43)。在假言推理上,年级差异达到显著水平,F(2, 2681)=146.74, p<0.001,偏 η^2=0.10;八年级得分高于七年级(p<0.001,Cohen's d=0.50),九年级得分高于八年级(p<0.001,Cohen's d=0.33),九年级得分高于七年级(p<0.001,Cohen's d=0.88)。在选言推理上,年级差异没有达到显著水平,F(2, 2681)=1.65, p>0.05。在命题演算上,年级差异达到显著水平,F(2, 2681)=45.46, p<0.001,偏 η^2=0.03;八年级得分高于七年级(p<0.01, Cohen's d=0.14),九年级得分高于八年级(p<0.001,Cohen's d=0.32),九年级得分高于七年级(p<0.001,Cohen's d=0.48)。在演绎推理上,年级差异达到显著水平,F(2, 2681)=70.43, p<0.001,偏 η^2=0.05;八年级得分高于七年级(p<0.01, Cohen's d=0.27),九年级得分高于八年级(p<0.001,Cohen's d=0.31),九年级得分高于七年级(p<0.001,Cohen's d=0.62)。在合情推理上,年级差异达到显著水平,F(2, 2681)=71.42, p<0.001,偏 η^2=0.05;八年级得分高于七年级(p<0.001,Cohen's d=0.31),九年级得分高于八年级(p<0.001,Cohen's d=0.29),九年级得分高于七年级(p<0.001,Cohen's d=0.61)。总体而言,除选言推理外,其余子测验及分测验得分都保持了持续的增长。简单推理及合情推理上保持着稳定的增长速度,假言推理在七至八年级发展较快,命题演算的快速发展则出现在八至九年级。

(三)逻辑推理能力的学校差异

本研究前述部分目的在于探讨一种普遍性的逻辑推理能力现状,样本的选择重点关注代表性,故将重点中学样本数据排除在外。按照通常的认识,重点中学学生的逻辑推理能力理应优于普通中学,问题在于:这种优势是否能达到一种统计学意义上的差异? 此外,随着年级的提升,重点中学和普通中学的差异会有一种怎样的变化? 如果说七年级时的差异代表了一种生源上的区别,那么九年级时的差异则可以反映出学校教育对于逻辑推理能力的影响。

以年级(七年级、九年级)、学校类型(重点、普通)为自变量,分别以总测验、分测验、子测验得分为因变量,进行 2 * 2 方差分析。描述性统计结果见表7.2.4,两类学校样本在两个年级的总分分布见图7.2.2。

表7.2.4 两类学校学生逻辑推理得分的描述性统计

年级	七年级		九年级	
学校类型	普通学校 M(SD)	重点学校 M(SD)	普通学校 M(SD)	重点学校 M(SD)
简单推理	6.20(1.72)	7.31(1.17)	6.88(1.45)	7.30(1.36)

续　表

年级	七年级		九年级	
假言推理	2.93(1.76)	4.35(1.60)	4.48(1.78)	5.18(1.50)
选言推理	5.59(2.01)	6.26(1.75)	5.68(1.99)	6.54(2.02)
命题演算	5.22(2.25)	6.61(1.79)	6.27(2.15)	6.93(2.06)
演绎推理	19.94(5.30)	24.53(4.29)	23.31(5.55)	25.94(5.67)
合情推理	8.14(3.20)	10.28(3.12)	10.12(3.31)	11.36(3.42)
总测验	28.08(7.47)	34.81(6.03)	33.43(7.90)	37.30(8.46)

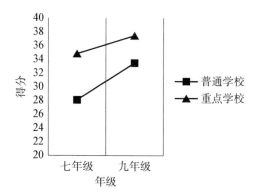

图 7.2.2　两类学校样本在两个年级的总分分布

对总分的方差分析结果显示,学校类型主效应显著,$F(1, 2512)=284.67$,$p<0.001$,偏 $\eta^2=0.10$;年级主效应显著,$F(1, 2512)=155.83$,$p<0.001$,偏 $\eta^2=0.06$;学校类型与年级的交互作用显著,$F(1, 2512)=20.79$,$p<0.001$,偏 $\eta^2=0.01$。虽然交互作用显著,但效应量仅为 0.01,说明两类学校学生逻辑推理能力在七至九年级的提升幅度实际差异并不大。简单效应分析显示,七年级($p<0.001$,Cohen's $d=0.97$)和九年级($p<0.001$,Cohen's $d=0.48$)时,重点中学得分都显著高于普通中学。虽然差异有一定减少,考虑到天花板效应,这种减小能否看作学生逻辑推理能力的缩小,是值得商榷的。

对于各分测验与子测验,方差分析结果简述如下:学校类型主效应均达到显著水平,效应量偏 η^2 在 0.03(选言推理)至 0.08(假言推理)之间;学校类型与年级的交互作用,除选言推理外,均达到显著水平,但效应量最高仅为 0.01(简单推理)。从而,对分测验与子测验得分进行方差分析的结果,与总分基本上是一致的。

（四）逻辑推理能力的性别差异

性别差异是逻辑推理能力研究中惯常涉及的一个问题，这里将年级因素一并考虑在内，考查随年级变化，性别差异的变化情况。以年级、性别为自变量，分别以总测验、分测验、子测验得分为因变量，进行 3 * 2 方差分析。描述性统计结果见表 7.2.5，男、女生总分在三个年级的分布见图 7.2.3。

表 7.2.5　男女生逻辑推理得分的描述性统计

年级	七年级		八年级		九年级	
性别	男生 M(SD)	女生 M(SD)	男生 M(SD)	女生 M(SD)	男生 M(SD)	女生 M(SD)
简单推理	6.36(1.60)	6.14(1.78)	6.67(1.66)	6.56(1.58)	6.84(1.53)	6.93(1.35)
假言推理	2.97(1.80)	2.87(1.74)	4.04(1.89)	3.78(1.91)	4.40(1.89)	4.58(1.64)
选言推理	5.63(1.94)	5.67(2.01)	5.53(2.14)	5.62(2.04)	5.57(2.02)	5.80(1.94)
命题演算	5.23(2.33)	5.31(2.17)	5.58(2.43)	5.60(2.31)	6.19(2.16)	6.36(2.14)
演绎推理	20.19(5.36)	19.99(5.11)	21.82(6.21)	21.56(5.80)	22.99(5.80)	23.67(5.23)
合情推理	7.97(3.29)	8.32(3.07)	9.41(3.38)	9.11(3.35)	10.17(3.43)	10.05(3.16)
总测验	28.16(7.52)	28.31(7.25)	31.22(8.75)	30.67(8.32)	33.16(8.29)	33.72(7.42)

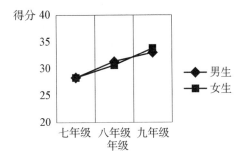

图 7.2.3　男、女生样本在三个年级的总分分布

对总分的方差分析结果显示，性别主效应不显著，$F(1, 2599) = 0.03$，$p > 0.05$；年级主效应显著，$F(2, 2599) = 81.79$，$p < 0.001$，偏 $\eta^2 = 0.06$；性别与年级的交互作用不显著，$F(2, 2599) = 1.14$，$p > 0.05$。由此可见，初中阶段男、女生逻辑推理能力是十分接近的，且这一点并不随年级提升而改变。

对于各分测验与子测验，除假言推理外，性别主效应均不显著，性别与年级的交互作用均不显著。假言推理子测验性别主效应不显著，性别与年级的交互作用显著（$p < 0.05$），但效应量偏 η^2 仅为 0.003。从而，对分测验与子测验得分进行方差分析的结果，与总分基本上是一致的。

四、分析与讨论

（一）对初中生逻辑推理能力总体现状的讨论

依据研究结果，初中生在各子测验上的得分率均超过了 60%，单样本 t 检验的结果表明，各子测验均分都显著高于满分中位数。考虑到本研究所用测验是对各推理形式比较直接的考查，涉及到的数学知识也比较简单，可以认为，我国初中生初步掌握了基本的逻辑推理能力。为了能够更加客观认识这一结果，还需与数学教育及心理学领域中的有关研究结果进行比较。

心理学中的研究通常针对某一种推理能力类型。李国榕等调查发现，三段论第一格的得分率在初一、初二、初三依次为 76%、80%、80%。[①] 李丹等分别调查了初中生在四种假言推理格式中的得分率，其中否定前件在不同年级的得分率分别为 76%、81%、85%；否定后件分别为 73%、78%、83%。[②] 这些研究在内容背景上都是现实背景，或符号背景。本研究中，一方面设计了与心理学研究类似的现实或符号背景问题，其得分率与对应的心理学研究是比较接近的，例如，t3（三段论第一格）得分率分别为 74.7%、81.0%、88.9%，t10（两选言肢选言推理）得分率为 67.4%、69.3%、72.3%。另一方面，本研究更多题目属于数学知识背景，其得分率明显低于相同逻辑形式的现实或符号背景问题，例如 t4（三段论第一格）在三个年级得分率分别为 61.7%、70.0%、73.1%，t9（两选言肢选言推理）在三个年级得分率分别为 62.0%、58.2%、62.5%，t6（否定前件与否定后件的假言推理）在三个年级得分率分别为 29.3%、62.1%、69.0%。这一对比充分表明，仅仅对于逻辑形式的认识并不足以确保能够顺利进行数学推理，即便涉及到的数学知识并不困难。这也解释了为何一些逻辑思维训练未能提升学生的数学推理能力。[③] 因此，相比心理学中的研究，本研究所揭示的能力现状对数学学习与教学有着更直接的参考价值。

与数学教育领域中的已有研究相比，本研究的结果既表现出了共性，也有一些差异。例如，如何否定一个假言命题是许多研究共同关注的一个问题。

---

① 李国榕，胡竹菁. 中学生直言性质三段论推理能力发展的调查研究[J]. 心理科学通讯，1986（6）：39-40.

② 李丹，张福娟，金瑜. 儿童演绎推理特点再探——假言推理[J]. 心理科学，1985（1）：6-12.

③ HAREL G, SOWDER L. Toward comprehensive perspectives on the learning and teaching of proof [M]//LESTER F K. Second handbook of research on mathematics teaching and learning. Greenwich, CT: Information Age Publishing, 2013: 805-842.

美国 NAEP 研究项目,英国霍伊尔斯等开展的大规模研究等都设计了该类任务。[①] 从得分情况上来看,正确率均不及 40%,且前者的样本是 11 年级学生。而在本研究中,t15(假言命题的否定)在三个年级得分率分别为 48.1%、57.7%、70.3%。虽然在本研究已属低得分率,但远高于国外研究。一方面,体现出我国学生逻辑推理能力的优势;另一方面,也反映出学生在这类任务上的困难确实具有普遍性。从样本的选项来看,超过 30% 的学生选择了否定前项的同时肯定后项的答案,这体现出一种逻辑思维上的缺陷。又如,对于归纳推理,一些研究指出,初中生缺乏对猜想到的结论进行反思与检验的意识与能力[②],本研究验证了这一现状。t20(归纳推理)的得分率仅为 49.3%,错误的原因在于依据一、两个个案便得出结论,缺乏验证的意识。如果进一步分析这一问题,实际上反映出学生对于归纳推理的"或然性"认识不足。近年来,数学课程、教学中对合情推理的重视在不断加强,在教材中,许多概念、法则被设计为通过归纳或类比引出。[③] 然而,如果教学中对归纳得到的结论经常不加证明,或归纳的结果"永远"都是正确的,难免会导致学生对归纳思维形成错误认识。

(二)对初中生逻辑推理能力年级差异的讨论

对年龄差异的研究,通常旨在揭示出一种能力发展的内在生理规律,这一规律往往表现为发展的关键年龄阶段。虽然由于研究工具的差异,不同研究的结果很难进行直接的比较,但初中阶段是逻辑推理能力发展的关键期,则是一个普遍的结论。例如,林崇德将中学生论证推理能力划分为四个水平,包括直接推理水平、间接推理水平、迂回推理水平、按照一定数理逻辑格式进行综合性推理的水平。调查发现,初一和初二、高一和高二年级之间成绩差异达到了显著水平,初二和高二是中学生数学推理能力发展的转折点。[④] 孙敦甲研究发现,中学数学逻辑思维的发展是从形象抽象思维到形式抽象思维,最后向着辩证抽象逻辑思维发展。初二与初三、初三与高一、高一与高二年级间的差异均达到非常显著的水平,可见这段时间发展十分迅速。[⑤] 本研究的结果显示,在除选言推理外的子测验中,年级差异均达到了显著水平,从而支持了已有

① HOYLES C, KUCHEMANN D. Students' understandings of logical implication [J]. Educational studies in mathematics,2002,51(3):193-223.

② 程靖,孙婷,鲍建生.我国八年级学生数学推理论证能力的调查研究[J].课程·教材·教法,2016(4):17-22.

③ 严卿,胡典顺.中国和日本初中数学教材中问题提出的比较研究[J].数学教育学报,2016(2):20-25.

④ 林崇德.学习与发展:中小学生心理能力发展与培养[M].北京:北京师范大学出版社,1999:365-367.

⑤ 孙敦甲.中学生数学能力发展的研究[J].心理发展与教育,1992(4):52-58.

研究的结论。同时也必须注意,这一发展不仅是生理因素所导致的,也不能忽视学校教育起到的作用。在《义务教育数学课程标准(2011 年版)》中,对假言命题及推理做出了比较详细的规定。例如,"知道原命题成立其逆命题不一定成立""了解反例的作用"。[①] 这一安排的效果是显著的,研究结果显示,假言推理得分的年级差异在各子测验中最大。因此,为了全面提高初中生的逻辑推理能力,在课程标准及教材中还应考虑更加广泛渗透各类逻辑推理内容。

(三)对初中生逻辑推理能力学校差异的讨论

逻辑推理能力的学校差异,反映了逻辑推理能力与学业成绩之间的紧密联系。研究结果表明,重点中学的逻辑推理得分显著高于普通中学。即便将数学知识背景的题项排除在外,仅考虑现实背景或符号背景的 9 道题,除 t2 外,学校类型差异也全部达到了显著水平(效应量 Cohen's d 在 0.14 至 0.34 之间)。因此,重点中学与普通中学的一个区别即是学生逻辑推理能力的不同,这也可以认为是导致学业成绩差异的因素之一。陈昊使用与本研究相同的测验考查了八年级学生逻辑推理能力与认知结构之间的关系,结果发现二者呈显著正相关,相关系数达到 0.515,从另一个角度验证了本研究的这一结论。[②] 当前,随着核心素养培养目标的提出,如何协调提升成绩与培养能力间的关系成为一个新的命题。本研究的结果表明,这两个目标是一致的,培养逻辑推理能力可以看作提升学业成绩的一个途径。

此外,依据研究结果,两类学校学生的逻辑推理能力在 7 至 9 年级间的提升程度是比较接近的。但这并不意味着普通中学对逻辑推理能力的培养已经足够,如果将重点学校得分作为一个参照,普通中学 9 年级得分尚不及前者 7 年级,更加凸显出加强逻辑推理能力培养的紧迫性。

(四)对初中生逻辑推理能力性别差异的讨论

"性别平等"是"教育公平"的内在要求之一,因而性别也是数学能力研究中一个颇受关注的变量。本研究的结果显示,初中生逻辑推理能力不存在显著性别差异,这一结果与近年来的几项有关研究是一致的。[③] 与这些研究相比,本研究还考查了三个年级性别差异的变化情况,结果显示男女生逻辑推理能力随年级增长的变化趋势也是高度一致的。另一方面,所谓"不存在显著差

① 中华人民共和国教育部. 义务教育数学课程标准(2011 年版)[S]. 北京:北京师范大学出版社,2012:6.
② 陈昊. 初中生数学认知结构与逻辑推理能力关系的研究[D]. 南京:南京师范大学,2018.
③ 周宇剑. 中学生数学基本技能水平的调查研究[J]. 数学教育学报,2012,21(6):46-49.

异"是基于均值比较的结果,如果关注男女生得分的方差变化,可以发现男生方差始终高于女生,且差距随着年级的提升在变大。这一结果支持了"男性更大变异假设",该理论由艾利斯(H. Ellis, 1859—1939)提出,指男性在身体素质、心理特点和智力方面的个体差异要大于女性。郝连明等对初二学生数学学业成绩的研究支持了这一理论,本研究是从另一个角度的再次验证。[①] 从而,就教师而言,对于学生的逻辑推理能力,一方面不应持有先入为主的性别偏见,另一方面,也需认识到男女生在该能力上的不同特征。

五、结论与思考

研究的结论包括:(1)我国初中生初步掌握了基本的逻辑推理能力。这一能力受制于对数学知识的掌握,对逻辑形式本身的认识并不足以确保数学推理的顺利进行;也受制于对逻辑形式的掌握,例如如何否定假言命题,对归纳推理"或然性"的认识等。(2)初中是逻辑推理能力的快速发展期。假言推理的发展幅度最大,这一点可以看作是课标中强调的结果。(3)重点中学学生逻辑推理能力优于普通中学,随年龄增长,两类学校学生能力提升幅度区别不大。(4)初中男女生逻辑推理能力总体上不存在差异,但男生内部存在更大的离散性。

以上结论受制于下面几点思考:(1)本研究中的逻辑推理问题侧重于推理的形式方面,内容知识上比较简单。显然,对于推理形式的认识是解决更加复杂、更多步骤推理问题的必要条件,但前者与后者究竟在多大程度上相联系,本研究涉及不深,尚需要进一步的研究。(2)本研究以量化方法为主,虽然能够发现规律和现象,但在解释上有所不足,要对原因进行追溯,一方面还需展开质化研究,另一方面也有必要诉诸神经科学的研究成果。

第三节　小学生解决情境问题能力的研究

本研究是江苏省 S 市教育科学研究院的招标课题,我们接受课题之后开展了系统研究,形成研究报告。研究结果反映了 S 市小学四年级学生解决情境问题能力的现状,同时也在一定程度上反映了江苏乃至全国小学四年级学生解决情境问题能力的状况。

---

① 郝连明,綦春霞.基于初中数学学业成绩的男性更大变异假设研究[J].数学教育学报,2016,25(6): 38－41.

　　课题组成员：喻平，魏亚楠，吴妍翎。

一、研究背景与内容

(一) 研究背景

　　数学情境问题是指将数学问题置入某种情境中的问题。情境主要包括：(1)现实生活情境。个人生活相关的情境，如与学习、休闲娱乐、学校活动等相关的问题；职业相关的情境，如与学生熟悉的教师、医生、会计师、建筑设计师等职业相关的问题；社会相关的情境，如与商品出售、体育比赛、金融等相关的问题。(2)数学学科内部问题情境。知识在进一步生长的过程中产生的问题情境；数学内部不同知识体系中的问题情境。(3)其他学科知识的情境。不属于本学科范畴，但与本学科知识相关的其他学科情境。

　　数学情境问题解决指学生要能够从情境中抽象出数学问题并分析问题、解决问题的过程。

　　《义务教育数学课程标准(2011 年版)》指出：课程内容要反映社会需求、数学的特点，要符合学生的认知规律。课程内容的选择要贴近学生的实际，有利于学生体验与理解、思考与探索。学生应当有足够的时间和空间经历观察、实验、猜测、计算、推理、验证等活动过程。[①] 与传统应用题相比，情境问题更加体现了数学与现实生活的联系，考查学生应用数学的能力。因此，小学数学教材在"解决问题"这个部分更多地融入了生活情境，加强数学学习与实际生活的联系，培养学生解决实际情境问题的能力。

　　《数学课程标准》已于 2018 年初颁布，明确提出 6 个数学核心素养：数学抽象、逻辑推理、数学建模、数学运算、直观想象、数据分析，将 6 个数学核心素养作为课程标准制定的主线，贯穿于整个课程设计中。数学教学的目标不仅仅是使学生理解数学知识和形成基本的数学技能，更重要的是教会学生用数学的眼光观察世界，用数学的思维思考世界，用数学的语言表达世界。

　　PISA 作为一个评价国际学生素养的项目，引起了教育界的广泛关注。PISA 的设计理念是：一个人的数学素养不仅仅指的是学生要学会一定的数学知识和技能，更重要的是在未来的社会中，在各种不同的领域和情境中能够提出问题，分析问题和解决问题。因此，整个 PISA 的题目设计都具有现

[①] 中华人民共和国教育部. 义务教育数学课程标准(2011 年版)[S]. 北京：北京师范大学出版社，2012：2.

实背景,考查的目标是学科的数学素养而非完全是考查学生的知识理解情况。

国内外对情境的研究主要在教学设计方面,如贵州师大吕传汉教授的团队就做了很多研究,还有一些研究是关于学生解决真实性问题的水平,而在如何评价学生的数学情境问题解决能力和如何提高学生的解决情境问题的能力上的研究较少。

因此,随着基础教育课程改革的逐步深入,在小学课程的逐步改善以及整个国际社会的数学素养的大氛围下,研究小学生解决数学情境问题的现状以及如何提高小学生情境问题的解决能力是有必要的。

(二)研究内容

(1)江苏省 S 市四年级学生解决数学情境问题的总体表现和各个层级的具体表现。

(2)江苏省 S 市四年级学生数学情境问题的影响因素,主要探讨是否存在学校和性别的差异。

(3)通过小学生解决情境问题的现状分析,尝试提出提升小学生数学情境问题解决的教学启示和评价建议。

二、研究设计

(一)情境与解题水平界定

本研究参照 PISA 的情境分类,将情境分成个人情境、教育与职业情境、公共情境、科学情境四大类。[①] 个人情境与学生个人的日常活动直接相关;教育或职业的情境出现在学生的学校生活或工作环境中;公共情境要求学生观察更广泛周边环境的某些方面;科学情境更加抽象,可能会涉及了解一个技术过程、理论情境或明确的数学问题。

由于测试项目是情境问题解决,这不完全是考查学生的知识水平,而主要考查学生的数学素养,因此,采用数学核心素养的水平划分方法对本次测试的解题水平进行划分。将数学核心素养的评价分为知识理解、知识迁移和知识创新三级水平(见第六章的讨论)。

解决数学情境问题三种水平划分的操作性定义见表 7.3.1。

---

① 陈慧,袁珠. PISA:一个国际性的学生评价项目[J]. 外国中小学教育,2008(8):53-58.

表 7.3.1　解决数学情境问题的三级水平划分

水平	内涵	实例
知识理解（一级水平）	1. 了解知识产生的缘由,有基本的演绎和归纳推理能力。 2. 理解知识形成的结果。能够掌握基本的事实和结论;掌握蕴含在知识中的数学基本方法。 3. 能使用简单知识、基本规则和基本方法解决简单的数学问题。	每年的 7 月 1 号到 7 月 30 号富士山对公众开放,在这段时间里,大约有 9000 名游客去富士山爬山,问平均每天大约有多少名游客?
知识迁移（二级水平）	1. 有基本的类比推理能力,能将知识迁移到不同情境中去解决问题。 2. 能够理解知识之间的逻辑关系,掌握知识结构、掌握与知识相关的数学思想方法。 3. 能够解决需要多种知识介入、多种方法运用的常规性复杂问题。	小菊和小兰应征园丁的工作,花园老板发现二人工作态度都很好,对薪水期待也相同,若种一排花,小菊需要 8 小时,小兰需要 6 小时。问如果需聘用一名专职种花的人,你会选择哪个人?
知识创新（三级水平）	1. 能够灵活运用知识和方法解决探究性、开放性等非常规性问题。 2. 生成超越教材规定内容的数学知识;能够对数学问题进行变式、拓展和推广,提出数学猜想,并能证伪和证实猜想。 3. 能够用数学的思维方式去观察和分析事物,形成严谨的数学思维。	翰子老师有一块长方形的花园,长 15 米,宽 10 米。老师想将郁金香、百合花和玫瑰花分别种满花园面积的三分之一,你能帮老师设计一下吗?

(二) 测试卷初步设计

根据上面的框架,测试题目来自两个渠道,一是直接选用 PISA 的题目;二是以小学三、四年级的苏教版课本题目为基础改编而成。

测试卷有 4 个题目属于一级水平(知识理解),3 个题目属于二级水平(知识迁移),2 个题目属于三级水平(知识创新)。题目内容涉及个人情境、科学情境、教育与职业情境和公共情境四类。全卷总分为 100 分,其中三个水平知识理解、知识迁移、知识创新的满分分别为 28 分,41 分,31 分。详细的知识考点和评分细则见表 7.3.2。

表 7.3.2　试卷设计双向细目表

考查水平	题号	知识点	分值
知识理解	1	日期,四位数除以两位数	6
	2	比较小数大小	6
	3	简单的分数乘法,整数加减法	6
	4	整数加减,距离的计算,考虑问题的全面性	10

续　表

考查水平	题号	知识点	分值
知识迁移	5(1)	阅读材料找规律,整数的大小比较	6
	5(2)	阅读材料找规律,整数的大小比较	6
	6(1)	解决问题的策略(整数的四则运算)	6
	6(2)	解决问题的策略(整数的四则运算)	6
	7(1)	解决问题的策略(工作时间的整数比较)	6(答案2分,理由4分)
	7(2)	解决问题的策略(整数的比较)	5
	7(3)	解决问题的策略(整数四则运算、整数的大小比较)	6(答案2分,理由4分)
知识创新	8	长方形面积等分	14(一种方法4分,4种及以上方法满分)
	9	阅读材料提出问题并解决	17(提出问题10分,解答7分)

注:第4题最远距离25千米,最近的9千米,算出一种4分,两种8分,提出有多种可能2分。

　　框架和测试卷初步完成之后,由数学教育领域的专家和小学数学特级教师共同讨论,初步修正了测试卷,形成初稿。

　　下面举例说明题目的设计。

> **题目1**　学校刚刚举行了秋季运动会,短跑竞赛的竞争非常激烈。下表列出了进入决赛的5名同学的短跑成绩,则跑道_____的同学是冠军。
>
> 表7.3.3　第1题数据
>
> | 跑道 | 最后时间(秒) | 跑道 | 最后时间(秒) |
> |---|---|---|---|
> | 1 | 10.09 | 4 | 10.04 |
> | 2 | 9.99 | 5 | 10.08 |
> | 3 | 9.87 | | |

　　这道题目根据PISA题目改编。参加运动会的情境,考查小学生对小数比较大小的知识,更重要的是了解学生能否将这个知识运用到生活中去,结合生活经验(跑得快的用时更短)解决问题。由于知识点比较简单,情境也不复杂,所以放在了知识理解的水平中,属于一级水平。

　　在知识迁移水平,编制的题目需要学生将所学的数学知识迁移到其他情境中去。情境设计上复杂一些,阅读量多一些,但是知识点仍然在四年级小学生所学的范围内。

> **题目2** 红色、绿色和蓝色被称为光的三原色。在电子设备中我们通过调节这三种颜色的亮度表示其他颜色。用三个255以内的整数分别表示红色、绿色和蓝色的亮度,数字越大代表亮度越高。例如:(255,0,0)是指红色、(0,255,0)代表绿色。(0,255,255)表示绿光亮度255、蓝光亮度255,合起来就是标准青色;(200,0,150)表示红光亮度200、绿光亮度0、蓝光亮度150,合成的颜色是偏红的紫色。(255,255,255)表示红光亮度255、绿光亮度255,蓝光亮度255,合起来是白色。
>
> 　　红色和绿色可以合成黄色。标准黄色可由亮度最高的红光和最高的绿光合成,请问:如何表示"标准黄色"和"偏红的黄色"?

　　这是一个科学情境的题目。考查了整数的相关知识。学生需要从这一大段文字中提取出有用的信息,用三个255以内的整数来表示红色、绿色和蓝色的亮度,并且拥有一定的常识,偏红的黄色,说明红色的亮度要比绿色高。科学情境离学生的生活比较远,题干文字也比较多,因此题目属于知识迁移水平。

　　在知识创新的水平上,设计了两道题目,设计的准则是要能够让学生自己提出方案或者自己从情境中提出问题,属于开放题。情境本身会比较简单,倾向于个人情境,学生比较容易产生共鸣。

> **题目3** 翰子老师有一块长方形的花园,长15米,宽10米。老师想将郁金香、百合花和玫瑰花分别种满花园面积的三分之一,你能帮老师设计一下吗?(至少两种方案,越多越好)

(三)测试卷的项目分析

　　在S市随机选取了300多名四年级学生进行预测,测试卷收回后用SPSS19.0进行数据处理。预测样本量N=314,男生157人,女生157人。

　　首先,依据总分高低将样本分为三组,每组各占总人数的约三分之一,计高分组为总分大于等于72分的样本,共104人;低分组为总分小于等于56分的样本,共105人。高、低分组在每个题项上做独立样本t检验,规定显著性水平为0.01。结果表明所有题项差异均达到显著水平,所以保留所有题目。

　　其次,计算每个题项得分与总分的相关系数,结果见表7.3.4。

表 7.3.4　每个题项得分与总分的相关系数

题项	与总分的相关系数	显著性	题项	与总分的相关系数	显著性
A1	0.296	0.000	A62	0.610	0.000
A2	0.190	0.001	A71	0.330	0.000
A3	0.679	0.000	A72	0.433	0.000
A4	0.657	0.000	A73	0.260	0.000
A51	0.632	0.000	A8	0.612	0.000
A52	0.652	0.000	A9	0.682	0.000
A61	0.537	0.000			

　　计算显示所有题项与总测验得分都在 0.001 的显著水平上相关,每个题项与总分的相关系数都大于 0.2,从而说明每个题项与测验卷的测验目标一致,因此保留所有题项。

（四）测试卷的难度与鉴别度分析

　　使用得分率来评估试题难度值,公式为 $P = \dfrac{\bar{x}}{x_{\max}}$,其中 $\bar{x}$ 为全体样本在某题上的平均得分,$x_{\max}$ 为该题的满分。难度值参考范围:$P < 0.4$ 为高难度题目;$0.4 \leqslant P < 0.7$ 为中等难度题目;$P \geqslant 0.7$ 为低难度题目。分别计算每一题及总测验的难度系数,结果见表 7.3.5。

表 7.3.5　题目的难度分析

题项	P 值	题项	P 值	题项	P 值
A1	0.95	A52	0.72	A73	0.41
A2	0.96	A61	0.82	A8	0.43
A3	0.73	A62	0.64	A9	0.48
A4	0.41	A71	0.77	总分	0.62
A51	0.76	A72	0.57		

　　根据表 7.3.5,测验卷的难度系数在 0.4 和 0.95 之间,没有高难度题目,总分难度系数为 0.62。总体而言,测验难度较为合理。简单题数量略多。

　　测试卷的鉴别度采用每题项得分与总分的相关,数据见表 7.3.4。相关度越高,鉴别度越高。鉴别度在 0.19 和 0.682 之间,多数题项鉴别度在 0.3 以上,说明,该测试卷鉴别度较佳。

（五）测试卷的信度和效度分析

将三个水平内的题目得分相加，得到各个水平的总得分，知识理解、知识迁移、知识创新的总分分别记为水平 1、水平 2 和水平 3，分别计算三个水平内部及总测验的克伦巴赫 α 系数，结果见表 7.3.6。

表 7.3.6　测验题目的克伦巴赫 α 系数

测验题	α 系数	测验题	α 系数
水平 1	0.665	水平 3	0.480
水平 2	0.669	总测验	0.750

根据表 7.3.6，水平 3 的内部一致性系数较低。这种情况是合理的。划分水平的依据在于知识学习的形态，因此，虽然处于同一个水平，但内部的题目完全可能涉及到不同的数学知识与情境，而被试在不同知识领域的掌握情况、对不同背景的熟悉程度完全有可能存在较大差异。总测验的内部一致性系数为 0.750，说明该测验总体的信度是可以接受的。

计算各个水平及总测验得分间的相关系数，考察测试卷的结构效度，结果见表 7.3.7。

表 7.3.7　测试卷结构效度分析

	水平 1	水平 2	水平 3	总测验
水平 1	1			
水平 2	0.441	1		
水平 3	0.352	0.451	1	
总测验	0.710	0.844	0.779	1

水平之间的相关系数小于每个水平与总量表的相关系数，表明该测验卷具有较好的结构效度。同时，水平 1 和水平 3 之间的相关系数小于水平 1 与水平 2，同时也小于水平 2 与水平 3，说明三个水平的层次划分是合理的。

（六）正式测验

预测的数据结果显示该测验卷的信效度良好，在此基础上，选取 S 市不同城区共 10 所学校，近 2000 名四年级学生进行正式测验。测试卷收回后，剔除废卷，实际参与统计的有 1870 人，其中男生 975 人，女生 895 人。数据收集上来后，用 SPSS19.0 进行处理。

三、研究结果

（一）小学生数学情境问题解决的总体情况分析

表 7.3.8 显示,该测验平均分为 58.50,标准差为 14.51,极大值、极小值分别为 96 和 12。取测验满分的中位数 50 作为参照,表明就总体而言,小学四年级的学生解答数学情境问题属于是中等偏上水平。

三个水平知识理解、知识迁移、知识创新的满分为 28,41,31,由表 7.3.8 看到,三个层次对应的平均得分为 17.43,27.21 和 13.87,占总分的 62.25%,66.36% 和 44.74%,对应的标准差为 4.069、8.490 和 7.150。调查结果显示,小学四年级学生解决数学情境问题的能力处于中等水平,大部分同学能够解决达到知识迁移的水平,知识创新的水平有所欠缺。

表 7.3.8　基本统计数据

	N	均值	标准差
知识理解	1870	17.43	4.069
知识迁移	1870	27.21	8.490
知识创新	1870	13.87	7.150
总测验	1870	58.50	14.514

以 60 分作为及格水平,分别对知识理解、知识迁移、知识创新三个水平以及总分作单个总体 t 检验。知识理解、知识迁移、知识创新的检验值分别定为 $28 \times 0.6 = 16.8 \approx 17$,$41 \times 0.6 \approx 25$,$31 \times 0.6 \approx 19$,测验总分的检验值定为 60。结果见表 7.3.9。

表 7.3.9　单个样本检验

	t	df	sig	均值差值	差分的 95% 置信区间	
					下限	上限
知识理解	4.588	1869	.000	.429	.24	.61
知识迁移	11.249	1869	.000	2.209	1.82	2.59
知识创新	−31.024	1869	.000	−5.130	−5.45	−4.81
总测验	−4.456	1869	.000	−1.496	−2.15	−.84

　　计算发现,(1)总测验的 $p<0.01$,说明样本不是来自均分为 60 的总体,而样本的均分为 58.5<60,说明整体而言 S 市小学 4 年级学生的数学情境问题解决的能力接近及格水平。(2)在知识理解水平,概率 $p<0.01$,说明样本不是来自均分为 17 的总体,而样本的均分为 17.43>17,所以整体而言,S 市小学四年级学生达到了知识理解的及格水平。(3)在知识迁移水平,概率 $p<0.01$,说明样本不是来自均分为 25 的总体,而样本的均分为 27.21>25,所以整体而言,S 市小学四年级学生达到了知识迁移的及格水平。(4)在知识创新水平,概率 $p<0.01$,说明样本不是来自均分为 19 的总体,而样本的均分为 13.87<19,所以整体而言,S 市小学四年级学生未达到知识创新的及格水平。

(二) 小学生数学情境问题解决的性别差异比较

　　以性别为自变量,将被试分为两组(男生 975,女生 895)以测验总分及各个水平得分为因变量,进行独立样本 t 检验,结果见表 7.3.10。

表 7.3.10　男女学生测试得分检验

	男	女	t	p
知识理解	17.53	17.32	1.11	0.281
知识迁移	27.41	26.99	1.08	0.286
知识创新	13.93	13.81	1.07	0.709
总测验	58.86	58.12	0.38	0.271

　　由表 7.3.10 可知,男生在总分及各个水平上的平均分都比女生高,但是差异均未达到显著水平,该结果说明四年级小学生在解决数学情境问题的能力上并不存在显著的性别差异。

(三) 不同学校的成绩差异比较

　　将 10 所学校进行编码 1—10(具体学校名隐匿),以学校为分组变量,各个水平和总分为因变量,做单因素方差分析,结果见表 7.3.11,表 7.3.12。

表 7.3.11　方差齐性检验

	Levene 统计量	df	df2	显著性
知识理解	11.415	9	1860	.000
知识迁移	7.641	9	1860	.000
知识创新	4.049	9	1860	.000
总分	5.945	9	1860	.000

表 7.3.12　方差分析

		平方和	df	均方	F	显著性
知识理解	组间	4030.454	9	447.828	30.945	.000
	组内	26 917.587	1860	14.472		
	总数	30 948.041	1860			
知识迁移	组间	5770.038	9	641.115	9.247	.000
	组内	128 954.625	1860	69.330		
	总数	134 724.663	1869			
知识创新	组间	8015.575	9	890.619	18.923	.000
	组内	87 543.848	1860	47.067		
	总数	95 559.423	1869			
总分	组间	30 871.784	9	3430.198	17.584	.000
	组内	362 849.682	1860	195.080		
	总数	393 721.466	1869			

　　由表 7.3.11,表 7.3.12 数据可知,10 所学校在知识理解,知识迁移,知识创新和总分上都有显著差异,因此,对知识理解,知识迁移,知识创新和总分再做多重比较(多重比较表可见表 7.3.13)。

表 7.3.13　知识理解水平多重比较

					95%置信区间	
(I)学校	(J)学校	均值差(I-J)	标准误差	显著性	下限	上限
1	2	−2.341*	.435	.000	−3.19	−1.49
	3	−1.322*	.404	.001	−2.12	−.53
	4	−2.437*	.443	.000	−3.31	−1.57
	5	−3.625*	.367	.000	−4.34	−2.91
	6	−2.895*	.408	.000	−3.69	−2.09
	7	−5.249*	.357	.000	−5.95	−4.55
	8	−2.204*	.418	.000	−3.03	−1.38
	9	−2.505*	.461	.000	−3.41	−1.60
	10	−2.338*	.382	.000	−3.09	−1.59

续　表

（I）学校	（J）学校	均值差(I-J)	标准误差	显著性	95%置信区间	
					下限	上限
2	3	1.019*	.435	.019	.17	1.87
	4	−0.96	.471	.839	−1.02	.83
	5	−1.185*	.400	.001	−2.07	−.50
	6	−.554	.438	.206	−1.41	.30
	7	−2.908*	.391	.000	−3.67	−2.14
	8	.136	.448	.761	−.74	1.01
	9	−.164	.487	.737	−1.12	.79
	10	.003	.414	.994	−.81	.82
3	4	−1.114*	.443	.012	−1.98	−.24
	5	−2.303*	.367	.000	−3.02	−1.58
1	6	−1.573*	.408	.000	−2.37	−.77
	7	−3.927*	.357	.000	−4.63	−3.23
	8	−.882*	.418	.035	−1.70	−.06
	9	−1.182*	.461	.010	−2.09	−.28
	10	−1.016*	.382	.008	−1.77	−.27
4	5	−1.189*	.409	.004	−1.99	−.39
	6	−.498	.447	.305	−1.33	.42
	7	−2.812*	.400	.000	−3.60	−2.03
	8	.232	.456	.611	−.66	1.13
	9	−.068	.495	.891	−1.04	.90
	10	.099	.423	.816	−.73	.93
5	6	.731*	.371	.049	.00	1.46
	7	−1.623*	.313	.000	−2.24	−1.01
	8	1.421*	.382	.000	.67	2.17
	9	1.121*	.428	.009	.28	1.96
	10	1.288*	.342	.000	.62	1.96
6	7	−2.354*	.361	.000	−3.06	−1.65
	8	.690	.422	.102	−.14	1.52
	9	.390	.464	.400	−.52	1.30
	10	.557	.386	.149	−.20	1.31

续　表

(I)学校	(J)学校	均值差(I-J)	标准误差	显著性	95%置信区间 下限	上限
7	8	3.044*	.372	.000	2.31	3.77
	9	2.744*	.419	.000	1.92	3.57
	10	2.911*	.331	.000	2.26	3.56
8	9	−3.00	.473	.526	−.63	1.23
	10	−1.33	.441	.706	−.70	1.03
9	10	.167	.441	.706	−.70	1.03

以上数据显示：

在知识理解这个水平上，由高到低排名为学校 7，5，6，9，4，2，10，3，1。

其中，学校 7 显著高于其他学校，学校 1 显著低于其他学校。学校 5 高于学校 6，并且有显著差异。

学校 6 高于学校 9，但是两者并没有显著差异；学校 9 高于学校 4，但是两者并没有显著差异，学校 4 高于学校 2，但两者也没有显著差异；学校 2 高于学校 10，但两者也没有显著差异，学校 6，9，4，2，10 两两之间都没有显著差异，也就是说这 5 所学校在知识理解这一水平上并没有很大的差别。

学校 10 高于学校 3，并且有显著差异，学校 3 也显著高于学校 1。

再对知识迁移、知识创新和总成绩作多重比较（多重比较表省略），可以得到如下结果：

学校 9 显著高于学校 8，5，3，4，10，1，2，学校 9，6，7 之间并没有显著差异；学校 6，7，8 之间也没有显著差异，但是，学校 9 和学校 8 之间有显著差异；学校 6 和学校 7 都显著高于学校 5，但是学校 8 与学校 5 之间没有显著差异；学校 5，3，4，10 之间都没有显著差异，说明这四所学校在知识迁移上的差异并不明显；学校 5 显著高于学校 1 和学校 2，而学校 3，4，10，1 两两之间并没有显著差异；学校 2 与学校 1 无显著差异，但显著低于其余学校。

在知识创新水平，学校从高到低排名为学校 10，9，6，8，3，7，4，2，5，1。

学校 10 显著高于学校 3，7，4，2，5，1，但与学校 9，6，8 不存在显著差异，学校 10，9，6，8 两两之间均不存在显著差异，说明这四所学校在知识创新水平上并没有很大的差别。学校 9，6，8，3 两两之间也不存在显著差异，说明这四所学校在知识创新水平上并没有显著的差别。学校 7 显著低于学校 10，9，6，8，3，也显著高于学校 2，5，1，但与学校 4 并不存在显著差异。学校 4 与学校 7 和学校 2 没有显著差异,但显著高于学校 5 和学校 1。学校 2, 5,1 两两之间都没有显著差异,说明这三所学校在知识创新水平上无显著性差别。

在总分上,学校由高到低排名为学校 9,6,7,8,10,3,4,5,2,1。

学校 9 高于其他学校,但是只与学校 10,3,4,5,2,1 有着显著的差异; 学校 9,6,7,8 在总分上两两之间不存在显著差异,说明这四所学校总分上的差异并不显著;学校 6 与学校 10 有着显著的差异;学校 7,8,10 两两间也不存在显著差异;学校 10 与学校 4 之间存在着显著差异;学校 3 显著低于学校 9,7,8,显著高于学校 2 和 1,但是与学校 10,4,5 均无显著差异,学校 3, 4,5 两两间均无显著差异;学校 4 和 5 都显著高于学校 2 和 1;学校 2 和学校 1 之间并不存在显著差异。

由上面 4 个表看到,三个维度中 10 所学校在知识理解水平上的差距较大,知识迁移和知识创新水平上,多个学校之间并不存在显著性差异。

(四)数学情境问题解决的区域差异

将 10 所学校分成两个区域(县级市区为 1,N = 615,市区为 2,N = 1259),做独立样本 t 检验。结果见表 7.3.14。

表 7.3.14　区域比较

	1	2	t	p
知识理解	16.06	18.10	-10.678	.000
知识迁移	25.49	28.05	-5.997	.000
知识创新	12.70	14.45	-5.003	.000
总测验	54.24	60.59	-9.081	.000

由上表可知,县级市区和市区在三个水平和总分上都存在着显著差异,其中,知识理解的差异最大,其次是知识迁移,最后是知识创新。

四、分析讨论

(一)对调查结果的原因分析

研究表明,在知识理解和知识迁移方面,学生能够达到及格水平,但知识创新方面有很大缺陷。区域和学校对小学生情境问题的解决有着一定的影响,而性别并没有对小学生情境问题的解决能力造成很大的影响。

　　产生这些现象的原因是多方面的,首先是当下教学目标的偏离,倾向知识评价的影响尤其严重。其次是教学内容的失衡,教材中偏重学科性知识忽视实践性知识,学生的学习任务是理解书本上的基础知识,掌握基本技能,教学内容脱离实际的现象严重。此外,教师的教育观念和学生的数学学习观也存在不同程度的问题,导致解决数学情境问题水平落后于解决常规的数学问题水平。

　　以知识评价的目标导向,教师把解题训练作为一种主要的教学手段,题海训练漫延,更主要的是,成天训练学生的题目多是数学范围之内的问题,在数学领域内不断深挖,题目越来越难,越编越怪,师生苦不堪言。在教学中,教师把知识点作为教学主线,把掌握蕴含在知识点中的技能技巧作为训练目标,不关心知识在现实生活中的应用问题,即使有一些应用问题也是生硬构造的、非真实情境的问题,这样的训练事实上并不是在发展学生的数学核心素养。

　　由于教材过分注重知识自身的逻辑体系,以理论为基线展开,将与实践相关的知识排斥在教学之外,使学生虽然学了数学知识但解决现实生活中的数学问题的水平不高。陈敏和杨玉东基于 PISA 数学素养的视角,对小学生解决真实性情境问题作了调查研究,发现小学生解决真实性问题存在很大问题。[1]刘儒德和陈红艳把国外学者的一套真实性问题测试题目拿来给中国学生做,发现能够考虑问题真实情境的学生比例相当低。[2] 这些研究在一定程度上反映了目前数学教材以及数学教学中存在忽视实践性内容配置和实践性能力训练的现象。

　　心理学研究发现,小学是培养很多能力的关键期,小学生的思维从具体形象思维逐步向抽象思维过渡。但是从教学实践上看,尽管很多老师意识到小学数学教育不仅仅是数学知识的教育,但小学生数学教学评价还是侧重于数学知识,导致学校和老师对数学能力的重视度不高,情境问题的解决能力自然也没有得到应有的关注。另一方面,数学情境问题的教学,不仅要求教师能够选择学生熟悉的,且适合小学生发现、解决问题的情境,在教学中引导学生对情境进行思考,而且要求学生有一定的数学知识和生活经验,阅读能力以及一定的思维能力。因此,情境问题的教学对教师和学生都提出了更高的要求,从而使得它的实际教学举步维艰。

　　另外,由于小学竞赛的蓬勃发展,家长不愿小朋友输在起跑线上,出现了超前学习的观念。超前学习指的是超前学习数学知识,更加忽视数学能力的

---

① 陈敏,杨玉东.小学生解决真实情境问题的调查研究——基于 PISA 数学素养的视角[J].上海教育科研,2016(9):46-49.

② 刘儒德,陈红艳.小学数学真实性问题解决的调查研究[J].心理发展与教育,2002(4):49-54.

培养,对部分小朋友来说,超前学习的数学知识枯燥无味,难以理解,使他们失去学习数学的兴趣,反而有害无益。

在学生的数学观上,很多同学认为数学是绝对真理,每道题目都会有唯一的正确答案。例如在解决"体育中心距离学校 17 千米,一个大型超市距离学校 8 千米,那么体育中心和超市相距多远"这个问题时,很多同学只考虑了一种情况,部分同学考虑到了两种情况,极少部分同学能够考虑完全。

阅卷过程中发现部分同学在知识创新的题目上出现大面积空白和一些不耐烦的文字,表明学生并不喜欢做开放性的问题,有一定的排斥心理。这也从侧面反映出学生平时对这种类型的题目的接触并不多,对数学的学习没有很大的热情。另外在方案设计的题目中,要求至少两种方案,越多越好。阅卷发现,大部分同学思考到两种方案后就戛然而止,缺乏思考的热情和主动性。

(二)教学启示

首先,在教学目标的定位上要有新的认识,小学阶段的数学学习不仅仅是知识的学习,更重要的是要发展学生的数学核心素养。最新颁布的高中数学课程标准指出:高中数学课程体现社会发展的需求、数学学科特点和学生的认知规律,精选课程内容,处理好数学学科核心素养与知识技能的关系,强调数学与生活以及其他学科的联系,提升学生应用数学解决实际问题的能力。这是值得小学数学教学目标的制定参照和借鉴的,因为发展学生的数学核心素养并不只是高中阶段的事情,各学段必须同时发力方能见效。

其次,对学生解决数学情境问题的训练要循序渐进,不断提升。研究发现,知识理解水平高的学校不代表知识迁移和知识创新的水平就高。知识理解到知识迁移、知识创新或许是一个量变到质变的过程,但是量变到质变除了要有量的积累,也要有推动力。学校的数学教育除了重视数学知识的理解、积累之外,要引导学生发生知识的迁移,培养学生创新的能力。在实际的教学中给学生提供各种情境,鼓励他们在这些情境中发现问题,提出问题并尝试着解决问题。另外,鼓励学生在现实生活中多思考,多观察世界,体验世界,探索世界。数学教育的主要场所在课堂,但并不是唯一的场所。小学数学教育相对于初高中有更多的时间,老师可以组织一些课外活动,改变传统课堂的教学模式,让学生思考真实的数学情境问题,提高学生的数学学习兴趣。

再次,消除差异、均衡发展。研究发现学校和区域之间在三个维度上都有着显著的差异。因此,我们应该创造更加公平的教育环境,特别是教师的流动和交换,让各个学校和区域的教师进行沟通、交流和讨论。虽然性别对小学生解决情境问题的能力没有显著的影响,但是,我们可以加强学生之间的交流和沟通,共同提高解决数学情境问题的能力。

五、研究结论

（1）总体而言，S市小学四年级的学生解答数学情境问题属于是中等偏上水平。大部分同学能够解决达到知识迁移的水平，知识创新的水平有所欠缺。

（2）整体而言，S市小学4年级学生的数学情境问题解决的能力接近及格水平；在知识理解水平方面达到及格水平；在知识迁移水平方面达到及格水平。在知识创新方面未达到及格水平。

（4）性别对数学情境问题的解决能力并没有显著的影响。

（5）本研究比较了S市10所学校发现，10所学校之间存在着显著的差异。在三个水平上，知识理解水平的差异更为显著。知识理解水平高的学校，知识迁移和知识创新的水平也不低。市区和县级市区的数学情境问题的解决能力存在着显著的差异，市区显著高于县级市区。

附录　四年级数学情境问题解决能力测试

学校_____　年级_____　姓名_____　性别_____

1. 每年的7月1号到7月30号富士山对公众开放，在这段时间里，大约有9000名游客去富士山爬山，平均每天大约有_____名游客。

2. 学校刚刚举行了秋季运动会，短跑竞赛的竞争非常激烈。表7.3.15列出了进入决赛的5名同学的短跑成绩，则跑道_____的同学是冠军。

表7.3.15

跑道	最后时间（秒）	跑道	最后时间（秒）
1	10.09	4	10.04
2	9.99	5	10.08
3	9.87		

3. 为了身体健康，我们在运动的时候，要预防心跳次数超过个人最大心跳率。最近研究显示个人最大心跳率与个人年龄之间有一个关系：建议的最大心跳率 $= 208 - \left(\frac{7}{10} \times 年龄 \right)$。心妍今年20岁，她爸爸今年50岁，那么心妍跟爸爸两人建议的最大心跳率相差_____。

4. 体育中心距离学校17千米，一大型超市距离该学校8千米，那么体育中心与大型超市相距多少千米?

5. 红色、绿色和蓝色被称为光的三原色。在电子设备中我们通过调节这三种颜色的亮度表示其他颜色。用三个 255 以内的整数分别表示红色、绿色和蓝色的亮度,数字越大代表亮度越高。例如:(255, 0, 0)是指红色,(0, 255, 0)代表绿色。(0, 255, 255)表示红光亮度 0、绿光亮度 255、蓝光亮度 255,合起来就是标准青色;(200, 0, 150)表示红光亮度 200、绿光亮度 0、蓝光亮度 150,合成的颜色是偏红的紫色。(255, 255, 255)表示红光亮度 255、绿光亮度 255,蓝光亮度 255 合起来是白色。

问题:红色和绿色可以合成黄色。标准黄色可由亮度最高的红光和最高的绿光合成,请问如何表示"标准黄色"和"偏红的黄色"。

6. 小明的爸妈趁着假期带着小明和妹妹到花博园游玩。园内人山人海,每个展馆几乎都要排队。大家讨论决定要去参观梦想馆和流行馆。每个展馆的排队方式都是两人并排,地面画有小型圆圈,工作人员会请排队人群站在小型圆点上,以便统计人数。如图 7.3.1:

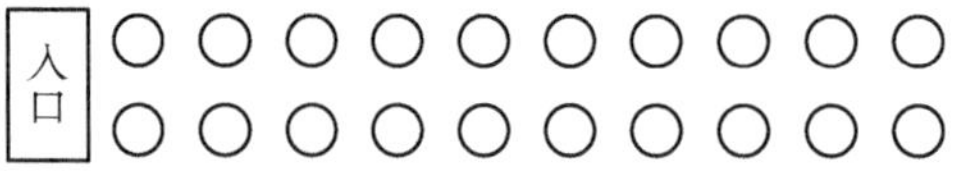

图 7.3.1

问题 1:首先,小明一家人来到梦想馆,小明他们所排位置旁的告示牌写着离入口处大约需要 2 小时。而工作人员平均每十分钟放 30 人同时入场,请问:排在小明一家人前面的大约有多少人?

问题 2:小明一家人来到流行馆。小明发现排队位置上写的第 101 排,而工作人员平均约每 10 分钟开放 20 人同时入场。请问:小明一家人还要等多久才能够入场?

7. 小菊和小兰应征园丁的工作,花园老板发现二人的工作态度都很好,对薪水的期待也相同。在完成一件需要种花和除草的工作中,老板比较二人种花和除草所需的时间如表 7.3.16,请回答下列问题:

表 7.3.16

	完成一排所需的时间	
	种花	除草
小菊	8 小时	4 小时
小兰	6 小时	5 小时

问题 1：如果你是花园的老板，需聘用一位专职种花的人，每天工作 10 小时，你会请哪一个人帮你种花？请说明理由。

问题 2：如果花季的临时工，工资是以种花或除草的数量计算（例如种花或除草的工资都是 5 元/株），就小兰而言，同样的加班时间，她选择种花、除草中的哪份工作将赚得比较多？

问题 3：如果你是花园的老板，只能聘用一人负责种花与除草，若一个月的工作约需种 10 排花、每排要除 4 次草，你会聘用谁？请说出理由。

8. 翰子老师有一块长方形的花园，长 15 米、宽 10 米，如图 7.3.2：

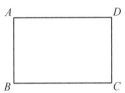

图 7.3.2

将花园以长方形 $ABCD$ 表示，$AD = 15\,\mathrm{m}$，$AB = 10\,\mathrm{m}$。若翰子老师欲将郁金香、百合花、玫瑰花分别种满花园总面积的 1/3，则有什么方式可以将此花园面积三等分？请你帮翰子老师设计一下。（至少两种方案，越多越好）

9. 蔡老师上班的概况如下，家里大门口出发到第一个红绿灯下约 2 km，再开到第二个红绿灯下约 3 km，第二个红绿灯即上高速公路，路程约 15 km，下高速公路后，会遇到第三个红绿灯，再开到上班的办公大楼约 20 km，这之间还有一个红绿灯，如图 7.3.3。蔡老师遵守交通规则，平常开车习惯是：一般限速 70 km/h 的道路，蔡老师会开 60 km/h，高速公路限速 110 km/h，蔡老师会开 100 km/h。道路红绿灯需要等 2 分钟。

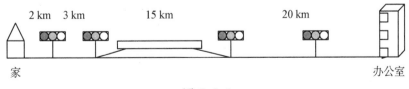

图 7.3.3

请根据以上信息，自己设计一个情境，可以增加条件，提出一个数学问题并解答。

参考文献

[1] ALI A M. The use of positive and negative examples during instruction [J]. Journal of instructional development, 1981,5(1): 2 – 7.

[2] BIGGS J B, COLLIS K F. Evaluating the quality of learning: the SOLO taxonomy [M]. New York: Academic Press, 1982.

[3] CHRISTOU C, PAPAGEORGIOU E. A framework of mathematics inductive reasoning [J]. Learning and instruction, 2007(17): 55 – 66.

[4] Department for Education and Employment. The national numeracy strategy: framework for teaching mathematics from reception to year 6 [M]. London: DfEE, 1999.

[5] EUROPEAN COMMISSION. Education and training 2020 work programme: thematic working group 'Assessment of Key Competences' literature review, glossary and examples [EB/OL]. [2016 – 05 – 26]. http://ec. europa. eu/education/policy/ school/doc/keyreview_en. pdf.

[6] ENGLISH L D. Mathematical and analogical reasoning of young learners [M]. Mahwah, NJ: Lawrence Erlbaum Associates, 2004.

[7] GOSWAMI U. The Wiley-Blackwell handbook of childhood cognitive development [M]. 2nd ed. Malden, MA: Wiley-Blackwell, 2011.

[8] HAREL G, SOWDER L. Toward comprehensive perspectives on the learning and teaching of proof[M]. // LESTER F K. Second handbook of research on mathematics teaching and learning. Greenwich, CT: Information Age Publishing, 2013: 24.

[9] HOYLES C, KUCHEMANN D. Students' understandings of logical implication [J]. Educational studies in mathematics, 2002,51(3): 193 – 223.

[10] JANSSON L C. Logical reasoning hierarchies in mathematics [J]. Journal for research in mathematics education, 1986,17(1): 3 – 20.

[11] KRULIK S, RUDNICK J A. Reasoning and problem solving: a handbook for elementary school teachers [M]. Boston: Allyn and Bacon, 1993.

[12] LAIRD T F N, SHOUP R, KUH G D. Measuring deep approaches to learning using the national survey of student engagement [C]. The annual forum of the association for institutional research, Chicago, IL, 2006.

[13] LOONEY J W. Assessment and innovation in education [R]. OECD Education Working Papers, 2009(24).

[14] LOU Y P, BLANCHARD P, KENNEDY E. Development and validation of a science inquiry skills assessment [J]. Journal of geoscience education, 2015,63(1): 73－85.

[15] MARTON F, SÄLJÖ, R. On qualitative differences in learning: I — outcome and process [J]. British journal of educational psychology, 1976(46).

[16] MERRILL M D, TENNYSON R D. Concept classification and classification errors as a function of relationships between examples and nonexamples [J]. Improving human performance quarterly, 1978(7): 351－364.

[17] NOVAK J D, GOWIN D B, JOHANSEN G T. The use of concept mapping and knowledge vee mapping with junior high school science students [J]. Science Education, 1983,67(5).

[18] NOVAK J D. Meaningful learning: The essential factor for conceptual change in limited or inappropriate prepositional hierarchies leading to empowerment of learners [J]. Science Education, 2002,86(4).

[19] OECD. PISA2012 assessment and analytical framework: mathematics, reading, science, problem solving and financial literacy[M]. Paris: OECD Publishing, 2013.

[20] OECD. The definition and selection of key competencies: executive summary [R]. Paris: OECD, 2005.

[21] OECD. PISA2003 assessment framework: mathematics, reading, science and problem solving knowledge and skill [M]. Paris: OECD Publishing, 2004.

[22] PERESSINI D, WEBB N. Analyzing mathematical reasoning in students' responses across multiple performance assessment tasks[C]//STIFF L V, CURCIO F R. Developing mathematical reasoning in grade K－12 [M]. Reston VA, 1999: 156－174.

[23] RADFORD L. Algebraic thinking and the generalization of patterns: A semiotic perspective[M]//ALATORRE S, CORTINA J L, SAIZ M, et al. Proceedings of the 28th conference of the international group for the psychology of mathematics education, North American Chapter (Vol. 1, pp. 2－21). Mérida, Mexico, 2006.

[24] RESNICK L B. Education and learning to think [M]. Washington, D. C. : National Academy Press, 1987.

[25] SENK S L. How well do students write geometry proofs? [J]. Mathematics teacher, 1985,78(6): 448－456.

[26] SFARD A. On the dual nature of mathematical conceptions: Reflections on processes and objects as different sides of the same coin [J]. Educational studies in mathematics, 1991,22(1): 1－36.

[27] SHAVELSON R J, SOLANO-FLORES G, RUIZ-PRIMO M A. Toward a science performance assessment technology[J]. Evaluation and program planning, 1998,21 (2): 171－184.

［28］STYLIANIDES G J. An analytic framework of reasoning-and-proving［J］. For the learning of mathematics，2008，28(1)：9-16.

［29］VERSCHAFFEL L，DE CORTE E，LASURE S. Realistic considerations in mathematical modeling of school arithmetic word problems［J］. Learning and Instruction，1994，4(4)：273-294.

［30］WYNDHAMN J，SALJO R. Word problems and mathematical reasoning — a study of children's mastery of reference and meaning in textual realities［J］. Learning and Instruction. 1997，7(4)：361-382.

［31］ERNEST. 数学教育哲学［M］. 齐建华，张松枝，译. 上海：上海教育出版社，1998.

［32］ERTMER P A，NEWBY T J. 行为主义、认知主义和建构主义(上)——从教学设计的视角比较其关键特征［J］. 盛群力，译. 电化教育研究，2004(3)：34-37.

［33］ERTMER P A，NEWBY T J. 行为主义、认知主义和建构主义(下)——从教学设计的视角比较其关键特征［J］. 盛群力，译. 电化教育研究，2004(4)：27-31.

［34］JENSEN，NICKELSEN. 深度学习的7种有力策略［M］. 温暖，译. 上海：华东师范大学出版社，2010.

［35］安德森，克拉思沃尔，等. 布卢姆教育目标分类学：分类学视野下的学与教及其测评［M］. 修订版. 蒋小平，张琴美，罗晶晶，译. 北京：外语教学与研究出版社，2009.

［36］安富海. 促进深度学习的课堂教学策略研究［J］. 课程·教材·教法，2014(11)：57-62.

［37］奥苏伯尔，等. 教育心理学——认知观点［M］. 佘星南，宋钧，译. 北京：人民教育出版社，1994.

［38］柏拉图. 理想国［M］. 郭斌和，张竹明，译. 北京：商务印书馆，1986.

［39］毕鸿燕，方格，王桂琴，等. 演绎推理中的心理模型理论及相关研究［J］. 心理科学，2001，24(5)：595-596.

［40］波利亚. 数学的发现：第一卷［M］. 刘景麟，曹之江，邹清莲，译. 呼和浩特：内蒙古人民出版社，1980.

［41］波利亚. 数学与猜想：第一卷［M］. 李心灿，王日爽，李志尧，译. 北京：科学出版社，1984.

［42］布卢姆，等. 教育目标分类学［M］. 罗黎辉，等译. 上海：华东师范大学出版社，1987.

［43］蔡金法，徐斌艳. 也论数学核心素养及其构建［J］. 全球教育展望，2016，45(11)：3-12.

［44］蔡清田. 核心素养在台湾十二年国民基本教育课程改革的角色［J］. 全球教育展望，2016(2)：13-23.

［45］蔡清田. 台湾十二年国民基本教育课程改革的核心素养［J］. 上海教育科研，2015(4)：5-9.

［46］蔡上鹤. 民族素质和数学素养——学习《中国教育改革和发展纲要》的一点体会［J］. 课程·教材·教法，1994(2)：15-18.

［47］曹培英. 小学数学学科核心素养及其培养的基本路径［J］. 课程·教材·教法，2017

(2):74 - 79.

[48] 曹一鸣,王振平.基于学生数学关键能力发展的教学改进研究[J].教育科学研究,2018(3):61 - 65.

[49] 陈昊.初中生数学认知结构与逻辑推理能力关系的研究[D].南京:南京师范大学,2018.

[50] 陈慧,袁珠.   PISA:一个国际性的学生评价项目[J].外国中小学教育,2008(8):53 - 58.

[51] 陈凯,丁小婷.新西兰课程中的核心素养解析[J].全球教育展望,2017(2):42 - 57.

[52] 陈敏,杨玉东.小学生解决真实情境问题的调查研究——基于 PISA 数学素养的视角[J].上海教育科研,2016(9):46 - 49.

[53] 程靖,孙婷,鲍建生.我国八年级学生数学推理论证能力的调查研究[J].课程·教材·教法,2016(4):17 - 22.

[54] 崔允漷.学科核心素养呼唤大单元教学设计[J].上海教育科研,2019(4):1.

[55] 邓东皋,孙小礼,张祖贵.数学与文化[M].北京:北京大学出版社,1990.

[56] 丁尔陞.现代数学课程论[M].南京:江苏教育出版社,1997.

[57] 杜威.民主主义与教育[M].王承绪,译.北京:人民教育出版社,1990.

[58] 杜威.确定性的寻求:关于知行关系的研究[M].傅统先,译.上海:上海人民出版社,2005.

[59] 方延明.数学文化导论[M].南京:南京大学出版社,1999.

[60] 弗赖登塔尔.作为教育任务的数学[M].陈昌平,唐瑞芬,等编译.上海:上海教育出版社,1995.

[61] 付亦宁.深度学习的教学范式[J].全球教育展望,2017(7):47 - 56.

[62] 高文.现代教学的模式化研究[M].济南:山东教育出版社,1998.

[63] 郭宝仙.核心素养评价:国际经验与启示[J].教育发展研究,2017(4):48 - 55.

[64] 郭华.深度学习及其意义[J].课程·教材·教法,2016(11),25 - 32.

[65] 郭华.深度学习与课堂教学改进[J].基础教育课程,2019(2):10 - 15.

[66] 郭华.项目学习的教育学意义[J].教育科学研究,2018(1):25 - 31.

[67] 郭建鹏,彭明辉,杨凌燕.正反例在概念教学中的研究与应用[J].教育学报,2007,3(6):21 - 28.

[68] 郭思乐,喻纬.数学思维教育论[M].上海:上海教育出版社,1997.

[69] 郭晓明.从核心素养到课程的模式探讨——基于整体支配与部分渗透模式的比较[J].中国教育学刊,2016(11):44 - 47.

[70] 郝连明,綦春霞.基于初中数学学业成绩的男性更大变异假设研究[J].数学教育学报,2016,25(6):38 - 41.

[71] 何玲,黎加厚.促进学生深度学习[J].现代教学,2005(5):29 - 30.

[72] 何声清,綦春霞.国外数学项目学习研究的新议题及其启示[J].外国中小学教育,2018(1):64 - 72.

[73] 何声清. 国外项目学习对数学学习的影响研究述评[J]. 外国中小学教育,2017(6):63-71.

[74] 核心素养研究课题组. 中国学生发展核心素养[J]. 中国教育学刊,2016(10):1-3.

[75] 赫尔巴特. 普通教育学·教育学讲授纲要[M]. 李其龙,译. 北京:人民教育出版社,1989.

[76] 洪燕君,周九诗,王尚志,等.《普通高中数学课程标准(修订稿)》的意见征询——访谈张奠宙先生[J]. 数学教育学报,2015,24(3):35-39.

[77] 侯代忠,喻平. 彰显数学文化:教学设计中的三个自问[J]. 数学通报,2018(9):32-36.

[78] 胡竹菁,戴海琦. 方差分析的统计检验力和效果大小的常用方法比较[J]. 心理学探新,2011(3):254-259.

[79] 胡竹菁. 演绎推理的心理学研究[M]. 北京:人民教育出版社,2000.

[80] 黄秦安,邹慧超. 数学的人文精神及其数学教育价值[J]. 数学教育学报,2006,15(4):6-10.

[81] 黄四林,左璜,莫雷,等. 学生发展核心素养研究的国际分析[J]. 中国教育学刊,2016(6):8-14.

[82] 黄友初. 我国数学素养研究分析[J]. 课程·教材·教法,2015(8),55-59.

[83] 黄煜烽,杨宗义,刘重庆,等. 我国在校青少年逻辑推理能力发展的研究[J]. 心理科学,1985(6):28-35.

[84] 加涅. 学习的条件和教学论[M]. 皮连生,王映学,郑葳,等译. 上海:华东师范大学出版社,1999.

[85] 姜英敏. 韩国"核心素养"体系的价值选择[J]. 比较教育研究,2016(12):61-65.

[86] 瞿葆奎,施良方. "形式教育"与"实质教育"(下)[J]. 华东师范大学学报(教育科学版),1988(2):27-41.

[87] 瞿葆奎. 智育[M]. 北京:人民教育出版社,1993.

[88] 克鲁捷茨基. 中小学数学能力心理学[M]. 李伯黍,洪宝林,艾国英,等译校. 上海:上海教育出版社,1983.

[89] 雷沛瑶,胡典顺. 提升学生的数学核心素养:情境与问题的视角[J]. 教育探索,2018(6):23-27.

[90] 李丹,张福娟,金瑜. 儿童演绎推理特点再探——假言推理[J]. 心理科学,1985(1):6-12.

[91] 李定仁,徐继存. 教学论研究二十年[M]. 北京:人民教育出版社,2001.

[92] 李国榕,胡竹菁. 中学生直言性质三段论推理能力发展的调查研究[J]. 心理科学通讯,1986(6):39-40.

[93] 李明振. 数学建模认知研究[M]. 南京:江苏教育出版社,2013.

[94] 李润洲. 指向学科核心素养的教学设计[J]. 课程·教材·教法,2018,38(7):35-40.

[95] 李善良,沈呈民. 新一代公民数学素养的研究[J]. 数学教育学报,1993(2):26-30.

[96] 李艺,钟柏昌. 谈"核心素养"[J]. 教育研究,2015(9):17-24.

[97] 林崇德.学习与发展:中小学生心理能力发展与培养[M].北京:北京师范大学出版社,1999.

[98] 林崇德.中国学生核心素养研究[J].心理与行为研究,2017(2):145-154.

[99] 刘本固.教育评价学概论[M].长春:东北师范大学出版社,1988.

[100] 刘存芳,杨凤阳,刘民利,等.高中化学核心素养评价指标体系的建构[J].化学教与学,2019(7):2-5.

[101] 刘桂侠,王牧华,陈萍,等.地理学科核心素养评价指标体系的构建与量化研究[J].地理教学,2019(19):15-20.

[102] 刘儒德,陈红艳.小学数学真实性问题解决的调查研究[J].心理发展与教育,2002(4):49-54.

[103] 刘晟,魏锐,周平艳,等.21世纪核心素养教育的课程、教学与评价[J].华东师范大学学报(教育科学版),2016(3):38-45.

[104] 刘洋,李贵安,王力,等.基于教育目标分类的高中物理核心素养评价[J].教育测量与评价,2017(10):35-40.

[105] 刘赞英,康圆圆.哲学视野中的大学理念:反思与展望[J].高等教育研究,2009,30(9):1-6.

[106] 吕世虎,吴振英.数学核心素养的内涵及其体系构建[J].课程·教材·教法,2017,37(9):12-17.

[107] 马云鹏.关于数学核心素养的几个问题[J].课程·教材·教法,2015,35(9):36-39.

[108] 孟建伟.从知识教育到文化教育——论教育观的转变[J].教育研究,2007(1):14-19.

[109] 孟建伟.教育与文化——关于文化教育的哲学思考[J].教育研究,2013(3):4-11.

[110] 莫里兹.数学家言行录[M].朱剑英,编译.南京:江苏教育出版社,1990.

[111] 倪霞美,喻平.样例学习的心理研究及其对中学数学教学的启示[J].教育研究与评论,2019(6):8-13.

[112] 裴新宁,刘新阳.为21世纪重建教育——欧盟"核心素养"框架的确立[J].全球教育展望,2013(12):89-102.

[113] 彭漪涟,马钦荣.逻辑学大辞典[M].上海:上海辞书出版社,2010.

[114] 皮连生.知识分类与目标导向教学——理论与实践[M].上海:华东师范大学出版社,1998.

[115] 綦春霞,王瑞霖.中英学生数学推理能力的差异分析——八年级学生的比较研究[J].上海教育科研,2012(6):93-96.

[116] 綦春霞,周慧.基于PISA2012数学素养测试分析框架的例题分析与思考[J].教育科学研究,2015(10):46-51.

[117] 人民教育出版社,课程教材研究所,中学数学课程教材研究开发中心.普通高中课程标准实验教科书:数学A版 选修4-1 几何证明选讲[M].北京:人民教育出版社,2007.

[118] 任子朝,陈昂,赵轩.数学核心素养评价研究[J].课程·教材·教法,2018(5):116-121.

[119] 邵光华.数学思维能力结构的定量分析[J].数学通报,1994(11):13-17.

[120] 邵瑞珍.教育心理学(修订本).上海:上海教育出版社,1997.

[121] 师曼,刘晟,刘霞,等.21世纪核心素养的框架及要素研究[J].华东师范大学学报(教育科学版),2016(3):29-37.

[122] 石中英.波兰尼的知识理论及其教育意义[J].华东师范大学学报(教育科学版),2001(2):36-45.

[123] 史宁中,林玉慈,陶剑,等.关于高中数学教育中的数学核心素养——史宁中教授访谈之七[J].课程·教材·教法,2017,37(4):8-14.

[124] 史宁中.试论数学推理过程的逻辑性——兼论什么是有逻辑的推理[J].数学教育学报,2016,25(4):1-16.

[125] 史宁中.高中数学课程标准修订中的关键问题[J].数学教育学报,2018,27(1):8-10.

[126] 史亚娟,华国栋.中小学生数学能力的结构及其培养[J].教育学报,2008(3):36-40.

[127] 寿望斗.逻辑与数学教学[M].北京:科学出版社,1979.

[128] 斯宾塞.教育论[M].胡毅,译.北京:人民教育出版社,1962.

[129] 斯特弗,盖尔.教育中的建构主义[M].高文,徐斌艳,程可拉,等译.上海:华东师范大学出版社,2002.

[130] 宋歌.国外科学教育中的表现性评价述评[J].外国中小学教育,2017(6):17-25.

[131] 孙敦甲.中学生数学能力发展的研究[J].心理发展与教育,1992(4):52-58.

[132] 索桂芳.核心素养评价若干问题的探讨[J].课程·教材·教法,2017,37(1):22-27.

[133] 汤服成,祝炳宏,喻平.中学数学解题思想方法[M].桂林:广西师范大学出版社,1998.

[134] 唐瑞芬.关于布鲁姆教育目标分类学的思考[J].数学教育学报,1993,2(2):10-14.

[135] 提于斯,林静.法国中小学生核心素养要求及评价——夏尔·提于斯与林静的对话[J].华东师范大学学报(教育科学版),2018(1):149-154.

[136] 田中,徐龙炳,张奠宙.数学基础知识、基本技能教学研究探索[M].上海:华东师范大学出版社,2003.

[137] 汪晓勤."奇、偶函数"考源[J].数学通报,2014,53(3):1-4.

[138] 王光明,廖晶,黄倩,等.高中生数学学习策略调查问卷的编制[J].数学教育学报,2015,24(5):25-36.

[139] 王蕾.学生发展核心素养的考试和评价——以PISA2015创新考查领域"协作问题解决"为例[J].全球教育展望,2016,45(8):24-30.

[140] 王前.数学哲学引论[M].沈阳:辽宁教育出版社,2002.

[141] 威尔逊.中学数学学习评价[M].杨晓青,译.上海:华东师范大学出版社,1989.

[142] 魏雄鹰,肖广德,李伟.面向学科核心素养的高中信息技术测评方式探析[J].中国电化教育,2017(5):15－18.

[143] 吴丹红,唐恒钧.基于问题链的"函数单调性"教学探索[J].中学教研(数学),2016(5):7－9.

[144] 吴明隆.问卷统计分析实务——SPSS操作与应用[M].重庆:重庆大学出版社,2010.

[145] 吴庆麟.认知教学心理学[M].上海:上海科学技术出版社,2000.

[146] 吴正宪,鲁静华,张秋爽,等.会说话的数据,让决策有依据——"复式折线统计图"课堂教学实录[J].小学教学(数学版),2019(11):14－18.

[147] 武锡环,李祥兆.中学生数学归纳推理的发展研究[J].数学教育学报,2004,13(3):88－90.

[148] 小平邦彦.数学的印象[J].陈治中,译.数学译林,1991(2).

[149] 辛涛,姜宇,刘霞.我国义务教育阶段学生核心素养模型的构建[J].北京师范大学学报(社会科学版),2013(1):5－11.

[150] 辛涛,姜宇,王烨辉.基于学生核心素养的课程体系建构[J].北京师范大学学报(社会科学版),2014(1):5－11.

[151] 休谟.人类理解研究[M].关文运,译.北京:商务印书馆,1981.

[152] 徐利治,张鸿庆.数学抽象度概念与抽象度分析法[J].数学研究与评论,1985,5(2):133－140.

[153] 徐利治.数学方法论十二讲[M].大连:大连理工大学出版社,2007.

[154] 徐文彬,李永婷,安丹诺.单元知识结构整体教学设计模式的理论建构[J].江苏教育(中学教学),2018(6):7－9.

[155] 薛晓阳.知识社会的知识观——关于教育如何应对知识的讨论[J].教育研究,2001(10):25－30.

[156] 严卿,胡典顺.中国和日本初中数学教材中问题提出的比较研究[J].数学教育学报,2016(2):20－25.

[157] 严卿,喻平.初中生逻辑推理能力的现状调查[J].数学教育学报,2021(1):49－53,78.

[158] 严卿,黄友初,罗玉华,等.初中生逻辑推理的测验研究[J].数学教育学报,2018(5):25－32.

[159] 杨裕前,董林伟.义务教育课程标准实验教科书:数学(九年级下册)[M].南京:江苏科学技术出版社,2004.

[160] 叶浩生.身体与学习:具身认知及其对传统教育观的挑战[J].教育研究,2015(4):104－114.

[161] 尹小霞,徐继存.西班牙基于学生核心素养的基础教育课程体系构建[J].比较教育研究,2016(2):94－100.

[162] 俞吾金.康德"三种知识"理论探析[J].社会科学战线,2012(7):12－18.

[163] 喻平. 基于学生数学学习心理的课堂教学即时性评价[J]. 江苏教育(中学教学)，2014(1)：19－21.

[164] 喻平. 发展学生学科核心素养的教学目标与策略[J]. 课程·教材·教法，2017,37(1)：48－53,68.

[165] 喻平. 基于核心素养的高中数学课程目标与学业评价[J]. 课程·教材·教法，2018(1)：80－85.

[166] 喻平. 教学的应然追求：求是与去伪的融合[J]. 教育学报，2012,8(4)：28－33.

[167] 喻平. 教学科学观与科学教学观：两种不同信念的教学追求[J]. 湖南师范大学教育科学学报，2015(1)：58－64.

[168] 喻平. 课程改革实践检视：课程设计视角[J]. 中国教育学刊，2012(10)：40－44.

[169] 喻平. 论数学命题学习[J]. 数学教育学报，1999,8(4)：2－6,19.

[170] 喻平. 论数学隐性课程资源[J]. 中国教育学刊，2013(4)：59－63.

[171] 喻平. 数学关键能力测验试题编制：理论与方法[J]. 数学通报，2019(12)：1－7.

[172] 喻平. 数学核心素养的培养：知识分类视角[J]. 教育理论与实践，2018(17)：3－6.

[173] 喻平. 数学核心素养评价的一个框架[J]. 数学教育学报，2017,26(2)：19－23.

[174] 喻平. 数学教材中三个指标的分析探讨[J]. 数学教育学报，1994(4)：42－46.

[175] 喻平. 数学教学心理学[M]. 北京：北京师范大学出版社，2010.

[176] 喻平. 数学教育心理学[M]. 南宁：广西教育出版社，2004.

[177] 喻平. 数学学科核心素养要素析取的实证研究[J]. 数学教育学报，2016(6)：1－6.

[178] 喻平. 数学学习心理的 CPFS 结构理论[M]. 南宁：广西教育出版社，2008.

[179] 喻平. 学科关键能力的生成与评价[J]. 教育学报，2018(2)：34－40.

[180] 袁维新. 从授受到建构——论知识观的转变与科学教学范式的重建[J]. 全球教育展望，2005,34(2)：18－23.

[181] 张建伟,陈琦. 简论建构性学习和教学[J]. 教育研究，1999(5)：56－60.

[182] 张侨平. 西方国家数学教育中的数学素养：比较与展望[J]. 全球教育展望，2017,46(3)：29－44.

[183] 张士充. 数学能力的分析研究与综合培养[J]. 数学通报，1985(6)：2－4.

[184] 张学杰. 数学能力的结构分析与综合培养[J]. 教育探索，1996(4)：50－51.

[185] 张莹,冯虹. 基于核心素养的教育质量评价指标体系的构建与应用[J]. 教育探索，2016(7)：60－64.

[186] 张紫屏. 基于核心素养的教学变革——源自英国的经验与启示[J]. 全球教育展望，2016,45(7)：3－13.

[187] 郑昊敏，温忠麟，吴艳. 心理学常用效应量的选用与分析[J]. 心理科学进展，2011,19(12)：1868－1878.

[188] 郑毓信. 数学教育哲学[M]. 成都：四川教育出版社，1995.

[189] 中国社会科学院语言研究所词典编辑室. 现代汉语词典[M]. 北京：商务印书馆，1997.

［190］中华人民共和国教育部.普通高中课程方案(2017 年版)［S］.北京:人民教育出版社,2018.

［191］中华人民共和国教育部.普通高中数学课程标准(2017 年版)［S］.北京:人民教育出版社,2018.

［192］中华人民共和国教育部.全日制义务教育数学课程标准(实验稿)［S］.北京:北京师范大学出版社,2001.

［193］中华人民共和国教育部.义务教育数学课程标准(2011 年版)［S］.北京:北京师范大学出版社,2012.

［194］周文叶,陈铭洲.指向核心素养的表现性评价［J］.课程·教材·教法,2017,37(9):36-43.

［195］周雪兵.基于质量监测的初中学生逻辑推理发展状况的调查研究［J］.数学教育学报,2017,26(1):16-18.

［196］周宇剑.中学生数学基本技能水平的调查研究［J］.数学教育学报,2012,21(6):46-49.

［197］周振宇.项目学习:内涵、特征与意义［J］.江苏教育研究,2019(10):40-45.

［198］朱长江.谈谈如何提高大学生的数学素养［J］.中国大学教学,2011(11)17-19.

［199］左璜.基础教育课程改革的国际趋势:走向核心素养为本［J］.课程·教材·教法,2016(2):39-46.

人名索引